JN315073

Conservation of Historical Engineering Works

歴史的土木構造物
の保全

土木学会
歴史的構造物保全技術連合 小委員会
［編］

鹿島出版会

まえがき

　長年使われてきた土木構造物に対する社会的関心の高まりを背景として、まちづくりや国土整備における歴史的土木構造物の役割が拡大している。既設構造物の増加とともに、歴史的土木構造物の保全事例も増加の傾向にある。

　土木構造物は、利便性、効率性、社会性といった社会からの要請に応える目的で計画、設計、施工され長期間にわたってその性能を継続するように保全が行われる。求められる性能を長年月にわたって継続的に果すことで土木構造物は、人々の営み、社会と深く関わりをもつ。この過程で刻まれたその時々の技術的、社会的記憶を想起させるものとして、歴史的価値が備わる。

　今日、既設構造物の維持保全と長寿命化は土木技術の大きな課題であるが、同時に歴史的価値に対する社会の認識の高まりによって歴史的土木構造物の保全も土木技術の範疇として取り組むべき重要な課題となってきた。

　これまで、土木構造物を歴史的、文化的価値の側面を考慮しつつ維持管理の対象として扱うことは、特定の著名な構造物を除けば限定的であった。このため文化財保護の分野では従来より対象が土木構造物であっても土木技術が主体的、直接的に関与することは必ずしも多くはなかった。これは、土木分野における文化財に対する認識の違いにもよるが、不特定の土木構造物を対象とした歴史的、文化的価値を考慮した保全の考え方や方法が十分確立していないことにもその原因の一端がある。

　文化財保護の考え方や方法は、神社仏閣や民家など自然材料を用いた近代以前の木造や石造構造物を中心として確立されてきたものである。これに対して近代以降に建設された構造物が中心を占める土木構造物は、構造形式や材料が多様で従来の文化財保護の考え方や方法をそのまま適用することはできない。このため管理対象の土木構造物がその歴史的価値を評価されても、適切な保全の手順や方法がわからないばかりか、不適切な補修や補強によって歴史的価値が損なわれた事例も見られる。

　今後、増加する既設構造物の管理において、歴史的価値を考慮した保全のための適切な判断と対処が土木技術者の通常業務の一環として求められるケースが増えるものと思われる。このため、従来の文化財の保全・活用の概念に加えて、より実務的な視点による維持補修の手法から制度までをカバーする文化的、歴史的価値に配慮した土木構造物の保全技術が求められる。

　このような状況の中で、社団法人土木学会では、「歴史的構造物保全技術連合小委員会」を2006（平成18）年7月に設置してほぼ3カ年の調査研究を行った。その後、同委員会の委員を中心に歴史的構造物の保全に関わる各分野の関係者によって取りまとめたのが本書である。

　本書では、コンクリート、水工学、構造工学、鋼構造、地盤工学、土木計画学、土木史研究、景観デザインの各分野を網羅して、文化的、歴史的価値に配慮した土木構造物の維持管理に関わる課題をとりあげた。これら各分野を横断的に見ることで、土木分野全体の維持計画、設計、施工の制度的、技術的課題などを把握し、分野別には設計施工

上の課題や、事例分析も取り入れて歴史的土木構造物の保全の方向性を実務的な視点を加えて探った。

　21世紀の幕開けにあたり、土木学会が社会に向けて公表した「社会資本と土木技術に関する2000年仙台宣言」には、歴史的遺産に関する土木技術者の役割が以下のように謳われている。

　「（前略）未来世代への生存条件の保障のうちには、今現在遺されているこうした大切な人類資産を損なうことなく未来へ伝えるとともに、新たな文化を創造する役目をも負っている。こうした伝統と融合する社会資本整備のあり方が、新たな文化・文明を生み出すという自負をもって事業にあたらねばならない。（土木学会誌 Vo.85, p.12、2000年9月、第4項（理念-3 歴史的遺産、伝統の尊重））」

　本書が、土木構造物の維持管理に携わる技術者や研究者にとって、今後の歴史的土木構造物の保全の方向性を示すことができれば幸いである。

2010（平成22）年7月

五十畑　弘

目　次

まえがき ………………………………………………………………………………… i
用語解説 ………………………………………………………………………………… xi

第1章　保全の基本的考え方と手法

1　保全の必要性と技術者の新たな使命 …………………………………………… 3
　1.1　はじめに ………………………………………………………………………… 3
　1.2　土木界の現況 …………………………………………………………………… 3
　　(1)　土木の「少子高齢化」………………………………………………………… 3
　　(2)　現在の取り組み ………………………………………………………………… 3
　1.3　歴史・遺産の現況 ……………………………………………………………… 4
　　(1)　社会的・学術的関心の高まり ……………………………………………… 4
　　(2)　現在の取り組み ………………………………………………………………… 4
　1.4　技術者の新たな使命 …………………………………………………………… 5
　　(1)　従来の技術者の使命 …………………………………………………………… 5
　　(2)　新たな文化的使命 ……………………………………………………………… 5
2　従来の基本的考え方と手法 ……………………………………………………… 7
　2.1　構造物の維持管理 ……………………………………………………………… 7
　　(1)　構造物維持管理に関する歴史的経緯 ……………………………………… 7
　　(2)　構造物維持管理の基本的考え方の現状 …………………………………… 10
　　(3)　現状の維持管理手法の問題点 ……………………………………………… 12
　2.2　文化遺産の保護 ………………………………………………………………… 14
　　(1)　基本的考え方 …………………………………………………………………… 14
　　(2)　基本的手法 ……………………………………………………………………… 17
　2.3　歴史的土木構造物を活かしたまちづくり ………………………………… 22
　　(1)　土木構造物とまちづくりとの関わりの歴史 ……………………………… 23
　　(2)　歴史的土木構造物を活かしたまちづくりの基本的理念 ………………… 27
　　(3)　まちづくりの基盤となる歴史的土木構造物の保全計画手法の
　　　　 現状と課題 ……………………………………………………………………… 31
3　歴史的土木構造物の保全の基本的考え方と手法 ……………………………… 40
　3.1　はじめに ………………………………………………………………………… 40
　3.2　問題点と本書の対応 …………………………………………………………… 40
　　(1)　「文化的価値」を構造物の性能として捉えることについて …………… 40
　　(2)　「耐用期間」という概念について …………………………………………… 40
　　(3)　既存不適格となる構造物の扱い …………………………………………… 42
　　(4)　コンクリート、鋼材などの長期的な性能の変化が不明 ………………… 42

(5)　設計と施工の一貫性の確保 ………………………………………………… *42*
　3.3　基本的考え方 ………………………………………………………………………… *43*
　3.4　基本的手法 …………………………………………………………………………… *43*
　　　(1)　はじめに ……………………………………………………………………… *43*
　　　(2)　地域整備を含む大規模な保全措置を講じる場合 ………………………… *44*
　　　(3)　通常の保全措置の場合 ……………………………………………………… *46*

第2章　保全のための計画論

1　費用便益分析で評価する土木遺産の経済価値 ………………………………………… *51*
　1.1　費用便益分析の基本的考え方 ……………………………………………………… *51*
　　　(1)　便益と費用 …………………………………………………………………… *51*
　　　(2)　事業期間と流列 ……………………………………………………………… *51*
　　　(3)　評価指標と判断基準 ………………………………………………………… *52*
　1.2　土木遺産の社会的価値 ……………………………………………………………… *53*
　1.3　価値の評価手法とその限界 ………………………………………………………… *54*
　　　(1)　旅行費用法（Travel Cost Method：TCM） ……………………………… *54*
　　　(2)　ヘドニック法（Hedonic Price Approach：HPA） ……………………… *54*
　　　(3)　価値意識法（Contingent Valuation Method：CVM） ………………… *55*
　1.4　土木遺産の価値についてのパターナリズムと教育 ……………………………… *55*
　1.5　インフラマネジメントとしての長期的問題 ……………………………………… *56*
　1.6　おわりに ……………………………………………………………………………… *56*
2　合意形成 …………………………………………………………………………………… *57*
　2.1　合意形成の目的と段階 ……………………………………………………………… *57*
　　　(1)　合意形成の目的 ……………………………………………………………… *57*
　　　(2)　合意形成の段階 ……………………………………………………………… *58*
　2.2　合意形成の主体と前提 ……………………………………………………………… *59*
　　　(1)　合意形成の主体 ……………………………………………………………… *59*
　　　(2)　合意形成の前提条件 ………………………………………………………… *60*
　2.3　合意形成のための議論の方法と論点 ……………………………………………… *61*
　　　(1)　ラウンドテーブルとワークショップ ……………………………………… *61*
　　　(2)　合意形成の論点 ……………………………………………………………… *63*
3　防災の計画 ………………………………………………………………………………… *64*
　3.1　リスクアセスメントとリスクマネジメント ……………………………………… *64*
　3.2　防災計画と法令・基準 ……………………………………………………………… *65*
　3.3　歴史的建造物の改修の原則 ………………………………………………………… *65*
　3.4　歴史的建造物への法令・基準の適用 ……………………………………………… *66*
　3.5　法令・基準に対する防災計画上の課題 …………………………………………… *67*
　3.6　目的の検証 …………………………………………………………………………… *67*
　3.7　別の手段を探る——他所で安全を補う …………………………………………… *68*
　3.8　別の手段を探る——利用方法・利用人数を限定する …………………………… *69*
　3.9　防災計画上の課題 …………………………………………………………………… *70*

第3章　保全のための設計・施工論

- 1　鋼構造物 ………………………………………………………………………… *73*
  - 1.1　歴史的鋼構造物の対象と特徴 ………………………………………… *73*
    - （1）対象分野と保全上の特徴 …………………………………………… *73*
    - （2）歴史的鋼構造物の材料 ……………………………………………… *74*
  - 1.2　歴史的鋼橋の保全の現状 ……………………………………………… *75*
    - （1）保全手法の現状 ……………………………………………………… *75*
    - （2）保全手法の区分と事例 ……………………………………………… *76*
  - 1.3　歴史的鋼構造物の保全の手法 ………………………………………… *80*
    - （1）保全の考え方 ………………………………………………………… *80*
    - （2）調　査 ………………………………………………………………… *81*
    - （3）保全の計画・設計 …………………………………………………… *82*
  - 1.4　歴史的鋼構造物の保全の課題 ………………………………………… *83*
    - （1）リベット工法 ………………………………………………………… *83*
    - （2）歴史的価値の視点を入れた点検、調査のガイド ………………… *83*
    - （3）古い鋼材への溶接工法の適用性の拡大 …………………………… *83*
    - （4）図面などの周辺情報の充実 ………………………………………… *83*
    - （5）新材料の適用と歴史的価値 ………………………………………… *84*
    - （6）保全事例の集積と整備 ……………………………………………… *84*
- 2　コンクリート構造物 …………………………………………………………… *84*
  - 2.1　対象と特徴 ……………………………………………………………… *84*
  - 2.2　コンクリート構造物の維持管理の現状 ……………………………… *86*
    - （1）一般的なコンクリート構造物の保全（維持管理）の流れ ……… *86*
  - 2.3　歴史的コンクリート構造物の保全に関する課題と解決の方向性 … *94*
    - （1）維持管理計画 ………………………………………………………… *95*
    - （2）診断、点検、調査 …………………………………………………… *97*
    - （3）対策（保全技術） …………………………………………………… *99*
- 3　石造構造物 ……………………………………………………………………… *100*
  - 3.1　歴史的石造構造物の種類と概要 ……………………………………… *100*
  - 3.2　石造構造物の保全の現状 ……………………………………………… *101*
    - （1）石垣の保存についての考え方 ……………………………………… *101*
    - （2）石造橋の保存についての考え方 …………………………………… *102*
  - 3.3　石造構造物の保全のための調査技術 ………………………………… *104*
    - （1）測量・図化技術 ……………………………………………………… *104*
    - （2）原位置調査 …………………………………………………………… *105*
    - （3）分析技術 ……………………………………………………………… *106*
  - 3.4　城郭石垣の保存のための設計・施工 ………………………………… *106*
    - （1）石垣の現況調査・方針の検討 ……………………………………… *106*
    - （2）石垣補修の設計 ……………………………………………………… *108*
    - （3）石垣補修の施工 ……………………………………………………… *109*
    - （4）石垣の保全と活用 …………………………………………………… *111*
  - 3.5　石造橋の保存のための設計・施工 …………………………………… *112*

- (1) 石造橋保全における設計 ……………………………… 112
- (2) 石造橋保全の施工 ……………………………………… 114
- 3.6 まとめ ………………………………………………………… 114

4 地盤構造物 …………………………………………………… 116
- 4.1 対象とその特徴 ……………………………………………… 116
- 4.2 歴史的地盤構造物保全の現状 ……………………………… 116
- 4.3 地盤構造物の調査技術～土の物性と強度を知るための土質調査～ … 117
  - (1) 発掘調査と平行して実施できる物理特性調査 ……… 118
  - (2) 原位置試験法による物性値の評価方法 ……………… 119
  - (3) 原位置における盛土の構造評価 ……………………… 120
- 4.4 歴史的地盤構造物の強度特性評価 ………………………… 120
  - (1) 試料採取やサウンディングが認められる場合 ……… 121
  - (2) 地盤の改変が認められない場合 ……………………… 124
- 4.5 修復によって長期間現役として活躍する歴史的地盤構造物
  ～狭山池を例として～ ……………………………………… 126
  - (1) 狭山池堤防の構築工法と改修の痕跡 ………………… 127
  - (2) 狭山池堤防構築と修復に用いられた技術 …………… 128
- 4.6 地盤遺跡構造物の保全に対する課題とその解決に向けて … 129

5 ダ ム ………………………………………………………… 131
- 5.1 歴史的ダムの対象と特徴 …………………………………… 131
- 5.2 歴史的ダムの保全の現状 …………………………………… 131
  - (1) 形式別に見た保全の現状 ……………………………… 131
  - (2) 改修の種類別に見た保全の現状 ……………………… 133
- 5.3 歴史的ダムの保全の手法 …………………………………… 138
  - (1) 保全の考え方 …………………………………………… 138
  - (2) 調　査 …………………………………………………… 138
  - (3) 設　計 …………………………………………………… 140
  - (4) 施　工 …………………………………………………… 141
  - (5) 維持管理 ………………………………………………… 141
- 5.4 歴史的ダムの保全の課題と解決の方向性 ………………… 142

6 トンネル ……………………………………………………… 143
- 6.1 保存対象としてのトンネルとその特徴 …………………… 143
- 6.2 歴史的トンネルの現状 ……………………………………… 144
  - (1) 碓氷峠鉄道構造物群における保全 …………………… 144
  - (2) 大日影トンネル、深沢トンネルにおける保全 ……… 146
  - (3) 湊川隧道の保全 ………………………………………… 147
- 6.3 歴史的トンネルの保全手法 ………………………………… 148
  - (1) 保全の考え方 …………………………………………… 148
  - (2) 検　査 …………………………………………………… 150
  - (3) 一般のトンネルに対する補修・補強対策工 ………… 152
  - (4) 歴史的トンネルに適した補強・補修工 ……………… 153
- 6.4 歴史的構造物としてのトンネルの保全の課題 …………… 154
  - (1) 歴史的トンネルの評価方法の確立 …………………… 154

  (2) 歴史的トンネルの保全工法の開発 ……………………………… 154
  (3) 歴史的トンネルの利活用方法 …………………………………… 154
7 河川構造物 …………………………………………………………………… 155
 7.1 歴史的河川構造物の事例とその特徴 ……………………………… 155
  (1) 堰 ……………………………………………………………………… 155
  (2) 砂防堰堤 …………………………………………………………… 157
  (3) 水　門 ……………………………………………………………… 157
  (4) 閘　門 ……………………………………………………………… 158
  (5) 堤防・水制 ………………………………………………………… 159
  (6) ダ　ム ……………………………………………………………… 160
 7.2 歴史的河川構造物の保全の現状 ……………………………………… 160
 7.3 歴史的河川構造物のシステム保全のあり方について
   ～羽村堰を例として～ ……………………………………………… 163
 7.4 今後の河川計画の中での位置づけについて ……………………… 164
8 港　　湾 ……………………………………………………………………… 165
 8.1 歴史的港湾施設 ………………………………………………………… 165
 8.2 歴史的港湾施設の保全の現状 ………………………………………… 166
  (1) 鞆の浦 ……………………………………………………………… 166
  (2) 三角西港 …………………………………………………………… 168
  (3) 御手洗港大防波堤 ………………………………………………… 170
  (4) 瀬戸田港福田地区防波堤 ………………………………………… 170
  (5) 桂浜・西洋式ドック跡（護岸） ……………………………… 171
 8.3 防波堤や岸壁・護岸の保全の手法 ………………………………… 172
  (1) 保全の考え方 ……………………………………………………… 172
  (2) 調　査 ……………………………………………………………… 172
  (3) 計画・設計 ………………………………………………………… 173
  (4) 施　工 ……………………………………………………………… 173
  (5) 維持管理 …………………………………………………………… 173
 8.4 歴史的港湾施設の保全の課題と解決の方向性 …………………… 174
9 煉瓦造建築物 …………………………………………………………………… 175
 9.1 煉瓦造建築物の対象と特徴 ………………………………………… 175
  (1) はじめに …………………………………………………………… 175
  (2) 材料的特徴 ………………………………………………………… 175
  (3) 構造的特徴 ………………………………………………………… 176
  (4) 意匠的特徴 ………………………………………………………… 177
 9.2 煉瓦造建築物の保全の現状 ………………………………………… 177
  (1) 文化財としての歴史的煉瓦造建築物の現状 ………………… 177
  (2) その他の煉瓦造建築物の現状 ………………………………… 178
  (3) 活用の現状 ………………………………………………………… 178
 9.3 煉瓦造建築物の保全の手法 ………………………………………… 178
  (1) 調査・計画 ………………………………………………………… 178
  (2) 設　計 ……………………………………………………………… 182
  (3) 施　工 ……………………………………………………………… 185

9.4 煉瓦造建築物の保全の課題と解決の方向性 ………………………… 185
　（1）調査・診断・補強方法の研究 ………………………………………… 185
　（2）技術の保存・再現 …………………………………………………… 186
　「コラム　三次元レーザ測量について」 …………………………………… 187
10　鉄筋コンクリート造建築物 ………………………………………………… 188
　10.1　はじめに ……………………………………………………………… 188
　10.2　鉄筋コンクリートの誕生 …………………………………………… 189
　10.3　劣化機構と原因 …………………………………………………… 190
　10.4　劣化の現象 ………………………………………………………… 190
　10.5　コンクリートの修復 ………………………………………………… 191
　10.6　修復の事例 ………………………………………………………… 192
　10.7　修復理念に関わる問題 ……………………………………………… 196

第4章　事例分析

1　橋　梁 ……………………………………………………………………… 201
　1.1　東京都における歴史的橋梁の管理 …………………………………… 201
　　（1）はじめに ……………………………………………………………… 201
　　（2）道路橋の維持管理 …………………………………………………… 202
　　（3）東京都著名橋整備事業の概要 ……………………………………… 203
　　（4）橋梁の長寿命化 ……………………………………………………… 206
　　（5）長寿命化対策の内容 ………………………………………………… 208
　　（6）橋梁の戦略的な予防保全型管理への転換と今後の管理 …………… 209
　1.2　余部鉄橋 ……………………………………………………………… 210
　　（1）はじめに ……………………………………………………………… 210
　　（2）余部鉄橋の架け替え経緯の概要 …………………………………… 210
　　（3）余部鉄橋の事例から得られる課題 ………………………………… 214
　1.3　レイ・ミルトン高架橋 ………………………………………………… 216
　　（1）概　要 ……………………………………………………………… 216
　　（2）歴　史 ……………………………………………………………… 216
　　（3）損傷状況 …………………………………………………………… 217
　　（4）保全プロジェクト …………………………………………………… 217
　　（5）保全工事の仕様 …………………………………………………… 218
　　（6）契約手続き ………………………………………………………… 219
　　（7）資　金 ……………………………………………………………… 219
　　（8）設計・施工 ………………………………………………………… 220
　1.4　カミーユ・ドゥ・オーギュ橋 ………………………………………… 221
　　（1）はじめに ……………………………………………………………… 221
　　（2）鉄筋の腐食の原因 …………………………………………………… 221
　　（3）かぶり部分の通常の処置と電気化学的処置の効果 ………………… 221
　　（4）イオンの泳動による腐食に対する電気化学的層 …………………… 222
　　（5）カミーユ・ドゥ・オーギュ橋へのノヴベトン方式
　　　　再アルカリ化の適用 ………………………………………………… 223

2 河川 ... 226
2.1 歴史的ダム保全事業 ... 226
- (1) 歴史的ダム保全事業の概要 ... 226
- (2) 長崎県における歴史的ダム保全事業の事例 ... 227
- (3) 事業の経緯 ... 228
- (4) 歴史的価値の保存と環境面整備の方針 ... 231
- (5) 工事の内容とその問題点 ... 232
- (6) 評価 ... 233

2.2 布引水源地五本松堰堤（布引ダム） ... 234
- (1) 構造物と事業の概要 ... 234
- (2) 事業実施の背景 ... 235
- (3) 保全の方針 ... 236
- (4) 工事の内容 ... 237
- (5) 評価 ... 237

2.3 十六橋水門 ... 238
- (1) 構造物と事業の概要 ... 238
- (2) 事業実施の背景 ... 240
- (3) 保全の方針 ... 243
- (4) 工事の内容 ... 246
- (5) 評価 ... 248

3 港湾 ... 249
3.1 鹿児島旧港施設 ... 249
- (1) 構造物と事業の概要 ... 249
- (2) 事業実施の背景 ... 251
- (3) 保全の方針 ... 253
- (4) 工事の内容 ... 253
- (5) 評価 ... 256

3.2 堀川運河護岸 ... 257
- (1) 構造物と事業の概要 ... 257
- (2) 事業実施の背景 ... 259
- (3) 保全の方針 ... 259
- (4) 工事の内容 ... 260
- (5) 評価 ... 261

4 その他 ... 263
4.1 名古屋城外堀石垣 ... 263
- (1) 構造物と事業の概要 ... 263
- (2) 事業の目的および方針 ... 263
- (3) 事前調査 ... 264
- (4) 石垣解体と計測・管理 ... 264
- (5) 施工中の地盤調査 ... 266
- (6) まとめ ... 267

4.2 パンタン大製粉工場 ... 267
- (1) はじめに ... 267

(2)　サイロ：公共的な穀物倉 ……………………………………… 268
　　　(3)　機械化施設としての典型性 …………………………………… 269
　　　(4)　景観と記憶 ……………………………………………………… 270
　　　(5)　パンタン大製粉工場の唯一性 ………………………………… 271
　　　(6)　遺産の活用 ……………………………………………………… 272
　4.3　記　録 …………………………………………………………………… 274
　　　(1)　記録の意義と内容 ……………………………………………… 274
　　　(2)　報告書の内容 …………………………………………………… 275
　　　(3)　まとめと課題 …………………………………………………… 282

資料　歴史的な構造物の保全に係る文書抄録 ………………………………… 283
年　　表 ……………………………………………………………………………… 287
索　　引 ……………………………………………………………………………… 289
あとがき …………………………………………………………………………… 293
執筆者一覧 ………………………………………………………………………… 295

用語解説

1 はじめに

本書が扱う維持管理、文化遺産の保全、地域づくり、環境の各分野は、これまでそれぞれ異なる専門性を持つ研究者、実務者が担当し、学術用語についても、さほど相互の関連が考慮されないまま個別に使用されてきた。そのため、これら各分野を全体的に眺めると、用語の使い方に違いが見られ、そのことが共通理解の障害となることも考えられる。

そこで、本書ではそれをできるだけ避けるために、まず本書で使用する用語、特に維持管理と文化遺産の保全の分野で使われている用語を整理してみたい。なお、この作業の目的は各用語を学術的に定義づけることではないので、言葉自体の意味内容については詳述していない。

まず歴史的土木構造物の保全に関わる用語の体系を図1に示す。この図では、保全に関係しそうな用語を、方針に関わる用語、行為に関わる用語など4つの階層に分けて分類し、互いの関係を明示した。

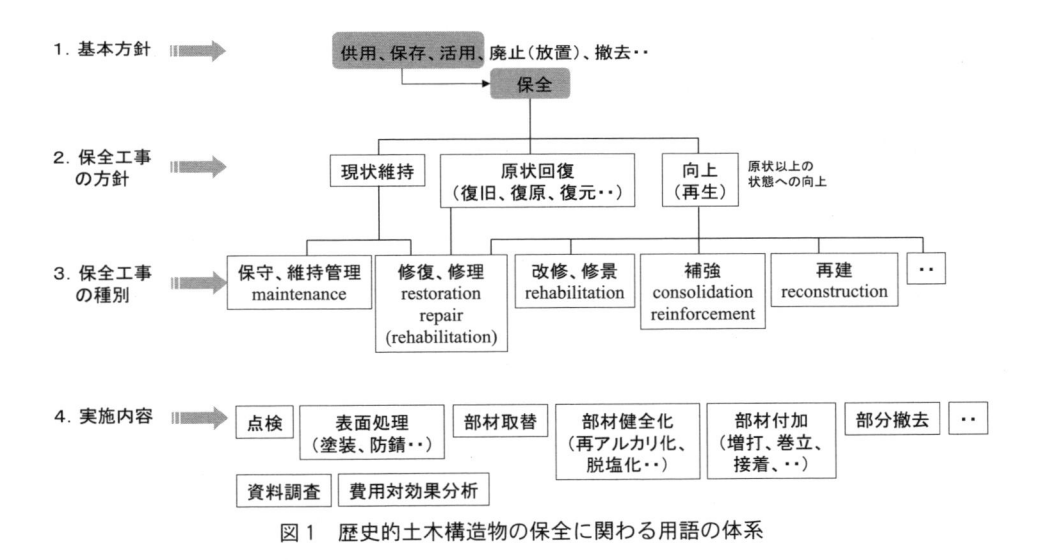

図1 歴史的土木構造物の保全に関わる用語の体系

2 基本方針

まず保全という言葉を、保存、活用、供用を含むものとした。供用している状態も、歴史的価値保全の観点から考えると、一種の活用と捉えることができる。つまり「歴史的土木構造物の保全」と題された本書は、単に歴史的・文化的価値の保存だけでなく、土木構造物の供用のあり方についても提示するものである。

3 保全工事の方針

保全の方向性は、現状のままに維持するか（現状維持）、建設当初の状態まで回復するか（原状回復）、あるいはそれ以上の状態にするか（向上・再生）のいずれかに大きく分類される。

4　保全工事の種別

上記の3つの方針に基づき、具体的な保全工事が行われる。その種別は、保守、維持管理、修復、修理、改修、修景、補強、再建など多岐にわたる。英語との対応関係、保全工事の方針との関係は図1に示す通りである。

5　実施内容

保守、補修などの工事の具体的な内容を図1に示す。表面処理、部材取替、部材健全化、部材付加、部分撤去などの躯体そのものへ物理的影響を及ぼす行為と、点検、資料調査、費用対効果分析などの、それらの程度や内容を定めるために実施するものからなる。

6　保全区分に関する用語

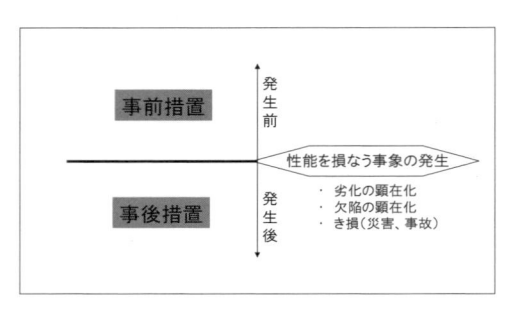

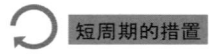

図2　保全区分に関わる用語

本書は、コンクリート示方書などが定めている維持管理区分（『コンクリート示方書［2007年版］維持管理編』、土木学会参照）を「保全区分」と言い換え、それらを事前措置、事後措置、短周期措置の3つに大きく分類する（図2左）。まず、性能などを損なう事象の発生時（つまり劣化の顕在化など）を基準にして、その前か後かで区分している。予防措置は、事前措置のひとつである。また、日常管理的な行為で、事前と事後に関わらず（またはその両方を含む時点で）、短周期的に行っている清掃、塗装などを短周期的措置として位置づけ、事前・事後措置とは区別した。各措置の実施内容については図2右に例示している。

参考文献

清水重敦：歴史的建造物保存修復のことばと歴史、木造建造物の保存修復のあり方と手法、独立行政法人文化財研究所奈良文化財研究所、2003、pp.5-17

第1章
保全の基本的考え方と手法

1　保全の必要性と技術者の新たな使命
2　従来の基本的考え方と手法
3　歴史的土木構造物の保全の基本的考え方と手法

1　保全の必要性と技術者の新たな使命

1.1　はじめに

　なぜ今歴史的土木構造物の保全について考える必要があるのか。本節では、まず歴史的土木構造物をめぐる社会状況を概観した上で、それらを保全する必要性が高まっている現状を確認し、今後必要とされる取り組みについて、技術者の使命に関連づけて考えてみたい。

1.2　土木界の現況

（1）　土木の「少子高齢化」

　昨今の土木界の状況を見ると、新規着工数が減少し、老朽化した構造物が増加している。この2つの異なる傾向が同時進行するという、まさに土木の「少子高齢化」時代が到来している。これは別に日本だけの話ではなく、ヨーロッパ諸国や北米など、時期や程度に差はあれ、長年近代化を推し進めてきた国々に広く見られる傾向である。

　歴史的に考えると、土木の少子高齢化は、産業革命以降ひたすら成長を目指し、社会資本の充実を図ってきた工業文明社会に課せられた歴史的課題と捉え得る。つまり単なる表面的な現象ではなく、現在の土木界に広がる閉塞感を生み出すひとつの要因となっている根本的、構造的な課題ではないかと思う。

（2）　現在の取り組み

　それでは現在この問題に対してどのような策が講じられているのか。少子化と高齢化に分けて考えてみよう。まず少子化対策に関しては、公共事業の予算確保などの財政問題に代表されるように、政治、行政、業界が連携して様々な取り組みが行われている。その他にも、事業の効率化と透明性の確保、信頼回復など新規着工件数の増加に向けた多岐にわたる活動が展開している。

　高齢化対策としては、特に橋梁について国土交通省を中心に長寿命化が推進されている。基本的な姿勢は、老朽化した構造物をできるだけ予防保全し、長期的に見てできるだけ経済的に利用しようというものである。しかし、長寿命化の実現が土木の少子高齢化問題の解決に本当に結びつくのだろうか。「高齢化問題」は単なる老朽化の問題ではない。問題の本質は、中長期的に見た経済性の追求以上に、土木の少子高齢化時代においてどのように国土の豊かさ、活力を持続していくかということではないだろうか。人間社会を考えてみても、高齢者の病気を治して長寿命化するだけでは、社会に活力は生まれない。むしろ、これまでのようにただ若い成長力（新規プロジェクト）に頼るのではなく、避けがたい高齢化という現状を直視しながら、社会を構成する老若男女がお互いの人格や能力を尊重し合いながら共存し、活気と風格の両方を備えた社会の構築を目指すべきかと思う。

　高齢者である土木遺産は、時代を超えて人間社会と共に存在し続けた、単なる物理的存在以上の社会的、文化的存在である。これらには新たな構造物とは異なる独自の魅力や風格があり、それをうまく引き出すことで、新旧構造物の優れた側面が共存する魅力的な国土づくりの手がかりを得ることができる。また、このように施設の老朽化問題をより広い文脈から捉え直すことで、現在人気がないといわれる維持管理業務自体の魅力を高めることに繋がるのではないかと思う。

1.3 歴史・遺産の現況

(1) 社会的・学術的関心の高まり

さて次に、土木遺産をめぐる現況を簡単に見てみたい。

わが国において歴史的土木構造物が広く注目されるようになったのは、比較的近年のことである。従来歴史的建造物と言えば、古来より伝わる神社仏閣・都市を象徴する城郭・歴史的風土を形成する伝統的な町並み・地域文化を伝える民家建築・明治の洋館など、観光地や地域のシンボルとして社会に広く認知された建造物にほぼ限られていた。しかし、近年は文化財として指定・登録される土木構造物の数が急増し、土木学会においても優れた歴史的土木構造物を選奨して賞を与えるなど状況に変化が見られる。その背景としては、大きく以下の2点を挙げることができる。

まず、高度経済成長期以降の産業構造の変化や地域開発の進展の陰で、歴史的土木構造物が次々と失われていき、これまで身近すぎて気がつかなかったその価値に人々が気づき始めた点である。つまり、今まで当たり前のように利用していた橋や駅舎などが、風景と共に人々の記憶に刻まれた、身近で懐かしい存在として注目され始めている。この事実には、身近な事象や事物に文化的価値を見出そうとする現代社会の志向が如実に映し出されている。と同時に、文化財のすそ野が徐々に広がり、文化遺産という概念そのものが拡大している現状も反映されている。

第二に、学術的関心の高まりが挙げられる。これまでは建設文化と言えばほぼ建築物の文化と同義で、歴史的建造物の実像として神社・仏閣・城郭・民家・洋風建築などが主に研究・保護の対象とされてきた。しかし、土木構造物にも当然固有の文化や歴史があるわけで、それを単なる文献史料だけでなく構造物そのものから学び取ることで、土木のみならず建設文化全体の発展に貢献することができる。また土木構造物は、技術、デザインだけでなく、各時代の社会、政治、経済状況を色濃く反映して造られるため、その歴史を紐解くことによって、当時の技術者の計画・設計思想だけでなく、社会の価値観や政治・経済の流れについても考察することができよう。

こうした学術的意義は、さらに視野を広げると世界史的見地から捉え直すこともできる。歴史的土木構造物の多くが、近代以降に造られていることを踏まえると、前記のように日本の歩みを多面的に反映している土木構造物の歴史は、世界の文明史を考える上でも貴重な視座を与えてくれる。例えば、当時の土木構造物を見ると、日本が植民地化の脅威の中でかろうじて自国の意思に基づき近代化を推進し、伝統と西洋文明を融合した新たな近代の姿を世界に提示していたことが分かる。さらに西洋で形づくられた近代文明が、非西洋諸国において変質していく過程の一部を、日本の歴史的土木構造物から読み取ることも可能だろう。

(2) 現在の取り組み

社会的・学術的関心の高まりを背景として、歴史的土木構造物の保存・活用、あるいはそれらを通した地域活性化の動きも徐々に広がっている。代表的なものを**表1-1**にまとめた。単に歴史家の関心事としてではなく、住民や技術者を中心とした取り組みが広がっていることが見てとれよう。また全体としては、凍結的な保存によってではなく、歴史的とは言えども通常の社会基盤施設として使い続けることが念頭におかれていることも指摘しておきたい。

表 1-1　歴史的土木構造物をめぐる近年の動き

行政	文化庁	近代化遺産の文化財調査・指定・登録の推進　（H2～）
	経済産業省	近代化産業遺産の認定　（H19・20）
	文部科学省・ 農林水産省・ 国土交通省	歴史まちづくり法（地域における歴史的風致の維持及び向上に関する法律）（H20）
学会	土木学会	選奨土木遺産　（H12～）
	国際産業遺産保存 委員会（TICCIH）	産業遺産のためのニジニ・タギル憲章　（H15）
各種団体	全国近代化遺産活用連絡協議会　（H9～）	
	日本橋（東京）、萬代橋（新潟）、旧三池炭鉱（福岡、熊本）などの保存活用に関する住民組織	

　これらの他に、1996年にユネスコが示した世界遺産に関するグローバル・ストラテジーの中で、世界遺産リストの不均衡を是正するために新たに推進すべき3つの分野のひとつとして産業遺産が挙げられており、またEUにおいては現在「20世紀遺産」の顕彰を推進しながら歴史的土木構造物を含む比較的新しい建造物の保護を進めている。

1.4　技術者の新たな使命
（1）　従来の技術者の使命
　こうした現況において、今技術者にはどのような行動が求められているのか。ここではそれを技術者の使命の問題と関連づけて考えてみたい。
　まず、従来の技術者の使命を確認しておきたい。歴史的に考えれば、元来土木技術者は各時代の社会的ニーズを踏まえ、それを具体的な形にすることで活躍の場を得てきた。1828年イギリス土木学会の「シヴィル・エンジニアリングは、人の利用と便宜のために、自然界の偉大な資源を操作する技術である。（中略）シヴィル・エンジニアリングの最も重要な目的は、内外の交易のために域内の生産と交通の手段を改善することである」という言葉に端的に表現されているように、19世紀以降の近代土木技術者は、当時の進歩史観を背景として巨大なもの、新しいものを造り続けて、自然の力を最大限利用または制御しようと努めた。そして、世界経済の活性化、快適な環境の創造に邁進してきたのである。それが土木技術者の大きな使命であった。日本に限定して考えても、明治維新以降、旧習を軽視する傾向が一般的に強まり、新しいモノやコトを追い求める風潮が広がるとともに、今とは比べものにならないほどの災害に対する危機感が、当時の技術者の使命を明確なものにしていたと言える。

（2）　新たな文化的使命
　ただ、土木技術者の使命は、人々の価値観や要請、世界や国家のヴィジョンに基づき定められるもので、逆に言えば社会の価値観やヴィジョンが変われば、土木技術者の使命も自ずと変わらざるをえない。
　それでは現在の価値観・ヴィジョンとは何か。多様な価値が共存する現代社会において、従来の経済的・物質的豊かさに加えて文化的豊かさを希求する人々が増え、社会的にも文化を大事にする価値観が育まれているのは確かである。学会や行政もこのことを認識しながら、具体的な対応を図っている。これは既に見た通りである。
　土木学会が平成11年に定めた倫理規定においても、「現代の世代は未来の世代の生存条件を保証する責務があり、自然と人間を共生させる環境の創造と保存は、土木技術者にとっ

て光栄ある使命である。」という基本認識のもと、「固有の文化に根ざした伝統技術を尊重し、先端技術の開発研究に努め、国際交流を進展させ、相互の文化を深く理解し、人類の福利高揚と安全を図る。」ことや「土木施設・構造物の機能、形態、および構造特性を理解し、その計画、設計、建設、維持、あるいは廃棄にあたって、先端技術のみならず伝統技術の活用を図り、生態系の維持および美の構成、ならびに歴史的遺産の保存に留意する。」ことを謳っている。

　また、土木構造物の本体の特性について考えてみても、遺産に言及することがさほど不自然でないことがわかる。つまり、そもそも土木構造物は、公有・企業有に関わらず人々の生活を長期間支えることを意図された公共施設であり、美術工芸品や商品のような金銭的価値を持たないものが多い。また地形をほぼ不可逆的に改変するほど大規模なものが多い。つまり、経済的にも物理的にもある特定の個人の判断により処分することは難しい。言い換えると、工業製品や私有建築物と異なり、土木構造物は世代を超えて存続する公の遺産になりやすいのである。

　また文化的豊かさを育む担い手の役割を文化遺産に限定して、図1-1のように図式化することもできる。文化遺産の範囲が建築遺産から土木遺産に拡大した今、所有者・管理者、専門家、行政の連携に土木技術者、建設部局などが加わるのは自然な流れと言える。つまり今こそ土木関係者に、わが国の新たな文化の担い手として活躍することが求められているのである。

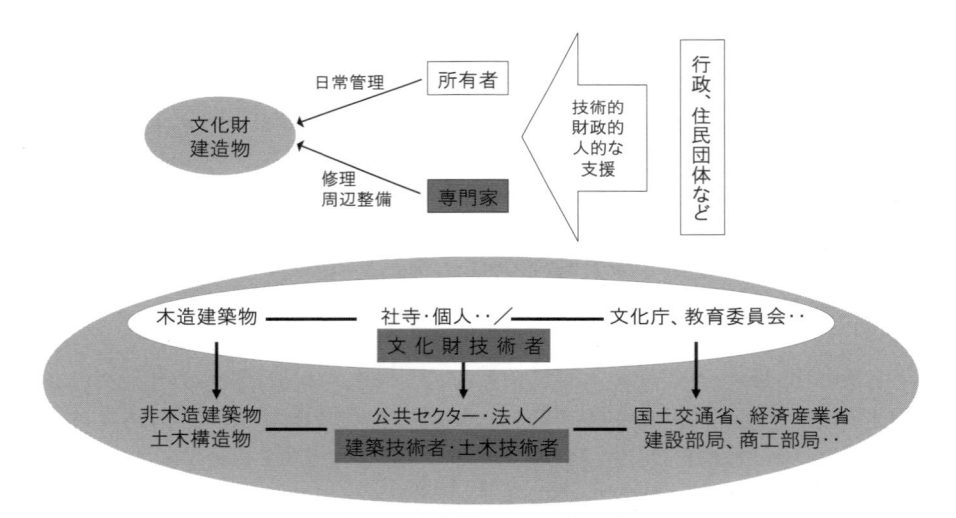

図1-1　文化遺産とその担い手

　ただ、技術者は単なるノスタルジーから歴史的土木構造物の保全に取り組むわけにはいかないという点には気をつけなければならない。技術者は、歴史や文化に関心が高まる現状を単に情緒的に捉えて社会の一部の意見に同調するのではなく、従来通り物質的豊かさを生み出す社会資本の形成を続けながら、国土・社会の文化も育むための包括的な手法を探究し、あくまで技術的・建設的な解答を出さなければならない。そして文化遺産の概念が拡大し、今や日本の国土が様々な遺産から構成されている現状を踏まえて、何をどう次世代に受け継いでいくかと同時に、いかに優れた現代的創造を実現して、魅力ある国土を形成していくかを考えなければならない。そのためには、単に統計や規模などの数学的・物理的尺度だけでなく、歴史やデザインといった文化的尺度から事業を構想する能力が今

まで以上に求められよう。

　これまで土木と文化財の世界で何度も繰り返された「開発」と「保存」という対立の構図を乗り越え、確かな理念と手法によって土木施設の機能と価値の両方を確実に守る。これまでの経緯を考えれば、これは決して容易なことではない。しかし、少なくとも歴史や文化を無視できない現状をただ面倒なものと考えていては何も始まらない。まずは、技術者一人一人が管理している構造物の価値を深く理解し、文化発展の一翼を担っているという誇りと責任感を持つことが重要である。これまで日本の歴史と文化は、その担い手の情熱と誇りによって支えられてきた。土木技術者もその一員となるからには、世界に誇るべき日本の近代化の実像を次世代に受け継ぐという意識、かけがえのない遺産を護る情熱と誇りそして責任感が一層求められる。それが土木の少子高齢化時代を生きる技術者のひとつの精神のあり方だと思う。

第1節　参考文献
　1)　(財)建設業技術者センター：創立二十周年記念シンポジウム、2008

2　従来の基本的考え方と手法

2.1　構造物の維持管理
（1）　構造物維持管理に関する歴史的経緯

　明治期以降のわが国における土木構造物に関する技術体系は、欧米諸国で確立した技術を導入し、これを基に築かれたと言ってよい。現代ではごく一般的に目にする鋼あるいはコンクリートなどの建設材料についても、これらの産業が興隆する以前においては、基本的に官主導によって輸入されており、当初の設計、施工技術についても、鋼構造物、コンクリート構造物とも海外で確立された技術を踏襲もしくは海外の技術者に依頼して構造物を構築していた。

　1879（明治12）年、わが国において初めて工学系の学会として日本工学会が設立された。それを前身として、わが国における土木工学の進歩および土木事業の発達ならびに土木技術者の資質向上を図り、学術文化の進展と社会の発展に寄与することを目的とした土木学会が1914（大正3）年に設立された。

　この後、コンクリート構造物に関しては、わが国独自の設計、施工についての技術体系図書の必要性から、1931（昭和6）年に「鐵筋コンクリート標準示方書(現在の名称は「コンクリート標準示方書」)」[1)]が刊行された。これ以降今日まで、コンクリート標準示方書は、コンクリート構造物の設計、施工において広く用いられることとなった（図2-1）。

　諸説はあるが、元来、日本人は、ものに対して愛着を持ちやすく、長く大切に使いこなす国

図2-1　鐵筋コンクリート標準示方書[1)]

民性を有していると評価される場合が多い。こういった観点から考えると、土木構造物に対しても、本来は長く大切に使いこなす思想や術が脈々と発達していても頷けそうなものである。しかしながら、コンクリート標準示方書は、当初より設計ならびに施工に関する記述がほとんどであった。

当時のコンクリート標準示方書を参照すると、構造物の耐久性に関する記述としては、鉄筋の保護を目的とした場合のコンクリートの厚さは 1〜2cm が基本であり、重要構造物や耐火性が要求される構造物の場合には、これよりさらに 1〜2.5cm 増加させること、海洋環境下で構造物を建設する場合には、単位セメント量を 330kg/m^3 以上のコンクリート配合とし、7.5〜10cm のかぶりを確保すること、海水の作用が厳しい場合には、石材などで保護すること、などの記述が見受けられる[1]。これらの記述に基づけば、当時の土木構造物の設計、施工の技術体系においては、構造物の耐久性に対する配慮がなかったわけではないものの、コンクリートという材料が耐久的であり、構造物の建設後は大規模な維持管理を要しない、いわゆる「メンテナンスフリー」なものと捉えられていたと推察される。

これに関連して、小樽港の築港とともに世界最長のコンクリート長期試験（本試験は現在も継続中である）を開始したことなどで有名な廣井勇（ひろいいさみ、1862〜1928）博士は、著作の中で以下の記述を残している。

……函館、小樽、両築港工事のために製造されたブロックは、大小六万余個である。それ以来、海水の作用をどう受けているかをたびたび検査すると、火山灰を混入したかどうかに関係なく、わずかな異状も示さないで、ますます「固結の度」を増進するようである。ことに、ブロックの外面はことごとく海草がおおうようになって海水の侵入を防ぐなど、ブロックの耐久の質については、天然の石材と少しも異なるところがない、と認めるものである。……　廣井勇 著「築港（前編）」より抜粋[2]

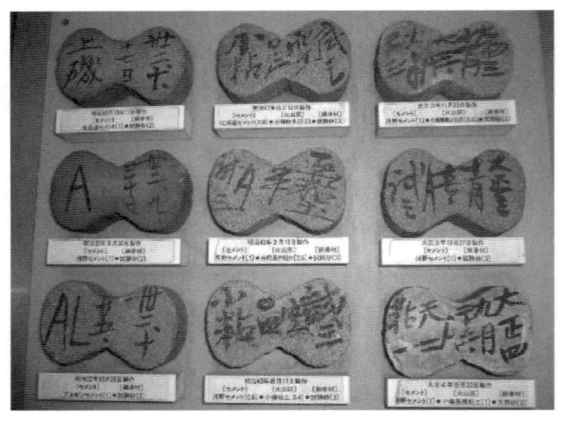

写真 2-1　廣井博士が作製したモルタルブリケット（小樽港史料館、筆者撮影）

一方、鋼構造物については、金属材料が人類の歴史において古くから用いられていたものであり、この材料が大気中において腐食するという事実は広く認識されていたと考えられる。このため、鋼構造物の維持管理（保全）については、古くから塗装をはじめとする鋼材の防食に関する技術が確立していたようである。なお、今日においては、橋梁などの鋼構造物については、鋼材の腐食に加えて、供用中の様々な荷重作用による床版や鋼材の

疲労などによる劣化も重要な課題であるという認識から、これらに対する保全技術に関しても広く議論されているのが現状である。なお、鋼構造物ならびに合成構造物については、2007（平成19）年に統一的な学会基準として土木学会鋼・合成構造標準示方書［総則編］、［構造計画編］および［設計編］が取りまとめられ、歴史的鋼橋の保全に関しても2006（平成18）年に歴史的鋼橋の補修・補強マニュアルが土木学会から刊行された。

土木構造物のうち、コンクリート構造物の早期劣化問題に関する本格的な議論がなされ始めたのは、1960～70年代の高度経済成長を終え、またコンクリート標準示方書が創刊されてから半世紀以上を経た1984（昭和58）年に、NHKが制作した番組「コンクリートクライシス」が放映されてからである。この番組が放映される以前からも、多くの研究者、技術者たちから、コンクリート構造物と言えども入念に工事を行わないと劣化が顕在化してしまうことは指摘されていたが、当時はいまだにコンクリート構造物に対する「メンテナンスフリー」神話が根強く信じられていた。しかしこの番組で、除塩不足の海砂が使用されたコンクリート内部の鉄筋が著しく腐食し、鉄筋を覆っているはずの「かぶり」コンクリート部分が惨たんたる状態で崩落している様が数多く、そして痛々しく紹介されて以来、コンクリート構造物の耐久性を適切に評価し、しかるべき維持管理の技術体系を構築することが急務とされた。

このような情勢の中で、建設省（当時）は、番組放映から4年後の1988（昭和62）年に、鋼製およびコンクリート製のいずれの橋梁も対象とした「橋梁点検要領」を取りまとめ、供用中の橋梁の現況把握とともに、劣化が顕在化した橋梁については補修あるいは補強などの適切な処置を講じることを義務づけた。土木学会においても、コンクリート構造物に関して「コンクリート構造物の耐久設計指針（案）（1995（平成7）年）」ならびに「コンクリート構造物の維持管理指針（案）（同年）」がそれぞれ取りまとめられ、2001（平成13）年に「コンクリート標準示方書［維持管理編］」が取りまとめられ、本格的にコンクリート構造物の維持管理に関する技術体系が整備されたと言ってよい。鋼構造物に関しても「鋼橋の維持管理のための設備（1988（昭和62）年）」「鋼床版の疲労（1990（平成2）年）」および「鋼橋における劣化現象と損傷の評価（1996（平成8）年」などが取りまとめられた。なお、コンクリート構造物および鋼構造物の維持管理に関するこれらの取り組みを経て、地盤構造物なども含めた土木構造物全般に関する維持管理の方法論について、2005（平成17）年には「社会基盤メインテナンス工学（図2-2）」が上梓され、土木構造物の維持管理に関する技術体系の確立へ向けた活動が活発化した[3]。

図2-2 社会基盤メインテナンス工学[3]

一般に、わが国の社会資本整備は、米国のそれに比べておよそ10年程度遅れると言われているが、21世紀の幕開けに前後する時期において、構造物の維持管理に関してなされた前述のような諸活動とは裏腹に、既設構造物の老朽化による安全性の低下が指摘され始めた。2008（平成20）年に、再びNHKで放映された番組「橋は大丈夫か？」では、コンクリート構造物、鋼構造物に関わらず、既設構造物の老朽化の実態に加えて、構造物の

修繕にかかる財源の調達が困難であることなどが紹介され、今後の国土保全において既設構造物に対する維持管理費の確保が重要な課題であることが指摘された。21世紀のわが国は、少子高齢化をはじめ、地球環境の保全、地域間格差、建設資源の枯渇といった様々な国家的課題に直面している。このことは土木構造物においては、新規建設投資の減少だけでなく、既存社会基盤ストックの維持管理についても、より効率化、合理化の推進を迫らせる事態であると考えるべきであろう。なお、これに関し、国土交通省の直轄する橋梁ならびに地方自治体が管理する橋梁の維持管理に関しては、「橋梁長寿命化計画」の策定が進められている。

　以上、土木構造物の維持管理に関する歴史的経緯を概観したが、土木工学分野においても、高度経済成長期に代表される今までのような新規建設に大きく依存するのではなく、既存の社会基盤ストックを適切に維持管理し、長期にわたって構造物を安全、安心して利用するための技術が望まれるようになった。土木構造物に対する要求性能についても、安全性、使用性、第三者影響度、美観・景観、耐久性などに加えて、環境に対する負荷低減といった新たな性能が要求されるようになりつつある。

(2) 構造物維持管理の基本的考え方の現状

　21世紀を迎え、製品の設計、製造などのプロセスは、国際標準化とともに性能規定化という世界的な状況にある。土木構造物の設計、施工、維持管理の方法論についても同様であり、コンクリート標準示方書に関しても2002（平成14）年の改訂時以来、性能照査型に書き換えられ、これまでの仕様規定的な技術体系ではあまり明確に示されなかった構造物に対する要求性能、限界状態、作用（外力）などが明確に示され、鋼材を保護する役割を担うかぶりの設定など、耐久性、すなわち環境などの作用外力に対する抵抗性に関する技術要件についても、構造物に要求された性能が、耐用期間中に所定の水準を下回らないことを条件として設定されるようになった。このような動向の中で、現在、主な機関から土木構造物の維持管理に関する基本的なフローが示されている（参考資料参照）。

(a) 維持管理の前提条件（予定供用年数、要求性能、維持管理区分）

　土木構造物の維持管理の基本的な流れを概説すると、まず、維持管理開始段階で当該の構造物に対して「どのような方針で維持管理を行うか？」「今後、いつまで使用するのか？」および「この構造物にはどのような性能が要求されているか？」を明確にするために、それぞれ「維持管理区分」「予定供用年数」および「要求性能」が確認される。

　土木構造物の維持管理の基本方針となる維持管理区分は、対象とする構造物の重要度、使用条件、環境条件などを総合的に勘案して定めるもので、例えば土木学会コンクリート標準示方書［維持管理編］では、維持管理区分を以下のように定めている。

- 予防維持管理（区分A）：構造物の性能低下を引き起こさせないために、劣化を顕在化させないことなどを目的として実施する維持管理。「予防保全的な維持管理」という場合もある。
- 事後維持管理（区分B）：構造物の性能低下の程度に対応して実施する維持管理。「対症療法的な維持管理」という場合もある。
- 観察維持管理（区分C）：目視観察による点検を主体とし、構造物に対して補修、補強といった直接的な対策を実施しない維持管理。基礎の地中部材など、直接的な点検を実施することが容易でない場合に、地盤や周辺の構造物の変状などに基づく間接的な観察による維持管理も含む。「適宜更新型の維持管理」という場合もある。

予定供用年数は、構造物の種類や使用条件などによって種々の決定方法が考えられ、財務省が公表している「土木構造物の税法上の耐用年数（表 2-1）」などに基づく場合や、人々の生活様式や世代が一区切りとなることを理由に 100 年などと設定される場合もあるが、設計耐用年数を理論的に決定する方法論は明確には確立されていないのが実状である。

表 2-1　土木構造物の税法上の耐用年数

細　目	耐用年数
水道用ダム	80
トンネル	75
橋	60
岸壁、さん橋、防壁（爆発物洋のものを除く）、堤防、防波堤、塔、やぐら、上水道、水そう及び用水用ダム	50
乾ドック	45
サイロ、下水道、煙突及び焼却炉	35
高架道路、製塩用ちんでん池、飼育場及びへい	30
爆発物用防護壁及び防油堤	25
造船台	24
放射性同位元素の放射線を直接受けるもの	15
その他のもの	60

また、要求性能については、土木構造物が広く一般的に利用され、国民の日常生活だけでなく、災害時にも機能を低下させないという要求などから、安全性、使用性、美観・景観、第三者影響度および耐久性が要求性能として設定されるのが一般的である。第三者影響度とは、高架道路からコンクリート片が落下し、高架下を通行する歩行者へ被害を及ぼす場合のように、対象となる構造物を利用していない「第三者」が被害を受ける場合の影響に関する抵抗性を意味するものである。また、耐久性とは、安全性、使用性、美観・景観、第三者影響度といった各性能が経年で低下することに対する抵抗性を意味する性能である。

(b)　診断（点検、評価、予測、判定）

維持管理開始段階では、当該構造物の予定供用年数と要求性能に基づき、現状の性能を把握する目的で第 1 回目の点検（初回点検）が実施され、建設当初の設計図書や施工時の工事記録、この段階までに実施された補修や補強などの履歴の確認が行われる。この段階で既に構造物が要求された性能を満足しない場合には、改めて補修や補強などの措置が施される。これらを実施した後、供用期間中における点検をはじめとする維持管理行為を「維持管理計画」として定め、これに基づいて維持管理がなされる。

維持管理開始時にこれらの各段階を経た構造物には、維持管理計画として定められたある一定の期間ごとにルーチンな点検（定期点検）が繰り返し実施される。なお、ここで実施される点検の基本的な手順は、まず構造物全体の変状や損傷を大まかに明らかにし、構造物の状態について何らかの対策行為が必要であるか否かを判断する簡易な点検を行うことが基本である。ここで、構造物の状態を適切に評価するために、より詳しい情報を取得する必要があると判断される場合には、さらに詳細な点検を実施することになる。なお、地震や台風など、構造物に突発的な外力が作用した場合には、臨時に点検が行われる場合

もある。また、ある種の構造物に関する技術基準が改訂された場合には、従前の技術基準で設計、施工された構造物に対し、新基準に合致したものであるかを確認する目的で臨時に点検が行われることもある。

　点検の結果に基づき、構造物の保有性能がその時点で所定の水準を満足しないと判断された場合には、当該の構造物に対して、所定の水準まで回復するように何らかの対策が施され、そうでない場合には、維持管理計画通りのルーチンな点検を繰り返す。ただし、点検実施時点で構造物の保有性能が所定の水準を満足していても、現状の構造物の状態から将来予測をし、その結果、構造物の性能の低下が懸念される場合などでは、この段階で何らかの対策が実施されることもある。どちらの判断を採用するかについては、構造物の維持管理の基本方針である維持管理区分や、当該構造物にかかる長年の費用すなわちライフサイクルコストに関する優位性の有無などによる。このように土木構造物の維持管理は、各種の「点検」とその結果に基づく構造物の保有性能の「評価」、将来に関する「予測」、対策実施の要否を決定する「判定」といった一連の行為を基本としているが、これらの一連の行為はまとめて「診断」と称される。

（c）　対策

　診断の結果、何らかの措置の実施が必要と判断された場合には、しかるべき「対策」が適用される。対策は、目標とする性能水準と建設時の性能水準との関係から、維持、回復あるいは向上などに分類されるが、具体的な方法としては点検強化、補修、補強、供用制限、解体・撤去などがある。このように、現状の土木構造物の維持管理技術では、適用の前提条件として対象となる土木構造物が実際に供用されているものである。また、美観・景観といった外観上の要求性能が設定されているものの構造物の汚れや錆汁、ひび割れなどは美観・景観への影響に関するものであり、これに対する対策も、あくまでも供用時の構造物の機能確保という観点から選定される場合が通常である。

（3）　**現状の維持管理手法の問題点**

　日本は歴史的に土木と建築とで設計に関する技術基準が大別されているが、ISOへの整合の必要性から、国土交通省は2002（平成14）年に「土木・建築にかかる設計の基本について」を取りまとめた。ここでは、構造物に要求される性能として「安全性」「使用性」および「修復性」を、構造物の限界状態として「終局限界状態」「使用限界状態」および「修復限界状態」を、また、構造物の性能を変化させる作用として「直接作用」「間接作用」および「環境作用」を定めている。なお、今後、導入が検討されている要求性能としては「環境適合性（使用材料、供用中における環境負荷の低減を志向）」が挙げられており、各機関が策定している維持管理の基本もほぼこれと同様であると考えてよい。

　これまで述べてきた通り、土木構造物を対象とした現状の維持管理手法を、そのまま歴史的・文化的な価値を有する土木構造物に対して適用するには、いくつかの解決すべき問題点がある。ここでは、現状の維持管理手法に歴史的・文化的価値を導入するための課題をまとめる。

（a）　**要求性能としての歴史的・文化的価値の導入**

　現状の維持管理の技術体系では、「歴史的・文化的価値」を取り込む素地が十分に確立していないため、このことに関する維持管理の方法論は確立していない。すなわち、現状の維持管理手法においては、維持管理を進める上で予定供用年数や維持管理区分、構造物に要求される性能などが前提条件として設定されるが、歴史的土木構造物のように、予定されていた年数以上の期間にまで使用したい場合にはどう考えるか、歴史的土木構造物にどのような維持管理区分を定め、供用されていない構造物をどのように長期にわたって保

全していくかといった方法論が確立していない。

また、歴史的土木構造物が有する歴史的・文化的価値は、①国会議事堂などのように、設計段階から予め歴史的・文化的価値が備わるように建設される場合、②日本最古、日本初、日本最大など、経時的に歴史的・文化的価値が生じる場合、および③原爆ドーム（写真 2-2）などのように、戦争や震災の備忘として突発的に歴史的・文化的価値が生じる場合

写真 2-2　原爆ドーム（広島市）

など、様々な経緯から発生し得るものである。したがって、歴史的・文化的価値とは、安全性や使用性などのような、構造物の設計時に設定されるものとは異なるものである点に留意が必要である。したがって歴史的土木構造物が有する「歴史的・文化的価値」を保持しつつ、その他の一般の土木構造物に要求される性能を満足させるためにどのような対策が適切であるかを十分に検討する必要がある。

(b)　時間軸に基づく歴史的・文化的価値の把握

現状の維持管理の技術体系では、土木構造物の性能は、供用中に作用する外力によって経時的に低下することを基本として考えるが、歴史的土木構造物が特徴的に備えている歴史的あるいは文化的価値といったものは、通常、経時に伴って上昇する場合もあり、このような性質を持つ価値を導入する方法論が確立していない。すなわち、「歴史的・文化的価値」は、供用期間つまり時間軸の延長に伴って変化するものではなく、したがって「安全性」「使用性」「修復性」などの性能とは本質的に異なるものであるという特徴を有することを理解する必要がある。換言すれば、コンクリート構造物に関する現状の維持管理手法は、時代の変化に伴って生じる構造物の使用目的の変化、用途の変化などを取り込む体系とはなっていないとも言える。

(c)　歴史的・文化的価値の捉え方

地震に対する耐震基準や、道路構造物における車両重量の規制緩和などのように、土木構造物に関する技術基準自体が改定された場合には、既往の規準で建設された土木構造物は、通常「既存不適格」として取り扱われる。この結果、当該の構造物は、新しい技術基準に照らし合わせても、安全性をはじめとする要求性能を満足しているか否かを改めて確認する必要が生じ、もしこれを満足しない場合には、必要に応じて何らかの対策が施されることになる。この考え方は、通常の土木構造物であれ、歴史的価値を有する土木構造物であれ、供用中の構造物である限りは無条件で適用されるものであるが、歴史的構造物のように、外観や使用材料、構造形式などに特に注意を払う必要がある場合の対応方法については未整備である。

(d)　歴史的・文化的価値の保存方法

現状の維持管理の技術体系では、維持管理の基本方針として予防保全や対症療法といった維持管理区分が定められるが、これに併せて、構造物の状態がどの段階になったら対策を実施するか（限界状態）、また、対策の水準としてどの状態まで回復させるかなどについて検討を行い、維持管理計画を定めることになる。特に構造物の対策の基本は、設計時に設定された要求性能が限界状態を満足しない場合に実施されるものであるが、仮に歴史

的土木構造物の価値が限界状態を満足しない状態に存在する場合、例えば、被災時の状態に歴史的価値がある原爆ドームなどを保全するための技術は十分に確立しているとは言えない状況にある。

2.2 文化遺産の保護
（1） 基本的考え方
（a） はじめに

　ここでは、文化遺産のうち、主に建造物の保全に関係する基本的考え方について土木構造物を念頭に説明する。基本的考え方を具体化するための手法（本項「（2） 基本的手法」を参照のこと）と合わせた全体像は、図2-3に示す通りである。ただ、文化財の分野でも土木文化財に特化した保全の考え方や手法が確立されているわけでもなく、実務においてはここに示した考え方や手法だけで必ずしもすべて解決するわけではない。そこで、本項の内容は、歴史的土木構造物などを文化財として保全するための一般的な留意事項としてご理解いただきたい。

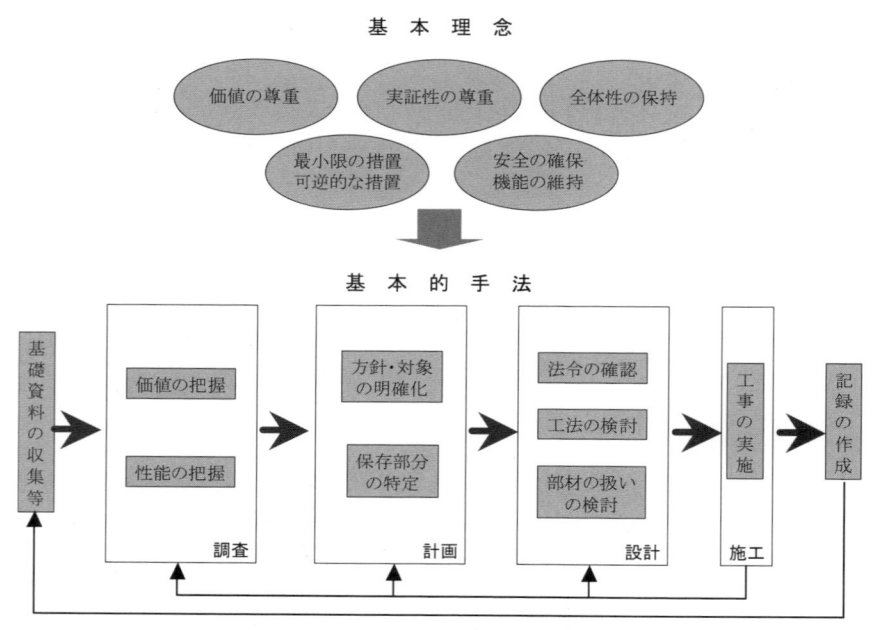

図2-3　文化財保全の基本理念と基本的手法

（b） 価値の尊重

　文化財は、建設の背景、適用された技術・意匠・工法、または建設後の保存活用状況などに応じた固有の価値を有している。その価値は、他の文化財では代替できない唯一性の高いものであることが多く、かつ、一度失われれば取り戻すことが困難な場合が多い。したがって、文化財の保全においては、まずその価値を尊重する姿勢を明確にして、それを次世代へ適切に継承するとともに、現代社会においてもそれを十分享受できるよう心がけるべきである。

　ここで留意すべき点を2つ挙げたい。まずは、地域活性化や観光振興の名の下に、集客を目的とした機能の付加や企画、またそれに伴う過度の安全対策をとることによって、結

果として構造物を傷めてしまい、本来の価値が減じるような事態となっては本末転倒だということ。社会の一時的な盛り上がりに惑わされず、文化財を"消費"することなく、将来の人々も現代人と同様またはそれ以上に構造物の価値を享受できるよう、節度ある措置を持続的に講じていくことが肝心である。

2点目は、人々の価値観は時と共に変化し、それに伴い価値の捉え方も変化するという点である。ひと言で価値の尊重と言っても、現代人と100年後の人々とで観点が異なることは十分に考えられる。そのため、思考を単純化して、構造物の価値を一面的に捉えるのではなく、現段階では肯定的にも否定的にも捉えられる価値の多面性や潜在性にも留意する必要がある。

(c) 実証性の尊重

文化財の分野においては、部材の詳細な痕跡調査や史料調査などに基づき、構造物の旧態を復する行為を「復原」と呼ぶのに対し、構造物の実体がほとんど失われている状態からそれを再現する行為を「復元」と呼び、互いに区別している。「復元」は、行為としては"reconstruction"である。例えば、一度撤去した後に、同形状のものを再現した稚内港北防波堤ドームは「復元」であり、土木の分野でしばしば見られるいわゆるイメージ復元に対しても、この字をあてる。一方、文化財建造物の保全で主に関係するのは、「復原」行為の方である。

「復原」を行う場合には、とりわけ実証的根拠に基づく措置が求められる。原則として推測に頼ってはならない。例えば、研究所における科学的な実験によって根拠の確かさを実証したり、入手しやすい二次資料（原資料そのものではなく、それらを編纂してなる建設史、社史など）ではなく、その原典にあたり内容を確認するなどして、事業にあたっては、少しでも不確実な要素をそぎ落としていくことが求められる。もし、部材の痕跡や一次資料などの実証的な根拠に基づく措置が困難と判断される場合には、現時点ではそれを行わず、後世の研究の成果などを待って改めて具体的に検討することも考えられる。

(d) 全体性の保持

現状の文化財には、ひとつの全体性が備わっている。それは、建設時の状態をそのまま保持している場合だけでなく、建設後の歴史の中で様々な物理的または機能的変遷を経た末に形成される場合もある。文化財の保全においては、その全体性を損なうことがないよう留意が必要である。

例えば、ある部分または部位を、保存や安全上の観点から変更しなければならない場合には、それぞれの価値を見極めて、部分・部位の整合性の確保に留意する必要があり、また部材を付加する場合には、それが構造物の価値を構成する既存部分と調和するよう、形状、材料、構造、工法などを慎重に選択すべきである。ただし、調和と言っても、その具体的な姿は一様ではなく、例えば同化による調和もあれば、対比による調和もある。

また、復原行為による全体性の保持について考えると、例えば絵画や彫刻のように作品性が高く、歴史的価値よりも芸術的価値が顕著なものならば、原作者の意図を尊重して、製作後の変遷または追加された部位を復原・撤去することに異論を言う人は少ないだろう（もちろん技術的にそれが可能ならばの話だが）。その際には、歴史的変遷を無にし、当初のかたちに復することが、全体性を保持することになる。土木構造物についても、もちろん設計者の意図は尊重されなければならない。しかし、一般に土木構造物には、各世代の技術者が時代状況に応じて管理、補修を行い、またその時々の姿に利用者たちが個人的思い出を重ね合わせてきた、より社会的な存在と考えることができる。つまり、復原工事にあたっては、建設後に付加された新たな価値を無視できない場合が多い。ここでは様々な

変遷の末に形成された全体的な価値を吟味し、その上で保全措置を検討すべきである。

なお、欧米においては、一般に歴史的記念建造物 Historical Monument の復原行為に対し、とりわけ慎重な対応が求められる。例えば、ICOMOS（イコモス）のヴェニス憲章では、

「ある記念建造物に寄与したすべての時代の正当な貢献を尊重すべきである。様式の統一は修復の目的でないからである。ある建物に異なった時代の工事が重複している場合、隠されている部分を露出するのは、例外的な状況、および、除去される部分にほとんど重要性がなく、露出された部分が歴史的、考古学的、あるいは美的に価値が高く、その保存状況がそうした処置を正当化するのに十分なほど良好な場合にのみ正当化される。」
（日本イコモス国内委員会訳より）

と記述されているし、TICCIH の「産業遺産のためのニジニ・タギル憲章」も、

「復元や今知ることのできるかつての状態への復原は例外的な措置であり、それらは施設の全体性を高めるか、暴力的行為により破壊された場合のみ適切と考え得る。」

としている。

(e) 最小限の措置、可逆的な措置

素材や工法、構造物の性能評価などに関わる技術進歩はめざましい。例えば、現在の建設または分析技術は、100年前のものと比べ格段に多様化し、かつては不可能と考えられていた技術が実現しているし、逆に今我々が最新と考えている工法も、数10年経てば陳腐化または時代遅れになる可能性がある。

文化財の分野では、100年、200年さらにはそれ以上のスパンを考えて、技術的な措置を講じなければならない。そのため、ある時代の最新技術による工事が時を経て陳腐化し、構造物に何らかの悪影響を及ぼし、そのことによって価値が減少することがないように気をつけなければならない。

このことに関連して留意点を2点挙げたい。まずは、最小限の措置を講じるということである。次世代の担当者が、我々と同様に時代の知識や技術を駆使した最善の措置を講じることを期待して、我々は、次世代に受け継ぐための現段階における最小限の措置を見極め、それを講じるのがよい。何をもって最小限の措置とするか、それを明らかにするためには、文化財としての価値、現代的要求、維持管理および将来的な保全の容易性を十分検討し、従来の保全の経験や、各種専門家の意見を踏まえて、慎重に検討すべきである。

もう1点は、できるだけ可逆的な措置をとるということである。前記のように今後の技術開発によって、将来、現在とは異なる新たな代替措置が開発されることが想定される。例えば、かつてエポキシ樹脂は、石材、コンクリートなど様々な歴史的部材の補修に使われていたが、経年劣化により当初部材にも不可逆的な害を及ぼす場合があることが分かり、現在では使用に慎重である。また、構造物に新たに部材を付加する場合も、将来の除去や更新が容易かつ完全に行われ、さらにその際に既存部分を痛めることがないよう、工法および仕様などを慎重に選択すべきである。

一般に、土木工事は予算規模が大きく、文化財保護の観点からは過大と思われる内容の工事が一気に行われることがある。例えば、まだ十分に使用可能な部位を取り替える、または歴史性を誇張した懐古的なデザインを施す（もともとなかったガス灯風の街灯を付けるなど）などなど。最小限の措置という原則から考えると、こうした行為は文化財保護の理念とは相容れないものと言える。

(f) 安全の確保、機能の維持

文化財だからといって、安全確保や機能の維持をないがしろにしてよいわけではない。むしろ、文化財の観点からいっても、機能自体が価値の一部となっていることもあるので（現役最古の可動橋など）、価値の維持の観点からも、安易に機能を変更・停止すべきではない。

（2）　基本的手法
(a) 基礎資料の収集・管理

供用施設の場合、法令に基づき、日常管理に必要な図面や諸元を記した台帳整備が義務づけられていることが多い。また、定期的な点検や調査の結果も、施設の現状を示す基本的な情報として記録されることが多い。しかし、必ずしもそれらが文化財保護に必要な情報を提供しているとは限らない。例えば、文化財の価値に立脚した保全の方針を定めるためには、現状を正確に示す図面・写真の作成や、建設の経緯・補修履歴を示す文書の整理、また通常ならば廃棄されてしまう古い設計資料や契約書類などの幅広い基礎資料の収集が求められる。そして、それらを継続的かつ適切な時期に使用することができるよう、台帳へ添付するなどして確実に保管する必要がある。

こうした地道な作業は、計画的に保全事業を行うときはもちろん、非常災害後の緊急的な工事においても役に立つ。これまでの緊急工事においては、文化財としての基礎資料が十分に整備されていなかったために、その価値の保存が迅速に計画へ反映できず、やむを得ず安全確保や機能回復に偏った措置がとられることが多かった。こうした意味で、供用施設における基礎資料の収集・管理は、歴史的建築物で行われる以上に、日頃から優先的に行うよう心がける必要がある。

(b) 価値の把握

土木の分野においては、歴史や文化の問題が、景観や環境の問題の一環として捉えられることが多い。そのためか、文化財を視覚的対象と捉え、その保全を対象の見え方つまり外観の保持の問題と同一視されることが多い。

しかし、文化財は単なる視覚的対象ではない。より多面的な価値を有しており、外観に表れる材料・形状・意匠の他には、例えば、

・外観に表れない中詰め材や基礎部分
・構造・形式・規模・機能といった構造物の属性
・構造物の実体と不可分な関係にある建設過程の工法または技法
・構造物を構成する要素の位置関係や、運搬を含めた関連のシステム
・地形、植栽などの周辺環境との関係性

などの、構造物に内在または外在する多様な側面から、その価値を捉えなければならない。特に土木構造物は、周辺地形との関係から、規模、構造、形状、材料などが決められることが多いため、ここに挙げた最後の点には注意を払う必要がある。

これらの価値判断の対象を、どのように評価すればよいのか。前記の通り、ものの価値評価は絶対的なものではなく、時代の価値観に大きく依存し、時代とともに変化する。そのため本来ならば、価値を固定的に捉えるのではなく、様々な価値観を許容し得る包括的な見方が求められるのかもしれない。しかし、あまりに多様な価値観を許容していると、結局何も判断できなくなってしまう可能性もある。そこで、例えば公的に文化財を保護する際には、文化財の種別ごとに指定や登録の基準を定め、その基準に即して各文化財の特徴評価を行うことで、指定、登録という行政的な措置の根拠を明示している。

国宝及び重要文化財指定基準
＜重要文化財＞
　建築物、土木構造物及びその他工作物のうち、次の各号の一に該当し、かつ、各時代又は類型の典型となるもの
　　（一）　意匠的に優秀なもの
　　（二）　技術的に優秀なもの
　　（三）　歴史的価値の高いもの
　　（四）　学術的価値の高いもの
　　（五）　流派的または地方的特色において顕著なもの
＜国　宝＞
　重要文化財のうち極めて優秀で、かつ、文化史的意義の特に深いもの

登録有形文化財登録基準
　建築物、土木構造物及びその他工作物のうち、原則として建設後50年を経過し、かつ、次の各号のいずれかに該当するもの
　　（一）　国土の歴史的景観に寄与しているもの
　　（二）　造形の規範となっているもの
　　（三）　再現することが容易でないもの

　「国宝及び重要文化財指定基準」のうち、前文の「各時代又は類型の典型」とは、ある時代またはある類型（ビルディングタイプなど）における代表的な事例ということで、これを証明するためには、類例との比較調査を通じた相対的な価値の把握が求められる。また文化財のうち遺跡を扱う「史跡」については、「わが国の歴史の正しい理解のために欠くことができ」ないものであることが要件とされ、技術や意匠の優秀さよりもとりわけ歴史の重要性が判断材料とされる。土木構造物については、ここに示した評価基準の他に、社会基盤施設としての価値、つまり社会の形成に果たした役割などの観点から評価することも可能であろう。

(c)　性能の把握

　文化財としての価値とともに、その構造物が現在保有している性能についても予め把握しておかなければならない。この点については、土木構造物の維持管理においても従来から実践され、調査研究も行われてきたことである。

　ただし、文化財などの歴史的な構造物については、経年による部材の劣化・損傷や、躯体の歪みなどが、その性能評価に大きく影響する可能性が高いので、それらの諸条件を十分に勘案すべきである。性能評価の精度が、本項(1)「(e)　最小限の措置、可逆的な措置」にいう最小限の措置の内容に影響するということにも留意が必要である。

(d)　方針および対象の明確化

　供用下にある構造物の保全には、価値評価や性能評価の他に、将来的な利用状況の予測や現利用者の要望事項など、多岐にわたる要素が複合的に関係する。そのため、保全により目指すべき姿や、その保全対象自体が、従来の文化財よりも明示的でないことが多い。

　例えば、
　・歴史的土木構造物については、その構造・工法上の特性や、利用上の制約などから、従来文化財建造物において行われてきた復原工事の実施が困難である。
　・土地との一体性が高く、広域に点在する要素からなることが多いなど、周辺環境との関連性が強い歴史的土木構造物については、その価値の向上を図るために必要な対象範囲の設定が困難である。

・構造物の価値が、建設だけでなく環境や社会などの複数の専門分野にまたがるとともに、立場の異なる不特定多数の人が利用する公共施設であるため、意見や立場の異なる人々の合意形成が求められる。

などの問題が生じることが考えられる。

したがって、歴史的構造物の保全に際しては、特定の専門家や個人の意図を反映するのではなく、委員会などを設置して幅広い専門家や関係者の意見を反映しながら、関連する諸要件を総合的に勘案して、その方針を明確に設定すべきと言える。また、対象についてはできるだけ周辺環境を含めた範囲を検討することが望ましい。

要素が複合的で、一度に全体の解決を図ることが困難な場合には、確実に実施できる範囲に事業を限定し、さらに必要な措置については、将来における計画的、段階的な実施を見込んだ方針を立てることも考えられる。

(e) 保存部分および部位の特定

供用下にある歴史的構造物については、その全体を凍結的に保存することは現実的に困難である。良好な状態で次世代に受け継ぐためには、将来、部材の一部が取り替えられる可能性も想定しておくべきである。その際には、構造物の価値または性能が、それを構成する部分および部位の歴史性、意匠性または材質、劣化状況などの違いに応じて異なることに留意し、それらの各特性に応じた個別の保存方針を検討すべきである。

具体的な部分と部位の特定にあたっては、平成11年に文化庁文化財保護部が定めた「重要文化財（建造物）保存活用計画策定指針」が参考になる。この指針では、屋根、壁面外観または各部屋などを単位として「部分」を定め、その各部分を構成する一連の「部材」の保存方針について設定するよう求めている。図2-4に示すように、基本的に「保存部分」は基準1、2の部位、「保全部分」は基準3、4の部位、そして「その他部分」については基準4、5の部位から構成される。この指針は主に建築物を想定しているが、基本的な考

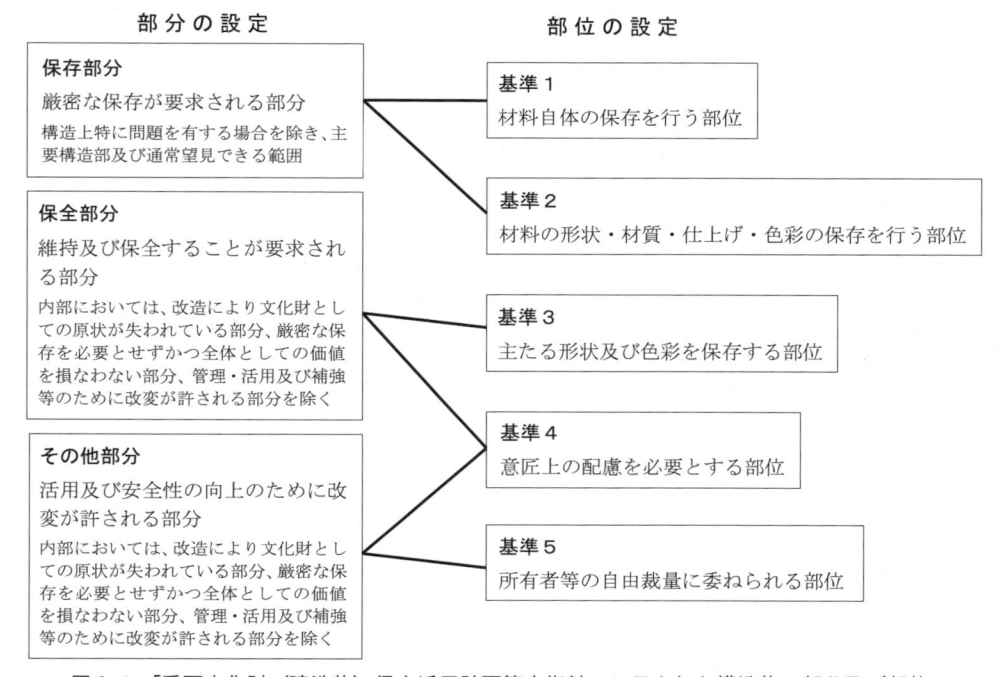

図2-4 「重要文化財（建造物）保存活用計画策定指針」に示された構造物の部分及び部位の設定の考え方

え方は土木に関係する歴史的構造物においても有効と考えられる。
(f) 法令の確認
　土木に関係する歴史的構造物の保全の難しさを語る上でしばしば引き合いに出されるのが、安全確保および機能維持といった供用施設としての措置と、文化財としての価値を保持するための措置の齟齬の問題である。多くの場合、この問題は、管理者が文化財保護の考え方や手法を知らずに、従来の維持管理の手法をそのまま適用しようとすることに起因するが、場合によっては、関係法令の規定上、その両立が困難なときもある。
　確かに、従来の重要文化財（建造物）の大半を占める建築物については、建築基準法第3条に基づき同法から適用が除外され、安全確保、機能維持などが個別に図られてきたのに対し、土木については重要文化財に対する適用除外の規定のない河川法、道路法、港湾法など（政令や通達を含め）への遵守が求められる場合が多い。
　しかしながら、これらの土木関係の法令には、様々な運用の可能性がある。運用にあたっては、法令を遵守しながらも、現行の関係法令における規定の多くが新設行為を想定していることを踏まえつつ、法令の趣旨、当該物件への適用の範囲、仕様規定と性能規定の違いなどを十分把握した上で措置を講じるべきである。
　例えば、
- 性能規定である場合には、実験を行うなどして当該物件が現に保有している性能を詳細に把握し（施工精度の高い空石積の具体的な耐力分析など）、それを踏まえて個別の措置を検討する。
- 隣接する施設へ機能を分担し、当該物件に要求される機能の水準を変更することで、大規模な改造や部材の取り替えを防ぐ。

などの措置が考えられる。
　特に、近年は仕様規定から性能規定に移行する傾向があるので、最新の法令改正の動向も踏まえながら、措置を検討する必要があろう。
　なお、災害時の対応については、文化財に関係する規定がある。河川管理施設などの災害復旧の流れ、査定などに関する法令などを収集した「災害手帳」（社団法人全日本建設技術協会）には、災害査定を行う前に事前打合せが必要な対象箇所例として、

> 「10）　特殊な災害や特殊な構造物
> 　なお、登録有形文化財等として指定または登録された公共土木施設、並びにこれらに準ずる施設に係る災害については、「特殊な災害や特殊な構造物」に該当するものと想定される。」

が挙げられている（同手帳第1章第3節第3）。つまり「登録有形文化財等」については、被災後に自動的に通常の災害復旧措置（空石積の堰堤をコンクリート造で復旧する、など）をとるのでなく、関係者が工法などについて打ち合わせした上で、災害査定を受けることができる。
(g) 工法の検討
　本項（2）「(b) 価値の把握」に示したように、歴史的構造物の価値は、その実体を造りだし、保持するために長年使われてきた工法または技法（以下、「伝統的工法」という）と不可分の関係にある。保全を行うときにも、伝統的工法を用いることが、価値の保存・向上に結びつくことが多いので、それを優先的に用いるべきである。特に、リヴェット工法のように、その工法自体に独自の価値が認められる場合には、極力それを行うことが求

められる。

　ただし、供用中の歴史的構造物の多くを占める鉄筋コンクリートや鋼構造などの近代の構造物については、木造を中心とする他の文化財建造物と比べて建設年数が浅く、大規模修理の実績も少ないため、部材の長期的な劣化特性が十分明らかにされておらず、保存に関する伝統的工法も確立していない場合が多い。そのため、この種の構造物については、これまで経験的に適用されてきた工法についても、改めて文化財保護の観点からそれが適切かどうか検討・調査を行う必要がある。

　また、伝統的工法の再現が著しく困難な場合には、現代的な工法を用いることも考えられる。その代表例が、免震工法や部材の化学的処理などである。こうした技術を用いる際には、とりわけ慎重な対応が求められ、具体的には、歴史的建造物の保存に対して悪影響を及ぼさないことが既に実証されていなければならない。

　いずれにしても、歴史的土木構造物に関係する工法については、今後も各種機関において研究を継続することが求められる。現状では、データさえ不足している状況なので、保全工事を行う際には、少なくとも工事や工事後の経過に関するデータなどを収集、整理しておくことが望ましい。

(h)　部材の扱いの検討

　本項（2）「(e) 保存部分および部位の特定」の作業に基づき、具体的な部材の扱いを定める必要がある。部材取替の判断に関連していうと、

　例えば、

・文化財として高い価値が認められる部分については、極力全体をそのまま存置させ、他の場所に安全上必要な部材を付加する。
・文化財として高い価値が認められる部位であるが、劣化が進行して使用に耐えず、かつ他所における性能の強化が不可能であると判断されたときには、その部材を最小限取り替え、旧材については別途保管する。
・建設当初のものではなく、本来周期的に取替られるべきと考えられる劣化部材については、同等の材質、形状の材料を用いて取り替える。

などの措置が考えられる。

　また、部材の付加や周辺環境整備を実施する場合には、本項（1）(d)の「全体性の保持」に留意しながら、新たな部分・部材が既存部分よりも"主張"して全体のメリハリや調和を失うことがないよう心がける必要がある。例えば、もともと石積堰堤の周囲に土手の護岸が築かれ、石積部分が景観の図になっていたのが、歴史的環境整備の一環として、護岸に同様の石積を施したために、当初の歴史的部分が景観の中に埋もれてしまうことはこれまでもたびたび見られた。このように歴史的環境を意識しているにもかかわらず、不適切な設計によって、逆に全体の歴史的価値を損なう結果にならないよう注意が必要である。

　また、付加部材は、既存の部材と区別するために、刻印や報告書への記録などによって後捕であることを明示すべきである。また、本項（1）「(e) 最小限の措置、可逆的な措置」にいう可逆性を確保するために、付加部材を将来的に除去または更新できるよう、その工法と仕様などを慎重に選択すべきである。

(i)　工事の実施

　工事の実施にあたっての留意点を2点挙げたい。まず、工事中に判明した価値や性能に関連する新事実を計画や設計に反映するために、計画変更が可能な体制を整えておく、という点である。新築工事と異なり、歴史的構造物については、部材の痕跡・刻印または劣化などの工事の内容に影響を及ぼしうる新事実が、工事中に発見されることが多い。ただ

し、こうしたフィードバックの内容が、既に定められた方針や方法自体を大きく覆すことがあってもならない。それを回避するためには、事前に方針や方法を定める段階で、目視や史料調査などだけでなく、躯体の詳細な調査工事を行い価値や性能を十分に把握しておく必要がある。

　2点目は、調査、計画、設計と順を追って具体化されてきた方針や方法の一貫性を、工事の段階でも確保するということである。前記の通り、歴史的構造物の保全事業においては、価値判断などの数値化し得ない要素が含まれ、調査・計画・設計の経緯を知らずに仕様書だけを見て工事を実施するのが困難な場合が多い。また1点目に示した通り、工事から設計へのフィードバックも考慮しなければならないので、これを矛盾なく行うためには設計と施工の両方を責任もって遂行する技術者が必要となる。一般に、国庫補助を受けて実施される重要文化財（建造物）の修理は、文化庁が承認する文化財建造物保存修理主任技術者が設計監理（設計および工事監理）することとされ、事業の一貫性の確保が図られる。歴史的土木構造物については、各種専門家を集めた委員会が、調査、計画、設計から施工に至るまで監修することが多いが、できればそれに加えて、現場レベルで対応できる文化財に詳しい技術者を、事業の最初から最後まで配置することが望ましい。

（j）　記録の作成

　工事終了後には、その記録を速やかにまとめるべきである。実際、変更箇所や変更にあたっての考え方を示した正確な記録がなければ、工事後に構造物の価値の所在を正確に把握するのは難しい。また、工事によって得られた知見が、類例の工事にも参考になることがある。

　修理、管理、活用の別によってまとめ方は異なるが、工事の規模が大きければ、できるだけ単なる記録でなく、工事の方針・方法やその検討過程の考察、さらには工事によって得られた新たな知見を盛り込んだ内容を報告書として取りまとめることが望ましい。また、報告書として取りまとめられる工事の記録は、それ自体貴重な資料であることから、本項（2）「(a) 基礎資料の収集・管理」にいう基礎資料の一部として保管すべきである。

　記録の詳細については、第4章4節の「4.3　記録」を参照していただきたい。

2.3　歴史的土木構造物を活かしたまちづくり

　1990年代に入りバブル崩壊後、持続可能な環境の保全が唱えられるようになり、人々の生活や環境の「質」が問われる時代となった。また、都市計画分野においては、地域住民が主体となったボトムアップ型のまちづくり活動が盛んになり、「住民参加」が制度や施策提案スキームにとって欠くべからざるものとなり、合意形成などの場面において、PI（パブリックインボルブメント）が社会的に認知されるようになった。

　特に、地域住民が主体となって取り組むまちづくり上の問題として景観形成が話題となることが増えた。都市計画法改正などによる地方分権の流れを受けて、「美しい国づくり政策大綱」の策定以来、景観法、地域における歴史的風致の維持および向上に関する法律（以後、通称「歴史まちづくり法」を使用）の制定など、「地域の歴史と文化に根ざした個性の尊重」が地域における最重要課題のひとつとなった。まちづくりにおける国家と自治体、企業、地域住民とのパートナーシップや、景観形成における各主体の役割なども見直され、特に住民参加の流れを受けて、NPOや企業市民を含め地域住民の役割が重視されている。

　このような背景のもと、ここでは都市計画やコミュニティ運営、景観形成を含む土木計画的観点から、土木構造物とまちづくりとの関わりの歴史を整理し、歴史的建造物の活用を念頭に置いたまちづくりの基本理念、さらに、その具体的な保全計画手法の現状と課題

について述べる。「まちづくり」とは、従来のトップダウン型の都市計画のイメージに対してボトムアップ型の、地域住民が主体となって国や自治体と協働し、法制度のみならず様々な地域資源を活用しながら進める、終わりのない地域環境改善活動と定義する。

（1） 土木構造物とまちづくりとの関わりの歴史

　文化財としての歴史的構造物の保全は、単体の建造物や施設など点的対象から、街並みなど線的な対象へと進展し、近年では様々な施策の影響を受け、地域・都市レベルの面的な取り組みへと発展している。佐々木・萩原[4]は、図2-5に示すように、歴史的地区におけるまちづくりには、都市計画行政、文化財行政、景観行政の各分野の協調・協力が必要であると指摘している。

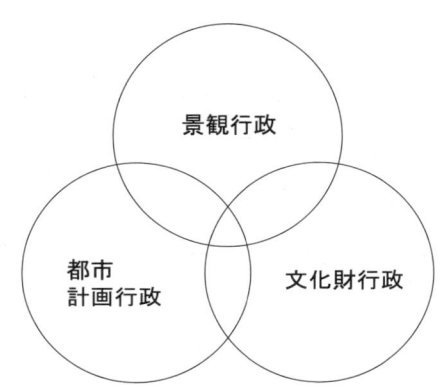

図2-5　各分野の協調・協力が必要な総合的まちづくり[4]

　本項では、歴史的土木構造物を活かしたまちづくりの基本理念を理解するために、土木構造物がこの3種の行政行為、またそれらを享受する都市あるいは集落の生活基盤として重要な役割を果たしてきた歴史を、まちづくりの一面を担う土木計画学的視点から概観した。土木計画学では、地形や気候などの自然環境に即して社会基盤施設として調査、計画、設計、建設、維持・管理される土木構造物そのもの、および土木構造物を基盤とした都市や集落などの物理的環境、またその上に成立する社会システムや生活文化という長期かつ広範にわたる対象を扱う。

（a）　まちづくり以前の土木構造物の建設（1945〜1970年）

　現代的なまちづくりが勃興する以前のこの時代、多くの土木構造物はそれ自身の歴史的価値を問われる存在ではなく、戦後の都市復興や高度経済成長を支える都市計画行政の実現手段として建設された。もちろん、土木構造物に歴史的価値が全く評価されていなかったわけではなく、戦後まもなくの1955（昭和30）年、当時の土木学会会長青木楠男氏は通常総会における会長講演の内容として「九州地方の古い石のアーチ橋」[5]と題し、石橋群保存の必要性を唱えた。また、博物学的な興味によって、一部の土木構造物が明治村に他の建築物同様、移設保存がなされた事例はある。

　この時期、文化財行政と都市計画行政の争点となったのは、1950（昭和25）年文化財保護法制定の中心ともなった古社寺や古建築、史跡や名勝の保存と都市開発との対立問題であった。

　建築物の保存に端を発した文化財保存の問題は、古都保存法や金沢市、倉敷市「伝統美観保存条例」などの都市景観行政や、妻籠などの街並み保存のような文化財保存に結びついた。

(b) まちづくりの黎明と建築的環境（1970〜1990年）

［まちづくりの成立］

1970年代初頭のオイルショックは、それまでの重厚長大と形容される高度経済成長期の社会的価値観を打ち破るきっかけを与えた。全国総合開発計画（全総）においても、1969（昭和44）年に閣議決定された新全総までは、プロジェクト主導型の国土開発に重点が置かれていたが、1977（昭和52）年に発表された三全総からは「居住環境の総合的整備」「国土の保全と利用」などが謳われ、都市への一極集中を是正し地方分権や、地域における「くらしの質」が問われるようになった。

1980年代以降、地方都市、特に過疎に悩む中山間地域では、ボトムアップ型の「村おこし」「町おこし」運動が盛んになり、観光や名産品などと結びつけられつつも、地域の活性化を唱える議論が盛んになった。また都市部においても価値観の多様性は、画一的に都市機能を高度化しようとする都市計画事業に対して、地域住民の生活環境を改善し地域の個性を重視する動きに繋がった。公害対策や日照権など、地域の住環境の質的向上を求める住民運動や、団地や集合住宅建設に伴う流入住民と旧来の地元住民との軋轢など様々な都市問題が勃発した。この頃、行政が主体となって法制度を運営する「都市計画」に対して、地域住民が主体となる自律型活動としての「まちづくり（街づくり、町づくりなど様々）」という言葉が聞かれるようになった。このボトムアップ型のまちづくりの流れは、1980（昭和55）年都市計画法改正による地区計画制度創設に後押しされる。まちづくりの基本単位となりやすい「地区」における協働や施策に法的根拠ができ、1982（昭和57）年には世田谷まちづくり条例が制定されるなど、今日の住民参加に繋がる流れを助長した。

［建築物、街並み保存とまちづくり］

この時期、まちづくりに活かされた歴史的構造物は、古社寺や民家、伝建地区に指定された街並みなど、地域の伝統的な生活、暮らしぶりを支えた建築的環境であった。1975（昭和50）年文化財法改正により「伝統的建造物群保存地区制度（通称「伝建地区」）」が発足し、城下町、宿場町、門前町など、全国に残る歴史的な集落・街並みの保存が図られるようになった。伝建地区では、都市計画法との連動により、市町村が地域住民の合意を得て、都市計画決定をし、伝建地区条例で保存する。伝建地区の多くでは、地域住民らによる街並み保存会を結成し、そのネットワークは「全国町並み保存連盟」となり、1977（昭和52）年「第1回全国町並みゼミ」を開催するなど歴史的環境を活かしたまちづくり活動をリードしてきた。

［土木構造物と歴史的環境保全］

一方、まちづくりにとって重要な公共空間を形づくってきた土木構造物であったが、文化財行政や景観行政と対立することも多かった。先進的な横浜市や神戸市の景観行政の中では、街路や港湾など歴史的土木構造物が都市景観において果たす役割の重要性が認められ、アーバンデザインや都市景観の骨格として歴史的価値が認められる事例もあった[6]。さらに、1977（昭和52）年建設省と文化庁とが歴史的環境保存問題を共同で検討することにより、1982（昭和57）年には歴史的地区環境整備街路事業（通称「歴みち事業」）が創設される。歴みち事業は、今日まで土木構造物を含む歴史的環境とまちづくりとの調和を可能せしめた重要な事業として評価されている。

しかし1960年代から、埋立て道路化する方針が示されていた小樽運河に対して、保存運動が全国的に高まった。小樽市は埋立てを半分にする譲歩案を示したが、折り合いがつかないまま1983（昭和58）年埋立て工事に着工し、1986年には道道17号小樽港線が完成した。また、万葉時代から幾度となく歌に詠まれ、戦前までは名高い景観を保ち続けて

きた和歌浦(和歌山市)における新橋架橋に対して、1989(平成元)年「歴史的景観権」[7]を求めて有識者、地域住民らによる訴訟が起きた。

このように1980年代に入ると、土木構造物は建設に際しても保存に際しても、歴史的景観という価値観に対する認識不足を指摘され、歴史的環境保全という重要な課題を突きつけられる状況になった。その一方、昭和末期には、碓氷峠、昇開橋などの鉄道廃線跡の保存が全国的に脚光を浴びた。

(c) 地域の歴史的環境としての土木構造物 (1991～2000年)

[近代化遺産としての土木構造物]

1992(平成4)年UNESCO世界遺産条約に日本が批准し、1997年には、法隆寺地域の仏教建造物(奈良市)、姫路城(姫路市)が国内で初めて世界遺産に登録された。これらはともに世界遺産の3種類の定義[8]のうち「文化遺産」に分類(他に、自然遺産、複合遺産がある)されるもので、人々の関心を集め、文化財の概念を建造物から都市レベルにまで押し広げることに貢献した。また第二次世界大戦後50年の節目を迎え、1996(平成8)年には文化財保護法が改正され登録文化財制度が確立した。これにより、戦後の構造物に対しても文化財的価値を認める社会的な同意が得られ、戦後復興や高度経済成長を支えた多くの土木構造物や産業遺産を含む、「近代化遺産」[9]に注目が集まった。

この時期、1990(平成2)年には文化庁が近代化遺産調査(建造物等)総合調査を開始し、1993年から3カ年社団法人土木学会が近代土木遺産の全国調査を行った。この学会調査のパイロットとなった東海五県の近代土木遺産の調査を行った馬場[10]は、5事例(桃介橋、横利根閘門、西田橋、錦帯橋、湊川隧道)を示し、土木独自の保存再生工学を確立する重要性を指摘した。これらの一連の活動は、土木構造物に近代化遺産という近代の人々の生活基盤を築いた文化財としての歴史的価値を認めようとする流れに繋がった。

近代化遺産のカテゴリーとして、「土木」「交通」などの分野にまたがる土木構造物は、公共の用に供する公共財として建設、維持管理される存在であるのに加え、文化財として保存する可能性が広がった。1993(平成5)年には藤倉水源地水道施設(秋田市)、碓氷峠鉄道施設(群馬県松井田町)が近代化遺産として初めて重要文化財として指定された。1990年代の10年間、土木学会においては土木史研究委員会が中心となり、近代土木遺産調査の成果をデータベースにまとめ「近代土木遺産2000選」を発表し、2000(平成12)年には全国の近代土木遺産の中から選奨すべき遺産を表彰する制度を設けた。小林[11]は、「土木遺産の存在」を実感することが可能となり、「共有できる懐かしさ」つまり歴史的景観を支えることが、土木構造物の役割のひとつであるとして、景観継承の課題は実践の時代へと突入しつつある、と指摘している。

[まちづくりの基盤]

1992年の都市計画法改正により、市町村は「市町村の都市計画に関する基本方針」いわゆる「市町村マスタープラン」を策定することが定められた。このマスタープランづくりには地域住民による市民参加の必要性が明記され、地域住民とともに自治体が自らの地域のヴィジョンを考える姿勢が打ち出された。

このような地域のマスタープランを描く場合、現代の地域を形づくってきた生活、産業の基盤となってきた歴史的環境の多くは、近代から現代にかけて整備されてきた土木構造物に付随する場合が多い。個々の街並みや界隈の歴史的生活環境は、ボトムアップ型の建築協定や地区計画などで保全されるとしても、それらを地域として繋ぎ、支えてきたのは都市計画行政の実態として整備されてきた土木構造物である。戦後50年が経ち、歴史的土木構造物の多くが更新の時期を迎え、その保存・活用が検討され始めた。あるものは現

役の公共施設として維持・管理計画が、あるものはその本来的な機能を失い、保存・活用計画が策定されるというように、地域資産としての土木構造物の保全が、自治体と地域住民の協働によるまちづくりに重要な役割を果たす時代を迎えたとも言える。

1993（平成5）年には、桃介橋（長野県南木曾町）が復元され[12]地域のランドマークとなり多くの観光客を集めていることや、横浜市のみなとみらい地区のランドマークタワーの足下に、日本に現存する最古の石造ドックヤードであった旧横浜船渠株式会社第二号船渠が解体保存され、ドックヤードガーデンとして市民の憩いの場となった（1997年国指定重要文化財）ことなどからも、まちづくりの基盤としての歴史的土木構造物の役割が指摘できる。

(d) まちづくりにおける歴史的土木構造物のこれから（2001年以降）

［選奨土木遺産とまちづくり］

2000（平成12）年 社団法人土木学会は、①社会へのアピール、②土木技術者へのアピール、③まちづくりへの活用、④失われる恐れのある土木遺産の救済、などを目的に選奨土木遺産制度を創設した。土木学会が定める土木遺産の選定基準[13]には、A：意匠性、B：技術性、C：系譜性、D：総合性、が示されている。C：系譜性には、地域性、保存度、愛着などのまちづくりにとって重要な要素を含んでおり、選奨土木遺産制度が軌道に乗る（2008年度まで、9年間で160件）と、土木構造物本来の姿である「群」としての推薦や、「私たちのまちにある身近な土木遺産を選奨遺産に、土木遺産リストへの追加を」と地域住民や守る会からの自薦、などの要望が出始めた。これは、かつて管理者の同意を得ることさえ難しかった土木遺産に対し、その歴史的環境としての価値を認め、歴史的土木構造物をまちづくりの核として活用したいという期待の表れと言える。

［世界遺産と地域アイデンティティ］

日本は、2009年4月現在14件（文化遺産11件、自然遺産3件）の世界遺産を有している。この中で、近年選定された「熊野古道」と「石見銀山とその文化的景観」は、地域の歴史を活かした新しいまちづくりのあり方を示している。熊野古道も石見銀山も、国内ではさほど知名度があるわけではなかった。それらが、日本国内に認知される以前に「世界に売り出した」観がある。今や両者とも地域の価値が認められ、国内有数の観光地となり、多くの観光客が訪れ地域も潤っている。何より地域にとって大きな効用と考えられるのは、地域アイデンティティの確立である。両地域とも、高齢化や過疎化に悩む中山間地域であり、地域住民にとって「自分たちの生活基盤、産業基盤が世界に認められ、日本中に認められた」という思いは、地域に生きる自信となる。また忘れてならないのは、熊野古道にしても石見銀山にしても、一朝一夕で世界遺産になったわけではなく、その背後に地域住民と自治体の綿密な戦略、弛まない努力があったことである。

［文化的景観とまちづくり］

ユネスコの世界遺産委員会では、1992年文化遺産のひとつのカテゴリーとして「文化的景観」の概念を盛り込んだ。わが国でも、2005（平成17）年の文化財保護法の一部改正時に「地域における人々の生活又は生業及び当該地域の風土により形成された景観地で我が国民の生活又は生業の理解のため欠くことのできないもの（文化財保護法第二条第1項第五号より）」として、重要文化的景観の選定制度が設けられた。

文化的景観は、地域の自然、歴史、生活・生業が、特徴ある景観として立ち現れている場合、その価値を適切に評価し、次世代へと継承するための制度である。これまで、日本で選定された重要文化的景観は15件（2009年4月）あり、この中で生活・生業の項目に該当するのは、棚田や段畑、水路などの農業関連施設である。この一部に、歴史的構造物

が含まれ、地域の風土に根ざした土木技術が摘要されている。

文化的景観の保全は、地域住民と基礎自治体の努力に委ねられている部分が大きい。多くは農山漁村であることから、過疎化、高齢化が激しく、地場産業を中心としたコミュニティ・ビジネスの振興や地域ブランドの確立など、産業面からの支援も少なくない。しかし、地域コミュニティのみで、自地域の自然、歴史、生活・生業を反映した景観の価値を把握し、その継承を続けていくことは極めて難しい。文化的景観の保全は、本質的には地域の終わりなき環境改善活動であるまちづくりと同種のものなのである。

[景観まちづくりから歴史まちづくり法への流れ]

1995（平成7）年地方分権推進法が制定され、国の権限の地方自治体への委譲が決定された。さらに、1998（平成10）年には主に都市域を対象に、土地利用規制を促進するための都市計画法の改正、地域社会の保全やライフスタイルの見直しの側面から「大規模小売店舗立地法（大店立地法）」、中心市街地の再生を意図した「中心市街地の活性化に関する法律（中心市街地活性化法、略称「中活法」）」の3つの法律（「まちづくり三法」と総称）が施行（大店立地法のみ2000年施行）され、2006（平成18）年には一部改正された。これら都市計画行政の流れは、地方分権により「地域のことは地域で決める」という、住民参加・参画に基づいた自治意識の確立に繋がったとされる。

さらに、2004（平成16）年には景観法が制定され、地域の歴史や文化を活かした景観まちづくりが推進されるようになった。河川法の改正や道路建設においてもPIや住民参加のプロセスが重視されるようになった。同年、文化財保護法の改正により、文化的景観が制度化され、景観計画と連動することになった。

2008（平成20）年「地域における歴史的風致の維持および向上に関する法律（通称「歴史まちづくり法」）」が制定された。文化庁、国土交通省、農林水産省の説明[14]では、この法制度は、城や神社、仏閣、また周辺の町家や武家屋敷などの歴史的建造物を有する地域において、工芸品の製造・販売や祭礼行事など歴史と伝統を反映した人々の生活が営まれることにより、地域固有の風情、情緒、たたずまいを醸し出すような良好な環境（歴史的風致）を維持・向上させ後世に継承することを目的としている。

このように、いよいよ景観行政、文化財行政、都市計画行政の協働が本格化し、歴史を活かしたまちづくりの実践が期待されている。

（2）歴史的土木構造物を活かしたまちづくりの基本的理念

土木構造物とまちづくりの多様な関わりの歴史を見てきたが、ここでは、それを踏まえつつ歴史的土木構造物の保存・活用に特化して、歴史を活かしたまちづくりの基本的理念について説明する。このため、まちづくりの基本理念を述べ、土木技術者の役割を確認し、地域や都市基盤として重要な役割を果たしてきた歴史的土木構造物の地域における役割を従来の土木遺産としての評価、その本質的価値について説明した。そして最後に、まちづくりにおける歴史的構造物保全の土木計画的意義について整理した。

(a) まちづくりにおける土木技術者の役割

[まちづくりの基本理念]

冒頭で、まちづくりとは「地域住民が主体となって国や自治体と協働し、法制度のみならず様々な地域資源を活用しながら進める、終わりのない地域環境改善活動」であると説明した。

簡素に描けば、図2-6のように地域には3種類のステークホルダー（主体）が存在する。この3者は、物理的・社会的環境としての「まち（都市や地域）」に属することになるが、行政は地域の基礎自治体から国まで連携が必要であり、企業・専門家は必ずしもまちに存

在するとは限らないことから、まちは地域住民側にやや寄ったかたちで存在すると言える。まちづくりは、主に地域住民（NPOや企業市民を含む）から発信される地域への要望、地域に対する思いを核として、行政はそれに応えるため、また自らが策定するマスタープランに従い、地域を運営するために権限を付与し、制度や仕組みなどをつくり運営する。また、企業・専門家は、その要望や思いに対して自分たちが有する技術や資金を提供する。このような一連の活動の連鎖が、終わりなき地域環境改善活動となり、まちづくりとなる。

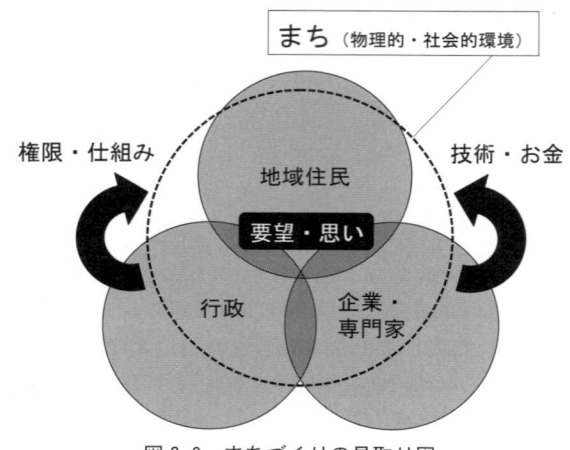

図 2-6　まちづくりの見取り図

　まちづくりとは、ある程度思想や手法が確立されてきているとはいえ、基本的にオーダーメイド、地域それぞれの活動である。大切なのは、上記の3主体の協働によって、ステップ①：地域の課題や問題を共有し、ステップ②：各主体がそれぞれの責任を果たす、ことである。もちろん、このステップ①、②は一度で課題解決に至ることは少なく、数度の繰り返しを伴うが、その都度3者の間で情報共有、確認が必要である。蛇足であるが、小さな基礎自治体レベルであれば、地域住民と行政、地域住民と企業・専門家の重複部分における人材が豊かであり、まちづくりがうまく回っている事例が多く見られる。

［地域住民との協働、専門家同士の協働］
　このまちづくりの現場となり基盤となるのが、土木構造物や土木技術が投入される公共空間である。橋梁や水辺、道路や公園など、様々な土木構造物、社会システムが、まちづくり活動のループを、そして物理的・社会的環境としてのまちを支えている。本書では、初学者や歴史的構造物の保全に関わる技術者、また行政担当者などを読者として想定しているが、ここではいずれも土木技術者の範疇としてその役割について解説する。「まちづくりに専門家はいない」とよく言われるが、図2-6のどこに自分が位置するのか意識されたい。
　この3者の中で、まちづくりの起点となるのは、地域住民である。自治体が関与しなかったり、企業や専門家不在であったりするまちづくりは不可能ではないが、地域住民のいないまちづくりはありえない。つまり、行政担当者であれ、企業であれ、専門家であれ、まちづくりにおいては、地域住民の要望、思いを理解することが大前提である。その上で、自分の役割を認識し、それぞれの専門性を活かしてステップ①地域の課題や問題を共有する。この課題や問題の発見、究明には、各主体の専門性によるところが大きいので、まちづくりにさしたる影響はないが、これらの「共有」は簡単にはいかない。行政担当者はま

ちの運営や政策立案のプロ、企業・専門家はそれぞれに高い専門性を有するプロなのだから、「まちに住むプロ」である地域住民とパートナーシップを築き、まちづくりの核となっている要望、思いを理解し、まちが直面している課題、問題の説明責任（アカウンタビリティ）を負わねばならない。当然、地域住民のほうも行政や専門家任せではなく、主体的に自地域の将来像を描く責任を負っている。さらに、それぞれの専門家は、一人でまちづくりを担えるわけではなく、専門家同士でチームを編成したり、コラボレーションしたりすることが必要となる。ステップ①にまちづくりとしての配慮があれば、ステップ②各主体がそれぞれの責任を果たす、ことは技術者倫理に照らして活動すれば、難しいことではないと思われる。繰り返しになるが、このステップ①、②は一度で課題解決に至ることは少なく、数度繰り返すことになるが、その都度3者間で情報共有、確認をすることが必要であり、それが持続可能なまちづくり体制にとって重要な経験となる。

(b) 地域における歴史的土木構造物保全の2つの価値

[「モノ」であり「場」である土木構造物]

まちづくりにとって重要な要素は、「ヒト・カネ・モノ」であると言われている。

「ヒト」に関して、「まちづくりには、馬鹿者、若者、よそ者が大切」とも言われるように「役者が揃う」、つまり、地域住民、行政、企業・専門家の各ステークホルダーとしてよい人材が集まることはとても重要であり、時代を超えて継承されるまちづくりに必須の財産である。

また「カネ」は、終わりなき地域環境改善活動であるまちづくりが回っていくための、駆動力のようなものである。健全な経済的循環とでも言おうか、必ずしもたくさんあればいいというわけでもなく、適切に循環できる財の提供があることが望ましい。各ステークホルダーが無理なく提供できる、地域やコミュニティの規模に応じたフローが必要である。

最後に、「モノ」であるが、ものは通常時間の経過とともに劣化する。しかし、時間の経過とともに、歴史性を価値として獲得するものもある。これまで土木構造物は機能が優先され、歴史性が評価されてこなかったが、歴史的土木構造物として歴史性という価値を得た今、この保全問題は、まちづくりに重大な影響を及ぼす。土木構造物が獲得し得る「歴史性」とは、ある期間地域に存在してきた物的環境（モノ）としての価値のみならず、地域住民が経験してきた事柄の履歴（コト）をも含む、地域らしさを支えてきたAuthenticity（真正性）であると言える。

社会資産である土木構造物は一般的にストック、まさに「モノ」である。しかし、まちづくりという「ヒト」と「カネ」、土木構造物以外の「モノ」の循環を支えてきた基盤として、また今後繰り広げられるまちづくりの「場」ともなる。つまり、地域にとって唯一無二の地形との対話によって築かれてきた土木構造物は、まちづくりを支える「モノ」であり、かつまちづくりの「場」であるという2つの特徴が重要な意味を持つ。

[「モノ」としてのローカルルールを守る]

土木構造物は、システムの一部として、機能を有する一個の「モノ」として存在する。そのために、土木構造物建設ための調査、計画、設計、施工、維持・管理、どの段階においても、原理原則を守りながら、それぞれの地域に見合った「かたち」を得るための哲学や技術、手法などを適用する「ローカルルール」が重要である。

ローカルルールとは、自然環境や科学的な原理・原則に従いながらも、それぞれの地域に固有の工夫であり約束事である。ローカルルールは、ものに付随して作り手と使い手の間で共有されるものであり、改修・保存・更新いずれの場合でも、これまで歴史的土木構造物が築いてきたローカルルールを確認することが重要である。

人々の生活を支える基盤として、「安心・安全」を提供する機能を発揮するためのローカルルールが、それぞれの地域に固有のものとして存在することを、大熊[15]は「技術にも自治がある」と表現している。材料や工法、安全度の考え方など、歴史的土木構造物の保全の現場で、まちづくりを支える物理的環境づくり、「ものづくり」のためのローカルルールに注意を払うことが、歴史的土木構造物を活かしたまちづくりの重要なひとつの理念である。

[まちづくりの「場」を継承する]

例えば、橋や駅は土木構造物として備わっているべき機能以上に、まちや地域の顔として果たす役割が大きい。人々の出会いや別れの場となり、人々の人生やまちづくりそのものを演出する力を土木構造物は備えている。これが、まちづくりの「場」としての土木構造物の役割である。中村はその重要性を、都市の文化基盤[16]としての土木構造物の機能と評している。

単なる「モノ」以上に、地域で起こってきた「コト」の現場を支えてきた歴史的土木構造物の保全は、そのような場の維持にも配慮する必要がある。保全の対象となる歴史的土木構造物の存在してきた場、その構造物を維持・管理してきた地域社会や技術体系、つまり社会的環境としてのまちにも思いをめぐらし、その保全について考えることが重要な理念となる。また、多くの土木構造物がひとつの地域の閉じた社会的環境ではなく、他の地域との交易や交流を担っていることから、まちづくりの「場」を外側からも成立させてきた要因として歴史的土木構造物の価値を説明することも重要であろう。

(c) まちづくりにおける歴史的土木構造物保全の意義

[地域資産としての歴史的土木構造物]

昨今の都市計画行政において、地方分権、地域の生き残りの議論が盛んである。また、景観行政においては景観法制定や公共事業に対する景観アセスメント、文化財行政においては文化的景観や歴史的風致の維持・向上など、地域における歴史性の評価が重要視されている。地域固有の生活や産業を支えてきた歴史的土木構造物は、地域の歴史や文化を表象する地域資産である。

熊野古道や石見銀山のように世界遺産となり地域再生に大きく貢献した地域資産もあれば、北海道夕張市の炭坑遺産のように、かつて都市を支えたストックを活かし切れず、負の遺産として継承してしまい行政破綻する場合もあった。

こうした、歴史的土木構造物を含む地域資産を活用することは、今後の地域の生き残りに必須の戦略と言える。そのような意味で、日本全国で起きている歴史的土木構造物保全問題、例えば鞆の浦埋立て架橋問題（広島県福山市）や余部橋梁架け替え問題（兵庫県美方郡香美町、第4章1節の「1.2　余部鉄橋」参照）など、単に地域の問題ではなく、日本全体の歴史を活かしたまちづくりの問題と言える。

地域の生き残り戦略として、歴史的土木構造物の保全を考えることは、地域の個性を継承する重要かつ有効な手段であると言える。厳しい財政の中、歴史的土木構造物のすべてを保存活用することは難しく、歴史性の適切な評価の上で、保存・活用の対象、現役としての維持管理の対象を選定する、土木構造物のライフサイクルアセスメントが重要となる。さらに、歴史的土木構造物を地域の歴史的環境の一部として、土木構造物の維持管理を含めた地域資産のアセットマネジメントこそが、今後地域マネジメントの中核となりえる。

[地域経済における歴史的土木構造物保全]

地域の産業や経済の基盤となる土木構造物には、当然ながら公共の用に供しながら劣化していく運命にある。公共事業という土木構造物に係る調査、計画、設計、施工、維持・

管理との各段階においても、土木構造物の多くは地域経済を支えている。ストックである土木構造物に付随するフローや、歴史的土木構造物が獲得する歴史性というフローも、ものとしての土木構造物が存在しなければ発生せず、土木構造物に関わる多くの直接・間接の経済的波及は無視できない。右肩上がりの地域経済下でのスクラップ＆ビルドによる環境改善が期待できない今、既存のストックとフローを地域経済の中でマネジメントしていくことが重要であり、まちづくりという地域経済においても、歴史的構造物保全に係る諸経費や経済効果も、重要な視点となる。

後述（第1章の3節「歴史的土木構造物の保全の基本的考え方と手法」）するが、このような面から既存不適格として法制度の規制から除外される歴史的建築物に対して、歴史的土木構造物の保全にはそのような処置が執られないことも重大な問題であると考える。このような歴史的構造物の保全に対して規制緩和や財政支援制度など法制度の見直しも期待される。

［防災基盤としての歴史的価値］

土木構造物は耐用年数の長い地域資産である。地震や台風、豪雨災害などにより、万が一土木構造物が被災すると、その地域にとって極めて大きな損失となる。このように、起こることは少ないが一度起きてしまうと甚大で不可逆的なリスクを背負う土木構造物の維持・管理は、リスクマネジメントの観点からも保全計画を検討する必要がある。老朽化した歴史的土木構造物であれば、なおさら現役としての安心・安全を保つ機能性の評価と、直接的・間接的に地域経済に与えるリスクの評価を行い、議論する必要がある。

さらに、災害は人命や財産などまちづくりに対する直接的な被害の他、物理的なまちのみならず、社会的なまちにも甚大な被害を及ぼす。これまで歴史的環境の上に暮らしてきた地域コミュニティそのものが離散したり、地域コミュニティが形成してきたソーシャルネットワークや、その上で育んできたソーシャル・キャピタル[17]を失ったりすることにもなりかねない。ソーシャル・キャピタルに含まれるローカルナレッジは、地域の風土に根ざした知識とも言え、歴史的土木構造物に付随する防災に対する知恵、工夫なども多く含まれている。このような防災基盤としての歴史的土木構造物に付随する防災文化も、歴史を活かしたまちづくりにとって重要な価値を有する。

ソーシャル・キャピタルは、社会関係資本、地域力などと理解され、目に見えない地域の信頼感などを示す指標としてR・D・パットナムによって提唱された概念である。この社会関係資本を高く評価し、近年コンパクトシティなどの集住形態の再考とともに、エネルギー消費型のライフスタイルを見直し、ソーシャル・キャピタルの涵養に資するガバナンスのあり方などの議論も盛んとなっている。

（3）まちづくりの基盤となる歴史的土木構造物の保全計画手法の現状と課題

歴史的土木構造物保全にとっての重要課題は、土木構造物の歴史性を考慮した「維持・管理」と「保存・活用」を明確に位置づける哲学、技術、法制度を体系化することである。建設以前の段階から社会性を有する土木構造物の保全には、「現役か、保存か」というような二項対立の維持・管理、保全技術論では解決できない。そこには、長年歴史的土木構造物の恩恵を受け、地域に生きてきた地域住民の関与が反映されていない。

ここでは、西村の「都市保全計画」[18]などを参考に、歴史的土木構造物保全技術のごく一部ではあるが、土木計画学的に捉えた歴史的土木構造物の保全計画手法の現状と課題を整理した。

(a) 都市保全計画における歴史的土木構造物

[都市保全計画の計画レベルと立案プロセス[19]]

西村によると都市保全計画の立案には、以下の4つの計画段階がある。
① 現状の把握と評価の段階
② 都市計画やまちづくりの基本計画に保全計画を擦りつける段階
③ 特定の地域や地区に関して保全計画を立案する実施計画段階
④ 具体的な環境改善事業を実施し、また個々の建造物などに対する保全内容を確定する段階
 ④-1 個々の環境改善事業の計画立案および実施
 ④-2 地区内の個別建造物に一般的に適用される規制
 ④-3 地区再生計画に基づく地区内の面的規制

また、都市保全計画の対象の規模から見ると、保全計画は単体、地区、都市、広域の4つのレベルに分けることができ、これに計画プロセスを統御する仕組みレベルの計画を加えた5つの計画レベルを設定している（表2-2参照）。

表2-2 都市保全計画の計画段階と計画レベルによる計画内容の例示[18]

	調査・評価段階	基本構想・計画段階	実施計画段階	具体的規制段階
広域レベル	・都市の位置づけとその変容 ・地勢の理解	・風景計画の立案 ・広域オープンスペースの保全	・特定都市の選定 ・地域個性の把握	・行政組織との対応 ・広域計画との整合
都市レベル	・都市構造とその変容	・都市周辺緑地及び農地保全 ・計画課題の整理	・特定地区の選定 ・地区別課題の整理	・法定都市計画との整合 ・各種例規の検討
地区レベル	・都市の中での街区の位置づけ ・街区の構造とその変容	・地区保全の基本方針 ・保全整備のマスタープラン	・主要資産の分布 ・地区整備計画との整合	・集団規定の見直し ・ガイドラインの具体的数値の確定
単体レベル	・資産総合目録 ・資産基本台帳 ・調査項目づくり	・保全整備の基本方針	・保全整備計画の立案	・保存修理計画 ・維持管理計画 ・再利用計画
仕組みレベル	・調査の組織体制づくり ・調査・評価における市民参加	・計画理念の整理 ・条件，ガイドライン等の制度設計	・条例等の制定 ・事前協議等の制度化 ・運用の仕組みづくり	・会議運営情報公開等のルール化 ・規制や助成措置の検討

都市保全計画の立案にあたっては、基本的に広域レベルの都市理解に始まり、最後は単体レベルの具体的な施策や規制に行きつく、表2-2の左上から右下へ向かう流れとなる。これは、文化財行政が基本的に個々の文化財の保存から始まり、徐々に対象を広げていく右下から左上へと段階を踏んで拡がっていく流れと対照的である。

[都市保全計画における歴史的土木構造物の位置づけ]

上記の都市保全計画の流れを理解した上で、歴史的土木構造物の位置づけを確認する。土木構造物は一般的に規模が大きく、耐用年数が長く、単体で成立することは少ない。例えば、橋梁やトンネルは道路や鉄道関連構造物として路線の一部であり、水道関連施設は取水堰堤から用水路、浄水場などの建造物、ダム、ダム湖に架かる橋梁まで一群の土木構造物の総体である。これらは、都市や地域、場合によってはそれらを越える国土のネットワークの中で、地図レベルの施設群として成立することが基本となる。

そのため、歴史的土木構造物は**表 2-2** の広域レベル、都市レベルの計画対象となる。近世以前の水路網整備や道普請による道路築造などは、地区レベルの計画対象となるが、それらもネットワークとして上位の都市基盤施設（河川や幹線道路）とリンクしていることに注意しなければならない。

多方面にわたる歴史的土木構造物の歴史性を評価するために、以下の 4 つの軸から保全計画に関する要因を調査することが有効と考えられる。

① 自然軸：地形的・地質的な要因、「モノ」として土木構造物をつくる際の要件
② 人為軸：土木構造物の機能が支えてきた人々の営為、人為の及ぶネットワークの範囲
③ 生活軸：生活者の社会活動（アクティビティ）、土木構造物の恩恵が及ぶ「場」の範囲
④ 時間軸：これらをひとつの時代、時間的断面だけで見るのではなく、変化を重層的に捉える

(b) 歴史的土木構造物保全計画の立案手法

このように歴史的土木構造物が都市保全計画の中に位置づけられた上で、歴史的土木構造物保全計画の立案プロセスとその具体を整理する。

［現状の把握と歴史的土木構造物の評価の段階］

人々が集住するために必要な生活基盤施設として築かれた歴史的土木構造物は、都市や地域の立地を決定し、その位置づけを規定してきた歴史を有し、それ自体が当該地域の個性を表していることが多い。城下町の城郭や、宿場町の街道、港町の港湾など、近世以前のまちであれば容易に想像できるであろう。

① 自然軸から見た歴史的土木構造物の評価

都市や地域と歴史的土木構造物との関係に最も大きな影響を及ぼしているのは地形や気候などの自然環境である。都市や地域の立地は、山や川、海などとの位置関係が、交易、交通、軍事、産業、宗教上、重要である。

さらに、都市や地域レベルで歴史的土木構造物との関係を見ると、街路計画そのものや、街路の山当て（街路の軸線上に象徴的な山容を持った山を配する都市計画技法）、中洲や坂道あるいは橋上などの特異点からの景観など、地形によって特徴づけられた歴史的土木構造物も価値を有する。

② 人為軸から見た歴史的土木構造物の評価

都市や地域の性格を規定する、駅や宿の街道システム、舟運システム、伝馬制や助郷制度などの都市と周辺農村を含めた経済圏の形成など、厳しい自然環境を改変して人々の生活圏を切り拓いてきた人為に価値が存在する。また、このような人為によって築かれた歴史的土木構造物が、主要公共施設の配置や土地利用、街区割りや町割に影響を及ぼしていることも理解しておくべきであろう。

③ 生活軸から見た歴史的土木構造物の評価

歴史的土木構造物の築造によって人々が生きるための都市や地域が形成されたと見るのであれば、生活軸により歴史的土木構造物の築造目的や計画意図、その波及効果の解釈が可能となる。過去の住民組織、地名、宗教、神話、民俗、経済など種々の地域社会構造、祭礼時の都市構造などは、歴史的土木構造物の価値を知る手がかりである。

④ 時間軸から見た歴史的土木構造物の評価

①から③の空間的変化を、ひとつの時間的断面だけで見るのではなく、重層的に捉えることが重要である。これらの要因をすべて歴史的土木構造物との関連から見直すことは難

しいが、維持・管理、保存・活用のいずれの対象としても、変化があった箇所、改善・改修が必要な箇所について調査する必要はある。

西村は、「都市保全計画」において、歴史的土木構造物保全に対しても示唆に富んだ、下記の重要な視点を示している。
- 現在との関わりにおいて過去の都市計画や土木事業を理解する。
- 近世からの連続性と近代以降の変化を詳細に把握する。
- 構造物の背景にある政治や計画的な意図と見なすことができる指向を読み取る。
- 都市形成史を編年的に追っていく作業と、実感のある現代の都市や地域構造から出発して遡及していく作業を常に並行して行う。

また、様々な歴史的構造物の保全計画に携わってきた矢野は、上記のような歴史的土木構造物の歴史性の評価に際して、以下の手法が有効であると指摘[20]している。
- 古地図との重ね図
- 現地の観察－住民意識を含めて
  （観察、踏査、聞き取り・アンケート調査、ワークショップ、イメージマップ）
- 歴史的要素の抽出－指定文化財だけでなくあらゆる歴史要素
  （国指定文化財、都道府県指定文化財、市町村指定文化財、登録文化財、遺跡地図、地形・植生、地名、地割、歴史的景観・文化的景観、工芸・園芸・芸能、その他）
- マッピング（時代別、要素別、地域史・郷土史書の分析）

[都市計画やまちづくりの基本計画に保全計画を擦りつける段階]

ここでは、土木工学や歴史学以外の各種専門家や、行政、地域住民と直接議論することになる。前節で述べた通り、まちづくりのプロセスにおいて最も重要な協働の場、情報共有の実践が必要となる。

表2-3は、大河[21]によって編まれた都市計画と建築に関係がある歴史的資産の分類表である。文化財行政では、単体を基本とする過去のデータの蓄積と現状調査から表2-3などを用いて地域の歴史的資産の総合目録（インベントリー）を作る作業により、歴史的土木構造物保全に係る地域の現状を把握する。これを見ると、運河や道路、石垣や鉄橋など、多くの歴史的土木構造物が歴史的資産として認識されていることが分かる。このような都市計画やまちづくりに関する諸データと、上記のⅰ）の段階で得られた歴史的土木構造物に関する専門的な知見を付き合わせることで、共有される言葉が獲得される。西村は、資産総合目録作成にあたって参照すべき主要な既往調査として、表2-4を挙げている。

表 2-3　歴史的資産の分類表[21]

分類	種類	主要な事例（＊は都市レベルで特に重要なもの）
都市を取りまいている自然の風景	山・丘陵	＊山・丘陵の稜線とその緑、＊遠くに見える名山、＊斜面林
	水面	＊都市に接する海・湖水・川の水面、汀線の石垣・植生
河川・水路・泉等	河川	＊市を貫通する河川の風景、その付属物（堤・歴史的橋・城）
	運河・用水	運河・用水の石垣・石段・常夜灯・堤・歴史的橋・水車小屋
	細水路	古くからある水路網・堤・水路橋
	泉・池	名泉、池（特に歴史や伝説と関係のある池）
道	近世以前の道	＊山の辺の道・京街道・鎌倉街道等の古道
	近世以降の道	＊街道とその交点（辻）、付属物（一里塚・道標・道祖神・地蔵）
	道の空間構成	広小路・升形・大手道・古くからの坂道・良い雰囲気の路地
	道に伴う施設	本陣・問屋場・高札場跡・茶屋・常夜灯
近代以前の公共的建物・施設等	城館	＊城跡、＊城や館の建物、＊石垣、＊堀
	宗教施設	神社・寺院の境内・歴史的建物・森・町堂、小祠、参道の鳥居
	その他	歌舞伎舞台、人形舞台、火の見橋、太鼓楼、名園、名水・古木
近代以降の公共および産業用の建物・施設等	行政用の建物	＊県庁、＊郡役所、＊市役所、＊町村役場、議場、裁判所、刑務所
	教育用の建物	＊大学、高校、中学校、小学校、図書館、博物館
	他の建物施設	教会・公会堂、劇場、映画館、銀行、公園
	交通施設	停車場、鉄橋、トンネル、倉庫、港湾、灯台、税関
	産業施設	工場、煙突、倉庫、繭倉、発電所
町並み・民家	歴史的町並みと民家	伝統的町家の町並み、旧式家屋敷町、寺町、それらを構成する歴史的な建物・工作物（民家・蔵・堀・門・石垣・石橋等）
	農漁村の集落	伝統的な屋敷構え、民家、蔵、石垣、生垣、屋敷林
	近現代の建物	町並みを特徴づける煉瓦造・洋風・アールヌーボーの建物、市民に親しまれた近代様式の建物
伝説地・生家・名所等	伝説地	都市の起源伝説やその他の伝説と関係がある場所・塚・泉
	歴史的な場所	＊都市の歴史で重要な事件が起こった場所
	生家・旧宅	著名な文人・芸術家・政治家などの生家や住んだ家
	名所	古くから住民に親しまれた桜・梅・藤等の名所・見晴らし台
遺跡	既知の遺跡	集落跡、古墳、古代官庁跡、古代寺院跡、中世城館跡等
	未発見の遺跡	都市の歴史で重要な遺跡が発見される可能性の高い場所（＊都市の歴史的中心、歴史の古い辻、橋の付近、遺跡伝承地）

表 2-4　目録作成時に参照すべき主な既往調査[22]

・古文書・古地図・絵画・古写真塔の歴史資料	・土木文化財の調査資料
・近代和風建築の調査資料	・日本建築学会による『近代建築総覧』
・近代化遺産の調査資料	・土木学会による『日本の土木遺産』
・近世社寺の調査資料	・都市計画基礎調査資料
・伝統的建造物群保存地区保存対策調査	・都道府県・市町村の教育委員会による調査
・民俗文化財等の調査資料	・市町村史等の記述
・(財)日本ナショナルトラスト等による調査報告書	・大学等の自主研究の成果
	・都市計画マスタープラン・都市景観計画等

さらに、都市計画やまちづくりの方針上の課題、文化財行政上の問題点、地域住民から見た都市や地域の形成史などを理解することで歴史的土木構造物の保全上の課題が解決する場合や、逆に歴史的土木構造物の保全がそれらの解決に繋がる場合もある。このように情報共有し、お互いの計画を擦り合わせることが、まちづくりに対する総合計画として重要である。

専門家として、歴史的土木構造物から見た地域の位置づけや、その地域において歴史的土木構造物が果たしてきた役割、まちづくりの方向性に対する歴史的土木構造物保全の課題、問題点などを、他の専門家や行政、地域住民に分かりやすく説明し、相互理解することが肝要である。

［地域に対して歴史的土木構造物保全計画を立案する実施計画段階］

歴史的土木構造物の保全計画は静態的なマスタープランだけでなく、変化をどのように管理していくのか、動態的なマネジメントプランであることが望ましい。これには、現役土木構造物として機能を更新し都市計画のマスタープランに載せ続けるものと、退役して保存・活用の対象となる土木遺産の峻別するアセットマネジメントの観点も重要である。

具体的な実施手法は次節に後述するが、矢野は、歴史的土木構造物保全の実施に際して、歴史の反映手法を以下のようにまとめて[23]いる。

・歴史都市・地域構造の反映
・まちづくりにとって有効な要素の発見
・効率の高い事業の見極め
・創造性を持つ
・失われかけた技術の再生
・伝統素材、地域素材の採用
・歴史・伝統・風土に根ざした意匠、ディテールの活用

(c)　具体的な法制度上の保全手法

最後に、歴史的土木構造物の都市計画やまちづくりに対する具体的な法制度上の保全手法を整理する。

［都市計画行政上の保全手法］

歴史的土木構造物に係る都市計画上の規制・誘導による保全手法としては、美観地区、景観地区、風致地区、特別用途地区、環境保全のための地区計画指定などによるものや、建築協定、住民による自主的な協定・憲章などが挙げられる。

都市計画行政を中心に、文化財行政、景観行政と良好かつ有効な関係を構築しているのが、2008 年に制定された歴史まちづくり法である。図 2-7 はその保全手法のメニューを示したものである。これら（城郭建築を中心とした、伝統的な集落を中心とした、古墳群、神社仏閣を中心とした）歴史まちづくりを進める重点地区の骨格となり、また周辺地域と繋いでいるのが、街道であったり、水辺であったり、港湾であったり、歴史的土木構造物であることを認識することが重要である。

図 2-7　歴史まちづくり法のメニュー（「歴史まちづくり法パンフレット」より）[24]

［景観行政上の保全手法］

　都市や地域の景観は一般的にまちづくりの重要な働きかけの対象であり、歴史的土木構造物の上に成り立つものである。この意味で、各種景観条例や、図 2-8 に示した景観法による整備メニュー、また地域の組織のあり方は、景観重要公共施設や景観重要建造物となりえる歴史的土木構造物の保全に重要な手法と言える。

図 2-8　景観法による行為規制と支援の仕組み（「景観法の概要パンフレット」より）[24]

[文化財行政上の保全手法]

　歴史のパートでも述べたが、近代化遺産の認知、登録文化財制度の設立などを契機として、現在多くの歴史的土木構造物が文化財としての価値を有し、既存の文化財保護の手法を用いることもできる。大別すると、指定または登録の「有形文化財」、史跡または名勝として指定される「記念物」、または、「文化的景観」の一部として歴史的土木構造物が文化財となることがある。また、「伝統的建造物群」の骨格として街路や水辺などの歴史的土木構造物が重要な役割を果たし、修景の対象となることもある。また、「文化財の保存技術」として、石積みやリベットなどの歴史的土木構造物の保全に必要な材料、技術が選

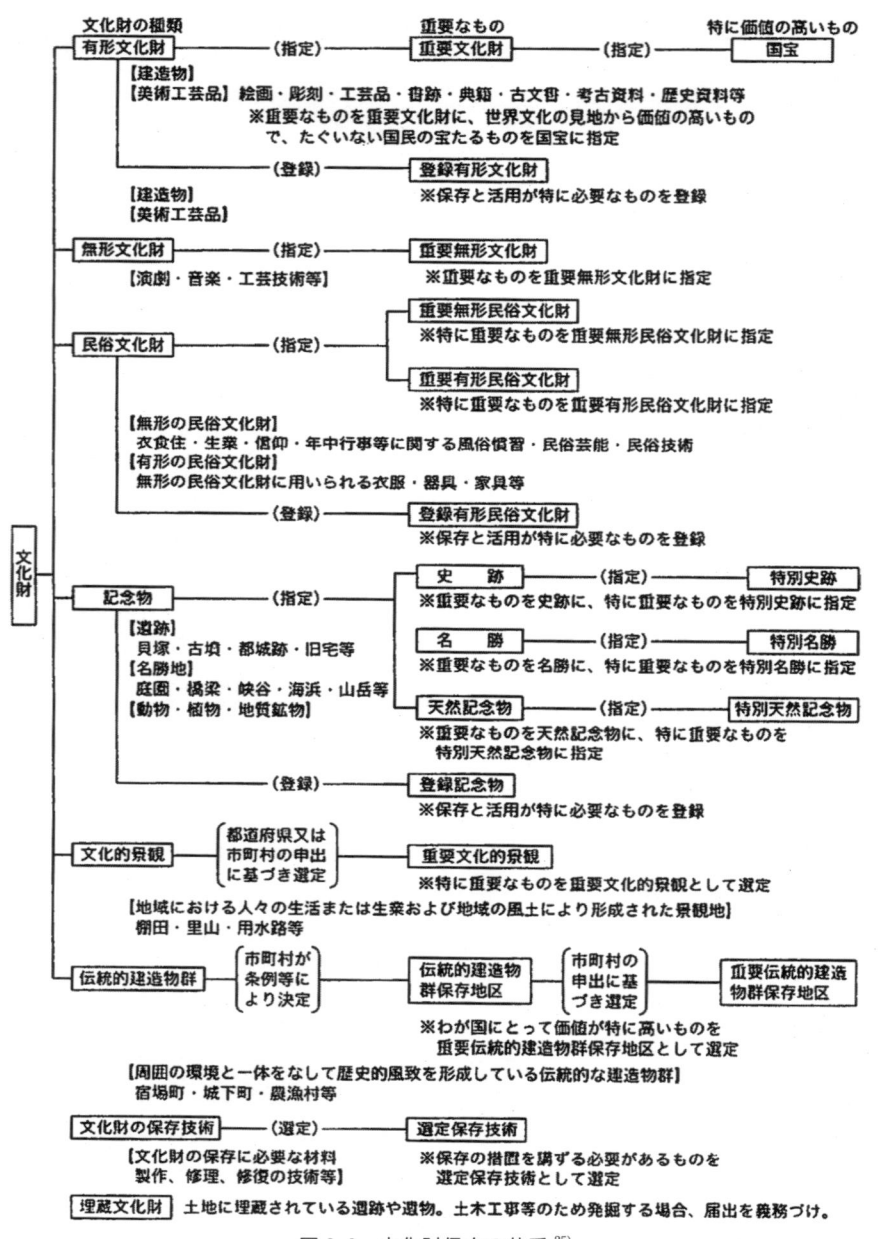

図2-9　文化財保存の体系 [25]

文化財の種類		重要なもの	特に価値の高いもの
有形文化財	（指定）	重要文化財	（指定） → 国宝
【建造物】【美術工芸品】絵画・彫刻・工芸品・書跡・典籍・古文書・考古資料・歴史資料等		※重要なものを重要文化財に、世界文化の見地から価値の高いもので、たぐいない国民の宝たるものを国宝に指定	
【建造物】【美術工芸品】	（登録）	登録有形文化財 ※保存と活用が特に必要なものを登録	
無形文化財	（指定）	重要無形文化財	
【演劇・音楽・工芸技術等】		※重要なものを重要無形文化財に指定	
民俗文化財	（指定）	重要無形民俗文化財 ※特に重要なものを重要無形民俗文化財に指定	
		重要有形民俗文化財 ※特に重要なものを重要有形民俗文化財に指定	
【無形の民俗文化財】衣食住・生業・信仰・年中行事等に関する風俗慣習・民俗芸能・民俗技術 【有形の民俗文化財】無形の民俗文化財に用いられる衣服・器具・家具等	（登録）	登録有形民俗文化財 ※保存と活用が特に必要なものを登録	
記念物	（指定）	史跡 （指定） 特別史跡 ※重要なものを史跡に、特に重要なものを特別史跡に指定	
		名勝 （指定） 特別名勝 ※重要なものを名勝に、特に重要なものを特別名勝に指定	
【遺跡】貝塚・古墳・都城跡・旧宅等 【名勝地】庭園・橋梁・峡谷・海浜・山岳等 【動物・植物・地質鉱物】		天然記念物 （指定） 特別天然記念物 ※重要なものを天然記念物に、特に重要なものを特別天然記念物に指定	
	（登録）	登録記念物 ※保存と活用が特に必要なものを登録	
文化的景観	都道府県又は市町村の申出に基づき選定	重要文化的景観 ※特に重要なものを重要文化的景観として選定	
【地域における人々の生活または生業および地域の風土により形成された景観地】棚田・里山・用水路等			
伝統的建造物群	市町村が条例等により決定	伝統的建造物群保存地区	市町村の申出に基づき選定 → 重要伝統的建造物群保存地区 ※わが国にとって価値が特に高いものを重要伝統的建造物群保存地区として選定
【周囲の環境と一体をなして歴史的風致を形成している伝統的な建造物群】宿場町・城下町・農漁村等			
文化財の保存技術	（選定）	選定保存技術	
【文化財の保存に必要な材料、製作、修理、修復の技術等】		※保存の措置を講ずる必要があるものを選定保存技術として選定	
埋蔵文化財	土地に埋蔵されている遺跡や遺物。土木工事等のため発掘する場合、届出を義務づけ。		

定されることも考えられる。また、「埋蔵文化財」として、古代や中世の歴史的土木構造物が遺跡として発掘されることもあると言える。

第2節　参考文献
1) 土木学会編：鉄筋コンクリート標準示方書、1931
2) 廣井　勇：築港（前編）、
3) 社会基盤メインテナンス工学、東京大学出版会、2005
4) 佐々木政雄・萩原岳：歴史的地区におけるまちづくりの考え方の変遷　新谷洋二編著・(社)日本交通計画協会編著協力：歴史を未来につなぐ まちづくり・みちづくり、p.47、学芸出版社、2006.1.
5) 青木楠男：九州地方の古い石のアーチ橋、土木学会通常総会会長講演、1955.5.28
6) 佐々木葉：都市のデザイン　馬場俊介監修：歴史と意匠の歴史的展開－土木構造物・都市・ランドスケープ－、信山社サイテック、pp.291-295、1998.9.
7) 馬場俊介：土木構造物のデザイン　馬場俊介監修：歴史と意匠の歴史的展開－土木構造物・都市・ランドスケープ－、信山社サイテック、p.249-251、1998.9.
8) D・オルドリ・R・スシエ・L・ヴィラール著・水嶋英治訳：世界遺産、白水社、p.22、2005.6. より（原著：Le Patrimoine Mondial、1998）
9) 日本産業遺産研究会・文化庁歴史建造物調査研究会編著：建物の見方・しらべ方－近代産業遺産－、ぎょうせい、1998.
10) 馬場俊介：具体化し始めた「保存再生工学」、特集「土木遺産は世紀を超える－保存・活用の今」、土木学会誌、Vol.85、pp.37-39、2000.6.
11) 小林一郎：景観的価値を活用した保存・再生手法、特集「土木遺産は世紀を超える－保存・活用の今」、土木学会誌、Vol.85、pp.42-44、2000.6.
12) 馬場俊介：土木構造物のデザイン　馬場俊介監修：歴史と意匠の歴史的展開－土木構造物・都市・ランドスケープ－、信山社サイテック、pp.262-266、1998.9.
13) 文化庁歴史建造物調査研究会編著・土木学会編集協力：建物の見方・しらべ方－近代土木遺産の保存と活用－、ぎょうせい、1998.7.
14) 国土交通省都市・地域整備局公園緑地・景観課景観・歴史文化環境整備室：パンフレット「歴史まちづくり法の概要」(http://www.mlit.go.jp/crd/rekimachi/rekimati_low.html)
15) 大熊孝：ローカルな思想を創る〈1〉技術にも自治がある―治水技術の伝統と近代（人間選書）、農山漁村文化協会、2004.2.
16) 中村良夫：風景からの町づくり 円熟した日本型都市を目指して、NHKライブラリー、2007.12.
17) 宮川公男・大守隆編著：ソーシャル・キャピタル－現代経済社会のガバナンスの基礎、東洋経済新報社、pp.10-13、2004.9.
18) 西村幸夫：都市保全計画、東京大学出版会、2004.9.
19) 西村幸夫：都市保全計画、東京大学出版会、pp.215-245、2004.9.
20) 矢野知之：歴史を活かすための基本手順と求められる能力　新谷洋二編著・(社)日本交通計画協会編著協力：歴史を未来につなぐ まちづくり・みちづくり、pp.61-77、学芸出版社、2006.1.
21) 大河直躬編：都市の歴史とまちづくり、学芸出版社、1995.3.
22) 西村幸夫：都市保全計画、東京大学出版会、p.237、2004.9.
23) 矢野知之：歴史を活かすための基本手順と求められる能力　新谷洋二編著・(社)日本交通計画協会編著協力：歴史を未来につなぐ まちづくり・みちづくり、pp.84-89、学芸出版社、2006.1.
24) 国土交通省景観ポータルサイト (http://www.mlit.go.jp/keikan/keikan_portal.html)
25) 益田兼房：文化財の種類と伝建地区の制度　新谷洋二編著・(社)日本交通計画協会編著協力：歴史を未来につなぐ まちづくり・みちづくり、p.94、学芸出版社、2006.1.

3 歴史的土木構造物の保全の基本的考え方と手法

3.1 はじめに

　本節では、前節において示された3つの異なる視点を分析・総合し、歴史的土木構造物保全の基本的考え方と手法を提示する。それによって、供用下にある歴史的土木構造物をめぐる維持管理と文化的保全の考え方のずれや手法的矛盾を解消する一助となることを目指したい。

　作業にあたり、まず現在多くの施設管理者が依拠していると考えられる「構造物の維持管理」の考え方と手法を、歴史的土木構造物に直接適用することの問題点・限界を、本章1節「保全の必要性と技術者の新たな使命」を参考にしながら整理する。そして、これらの問題点などに対する本書での対応を提示し、それを踏まえた上で、本書で扱うすべての分野に共通する保全の基本的考え方と手法をまとめてみたい。

3.2 問題点と本書の対応

（1）「文化的価値」を構造物の性能として捉えることについて

【問題点】

　これまで、鋼構造、コンクリート構造物などの分野では、美観・景観といった構造物の文化的価値が、安全性や使用性と同様に維持管理上の要求性能のひとつとして捉えられることが多かった。しかし、一般に「性能規定」というものが、
　① 構造物に対する作用とそれらの組み合わせ
　② 構造物の限界状態
　③ 時間

の3つの要素の組み合わせによって示される[1]とすると、その文化的価値は下記の通りとなる。
　① 評価にあたり主観を排することが不可能で、客観的な「作用（action）」だけを規定しても意味がない。
　② 例えば、撤去後も記憶の場として価値が残存することが考えられ、「限界状態」というものが設定できない。
　③ 残存余命（供用期間）に対応する概念がなく、かつ時間の関数にならない。

【本書の対応】

　そこで本書では、「文化的価値」を性能のひとつとはみなさず、性能照査型設計による定量的アプローチは構造設計だけに留めることとする。

（2）「耐用期間」という概念について

【問題点】

　一般に構造物のライフサイクルマネジメントにおいては、「耐用期間」という、それ以上使い続けると目的の機能が果たせなくなる期間を名目的に定め、適切な維持管理措置によってそれを延長することが目指されてきた（図3-1左）。しかし、将来的な撤去を想定しにくい歴史的土木構造物の保全においては、（たとえ名目的にでも）「耐用期間」の設定し、それに基づきマネジメントするという考えは馴染まない。

【本書の対応】

　そこで本書では、構造設計における期間の設定は、供用、耐用という観点ではなく、保

全措置のサイクルに基づき行うと考える。つまり、限界状態を、それを超えると安全上、使用上問題の生じる状態ではなく、周期的かつ効率的な保全を可能とする最低限の性能レベルに設定するものとする（図 3-1 右）。現実的にはそれを実現するために、通常で求められる以上に予防的措置を心掛ける必要がある。

(a) 従来の土木構造物の維持管理
(b) 歴史的土木構造物の保全

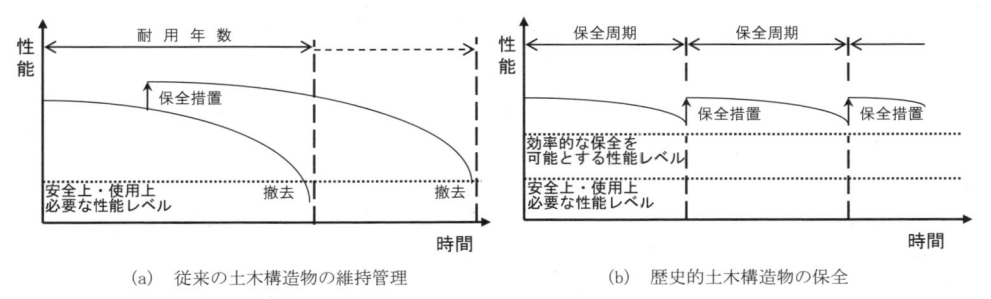

図 3-1　歴史的土木構造物の構造性能と時間の関係

例えば、大規模な災害時の対応（図 3-2 中の ⤴ 部分）は、保全周期内の性能低下の進行（「劣化」の図）、それを回復するための短周期的な措置、さらには将来実施予定の保全措置の内容（右図中の「保全措置」）などを考慮した上で、計画的に規模や内容を決めるか（A）、保全周期をいったんリセットして保全周期の起点に必要な性能まで回復する（B）。通常は、（B）がとられる。

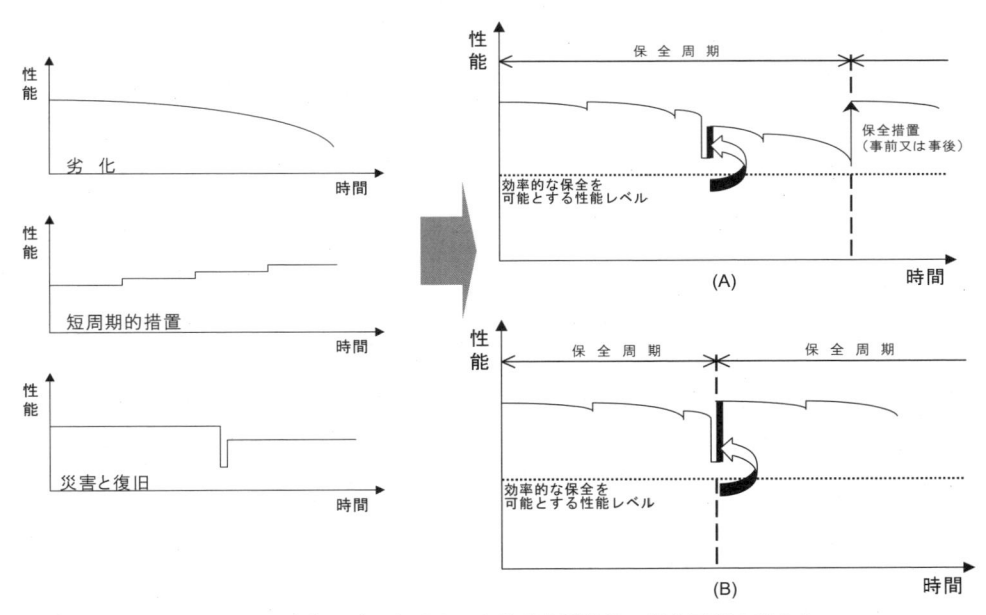

図 3-2　災害復旧時における歴史的土木構造物の保全周期の考え方

また、「効率的な保全を可能とする性能レベル」を「修復性」と呼称し（ただし「土木・建築にかかる設計の基本について」[2]にいう「修復性」とは区別する。「土木・建築にかかる設計の基本について」の「修復性」はむしろ「復旧性」に対応する）、その限界は使用限界よりも変形の小さい状態で訪れるものとする（図 3-3）。予防的措置を心掛けることで、修復性確保の可能性が高まる。

図 3-3　修復性の位置づけ

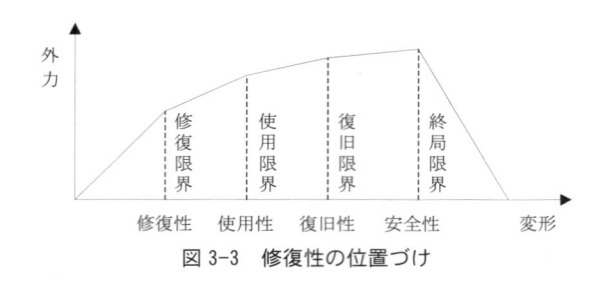

（3）　既存不適格となる構造物の扱い
【問題点】
　ほぼすべての歴史的土木構造物は、現在効力を失っている過去の技術基準に基づき建設されているため、現行基準に対応していない可能性がある。一方、現行の性能照査型設計においては、こうした既存不適格の構造物の扱いについて十分検討されていない（本章2節の「2.1　構造物の維持管理」参照）。
【本書の対応】
　本書はその扱いについて具体的な指針を示すものではないが、今後既存不適格を扱う規定を改訂する際に参考になると思われる情報の提供に努めている。例えば、既存不適格物件の優れた保全事例を積極的に紹介している。また（2）のように、要求性能のレベルを従来よりも高いものに設定すること自体が、既存不適格と認められた際の対応の幅を広げることに結びつくと考えられる。

（4）　コンクリート、鋼材などの長期的な性能の変化が不明
【問題点】
　伝統的な建設材料である木材、石材と異なり、歴史的土木構造物の多くを占めるコンクリートや鉄鋼などについては、構造物に使われてきた歴史が比較的浅く、100年、200年後の性能の変化について、不明な点が多い（本章2節の「2.1　構造物の維持管理」参照）。
【本書の対応】
　この問題を解決するには、今後実例を継続的に蓄積し、それを効果的に分析することが求められる。そこで本書では、継続的モニタリングの実施を推奨し、そのことによってかつて廣井勇がコンクリート材料試験用テストピースを大量に製作して長期間にわたる材料特性の把握に努めたように、構造物自体の特性の変化を継続的に記録する事業者、研究者が増えることを期待したい。

（5）　設計と施工の一貫性の確保
【問題点】
　新設の土木事業では、設計監理者を置かずに、設計と施工で担当を分けるのが一般的で、とりわけ施工者の意図が強く設計に反映されることが多い。しかし、歴史的土木構造物の保全事業の場合、設計図書として文書化・数値化しにくい要素（計画・設計の理念や価値の解釈など）が多いため、設計と施工で担当者が異なれば、設計の意図を竣工まで一貫させるのが難しいことが多い。
　また、調査の段階で正確に把握できなかった劣化状況などの情報や旧部材の痕跡などの文化的価値に関わる情報が、施工段階において初めて明らかになった場合、その扱いの判断が設計者に委ねられることはまれで、発注者と施工者に任されることが多い。重要な保全案件については、学識者を含めた委員会を開催し、設計・施工の指導が行われることもあるが、その手法をすべての歴史的土木構造物に一般化するのは難しい。

【本書の対応】
　これは建設業の設計・施工分離の制度や文化に関わる問題で、簡単に対応策を示すことは難しい。本書では、建設業者だけでなく発注者自身が歴史的土木構造物の保全に関する知識と手法を会得する機会と、計画・設計から施工までの監理を行う歴史的構造物保全の専門家（仮に監理者という）の職能確立の必要性を指摘し、この2点を実現するための課題を提示するに留めたい。

　・監理における構造専門家の役割の明確化
　・契約における監理者の責任の明確化
　・監理者の立場を保障する仕組みづくり
　・講習会の開催主体、監理者の資格化の問題、人材の育成

3.3　基本的考え方

　3.2（1）で見たように、歴史的土木構造物の保全においては、構造物の文化的価値を要求性能のひとつ（図3-4左）として捉えず、性能は構造的内容に留めるものとする（図3-4右中央）。その代わりに、「文化的価値の保全」「地域づくり」「環境保全」と相互に関連づけて同時に考慮するものとする（手法については次項「3.4　基本的手法」に示す通り）。その際、これら4つに極端な優先順位をつけるのではなく、全体が同等に考慮されるよう、長期的視野に立ってそのバランスに留意すべきである。

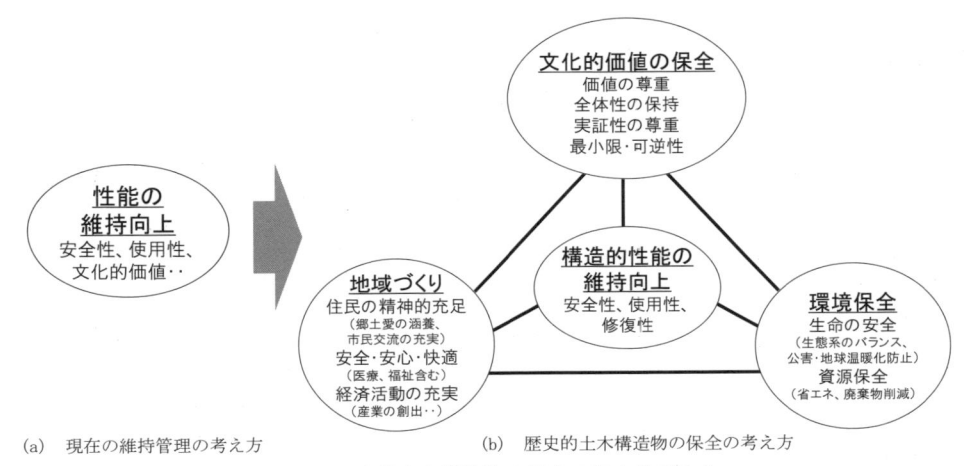

図3-4　歴史的土木構造物の保全の基本的考え方
(a)　現在の維持管理の考え方
(b)　歴史的土木構造物の保全の考え方

　「構造的性能の維持向上」「文化的価値の保全」「地域づくり」のそれぞれの考え方は、基本的に本章2節「従来の基本的考え方と手法」の各項に示した通りなので、そちらを参照いただきたい。

3.4　基本的手法

（1）　はじめに

　ここでは、地域整備を含む場合とそうでない場合に分けて、事業の流れに即して留意点を説明したい。特に地域整備を含む大規模な保全措置を講じる場合には、事業の全体を通して、専門の異なる学識者が実質的にチェックできる体制を整えるべきである。なお、基本的考え方と同じく、個々の内容については本章2節「従来の基本的考え方と手法」の各

（2） 地域整備を含む大規模な保全措置を講じる場合

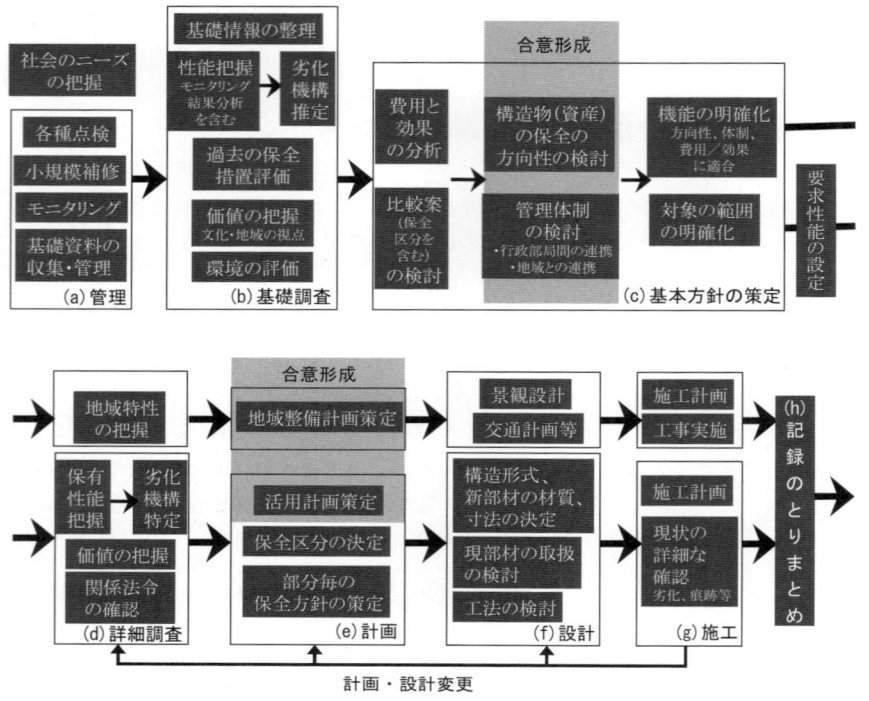

図 3-5　地域整備を含む大規模な保全措置を講じる場合

(a) 管理

　保全措置を講じる前には、日常的な管理の積み重ねがある。管理の範疇では扱えない工事が想定される場合に、整備や大規模補修を含む保全措置が講じられる。つまり、保全措置の内容について考えるためには、事前に管理の範囲を明らかにしておく必要がある。ここでは、「各種点検」とその後の「小規模補修」に加え、文化的価値の保全を考える上で重要な「基礎資料の収集・管理」、前回の保全措置以降の構造物の変状などを計測する「モニタリング」を挙げている。特に、管理者が日頃から施設の歴史的価値を確認し、価値観を涵養するためにも、「基礎資料の収集・管理」を通常業務のひとつとして位置づけておくことが重要である。また地域づくりの視点をある程度具体的にイメージするためには、アンケートや地元との意見交換などを通した「社会のニーズの把握」を適宜行うことが望ましい。

(b) 基礎調査

　保全の基本方針を策定するために、まずは現状を正確に把握し、それを分析・整理する必要がある。把握する内容は、基本的考え方に示した通り構造性能だけでなく、文化的価値、環境などからなり、それらを管理業務の間に蓄積した情報と合わせて整理する。構造性能に関しては劣化機構の分析、推定まで行っておくことが望ましい。

(c) 基本方針の策定

　歴史的土木構造物を中心とした地域整備を行う場合は、構造だけでなく文化、地域、環境などの多岐にわたる分野の意見を調整する必要がある。そのためには事業者が一方的に方針を定めるのではなく、関係者間の合意形成を図ることが望ましい。その際には、事前

に事業予定者が事業の比較案や費用／効果などに関わる判断材料を専門的見地から整理することになる。合意形成の内容としては保全の方向性だけでなく、保全措置またはその後の管理における地元住民・団体などとの連携、または建設部局、文化財部局など行政部局間の連携に関する検討も含まれる。

(d) 詳細調査

基本方針において、歴史的土木構造物にどのような機能を求めるのか明らかにした上で要求性能を設定し、その上で具体的な計画策定に必要な詳細調査を実施する。

計画は地域整備に関わるものと、保全工事に関わるものの2つに大きく分けることができる。まず地域整備に関わる計画の策定にあたっては、地域の特性を機能（人口増減の傾向、交通需要など）、文化、環境などの視点から分析・整理する必要がある。また、保全工事計画策定にあたっては、保有性能の把握と劣化機構の特定、(c) の段階で抽出された意見などを踏まえた詳細な価値の把握を行い、さらには準拠すべき法令の内容と運用の可能性について確認する。

(e) 計画

(d) で示した2種類の計画のうち、保全工事に関しては、躯体自体に関わる事柄と活用に関わる事柄に分けて整理する。躯体自体に関わる事柄としては、保全区分の決定の他に、躯体の各部分・部位ごとの保全方針の策定が含まれる。また活用計画については、もしイベントなどのソフトウェアに関わることと、設備などのハードウェアに関わることに分けて考えるとしても、それら両者が矛盾なくかつ合理的に実現されるよう留意する必要がある（例えば、保有性能に対して過度の使用を望むことで、文化的価値を損ねるほどの補強や安全対策を施すことについて再考するなど）。なお、保全計画と活用計画は互いに密接に関連しているため、文化財の分野ではこれら全体を「保存活用計画」として策定することが勧められている。

また、地域整備と保全関係の活用計画を策定する際には、必要に応じて合意形成を図ることになる。

(f) 設計

設計には、地域整備に関わるものとして景観設計、交通関係の設計などが含まれる。また保全工事関係としては、構造形式などの決定、取替部材の扱い、工法の決定などが含まれる。

(g) 施工

施工段階で留意すべきは、工事の円滑な実施はもちろんのこと、調査の段階で明らかにされていなかった構造や文化的価値に関わる新たな事実の発見に努め、必要に応じてそれらを計画・設計に遡って反映するという点である。

具体的には工事を進める間に、事前に確認されていなかった詳細な劣化状況や部材同士の取り合いなどの構造物のディテールが判明することで、保有性能の評価や補強方法が変更する可能性がある。また部材のオリジナリティーを証明する痕跡などが工事中に発見されれば、構造物の詳細な文化的価値を見直すことに繋がる可能性がある。これらは、工事中にこまめに記録、整理し、分析の後に報告書に取りまとめ (h)、場合によっては設計変更 (f) の基礎データにする必要がある。

(h) 記録の取りまとめ

歴史的土木構造物の保全は、構造、文化、環境などに関する様々な考察を経て実現される。そのため、記録の取りまとめとしては、(a) 〜 (g) の各段階で収集されたデータを、単にデータベースに取りまとめるだけでは不十分で、それらをもとに考察・分析した結果

を学術報告書として取りまとめることが望ましい。そうすることで、当該構造物の将来的な保全措置や、類似する構造物の保全措置の参考となる。また、こうして作成された学術的な報告書自体が、未来の歴史資料となり得る。

具体的には、当該保全措置の基本方針がどのような過程を経て策定されたか、保全工事を行う上で工夫した点、工事によって得られた新たな知見など、単なるデータ以上の内容を盛り込み、最終的に事業全体の総括者がそれらに考察を加えることが望ましい。また、こうした報告書の作成が、その後の管理手法の再構築に結びつくことも考えられる。

（3） 通常の保全措置の場合

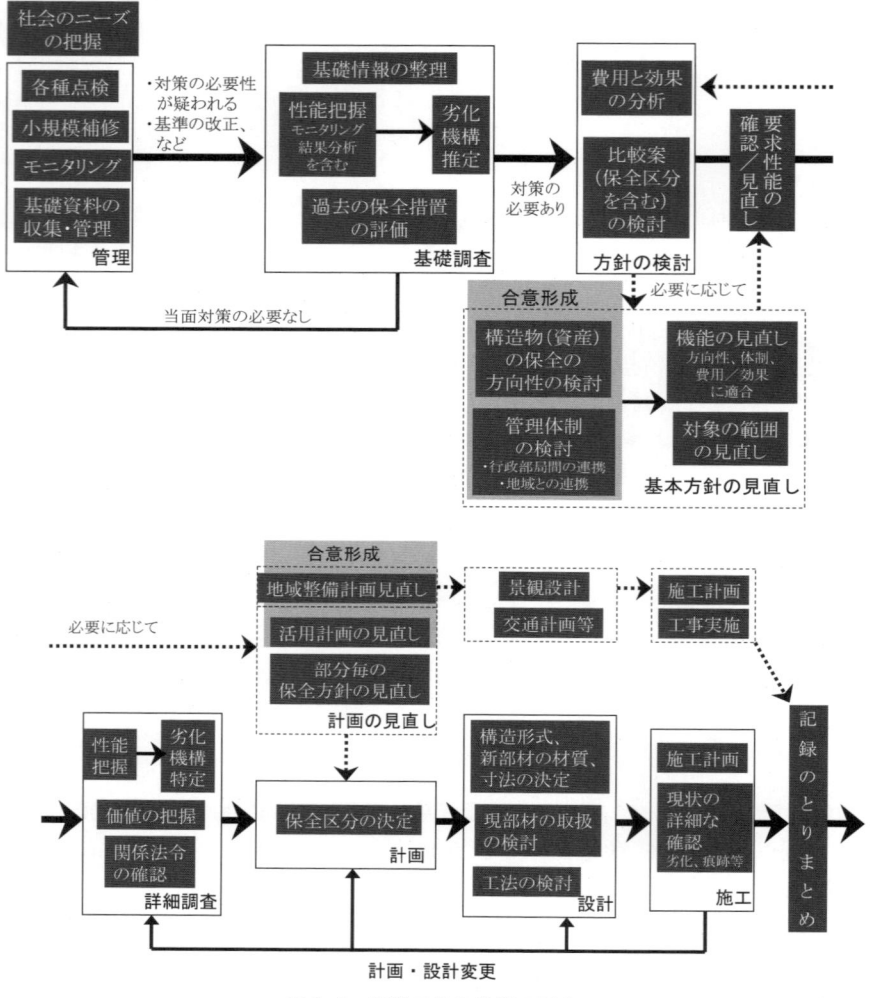

図3-6　通常の保全措置の場合

通常の保全措置と言えども、様々な検討段階を踏む中で、地域整備を含む従来の計画の見直しに繋がる可能性があるので留意が必要である。なお個別の留意点については、基本的に本項の「(2) 地域整備を含む大規模な保全措置を講じる場合」で示したものと同様である。

第3節　参考文献

1) 土木構造物荷重指針連合小委員会編：構造工学シリーズ18　性能設計における土木構造物に対する作用の指針、土木学会、2006.3
2) 国土交通省：土木・建築にかかる設計の基本について、2002.10
　（http://www.mlit.go.jp/kisha/kisha02113/131021.html）

第2章
保全のための計画論

1 費用便益分析で評価する土木遺産の経済価値
2 合意形成
3 防災の計画

1　費用便益分析で評価する土木遺産の経済価値

1.1　費用便益分析の基本的考え方

本節では、まず、保全の計画あるいはそれらに基づく具体的事業を公共的な立場から評価するための費用便益分析について、基本的な考え方を説明する。ただし、費用便益分析に関する具体的な計算手法については、事例を踏まえた解説が記載されている教科書や専門書で習熟する必要がある。最も基本的な事柄だけであれば、例えば、上田[1]、森杉・宮城編著[2]、Nas[3]の解説が簡潔である。便益の定義や計測方法について理論的な詳細を理解する必要がある場合には、森杉編著[4]、太田[5]などが有用である。具体的な計算事例の解説としては、Boardman et al[6]、大野編著[7]、鷲田・栗山・竹内編[8]、鷲田[9]などが非常に参考になる。

以下では費用便益分析において重要な概念について簡単に説明していく。

（1）便益と費用

計画あるいは事業を実施した場合の社会や地域の状況を事業有またはWith-Case（b）とし、実施しない場合をそれを事業無またはWithout-Case（a）と呼んで区別する。社会や地域において事業有と無の間で生じる様々な相違を影響（change）と呼ぶ。それを望ましいと判断する場合にはそれらを効果（effect）と呼ぶ。さらに、その効果を貨幣換算して金銭表示したものを便益（benefit）と呼ぶ。それが負の場合は不便益とも呼ぶが、一般には費用（cost）と呼んでいる。したがって、便益と費用は符号の正負が異なるだけであり、同じ概念の中に含まれている。

従来の公共事業評価においては、いわゆる事業費に含まれる費用（本書のような保全計画／事業では、保全工事費と日常的な点検・補修費）だけが費用として捉えられることが多い。しかし、例えば、土木遺産の保全が結果として多くの集客に結びついて、周辺地区で交通渋滞や環境悪化が生じるなどの場合には、それらの被害を不便益あるいは費用に含めて計上することが必要である。このように、事業に伴う直接的な貨幣的支出以外にも様々な費用が発生することを認識して慎重に注意を払うことが必要である。

（2）事業期間と流列

計画や事業が開始されて終了するまでの長期間（保全の工事中だけでなく工事後に土木遺産が持つ寿命の長期にわたって）を事業期間（project life）と呼び、その期間を単位期間（通常は会計年度の1年単位）で区分する。評価の基準年を年度 $t = 0$、計画や事業が終了する年度を $t = T$ として、各期間 $t \in \{0, \cdots, T\}$ において発生する便益と費用を B_t, C_t として、これらの将来にわたっての一連の流れを流列（cash flow）と呼ぶ。

同じ名目額1万円であっても、現在の貨幣価値と将来の貨幣価値は実質的には同じではない。現在 $t = 0$ で M_0 円の貨幣を持っていて、銀行に預金したり、あるいは何らかの投資に回すとして、1年後には収益率 r で利益が生まれるとする。その結果、$M_0(1 + r)$ 円になる。逆に、1年後に M_1 円の貨幣を持つためには、現在は $M_1/(1 + r)$ 円の金額を持っていなければならない。このことから、1年後の貨幣価値に $1/(1 + r)$ を乗じる、あるいは $(1 + r)$ で除することで現在の価値に換算できる。一般化すれば、t 年後の貨幣 M_t 円は、現在 $t = 0$ では $M_t/(1 + r)^t$ の価値に相当する。

この考え方に従って将来の便益や費用を現在の価値に換算すると小さくなるため、換算に用いる $1/(1 + r)$ を割引因子、r を割引率と呼ぶ。ただし、r は必ずしも実際の金融市場

などで観測できる投資の収益率から推定できるわけではない。そして、将来世代についての配慮や多岐にわたる非市場的な要因を考慮して、総合的に決定するべきものである。そのような社会的な価値判断を含むべきものであることを意味する場合は、割引率を社会的割引率と呼ぶ。

国土交通省の公共事業評価に関する指針では社会的割引率は4％、事業期間は建設期間に加えて50年程度となっている。社会的割引率がこの水準あるいはそれよりも高い場合には、これ以上の長期にわたって流列を考慮しても分析の結果にはほとんど影響ない。すなわち、50年以上先の将来にわたって保全がもたらす便益を考えても意味がないことになる。もし、土木遺産の保全を、100年を超える超長期の計画・事業と位置づけ、通常の公共事業とは異なる目的を持つとするならば、社会的割引率を社会的合意に基づいて1～2％程度の低い数値に設定することも検討しなければならない。

(3) 評価指標と判断基準

投資の判断基準としては、標準的には (a) 純現在価値 (Net Present Value：NPV)、(b) 便益費用比 (Benefit Cost Ratio：B/C)、(c) 内部収益率 (Internal Rate of Return：IRR) が用いられる。

(a) 純現在価値

これは、現在から事業期間の終了までの各期間 $t \in \{0, \cdots, T\}$ について、便益と費用 B_t, C_t を現在価値に換算した総和を意味する。投資の判断基準は、これが正であれば、計画または事業は実施するべきであると判断される。この基準は次のように定式化できる。

$$NPV = \sum_{t=0}^{T} \frac{B_t}{(1+r)^t} - \sum_{t=0}^{T} \frac{C_t}{(1+r)^t} \geq 0 \tag{2.1}$$

(b) 便益費用比

この指標は費用に対する便益の比率であり、例えば、これが1.7だとすれば、1万円の費用に対して1.7万円の便益があるということを意味する。この指標が1を上回る場合には、計画や事業を実施するべきであると判断される。この基準は次のように定式化することができる。

$$B/C = \frac{\sum_{t=0}^{T} \frac{B_t}{(1+r)^t}}{\sum_{t=0}^{T} \frac{C_t}{(1+r)^t}} \geq 1 \tag{2.2}$$

(c) 内部収益率

これは先のNPVの定義式(1)において r を変化させた結果として、ちょうど $NPV = 0$ になる r の値である。したがって、次の方程式の解である。

$$IRR = r \text{ such that } \sum_{t=0}^{T} \frac{B_t}{(1+r)^t} - \sum_{t=0}^{T} \frac{C_t}{(1+r)^t} = 0 \tag{2.3}$$

数学的には、この方程式は多項式であるので、その解は複数あるのが一般的である。しかし、ほとんどの場合、実際に意味ある解は1つに決まるので、その値をIRRとしている。内部収益率がある一定の基準値よりも大きい場合には、計画や事業を実施するべきと判断される。また、複数の計画や事業の代替案がある場合には、内部収益率が大きい案の方がより望ましいと判断される。

単独の計画や事業を実施するべきかどうかと判断するだけであれば、当然ながら、純現在価値の基準と便益費用比率の基準は同じ判断結果をもたらすことになる。また、内部収益率の基準も純現在価値で用いる割引率を基準値としてそれと比較すれば、他の2つの基準と同じ結果をもたらす。しかし、実施するべきと判断された複数の案の間で優先順位を

決定する場合には、純現在価値、便益費用比率、内部収益率のそれぞれの指標で大きい順とした場合、順位は異なるのが一般的である。どの指標に従って優先順位を決定するべきであるとは、一般的には言えない。そのため、実際の政策意思決定の状況に応じて、考えなければならない。この点については、上田[1]の解説を参照されたい。

1.2　土木遺産の社会的価値

土木遺産の保全計画/事業を費用便益分析で評価するにあたっては、当然ながら、土木遺産が持つどのような価値を便益として重視して計測するのかという問題が最も根本的であり、それが社会的判断の結果を左右することになる。

世界遺産を典型として、世代を超えて引き継がれるべき貴重な自然環境や文化財は社会的遺産（Social Heritage）とも呼ぶべきである。その継承には個人の私的な領域に委ねるだけでは不十分であり、教育政策を含む適切な政策が不可欠（Ueda and Fujiwara[10]を参照）である。土木遺産もその一種であるとすれば、その社会的価値は表1-1に示すようないくつかの視点から捉えることができる。

表1-1は土木遺産の社会的価値を、まず大きくは利用と非利用の別そして利己的と利他的の別から捉えた上で、より具体的な価値の中身を分類している。

表1-1　社会的遺産の価値 [15]を基に作成

利用価値	本源的供用価値	利己的価値
	顕在化利用価値	
非利用価値	オプション価値	
	代位価値	利他的価値
	遺贈価値	
	威信的価値	その他受動的価値
	審美的価値	

本源的供用価値とは、施設本来の機能としていまだ発揮されている価値である。橋梁が通行可能であるというように、いまだ供用されて経済効果を生み出している場合の価値である。通常の公共事業評価で便益として計上しているのはこの価値である。この価値が小さくても、他の視点からの価値が十分に認められることが遺産としての特徴であろう。

顕在化利用価値は、施設が集客源として機能している場合、そこへ住民がアクセスして鑑賞や散策などの活動を体験することで生み出される。オプション価値は今はそこへアクセスすることはないが将来の自分のためにその機会（オプション）を留保しておくことに見出す価値である。代位価値と遺贈価値は、非利用と利他性によって特徴づけられる。前者は、例え自分は施設に価値を見出さなくても、自分と同時代にある他の住民が施設に価値を見出すなら自もそれを認め得る価値である。後者は、自分と同時代ではなく将来世代に価値あるものとした上で同様に認め得る価値である。非利用かつその他受動的価値に分類される価値は、威信価値と審美的価値である。前者は、施設の存在自体がある組織・集団の威厳を表したり、あるいは住民がそれを名誉と感じるような価値である。後者は施設自体の美あるいは周辺の美観との調和のために存在することに見出す価値である。

以上の価値の分類は、完全に相互排他的な定義としてはいまだ確立しているわけではない。厳密な定義を行うには、数理モデルによって定式化して吟味することが必要である。遺産（Heritage）という呼び方から判断すると、遺贈価値の視点が強調されるべきであろう。

威信や審美の視点は本来は遺贈価値とは独立したものであるが、そのような価値を持つ施設は一般的には大きな遺贈価値を持つと考えられる。

1.3 価値の評価手法とその限界

これまでに確立された適用実績のある経済価値の評価手法の中で、土木遺産に適用できそうなものとしては、(1)旅行費用法(Travel Cost Method：TCM)、(2)ヘドニック法(Hedonic Price Approach：HPA)、(3)価値意識法（Contingent Valuation Method：CVM）が代表的なものである。

(1) 旅行費用法（Travel Cost Method：TCM）

表1-1に示した顕在化利用価値から旅行費用（土木遺産の所在地へ旅行する際の運賃など金銭的費用だけでなく、所要時間を費用換算したものを含む）を差し引いた純価値が大きければ、住民は実際にアクセスする。旅行費用法は、そのように顕在化した行動を丁寧に観察して分析することで、顕在化利用価値を計測しようとする方法である。したがって、土木遺産が集客源として機能することが期待できる場合には適用可能であると考えられる。

図1-1には、横軸に来訪者数、縦軸に旅行費用が表されている。保全無と有のいずれでも、土木遺産を訪れるために最大限支払ってもよいと考える旅行費用が、実際の旅行費用より高い範囲の人々が来訪者として実現する。実際の旅行費用と来訪者数の関係は需要曲線として描かれている。保全による土木遺産の価値の増分は、1人当たりの最大限支払ってもよい旅行費用を高め、実際の旅行費用が変わらなければ来訪者数も増加させる。これを来訪者全体にわたって合計したものが図中の塗り潰された部分であり、この面積が保全による便益に相当することになる。

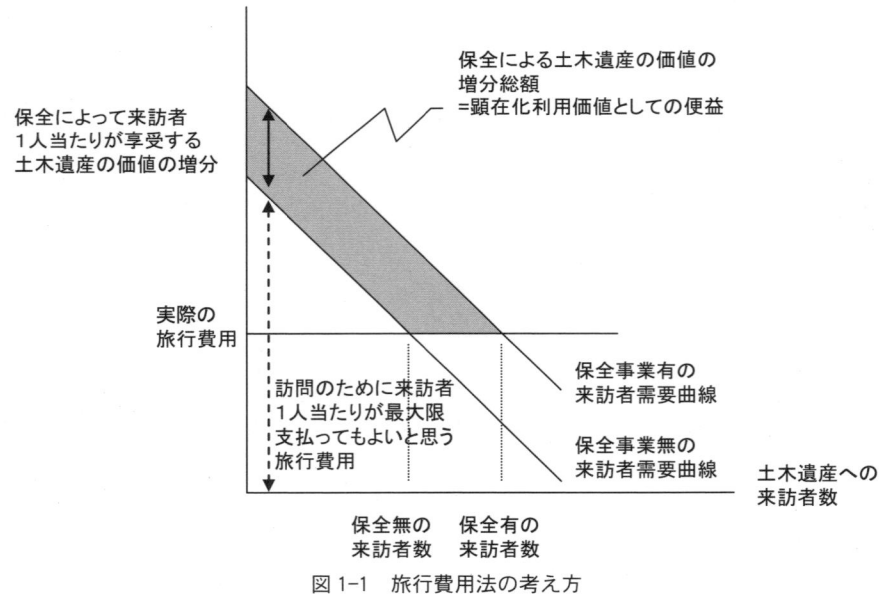

図1-1 旅行費用法の考え方

(2) ヘドニック法（Hedonic Price Approach：HPA）

HPAでは、住宅地や商業地としての景観や住環境の形成に対して土木遺産が貢献している場合、そのことが市場で観察される不動産価格に反映されるという仮説に立って価値

を推定すること（例えば、青山・中川・松中[11]などの試みを参照）になる。言うまでもなく、この仮説の成否がそのまま手法の妥当性を支配する。

ある地点 i で、そこに住んで得られる効用（満足）u_i が、そこの住環境条件を表す2種類の変数 x_{1i}、x_{2i} によって $u_i = a_1 x_{1i} + a_2 x_{2i}$ と表せるとする。ここで、a_1、a_2 は観測に基づいて統計的に推定される係数である。x_{1i} がその近隣にある土木遺産の質、x_{2i} がそれ以外の条件とする。この地点に住む者は不動産価格 p_i を支払うので、結果として、正味の効用は $v_i = u_i - p_i$ となる。もし、不動産の取引と住民の移動が自由に行われており、また、土木遺産の影響が及ぶ範囲が小さい（Small-Open の条件）とすれば、正味の効用が他の地域より高い限りは不動産価格が上昇し、また、逆であれば低下する。最終的には、正味の効用は他の地域のそれ（$\bar{v} = $ const.）と同じになるように不動産価格が決まることになる。したがって、次のような関係になる。

$$v_i = u_i - p_i = a_1 x_{1i} + a_2 x_{2i} - p_i = \bar{v} = const. \tag{2.4}$$

したがって、

$$p_i = a_1 x_{1i} + a_2 x_{2i} - \bar{v} \tag{2.5}$$

土木遺産の質が $Dx_{1i} > 0$ だけ向上したとすれば、それは $Dp_i = a_1 Dx_{1i}$（ただし、$a_1 > 0$）だけ不動産価格を増大させることになる。この不動産価格の増分を、保全の影響が及ぶ範囲すべてについて集計したものが保全の便益になる。

（3） 価値意識法（Contingent Valuation Method：CVM）

CVM は住民の価値意識を質問調査によって特定して計測する方法であり、住民が施設の状態やその社会的影響状況を誤解なく理解して安定した判断を下せる限りは、**表 1-1** に示したどのような視点からの価値を評価するにも適用できること（例えば、栗山・北畠・大島編[12]（2000）などを参照）になる。しかし、この前提条件が常に成り立つわけではなく、調査方法の中身に非常に強く依存した手法であることは明らかであろう。他の評価手法と同程度に十分に信頼できる結果を得ることは、非常に難しいのが実態である。ただし、CVM は適用を重ねることがその改善を促すため、現在も多くの積極果敢な試み（垣内・西村[13]、岩本・垣内・氏家[14]、奥山・垣内・氏家[15]、児玉・玉澤・氏家・垣内・奥山[16]など）が進められている。

1.4　土木遺産の価値についてのパターナリズムと教育

土木遺産に対して、将来の世代が現世代と少なくとも同程度に価値を見出すという保証は一般的にはない。長期にわたって土木遺産が引き継がれていくには、将来世代も価値を見出すことが必要であると考えられる。すなわち、施設だけでなく、歴史を謙虚に学んで正確な知識を身につけ、そして、先人に対する敬意を持つという態度も継承していかなればならない。そのための教育が必要であり、しかも、現世代は自らの価値判断に自信を持って将来世代の教育にあたらなければならない。

教育経済学の主流派（例えば、小塩[18]、白井[19]などを参照）では、このような価値を見出すことを教育によって継承するということにほとんど関心が払われない。主流派経済学では、個々人の価値判断や選好をある方向へ導くような政策は正当化されない。個人の本源的な自由と相容れないためであり、教育される側の自由を制限することになるパターナリズム（例えば、小林[20]、澤登編[21]などを参照）に対しても主流派の多くは否定的である。確かに、パターナリズムを無条件に許容すれば、将来世代に対して土木遺産を価値あるものであると教育して、そして、それに価値を見出しているから保全することが正しいと判断させる、というような事態を招く可能性がある。

しかし、一方では、ある社会においてパターナリズムに基づいた教育がすべて否定されたとしたら、文化の継承は成り立たない。自由な立場から過去に対して価値判断を行う能力を備えた成熟した市民から構成される社会、それを我々が未来においても築いていくとしたら、少なくとも、歴史を学ぶことについて、歴史の中身が何であれ、まずは学ぶこと自体への真摯な態度を将来世代に教育しておかなければならない。

1.5 インフラマネジメントとしての長期的問題

土木遺産の価値がある程度まで計量的に把握できれば、個別の施設についての維持・更新戦略の考え方は小林・上田[17]に述べた通りである。しかし、社会がすべての土木遺産を保全するだけの十分な予算（公的資源）を持たないとすれば、「どの施設を後世に残す」あるいは「どの施設は保全しない」という非常に厳しい選択を避けて通ることはできない。

環境経済学では、絶滅危惧種とされている生物種をすべて保護することはできない場合に、将来に向けて保護するべき種を選ぶ問題を「ノアの箱舟」問題と呼んで選択基準を議論している。土木遺産について後世に遺すべき施設を選択する問題は、社会をひとつの容器と見なしてそこに入れるべきものを決めることであり、「タイムカプセル」問題とでも呼ぶべきものである。世界遺産の指定は地球全体でこの問題を考えているに他ならず、温暖化問題だけでなく地球全体で考えるべき地球公共財（例えば、カール・グルンベルグ・スターン[22]）の経済問題のひとつとして議論されている。

1.6 おわりに

わが国で土木遺産の保全を国家政策の一部として推進することを主張するなら、個人の思い入れや趣味的な価値に根ざした情緒的な議論では無力である。他の公共政策にも増して経済理論に裏打ちされた科学的な議論が必要である。

土木遺産の価値を計測して、保全の計画・事業を費用便益分析によって評価するという試みは環境整備や文化財保全の分野での試みを参考にしながらこれから本格的に進めていくべき重要な課題である。学術的な研究だけでなく、行政などでの積極果敢な試行によってこそ手法そのものが発展していくことが期待される。

なお、本節で示した土木遺産の社会的価値についての記述は、上田[23]として既に公表したものを加筆・修正している。また、本節で触れた文化財価値の計測について、最近の手法や事例に関する情報は、奥山忠裕氏（当時政策研究大学院大学助教/現運輸政策研究所研究員）からご教示いただいた。ここに記して感謝する。

第1節　参考文献

1) 上田孝行（2008.a）、防災投資評価、都市災害マネジメント、翠川三郎編、pp.1-35、朝倉書店
2) 森杉壽芳、宮城俊彦編著（1996）、都市交通プロジェクトの評価、コロナ社
3) Nas, T.F., Cost-Benefit Analysis: Theory and Application, Sage Publications, 1996.（邦訳：T.F. ナス著（萩原清子監訳）『費用・便益分析－理論と応用－』（勁草書房、2007年）．
4) 森杉壽芳編著（1997）、社会資本整備の便益評価－便益帰着構成表によるアプローチ－、勁草書房
5) 太田和博（1995）、集計の経済学、文真堂
6) Boardman, A., Greenberg, D.H., Vining, A.R. and Weimer, D.L(2001)., Cost-Benefit Analysis: Concepts and Practice, 2nd Edition, Prentice Hall, 2001.
7) 大野栄治編著（2000）、環境経済評価の実務、勁草書房
8) 鷲田豊明、栗山浩一、竹内憲司編（1999）、環境評価ワークショップ－評価手法の現状－、築地書館

9) 鷲田豊明（1999）、環境評価入門、勁草書房
10) Ueda, T. and Fujiwara, N. (2007), Human Capital for Sustainable Social Heritage, The International Conference on Vitae Systems, New Paradigm for Systems Science: Survivability, Vitality and Conviviality in Society, Kyoto University, KYOTO, JAPAN, December 1-2, 2007
11) 青山吉隆・中川大・松中亮治（2003）、都市アメニティの経済学、学芸出版社
12) 栗山浩一・北畠能房・大島康行編（2000）、世界遺産の経済学、勁草書房
13) 垣内恵美子・西村幸夫（2004）、CVMを用いた文化資本の定量的評価の試み－世界遺産富山県五箇山合掌造り集落の事例－、都市計画論文集、Vol.39-2,pp.39-42、日本都市計画学会、2004.10
14) 岩本博幸・垣内恵美子・氏家清和（2006）、CVMを用いた伝統的建造物群保全地区の文化的景観の経済評価、都市計画論文集、Vol.41-2、pp.18-24、日本都市計画学会、2006.10
15) 奥山忠裕・垣内恵美子・氏家清和（2007）、文化施設の社会的便益評価－りゅーとぴあ「新潟市民芸術文化会館」を事例として－、都市計画論文集、Vol.42-2、pp.31-41、日本都市計画学会、2007.10
16) 児玉剛史・玉澤友恵・氏家清和・垣内恵美子・奥山忠裕（2007）、文化資本の価値に関する経済分析－広島県宮島を事例として－、都市計画論文集、Vol.42-1、pp.93-99、日本都市計画学会、2007.4
17) 小林潔司、上田孝行（2003）、インフラストラクチャ・マネジメント研究の課題と展望、土木学会論文集 No.744/Ⅳ－61、pp15-27、2003
18) 小塩隆士（2002）、教育の経済分析、日本評論社
19) 白井正敏（1991）、教育経済学、頸草書房
20) 小林好宏（2005）、パターナリズムと経済学、現代図書
21) 澤登敏雄編（1997）、現代社会とパターナリズム、ゆみる出版
22) インゲ・カール、イザベル・グルンベルグ、マーク・A・スターン（1999）、地球公共財－グローバル時代の新しい課題－、日本経済新聞社
23) 上田孝行（2008.b）、土木遺産の社会的価値、土木学会誌、Vol.93、No.8、2008、土木学会

2　合意形成

　その歴史的土木構造物を残すか壊すか、残すとしてもどのように残し、活用していくのか。この極めて重要な決定は、誰によってどのようになされるべきなのだろうか。
　対象となる土木構造物が、例えば鉄道や電力など、民間の所有になるものであっても、その存在は公共的であり、特に歴史的とも言えるほど長い時間にわってその地に存在し続けているものは、地域にとって、また国にとっての宝物である。したがってその扱いは、所有者や管理者のみの意向で決定することはできない。様々な立場と様々な価値観を有する多様な主体間での合意形成が必要である。
　ところで、まちづくりや政策決定における合意形成は、極めて複雑で難しい問題であり、その方法論が確立しているわけではなく、各地で模索が続いている。しかしいくつかの原則や個別的方法については経験が蓄積されてきている。それらや過去の事例を参照しながら本節では、歴史的土木構造物の保全における合意形成において勘案すべき事項について整理して述べる。

2.1　合意形成の目的と段階
（1）　合意形成の目的
　既に述べたように、歴史的土木構造物の扱いの決定には、多様な主体間での合意形成が

必要であり、その理由は、歴史的土木構造物が公共的存在であるためである。このことをもう少し丁寧に考えてみよう。

まずは、特段に歴史的ではない土木構造物、つまり通常のインフラストラクチュアが有するのと同様な公共性がある。地域の暮らしを支える社会基盤施設のあり方として、それが果たす機能や使用性をどのような水準でどのように維持するかは、現代においては、事業主体のみで決定することはできない。それに必要な負担との兼ね合いも含めて、少なくとも情報公開や説明可能な根拠に基づいて決定される必要がある。アセットマネジメントという観点から、現在のみならず将来における価値についても評価が必要である。

しかし歴史的土木構造物の扱いにおいてより重視されるのは、その文化的価値による公共性である。長くその場所に存在し続けたことによって、地域の人々に共有される記憶を形成し、世代を超えた価値として継承される。また、場所と切り離せない土木構造物は風景の一部となり、当該地域の個性を形成する。市民生活に密着した存在である土木構造物は、その利用において地域の出来事（例えば災害や記念的イベントなど）としての歴史の一翼を担う。土木構造物の建設と維持管理に携わった人々という人物史、あるいは産業の歴史として、地域の誇りや愛着と一体となる。以上のような文化的価値は、当該構造物の所有者や管理者をはるかに超えた多様な人々にとって大切な価値であり、その継承については多様な人々の合意を求めねばならない。またこの場合の人々とは、現在、また当該地域の住民だけではなく、過去の人々と未来の人々、地域住民以外の関心ある人々を含むものとなる。言い換えれば、歴史的土木構造物の保全における合意形成の目的とは、その構造物が有する多様な価値を確認し、そのものの何を保全し、未来に継承していくかを明らかにすることであり、そして、それにふさわしい保存方法を検討することである。

（2）　合意形成の段階

歴史的土木構造物保全に関しての合意形成は、第1章3節の「3.4　基本的手法」に示された手法のフロー図（第1章3節の図3-5と図3-6参照）に位置づけられているように、基本方針の策定と計画の策定の段階において求められる。つまり、当該土木構造物を取り壊すか保存活用するか、という最も重要な方針を決定する段階と、保全が決まった場合にはその保全の方法を決定する段階である。さらには、保全後の管理運用についても合意形成は必要となる。また、取り壊しが決定した場合にも、新規に建設される構造物をどのように計画設計するかを議論する必要もある。

このような初期の段階から、また複数回にわたって合意形成がなされるのは極めて理想的なケースである。現実には、事業者による調査をもとに取り壊しが決定し、それに対する地域住民の反対が起きてから、時間のない中で再調査や基本方針の代替案作成などが行われながら、妥協点としての合意を図ることが少なくない。このような過程では、構造物の性能と経済的価値と文化的価値の対立という議論になりがちで、第1章3節の図3-4にあるように、「文化的価値の保全」「地域づくり」「環境保全」という複数の観点からどのように構造物の性能の維持向上を図るか、というトータルな議論にはなり難い。また、反対を受けてからの合意形成では、基本方針の見直しや計画、設計自体に大きな手戻りが生じ、事業者としても不利な状況になることがある。したがって、歴史的土木構造物に対して、その形状変更を行う際には、できるだけ早い段階から合意形成によってその方針を決定するというプロセスを取ることが、地域住民のみならず、事業者や管理者にとっても望ましい。

また、保存か取り壊しかという基本方針に関する合意形成の議論の場合でも、その次の段階で検討することになる保全する場合の方法や管理運用の方法としては、どのような可能性があるかを予め想定しておく必要がある。何をおいても必ず保全しければならないと

いうほどの価値が認められている重要文化財などを除いては、取り壊しに対抗できる具体的な保存方法の案が提示できるか否かで合意形成の内容が大きく異なってくるためである。つまり合意形成は、保存のプロセスにおいて、その時点で得られた情報をもとに常に意思決定をフィードバックさせながら進めていく必要がある。

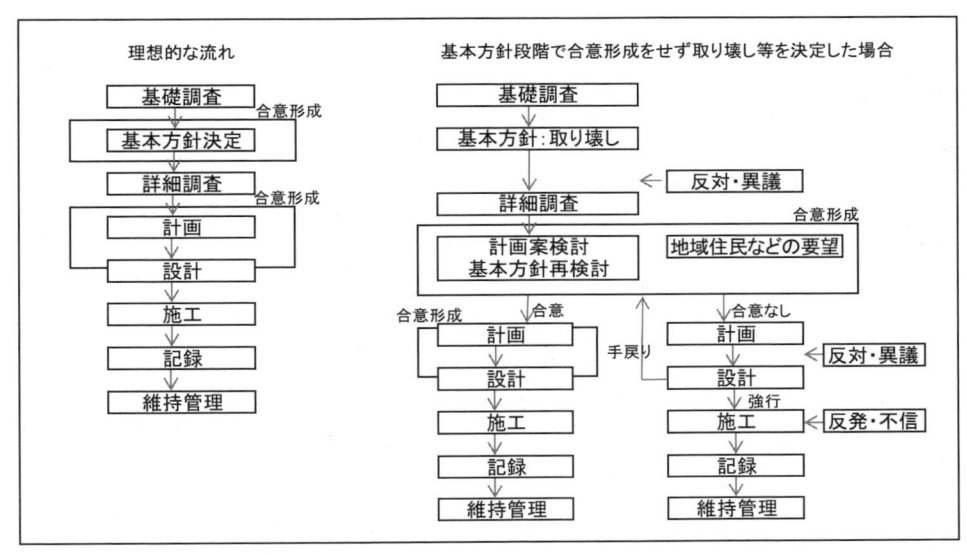

図 2-1　合意形成のフロー図

2.2　合意形成の主体と前提

　適切な合意形成が行われるには、誰が合意形成の場に加わり、誰が決定権を有するのか、という主体の問題と、合意形成が行われる際の前提条件の問題が鍵となる。

（1）合意形成の主体

　まず、合意形成の場には、当該歴史的土木構造物が有する価値に対して意見がある主体は誰でも参加できることが、原則として必要である。具体的には、以下のような主体がある。

①　構造物の所有者・管理者
②　構造物の利用者
③　地域住民
④　地域自治体
⑤　国民・関心のある個人や団体
⑥　専門家
⑦　文化財行政担当者
⑧　世論

　多くの場合は、直接的な利害関係者となる①、②、③、④によって議論される。さらに地域住民だけでなく、地域を超えて当該問題に関心のある主体⑤は、合意形成に加わることも可能であり、また時には必要である。それは歴史的土木構造物の価値は、それが存在する周辺地域を越えて、一国として、場合によっては国を超えて保存する必要がある場合もある。こうした考え方は、環境影響評価法のもとで行われる環境アセスメントにも見られる。つまり、法成立以前の環境アセスメントでは、意見を述べることができるのは開発

による環境影響が及ぶ範囲の地域住民に限定されていたが、法に基づくアセスメントでは、誰でもが意見を述べられるようになった。これは、直接的には二酸化炭素排出量のような地球レベルでの環境影響を対象とするようになったためであるが、環境問題には、地域や国を超えて誰もがその価値に対して関わりを持ち得るという時代認識を反映していると言えよう。歴史的なものが有する文化的価値においても、同様な認識を持つ必要がある。

ついで、⑥の専門家の参加も必須であり、多くの事例において見られるが、どのような専門家がどのような立場で参加するかについては、さらなる進展が必要である。つまり現状では、取り壊しに反対する住民のサポートとして当該構造物の文化的価値を主張する立場としての専門家、利害関係者の意見を聞いて専門的知識や経験を基に第三者として適切な結論を導く立場としての専門家、というあり方がほとんどである。後者の場合は、委員会による議論という形をとる場合が多い。いずれも必要な参加形態であるが、今後さらに求められるのは、保存と保全のために必要な技術的提案の作成を行う専門家の参加である。事業主体の取り壊し方針に待ったをかけて保全の可能性を探ろうとする場合には、通常、事業主体は保全のための具体的な設計について検討していない。そのため、地域住民などが保存を求めても、それに必要な補修補強、再生や活用について技術的評価に裏づけされた具体的提案が示されない限り、安全性やコストの面から保存は不可能であるとする事業者の主張を覆すことは非常に困難である。また、その提案作成を委員会の中だけで行うことも容易ではない。そのため、中立的な立場を保証された実務者が、保全を行う可能性のある具体的提案を複数検討し、合意形成の際の情報として提供する、という形での専門家（実務者）の参加が望まれる。その提案作成作業に必要な経費の負担についても検討が必要である。

⑦の文化財行政担当者としては、地方自治体内の該当部署職員から国の文化庁職員まで様々な立場の人の参加があり得る。当該構造物の文化財としての価値を他事例との比較において客観的に評価するとともに、参照可能な保全事例や支援策などについての情報提供を行うことで、合意形成に寄与することが期待される。

最後の⑧世論については、合意形成の直接的な議論のテーブルに着く主体ではないが、実際には合意形成がどのようになされるかに対して極めて大きな影響力を持つ。特にマスコミによる報道は影響力が大きい。歴史的土木構造物の保全の意義を正しく理解したジャーナリストは、合意形成においても重要な役割を持つ間接的主体と言えよう。

（2） 合意形成の前提条件

合意形成が適切になされるためには、誰が参加するかと同時に、どのような情報が合意形成の場に提供されるかが鍵となる。したがって、合意形成の前提としては以下の点が求められる。

① 必要十分な調査
② 調査結果・情報の公開
③ 議論の場と過程の公開
④ 合意形成に必要なコストの負担と支援

歴史的土木構造物の保全においては、まずもって基礎調査が必要である。それをもとに対象構造物をどのように扱うかの検討案が作成される。合意形成には、この調査結果や検討案の情報公開が前提条件となる。基礎調査は往々にして、専門的内容を含み、また構造的耐力の評価については明快に安全・危険を断言しづらい場合が多く、また評価に用いた仮定の設定自体によっても結果が異なる。したがって、調査結果を一般市民に簡単に分かりやすく説明しようとすると、誤解を招く恐れもある。専門家による適切な解説を加える

ことが求められるとともに、できるだけすべての調査結果を公開することが必要である。公開に際しては、インターネット上での資料提供を行うことで、アクセス性の制限と公開コストの問題がクリアされる。

ついで合意形成の具体的な議論の場と過程の公開は、議論における利害関係者の説明責任の向上と、議論のテーブルに直接着くことができない人々への情報提供、それによる世論の形成、さらに記録のために必須である。

合意形成において最も課題があるのは、議論の場を設定し、運営するために必要なコストを誰が負担するかである。対象構造物の管理主体が国や自治体である場合には、事業主体となる管理者が設定することは比較的容易であるが、鉄道や電力施設などの民間が主体となる場合には、事業者が場を設定することを拒む場合もある。その際には、自治体が場を設定し、運営するか、学会のような中立的組織に運営の委託をすることが望ましい。合意形成の場そのものの運営コストに加えて、議論を適切に進めるための情報提供に必要なコストも必要となる。

合意形成の主体のところでも述べたように、具体的にどのような保全方法が可能であるかを専門的見地から検討して提案することは、合意形成において極めて重要である。事業主体がその検討を依頼する場合には、必ずしも中立性が保たれるとは限らないため、やはり第三者的な立場を保証された専門家への依頼が望ましい。特に取り壊しと保存が対立している場合には、保存を求めるための活動は住民の大きな負担となり、またそれを支援する専門家もボランタリーとなる。でき得る限り利害関係者が平等な条件で議論に臨めるための環境づくりは、やはり公的機関の責務と言えよう。

2.3 合意形成のための議論の方法と論点
（1） ラウンドテーブルとワークショップ

合意形成のための議論は、一方が他方に説明し、質疑応答という形で進めるのではなく、ラウンドテーブルと呼ばれる双方向的なコミュニケーション型の議論であることが望ましい。特に、取り壊しと保存の対立という構図の中での議論では、双方の主張がぶつかり合うだけで前に進まないことが多い。どちらの意見が勝つか、という姿勢で臨むのではなく、対象となる歴史的構造物のより良い保全のためのアイディアを皆で作り出すという、創造の場として取り組む必要もある。そのためには、ワークショップという「相互学習とグループ創造性に力点を置いた共同作業」の方法を取り入れることも検討してよい。特に以下のような点を目的としたワークショップは、合意形成による結論の終息に直接結びつくとは言えないが、それを円滑に行うために有効であると考えられる。

① 歴史的土木構造物の現地確認（施設見学やまち歩き）

通常は立ち入りが制限されていることも多い施設内部などの見学や、至近距離から施設を眺めること、また当該施設に関連する他の要素も交えた地域の見学会を開催することは、対象の価値を発見、共有するために極めて有効である。その際に、管理者や専門家による説明を伴うことで、価値と同時に課題（老朽化の状態など）も確認することができる。

② 歴史的土木構造物にまつわる記憶の収集

文化的価値として掬い上げ難い、地域の人々の記憶の中にある当該構造物の思い出やエピソードを広く収集し、共有することが必要である。その構造物が部分的に、あるいは背景に写っている昔の写真の集収、年配の人々へのヒアリングなどを行い、その結果を記録するとともに公開する。

③ 歴史的土木構造物の活用のアイディアづくり

当該構造物を活用するとした場合、どのようなアイディアがあるかを共同で作成したり、コンテスト方式で募集する。実現可能なアイディアを探るという目的以外にも、多くの市民の関心を得るために有効である。イベントや広報のアイディアなど、多様なレベルで議論することができる。

　以上のような住民参加の活動は、特定の合意形成の際に行うというよりも、日常的に行われることが望ましい。横須賀市の浦賀ドックでは、具体的な保全活用の方法は決定していないが、定期的に市民を対象とした見学会やイベントを行い、地域の資産としての価値を広く人々に共有してもらうための活動を行っている。こうした蓄積が、保全活用後のサポートとしての地域活動を醸成することに繋がると期待される。あるいはまた、長崎市中島川の眼鏡橋をはじめとする石橋群が1982（昭和57）年の洪水によって流出したのち、バイパス河川を建設して石橋を元の場所で同程度のスパンで再生するに至ったのには、眼鏡橋が重要文化財であったためでもあるが、洪水以前から「中島川を守る会」という市民活動があったことも重要な要因であった[3]。

煉瓦造のドックや工場の保全的活用を目指しつつ、市民への公開やイベントを行っている。
写真 2-1　浦賀ドック（写真提供：横須賀市）

　具体的な合意形成の場に地域住民の参加を得ていく際の留意点として、参加のまちづくりにおいて蓄積されている知見を以下に記す。
　まず、建設的な住民参加を妨げるコミュニケーションの問題点としては、以下がある[1]。
① 　住民と行政の間の問題
・建設的に話し合う前提となる信頼関係の希薄さ
・説明と批判に陥りやすい意識構造
・情報量に起因するコミュニケーション・ギャップ
② 　住民間の問題
・ある特定の人の発言に偏る
・人前で発言することに慣れていない
・コミュニティとしての意見をまとめることへの経験不足
③ 　住民と専門家の間の問題
・専門用語や価値観のギャップ
・地域状況や問題認識のギャップ
・未来予測の技術的経験の相違
こうした問題に留意しながら、参加という場を運営していく際には、以下のような基本

姿勢が必要となる[2]。
　・立場を超えて互いに学び合える関係づくり
　・参加者の自己実現をサポートする
　・参加の場で決められることを増やす
　・共同作業の機会を多く作る
　・対立する意見や価値観を創造の源と考える

　なお、歴史的土木構造物の取り壊しか保全かをめぐって、非常に大きな戦いとなった事例として、小樽運河や鹿児島の甲突川の石橋の問題がある。また歴史的景観権をめぐっての裁判となった和歌山の和歌ノ浦の例もある。徳島の吉野川の第十堰も記憶されるべき事例であろう。小樽運河や甲突川の石橋については、部分的に残っているために、そこへ至る経緯を知らずに見る人々には、それが当初からあった歴史的構造物であると思われてしまう。例えば小樽を訪れたことのある学生に尋ねてみると、ほぼ全員が過去の経緯を全く知らなかったと答えている。これらの事例については、合意形成とは呼びがたい戦いの結果であることを語り次ぐ必要があるとともに、こうした対立的構図に陥らないための努力を各主体が行う必要がある[4]〜[6]。

（2）合意形成の論点

　歴史的土木構造物の保全を行うために必要な多様な主体の合意形成では、以下がその目的となる。つまり、様々な制約条件のもとで、異なる価値観からの多様な意見を踏まえ、文化的価値の保全、地域づくり、環境保全、歴史的構造物の性能の維持向上を図る最善の方法を見出すことが目的である。そのため、これらの観点から実現可能な保全の方法を議論することとなる。その過程では、さらに以下の点についても、できるだけ明確に議論し、合意形成主体間で情報と認識を共有することが必要である。

　① サービスレベルの設定
　② リスクへの対応
　③ コスト負担
　④ まちづくりにおける位置づけ

　①と②は密接に関係した問題であり、新規に建設する構造物に比べて性能の点で不確定な点が多い歴史的土木構造物に対しては、要求するサービスレベルの設定やリスクへの対応に対して、当該構造物単体で議論するのではなく、利用者など地域での対応、周辺の構造物などとの総合的対応といった議論をすることが有効である。対象構造物の種別によっても考えられるアプローチは異なる。

　③のコスト負担については、一般的に取り壊して新規に建設するよりも、保全を行う方がコスト高となると評価されることが多い。したがって合意形成におけるコストに関する議論は、保全をする場合のコスト増を誰がどのように負担するかになりがちである。まちづくりの一環として、関連する事業に対する補助金などを活用して増加したコストを賄うといった例もあるが、すべての場合において何らかの資金が調達できるわけではない。構造物の保全に必要なコストについては、現時点での事業費だけで比較するのではなく、保全によってさらに長期間使用することを考えてのコスト意識や、性能以外の文化的価値やまちづくりとしての地域にもたらす価値を勘案した評価が必要となる。しかし、これらの価値を定量的に算出する手法は確立されておらず、基本的には合意形成に関わる主体の相場感に照らして判断されることになる。つまり③のコスト負担は、④のまちづくりとしての位置づけと併せて議論されるべきであり、事業主体のみにその判断を委ねてしまわず、合意形成におけるひとつの論点として、全員が問題意識を共有する必要がある。

以上のような論点を含めて合意形成を図るには、参照可能な過去の事例の蓄積と、様々な観点から様々なレベルでの専門的知識の提供が必要不可欠である。

第2節　参考文献
1) 太田勝敏編著：新しい交通まちづくりの思想—コミュニティからのアプローチ、鹿島出版会、1998、p.36
2) 世田谷まちづくりセンター：参加のデザイン道具箱 part-2、1996、pp.8-10
3) 日本の宝・鹿児島の石橋を考える全国連絡会議編：歴史的文化遺産が生きるまち—鹿児島・甲突川の石橋保存をめぐって、東京堂出版、1995
4) 和歌ノ浦景観保全訴訟の裁判記録刊行会編：よみがえれ和歌ノ浦—景観保全訴訟全記録、東方出版、1996
5) 佐藤馨一：「小樽運河の保存と改修」土木学会誌 1990年11月号別冊増刊、pp.41-47
6) 「町なみインタビュー　峯山富美　聞きて西村幸夫」季刊まちづくり、2005年1号、pp.81-85

3　防災の計画

3.1　リスクアセスメントとリスクマネジメント

本節では、土木構造物に加えて建築物を含めた建造物全体の防災計画について述べる。

歴史的土木構造物と言えども、人が利用する構造物である限り、利用者が安全・安心に利用できる性能を確保する必要がある。土木構造物の安全性については、それを確実なものにするため、各種の法令や基準が定められていることが通常である。歴史的土木構造物の防災計画を立てるための最も単純な方法は、こうした法令や基準に従うことであろう。

一方、土木構造物の防災計画を立てる上で留意すべきことは、単に法令や基準にしたがっていれば計画が万全というわけではないことである。計画を立てるにあたっては、以下のような手順で考える必要がある。

① 土木構造物に危険をもたらすもの（Hazard）にどのようなものがあるのかを特定する。
② Hazard による人的な被害（Risk）を想定する。
③ Risk ごとにその危険度を比較する。
④ 危険度が高い順に有効な対策となる計画を立てる。
⑤ 立てた計画とその効果を記録する。
⑥ 計画の効果を検証しながら、計画の見直しを行う。

上記の手順のうち、①②③をリスクアセスメント（Risk Assessment）と呼ぶ。④⑤⑥をリスクマネジメント（Risk Management）と呼ぶ。

地震、台風、津波などの自然災害は、土木構造物に被害をもたらす「Hazard」の代表的なものである。その他の見落としがちな「Hazard」として、人為的な災害がある。近年は、爆弾テロのように、人為的な災害の危険度が高まりつつある。②で示した通り、リスクアセスメントを行う際には、利用者の安全を第一義に考えるべきである。したがって、当然のことながら、利用する人数が多く、利用する頻度が高い箇所ほど、危険度が高いことになる。また、特定の人々が利用するものよりも不特定の人々が利用するものの方が、危険度は高い。

防災計画を立てる上で留意すべき点は、土木構造物の所有者・管理者には管理上の責任

が存在するということである。したがって、危険度が高い土木構造物については、管理上の責任がそれだけ重いことになる。

3.2 防災計画と法令・基準

　防災計画を立てる上で、法令・基準を遵守することは、管理者が安全に対して配慮し、かつ、一定の対策措置を講じていたことを対外的に示す目安になるので便利である。けれども、防災計画を万全なものとするためには、法令・基準に従うだけではなく、時には法令や基準が定める水準以上の対策を立てることも必要である。なぜなら、一部の「Hazard」については、法令や基準による対策が定められていない場合もあり得るからである。防災計画を立てる場合には、そうした「Hazard」への対応を考慮したリスクアセスメントが必要である。

　歴史的土木構造物の場合には、利用者の安全だけでなく、それに加えて構造物自体の歴史的価値の維持や保全といった観点も必要になる。したがって、リスクアセスメントを行う上で、人的な被害（前項②）だけでなく、構造物自体の被害も想定する必要がある。その上でリスクマネジメントを行うことになるので、一般の土木構造物の場合よりも高度な知識や技術が要求されることになる。

　さらに留意すべきことは、法令や基準に従うこと自体が、歴史的土木構造物の価値に影響を及ぼしかねないことである。現在の法令や基準が定めている内容に従おうとすると、歴史的土木構造物の各部の材料や仕様を変更せざるを得ない場合も出てくる。歴史的土木構造物においては、仕様や材料の変更は、時にその価値の低下に繋がる。歴史的土木構造物の価値を保持するためには、仕様や材料のむやみな更新や変更は避けたいところである。たとえ更新や変更が避けられない場合であっても、可能な限り価値の低下を招かない方法をとることが望まれる。

3.3 歴史的建造物の改修の原則

　仕様や材料の更新や変更にあたって、価値の低下を招かない方法をとることは、各国の歴史的土木構造物に共通の課題でもある。その課題への回答としては、国際機関や先進諸国において、土木構造物だけでなく建築物を含む歴史的な建造物全般に対して（以下、歴史的建造物と略す）、仕様や材料に更新や変更を伴う改修を行う際の原則的な考え方が示されているので、それが参考になる。

　UNESCO の世界遺産に関するガイドラインでは、歴史的建造物を改修するに当って以下の 4 つについて、その Authenticity（真正性）を守ることが示されている。

① Design（意匠）
② Material（材料）
③ Setting（立地環境）
④ Workmanship（構法）

　一方、イギリスの文化遺産保存に関わる独立行政法人である Historic Scotland は、歴史的建造物の防火対策上の改修に関する指針として、以下の 6 項目を示している。

① Minimal Intervention
② Reversibility
③ Essential
④ Sensitive
⑤ Appropriate

⑥　Legal Compliance

①〜⑥の各項目の内容を簡潔にまとめると、①③④は、工事の範囲を必要最小限度に留める（④）と同時に、更新や変更箇所を可能な限り最小限で留め（①）、かつ、更新・変更や設備の設置にあたっては細部にまで気を配る（③）ことを意味している。②は、更新や変更については後世に取り替えがきく方法を採用することを意味する。⑤⑥は、法令や基準が求める目的を遵守し（⑥）、リスクに最も適した方法を採用する（⑤）ことを意味する。

アメリカ内務省の国立公園局（National Park Service）は、日本の文化財保護法にあたる国家歴史保護法（National Historic Preservation Law）に基づき、性能回復のための改造を伴うような歴史的建造物の改修に関して、その理想とされる基準（Rehabilitation Standard）を示している。この基準では、細部に至る詳細な記述があるが、改修に対する基本的な考え方としてはイギリスのものとほぼ共通している。

これらはあくまで原則であって、実務においてはすべての原則を満たすことは不可能である。とは言え、防災計画を立てるにあたっては、原則を満たすことを目標に、実現可能な計画を考えていくことが必要である。

3.4　歴史的建造物への法令・基準の適用

実務において、原則を満たすことが最も困難になるのは、法令や基準を遵守した改修を行う場合である。前述の通り、法令や基準が土木構造物の仕様や材料の変更をもたらす場合があり、時に歴史的土木構造物の価値を継承することに影響を及ぼすからである。

歴史的土木構造物のほとんどは、現行の法令や基準が出される以前に建設されたものであり、法令や基準を満たしていない。このため、実際の法令や基準では、現行の法令や基準が出される以前に建設されたもので、建設時にその時点の法令や基準を満たしているものについては、特別な場合を除き、直ちに現行の法令や基準に合致させる必要はないものとして扱っている場合が多い（既存の構造物への特例）。また、現行の法令や基準を適用させなければならない場合であっても、歴史的土木構造物については現在の法令や基準が定めている方法によらなくてもよい（以下「特例的適用」という）ことが認められている場合も多い。このことは、歴史的な建築物についても同様である。

先進諸国の法令や基準を見ると、歴史的建造物に対する特例的適用の方法は、以下の2つに大別される。両者を比較すると、多くの場合は後者によっている。

①　法令や基準の適用の対象から除外する
②　法令や基準の求める通常の仕様や材料とは異なる方法によることを認める

②の方法をとる場合でも、法令や基準が求める水準については、歴史的建造物に他の建造物と同等の水準を求めるものと、歴史的建造物に他の建造物とは異なる水準（低い水準）を特別に認めるものの両者がある。前者の場合が一般的であるが、例えば、アメリカ・カリフォルニア州では、歴史的な建築物の耐震補強については、耐震強度に関して一般の建築物よりも低い水準でもよいことを認めている（California State Historical Building Code 2004）。

わが国の例を見てみよう。建築物については、建築基準法第3条の規定によって、国が指定した歴史的建築物はその適用が除外され、地方公共団体が指定した歴史的建築物は建築審査会の同意という条件付きでその適用が除外できることになっており、①に該当する。消防法については、同法施行令第32条において②の方法の適用を可能にする規定があり、文化財である歴史的建築物にはその規定を用いることが推奨されている。②の方法で歴史

的建築物に異なる水準を認めている例はないが、重要文化財の建造物に関する耐震診断の指針（文化庁「重要文化財（建造物）耐震診断指針」1999年、以下「文化財耐震指針」と略す）では、②で異なる水準を認めるのと類する方法が示されている。文化財耐震指針では、重要文化財については建築基準法の適用は除外になるが、一部の例外を除いて、耐震診断を行った上で耐震強度を確保することを推奨している。その中で耐震強度については、建築基準法が一般の建築物に求める水準よりも一定程度の低い水準に留めることを、条件によっては所有者・管理者が選択できるという考え方が示されている。

3.5　法令・基準に対する防災計画上の課題

以下では、法令や基準に則って、防災計画を立てる場合の留意点を記す。

法令・基準に則って防災計画を立てようとすると、前項①②に応じて、それぞれ異なる課題が発生することになる。

①では、法による安全性の担保がなくなるため、安全性についての確保は、関係者が自ら防災計画の中で独自に行わなくてはならないことになる。したがって、防災計画を立てる関係者の責任がそれだけ重くなるという課題が生じる。

②では、安全性については、法令に従えば一定の担保がなされていることになる。その一方で、どのような異なる方法を具体的に認めるのかといったことや、誰がどのように異なる方法を認めるのかといったことが問題になってくる。防災計画の中身は、その内容によって大きく違ってくることになる。また、異なる方法を認める者やその手続きに関わる者の責任が、それだけ重くなるという課題がある。

防災計画を立てる者にとっては、法や基準の手続きに従っていけばよいので、②による方が容易である。①の場合には、どの程度の安全性を確保するのか、自主的な判断を求められることになるので、結局は現行の法令・基準を目安に安全を確保する形になることが多い。したがって①の場合であっても、結局は②と同様の方法が、防災計画を立てる関係者の判断で行われているというのが実態である。

なお、①の場合には、関係者による独自の判断が容易ではないということもあって、行政が参考として指針（ガイドライン）を示していることもある。前項の文化財耐震指針はそれに該当する。

3.6　目的の検証

①②のいずれの場合であっても、防災計画を立てる場合には、単に法に従うということではなく、法の求める目的を別の手段で達成するという考え方に立つことが重要である。仮に法令や基準において、何らかの仕様や材料が定められていたとしても、重要なのはその仕様や材料に従うことではない。なぜなら、仕様や材料は、法令や基準が目的とするところを達成するための手段として定められているにすぎないからである。

例えば、建築基準法に基づく告示で定められている防火関連の仕様や材料は、建築物に一定の耐火性能（例えば、一定の時間燃え抜けない、熱を伝えないなど）を得ることが可能であると認められた事例を示しているにすぎない。この場合、重視すべきは、告示で定められている仕様や材料を使うことではなく、一定の耐火性能を得ることにある。

こうした考え方に立つと、法令や基準に則った歴史的建造物の防災計画の手順は次のようになる。

①　通常の法令や基準が求める仕様や材料への変更が不可能なところをリストアップする。
②　適合しない箇所の法令や基準が求める目的を明らかにする。

③ 変更不可能な箇所が原因で生じる可能性があるRiskを想定する。
④ 想定されたRiskに対して、①の箇所の仕様や材料を変更せずに、②の目的を達成できるマネジメント方法を検討する。

④を具体的に実行するために、通常は2つの方法がとられている。以下ではそれを示すことにしよう。

3.7　別の手段を探る——他所で安全を補う

第1の方法は、変更不可能な箇所とは別の箇所に対して改良を加えて安全を補い、トータルな評価として安全を確保するという方法である。

具体的な例を示そう。**写真3-1**は、ドイツの歴史的建築物をホテルに転用した事例で、火災時に人々の避難路となる客室廊下の部分である。写真を見ると分かる通り、廊下には十分な高さが確保できていない。この廊下の高さは現行の建築法（Bauordnung）に適合しない。一方、このホテルでは、この廊下に接続する避難階段に、現行の建築法が通常求めている避難階段（**写真3-3**）よりも、幅が広く人が降りやすいものが使用されている（**写真3-2**）。ホテルにおける廊下や避難階段については、火災時の宿泊客の避難安全を目的に水準が定められている。このホテルでは、宿泊客が避難する際に、廊下は通りにくく移動の時間を要すが、階段からの避難は容易で時間を短縮できる。このため、火災時の避難は十分に可能であるということで、**写真3-1**の廊下の高さで客室への転用が認められている。

こうした考え方は、土木構造物にも適用が可能である。例えば、歴史的な土木構造物の

写真3-1　ドイツ・歴史的建築物を転用したホテルの廊下及びその外観

写真3-2　写真3-1の廊下にある避難階段 　　　写真3-3　ドイツで通常見られる避難階段

手摺りの高さが現代の水準より低いことは、しばしば問題になる。手摺りに関する現代の一般的な水準は、建築基準法施行令186条において、成人が容易に乗り越えられない高さとして110 cmと定められている。けれども安全上の本来の目的で言えば、手摺りの高さを確保することよりも、人が容易に乗り越えにくい対策をとることを、重視すべきである。例えば、歴史的土木構造物の手摺りの高さが低い場合であっても、一定の幅の植栽等がある場合には、人が容易に乗り越えにくいと判断できるときがある。こうした場合には、手摺りを高くしなくてもよいことが認められることになる。

3.8 別の手段を探る——利用方法・利用人数を限定する

　第2の方法は、歴史的建造物の利用方法や利用者の人数などを限定する方法である。

　冒頭に述べたように、建造物の安全に関する法令や基準は、人々の安全を守ることを前提にしており、例えば建築物の場合には、その利用目的や面積、その利用頻度や利用人数・性格などを前提にして水準が定められている。このことを言い換えれば、利用方法や利用人数が限定的されれば、建築物の安全に関して求められる水準は、それだけ低くなるということになる。したがって、利用方法や人数などを制限すれば、歴史的な建築物に用いられている仕様や材料を変更しなくても、法や基準の求める水準を満たすことが可能になるというわけである。

　この方法は、前述した歴史的建造物に対して他の建造物よりも低い水準を特別に認めるという手法と考え方は共通している。ただし、利用方法や利用人数を限定するという方法は、一律に特別な水準を認めるという方法よりも、利用実態という運用によって通常の法令や基準と比較対照することができるので、柔軟な対応が可能になるという利点がある。

　実際の防災計画を立てる場合には、歴史的建造物が本来保持している性能を判断して、その性能に応じた利用方法や利用者の人数に限定するといった方法がとられることも多い。例えば、土木構造物で言えば、車両が通行していた道路橋の強度の不足が判明した際に、それを歩道橋に転用して保存を行うような場合が、これに該当する。建築物でもフランスの教会堂（写真 3-4）には、その方法が適用されている。フランスの教会堂では、様々なイベントが行われ、その際に大勢の人々によって利用される。その時の堂内の利用人数の上限については、1階にある各所の出入口（写真 3-5）から一定時間に避難できる人数を算出（扉幅により単位時間当たりの避難人数を定めている）し、それによって定めている。

写真 3-4　扉幅に応じた避難計画が立てられているフランスの教会堂（カンペール市）

写真 3-5　1階出入口扉上にある非常時の出口のサイン

　利用方法や利用者の人数を限定する場合には、歴史的建造物の所有者・管理者によって、適正な管理が行われていることが前提となる。もちろん、どのような建造物であっ

ても、安全を確保するためには、適正な管理が行われていることが前提となるのだが、利用方法や利用人数を限定する場合には、より厳格な管理が必要になるし、所有者・管理者の責任はそれだけ重くなる。フランスの教会堂では、堂内に設置する椅子の数を上限の利用人数に合わせるといった方法で、適正な管理が図られている。

3.9　防災計画上の課題

　最後に、防災計画を立てる上での課題にも触れておきたい。最大の課題は、我が国においては、他所で安全を補うことも、利用方法・利用人数を限定することも、現行の法令下では容易には行えないことである。

　先進諸国では、他所で安全を補ったり、利用方法や利用人数を限定したりする方法は、法令や基準に関わる公的な手続き（「性能評定」と呼ばれる仕組み）の中で処理されている。我が国の建築物に関わる建築基準法、消防法やその基準についても、性能評定の考え方は公的に採用されている。けれども、わが国では、新たに性能評定の認証を受けようとすると、実験による詳細なデータを揃える必要があったり、認証を受ける仕様や材料に国の告示が必要であったりするなど、非常に多くの手続きや手間を必要とする。このため、性能評定の適用が認められる対象が、ごく限定的なものとなってしまっているという傾向がある。

　歴史的土木構造物の防災計画を現実的なものとするためには、今後、性能評定を容易に行える仕組みを整える必要がある。そのためには、歴史的土木構造物に用いられている様々な仕様や材料について、その性能の評価を可能にする実証的な調査研究のデータを今より以上に増やしていく必要がある。なぜなら、歴史的土木構造物に用いられている仕様や材料は、現代とは異なる場合が多く、それらについての実証的な科学的データが得られている事例は少ないからである。また、歴史的土木構造物の各部は、相当の年数が経過しており、各部の仕様や材料が経年後にどのような性状を有しているのかを検証する方法が確立されていることも少ないという課題もある。歴史的土木構造物に対する科学的データを増やしていくことはもちろんだが、それに加え、得られたデータをできる限り幅広い歴史的土木構造物に適用することが可能な、煩雑な手続きや手間を必要としない公的な性能評定の方法を検討していく必要があるだろう。

第3節　参考文献

1) 後藤治「米英仏独における歴史的建造物の火災対策」『火災』302号、19-24頁、日本火災学会、2009年10月
2) Department of Communities and Local Government「IRMP Steering Group Integrated Risk Management Planning: Policy Guidance, Protection of Historic Buildings and Structures」Communities and Local Government Publications, 2008年8月
3) 鳥海基樹、村上正浩、後藤治、大橋竜太「フランスに於ける公開文化財の総合安全計画に関する研究－安全性能の体系、公的安全マニュアル、ルーアン大聖堂に於ける検証とモデル化－」『日本建築学会計画系論文集627号、923-930頁、2008年5月
4) 後藤治＋オフィスビル総合研究所「歴史的建造物保存の財源確保に関する提言」プロジェクト『都市の記憶を失う前に－建築保存待ったなし！』白揚社、2008年3月
5) Historic Scotland『Fire safety management in Heritage Buildings』Technical Conservation Research and Education Group, 2005年

第3章
保全のための設計・施工論

1 鋼構造物
2 コンクリート構造物
3 石造構造物
4 地盤構造物
5 ダム
6 トンネル
7 河川構造物
8 港湾
9 煉瓦造建築物
10 　鉄筋コンクリート造建築物

1 鋼構造物

1.1 歴史的鋼構造物の対象と特徴
（1） 対象分野と保全上の特徴

　国内で錬鉄、鋼が構造用材料として使われるようになったのは19世紀後半以降のことで、橋梁、建築物、燈台、桟橋、杭など多岐にわたる。以後、概ね1960年代まで継続するリベット継手を持つ鋼構造物は、歴史的鋼構造物の中心的地位を占める。とりわけ橋梁分野は件数も多く、欧米から輸入された鉄道橋を道路や歩道へ転用したものも多い。初期の例としてはイギリスから輸入された新橋・横浜間鉄道の錬鉄トラスの六郷川鉄橋（1877（明治10）年、登録文化財）があり、国内生産の事例では、1878（明治11）年に工部省赤羽製作所で製作されたボーストリングトラスの弾正橋（現八幡橋、重要文化財）がある。大正から昭和の戦前にかけて建設された震災復興橋梁を含む鋼橋は、重要な歴史的鋼構造物の対象である。

　鉄骨建築分野では、1910年から1940年ごろに建設の始まったレンガ造の官庁の建築物で防火床構造やピン接合のトラス構造の屋根に鉄が使用された。司法省（1895（明治28）年）、日本銀行本店（1896（明治29）年）、赤坂離宮（1909（明治42）年）などがこれらの事例である。構造物の基礎構造で鉄が使用された例としては、燈台や桟橋、橋梁の基礎にスクリューで貫入する鋳鉄杭があるが現存するものは少ない。

　鉄製船は土木鋼構造物ではないが、1870（明治10）年代から錬鉄の骨組みに木皮を張った木鉄混合船が建造され始め、鉄皮船を経て溶接構造の鋼船の出現は土木鋼構造物に影響を与えた。

　歴史的構造物の保全という視点で言えば鋼構造物の重要な特徴として、トンネル、ダムなどの土木構造物と異なり、設置場所と構造物本体を物理的に切り離すことが可能であることが挙げられる。鋼構造物は一般的に、補修、補強、改修などにおいて損傷した部分や補強する部分に対し新たな材料への取り替え・追加が比較的容易である。土木構造物の歴史的評価において、置かれた地域の中での周囲との一体性は重要な視点ではあるが、保全技術の面から構造物の設置場所を変更できることは大きな特徴である。これは工場で加工・製作された部材を現地に運搬して組み立てることで建設を行うという鋼構造物のプレファブ性を前提とした建設工法によるものである。

　初期の鉄道トラス桁や、桟橋用鉄製杭などが、工業製品部材・部品として欧米より輸入されて組み立てられ、さらに鉄道橋であれば機関車の重量化とともに、多くの橋桁が他の場所の道路橋や歩道橋へ転用された。全体、あるいは部分を移設、現位置での増設、あるいは規模を縮小して改修することは、橋梁、水門、建築など鋼構造物の保全工法の選択肢を広げている。構造物を解体して部材全体を工場に搬入し、修復などの加工を加える解体修理も、この特徴によるものであり、保全工法の選択の範囲にある。

　修復が容易であることは、材料の特徴に依存するが、特に溶接などの接合法によって部分的に部材の補修、取り替え、追加などが可能になった。錬鉄から鋼材へ切り替わった1890年以降に建設された構造物では、溶接加工が保全方法として選択できる。

　一方、鋼構造物のプレファブ性は、現地での部材連結を伴い、この連結部が構造物の外観に影響を与え歴史的価値の重要な要素となっている。戦前の橋梁、水門などの鋼構造の工場および現地での継手方式はもっぱらリベットが使われており、1950年代まで継手工

法の主流であった。1960年代以降、工場製作で一般化した溶接工法とともに、現場での継手は高力ボルトへ短期間に移行が進み、リベット工法は一気に衰退を辿った。リベット工法が道路橋示方書から外れたのは平成2年の改訂からで、最後の規定は1980（昭和55）年であった。

このことは歴史的鋼構造物の保全において、継手の再現性を困難にしており、リベット継手を持つ歴史的構造物の保全における今後の技術課題である。

この他、保全に関係する鋼構造物の特徴として、鋼材の腐食しやすい性質も挙げられる。水分の影響を受けて腐食（錆び）するため、防錆処理（一般には塗装）が必要である。また、補強・補修において考慮すべき特徴として、構造が薄肉部材で構成されている点もある。コンクリートなどの他の材料に比べて材料の断面積、重量当たりの強度が高いことから、鋼板、型鋼などの断面は比較的薄い部材で構成され、剛性が低く外力による変形や損傷を受けやすい。補修や解体修理を実施する場合、あるいは部材を再利用する場合は、状況に応じて仮補強などの対策を講じる必要がある。剛性の低さから、部材を再利用して道路橋や歩道橋を施工する場合、たわみ、振動に留意する必要がある。

（2） 歴史的鋼構造物の材料

鉄・鋼構造物は、世界的には鋳鉄を経て錬鉄、19世紀末に鋼に移行してきた。国内で近代化が開始された19世紀半ば過ぎには、既に鋳鉄から錬鉄に移行しており、鋳鉄を主要材料とする構造物は極めて少ない。これに対して、1880（明治20）年代前半までに輸入された鉄道橋や国内で製作された橋桁では錬鉄を材料としており、鉄道橋の場合、道路橋や歩道橋に転用されて現存する例がある。鋼は1890（明治30）年代から使われ始め、例えば、江ヶ崎跨線橋（横浜、2009年撤去）は、常磐線隅田川橋梁（1896年、トラス）や、東北本線荒川橋梁（1895年、トラス）で建設された国内で初期の鋼トラスを昭和初期に道路橋に転用したものである。

このような初期の鋼材の撤去部材を転用する場合、再利用にあたって、オリジナルの材料の溶接性は工法を決定する重要な特質となる。錬鉄の場合は基本的にはリン（P）の含有量が多く、溶接に不向きであるのに対し、鋼の場合は可能性がある。ただし、1900年以前のベッセマー鋼である初期の鋼は、炭素（C）は少ないが成分のばらつきも大きく、リンの含有量が接性を大きく支配する。初期の鋼材を再利用、あるいは補修をする場合で溶接工法を検討する時は、成分試験、溶接性施工試験などを行って溶接性の確認をすることが必要となる。

表 1-1 鉄・鋼材の種類と特性 [1]

種類	材料特性
鋳　鉄	炭素や他元素を多く含んでおり、圧縮強度が高く複雑な形状に鋳込むことができる。一方錬鉄と比較して、固く脆く引張り強度が低い。構造部材としては、主としてアーチや柱材など圧縮材として使用される。
錬　鉄	CやSなどの不純物が酸化除去され、鋳鉄と比較して構造材料として重要な靭性が改善されている。比較的木材のように繊維質であり、均質性は低いが、鍛冶による加工性と耐食性の点では鋼よりも優れる。ミクロ組織は粗大なフェライト中心の組織と層状に分布する鉄滓の存在が特徴的である。Pなどが多いものは溶接には適さない。
ベッセマー鋼	初期の鋼であり、含Mn銑鉄で脱酸されているため、Mnを少量含有し、Cは非常に少なくPは錬鉄より少ない。脱酸剤であるSiが少ないため溶接性は劣るが、Pが少ない場合に希釈率の低い被覆アーク溶接は可能と考えられる。

1.2 歴史的鋼橋の保全の現状
（1） 保全手法の現状

橋梁を代表例とする鋼構造物は、その性能の維持や使用性などの社会的要求の変化に対応するため、従来から様々な方法で補修、補強あるいは改変がなされてきた。しかし、これらの保全実績では、構造物の安全性、耐久性を継続することが主眼とされ、歴史的・文化的価値を配慮して施工されたものは、一部の著名な構造物を除けば必ずしも多くはない。このため歴史的価値を持つ構造物であっても、補修、補強によって歴史的価値が損なわれ、あるいは、安全性、耐久性の名の下に取り壊し、新規に取り替えられたものも多い。

構造物の安全性や耐久性、耐荷力の維持、向上とともに、歴史的、文化的な側面に着目して保全が図られた事例においても、必ずしも意図通りに価値の継承がされていないものも見られる。現役を退いた道路橋や鉄道橋を廃棄せずに、歩道橋などのより低い荷重条件下で再利用する場合や、部材の一部を残して展示をする場合など、これまでの保全の事例は様々であるが、復元、復原、保存の解釈が曖昧で、過度の外観的類似性を強調して構造物の一部をカットモデルとして残すことを保守（preserve）の手法とみなしている事例も見られる。

継承されなければならない歴史的・文化的価値の拠り所は、対象とする鋼構造物ごとに異なる。例えば、材片を組み合わせて部材を構成する鋼構造物の特徴である継手部のリベットやレーシングバーで形成された部材形状・構造詳細（**写真 1-1**）、ピン結合トラスの格点部（**写真 1-2**）などは建設当時の一般的な技術であり、歴史的価値の拠り所であって、現在では使われなくなった工法ではあるが継承すべき箇所である。また、構造物全体の意匠や形としては表れ難いが、構造物がその地域の中での果たした役割なども、保全にあたって考慮されるべき歴史的・文化的価値の拠り所である。

写真 1-1　レーシングバーで形成された部材　　写真 1-2　ピン結合トラスの格点

今後、既設構造物の増加に伴って歴史的構造物の補修や補強の事例も増加する傾向にあり、既設構造物の本来の機能や目的を優先するあまり、その歴史的価値や文化的側面が継承されずに土木遺産としての価値の継承に失敗することが懸念される。早くからインフラ投資の行われた欧米においては、既設構造物の歴史的、文化的側面を考慮した保全の先行事例は多いが、世界的には増えつつあるインフラストックの維持の一環として、構造物の保全において文化的、歴史的側面を考慮する傾向が高まっている。国際規格 ISO において、従来は耐久性、外力、耐荷力などを要求性能としていた既設構造物に関する規定（ISO13822）の中で、歴史的構造物（heritage structure）に関わる規定が追補された改訂が行われたことは、構造物の保全において文化的、歴史的側面を考慮する傾向を示すひと

つの事例である。

（2） 保全手法の区分と事例

(a) 維持管理（maintenance）

現状の機能と価値を保持するために継続的に行われるもので、管理者による日常の点検、調査、および小規模で軽微な補修、修繕、清掃、小修理などである。10〜20年の間隔の塗り替えが必要となる鋼構造物の防食塗装の維持は保守に含まれる。

歴史的・文化的価値の拠り所となっている部位については、点検・維持における着目点として特に留意する必要がある。維持管理では、当該構造物の歴史的価値を損なうことなしに、現状の構造物の性能を維持するために腐食、損耗、機能低下など構造物の劣化要因を管理・予防し継続的な維持点検が行われる。部分的に錆を除去、塗装をすることや、道路橋であれば路面の排水溝の清掃、可動橋の設備へ潤滑油をさす行為などがこれに該当する。

松齢橋（写真1-3）は1925（大正14）年に建設されたボーストリングトラス橋で、床版や床組などは幾度かの補修が行われている。しかし、すぐ隣接して新橋が架設されたため、管理的に通行車両の荷重制限を行うことや、落橋防止システムなどの取り付けもされずに供用されている。したがって、完成後80年以上経た今も橋の外観やディテールは架橋当時のままを保っている。

写真1-3　松齢橋（群馬県、1925）

震災復興橋梁として1926（大正15）年に建設された永代橋（写真1-4）は、これまで塗装の塗り替えや、バックルプレートの床版の打ち直し、耐震補強などがされているが、80年以上わたり基本構造の大きな改変なしに維持管理が継続的に行われている。

写真1-4　永代橋（東京都、1926）

(b) 保守（maintenance）

保守とは、対象構造物をほぼ現状のまま保つ行為であり、最低限の修復を伴い移設をする場合も含まれる。保存は、当該構造物の本来の機能よりも、その稀少価値、文化的、歴史的価値を優先し、現状のままの姿で維持し、それ以上の劣化や腐食の進捗を防ぐもので、動態保存とは限らない。

例えば、現存する日本最古のプレートガーダー橋（福川鉄橋、1895年）など、その稀少価値、文化的、歴史的価値の保全を最優先する考え方であり、構造物としての機能や供用可能性は必ずしも問題としない考えである。ただし、腐食や損傷箇所は取り替えずにそれ以上の進展を防ぐなどの措置はとられる。

写真1-5は、1913（大正2）年に建設された木曽森林鉄道の下路トラス橋を保存した例である。この橋は1975（昭和50）年に道路橋に転用され、1997（平成9）年には新橋が架設されたため廃橋となった。大正初期の国産トラス橋であり、森林鉄道の橋梁として

は最大規模であり稀少であることから保存されている。また**写真** 1-6 は、1935（昭和 10）年に筑後川河口付近を横断する佐賀線の昇開式鉄道可動橋である。1985（昭和 60）年に鉄道が廃線となり、橋の両側の公園整備とともに鉄道橋から歩道橋に転用された。上下方向に桁が昇降する可動橋としては国内で唯一の事例である。

写真 1-5　鬼渕橋（長野県、1913）

写真 1-6　筑後川橋梁（佐賀県、1935）

写真 1-7 は、1916（大正 5）年に着工されて 1924（大正 13）年に完成した荒川放水路の分水地点に設置された岩淵水門である。1982（昭和 57）年にすぐ下流に新たに建設された 2 代目の水門に、その役割を引き継いで法令上河川構造物の適用を受けなくなった。可動部はすべて固定された状態で外観が建設当時の状態で保たれる保存の事例である。

(c)　修復（restoration）

写真 1-7　岩淵水門（東京都、1924）

損傷、劣化などによって低下した機能や価値を、ある状態まで復する行為で、現状を維持する予防的な保守よりも手の加え方が大規模となる。低下した耐荷力を補うための補強、災害での損傷を復旧する場合や、復原、維持修理、根本修理であり改変が許容される。

橋梁では、通行車両の荷重制限引上げの B 活荷重への耐荷力向上の補強や、阪神淡路大震災以後継続的に実施された耐震性向上の改変を伴う維持補強は修復である。また、構造部材の部分的な新規材料への取り替えや、橋梁の床組補講、床版補強、高欄の改修なども含まれる。この場合、当該構造物のシルエットやイメージが大きく変わるものはなるべく避け、可逆性を持たせて新たに部材を追加するなど、歴史的、文化的価値に沿ったものであることが望ましい。例えば、高欄の補強でオリジナルの設計に調和するものであれば照明などの追加も認められる。

群馬大橋（**写真** 1-8）は 1953（昭和 28）年に建設された戦後を代表するランガートラス橋のひとつであり、1999（平成 11）年に、**写真** 1-9 に示すような床組補強、落橋防止システム追加など様々な補強工事が行われた。床組補強により下横構が主構下面より突出してしまったが、フォルム全体はオリジナルから大きく変わっていない。

写真 1-10、**写真** 1-11 は、1868 年に開業された錬鉄製アーチ屋根を持つロンドンのセント・パンクラス鉄道駅で、2007 年に新幹線ユーロスターの発着ホームの増設が行われて

写真 1-8　群馬大橋　全景

写真 1-9　群馬大橋
追加された縦桁補強と落橋防止システム

写真 1-10　セント・パンクラス駅
2階が在来線ホーム、1階がコンコースとユーロスターの国際列車ホーム

写真 1-11　セント・パンクラス駅
アーチの基部と新たな2階コンコースの床

歴史的鉄道駅に大改造が加えられた。旧駅舎のラチス構造のアーチはほとんどが建設当時のもので、過去に建設された構造を前提として部材を追加することで、新たな機能が加えられた大規模修復の事例である。

(d)　改修（rehabilitation）

　新たな機能や価値の付加、要求された機能や用途の変更に応じて、多くの改変を積極的に行う行為であり、一般には大規模な補強や修復を伴う。橋梁で多くの事例があり、幅員の増加による桁の増設や、桁の移設、周辺の整備などがある。桁の移設では、道路橋や鉄道橋から歩道橋への用途変更の事例も多い。この場合、支間の短縮、延長、幅員の拡幅・縮小、歩道の追加、プレストレスなどの新たな部材の追加などが行われる。例えば、明治村に移設された新大橋、品川燈台、六郷川鉄橋などは改修の事例である。ただし、大規模な補強や改変であるだけに、当該構造の特徴となる歴史的、文化的価値が評価されている部位、ディテールなどは何らかの方法で継続されなければならない。

　要求される機能や用途の変更に応じて、多くの改変が許容される保全方針であり、同一のオリジナルの外観にこだわる必要は必ずしもない。例えば、歩道の添架や、鉄道橋から道路橋への転用では、構造形式、部材構造詳細などが維持されれば、RC床版から木床版への変更や、支間短縮など比較的大規模な変更も行われる。この場合歴史的、文化的価値

が評価されている部位、ディテールなどの何らかの方法による継続が前提となる。

　写真 1-12 は、鉄道トラス橋を歩道橋に改修した例である。この橋は 1912（大正元）年に建設された初期の国産鉄道トラス橋であり、腐食の著しかった下弦材は、**写真 1-13** に示すようにすべてリベット継手で再製作された。また、木床版の橋面にレールの跡を残すことにより歴史的・文化的価値の継続が保たれている。

写真 1-12　新港橋梁
1912 年にイギリスからの輸入トラスを改造して建設された。

写真 1-13　新港橋梁
下弦材はリベットで新たに製作された。

　歴史的・文化的価値がオリジナリティのみによると判断された場合、既に改変、変更がなされている時は、機能・外観をオリジナルの状態に戻す必要がある。また、改変、変更される前の構造物の材料、構造および意匠などに歴史的・文化的価値が認められた場合には、部分的であっても価値が評価された状態に戻すことが価値の継承のために必要になるからであり、可能であれば原位置に戻すことが望ましい。

　写真 1-14、**写真 1-15** は、1913（大正 2）年に建設された旧四谷見附橋を、規模を縮小して改修した例である。この橋はわが国の鋼道路アーチ橋では 2 番目に古く、近くの旧赤坂離宮（現迎賓館）とデザイン的に対応したネオバロック調の高欄や橋灯の意匠に価値があると評価された。したがって、高欄、橋灯や煉瓦積みの橋台を含め、可能な限りも原設計に近い形で八王子市内の公園に移設された。

写真 1-14　長池見附橋（旧四谷見付橋、1913 年）

写真 1-15　復元された橋灯と高欄

写真 1-16、写真 1-17 は、1843 年にイギリスで建造された全長 97m の世界で最初の鉄製蒸気船グレート・ブリテン号である。錬鉄板をリベットで組み合わせて船殻が作られている。現在ドライドック設備とともに展示のために永久保存されているが、ほぼ朽ち果てた状態から、建造当時の記録をもとに復元されたものである。

写真 1-16　SS グレート・ブリテン号　　写真 1-17　腐食した部分が追加されて修復されたオリジナルの船体

1.3　歴史的鋼構造物の保全の手法
（1）　保全の考え方

　土木構造物の構造的性能は、例えば鋼橋であれば、安全、快適に A 地点から B 地点へ障害物を越えて人や物を継続的に通せることである。歴史的鋼構造物の保全においては、構造的性能を維持・向上させることと同時に、文化的価値の保全、地域づくりへの寄与、環境保全などを考慮し、鋼構造物の保全上の特徴を踏まえた合理的な選択をする必要がある。

　保全の手法は、元位置における現状の維持が、構造的性能低下や、使用性能の低下など何らかの理由によって継続できない場合、あるいは、現状が既にオリジナルから大きく改変されている場合などによって異なる。現状維持、原状回復、再生などの選定には個別の構造物の構造的状況とともに、使用環境など現状の詳細把握が重要である。これらの点検結果をもとに必要に応じ、再生、改修などにより、構造物の大規模な改変から転用、部材再利用などまでも視野に入れた保全工事の方針を立てることとなる。

　保全方法の計画において、対象とする鋼構造物の歴史的価値を明確にすることは重要である。歴史的価値が構造のどの部分にあるかという見極めである。歴史的に評価される部位とそうでない部位でメリハリをつけることで、工法の選択の幅が広がる。

　例えば、福島県の十綱橋（写真 1-18）は、1915（大正 4）年に摺上川に架設された現存する数少ない大正期の国産アーチ橋のひとつで、繊細なブレースドリブアーチをその特徴とする。このアーチリブは、1967（昭和 42）年に、全長にわたり現場溶接により断面補強されている。アーチリブの弦材断面は、もとは四本の山形鋼を組み合わせた I 断面であったが、外側に補強鋼板をはめ込み、現場溶接で箱断面構造とする改造がされた。このため、この橋の歴史的価値のひとつであるリベットが部材表面には見えなくなったが、これと引き換えに部材の耐荷力向上と最大の特徴である繊細なブレースドリブアーチの外観が維持された。

写真 1-18　十綱橋
開断面のアーチリブを溶接で断面補強

写真 1-19　十綱橋
補強後も全体形状の変更はない。

（2）調　査

歴史的鋼構造物の保全手法を計画するためには、構造物の機能性、使用性の側面から行われる通常の構造物の点検・調査に加えて、歴史的価値への影響を考慮しつつ取り得る工法を判定するための情報を把握する必要がある。特に対象とする構造物において歴史的価値が評価されている部位、部材にどの程度補強などの手を加えることができるかを判定する項目調査（表 1-2）が最低限求められる。

表 1-2　歴史的価値に関わる鋼構造部材の調査・点検項目

点検・調査項目	方　法
① 部材の曲がり・ねじり座屈の変形	目視
② 部材の腐食・欠食などによる欠損	目視、スケール、ノギス、超音波板厚計
③ 部材の亀裂、割れ	目視、スケール、磁粉探傷
④ リベットの腐食、ゆるみ、ぬけ落ち	目視、テストハンマー
⑤ 部材・仕口部のリベット孔の状態、ガセット、添接板の状態	目視
⑥ その他の損傷	目視
⑦ 全体的な外観	目視

歴史的鋼構造物の場合、部位、部材の損傷、変状を把握すると同時に、使用材料の溶接性の把握をすることが必要となる。錬鉄か鋼材か、鋼材である場合、特に 1900 年以前であれば、溶接工法を採用するかどうか判断するために、成分分析、引張強度、伸びなどの機械的性質の試験が必要となる（表 1-3）。

調査から保全工事の計画、設計・施工において、構造物の図面は基本的な情報として不可欠であり、関連書類として対象構造物の図面の入手に努める必要がある。一般的には図面は入手できる方が少ないが、この場合は、レーザースキャナなどによって図面を新たに作成することになる。

表1-3 古い鋼材に対する施工留意[3]

鉄・鋼材名		製作時期	保全工事上の留意	判別試験
錬鉄		1883(明治26)年以前	材料不均一、層状剥離の可能性、引張強度は41キロ鋼の70～80％、伸びは数分の1、P、Sが多い	火花試験、成分分析、引張試験
ベッセマー鋼		1909(明治42)年以前	強度は40キロ鋼と同等、バラつき大、溶接は不可能ではないが、留意が必要、P、Sが多い	
鋼	S39	1926(大正15)～1928(昭和3)年	材料不均一、S、Cu、Oが多く、Siが少ない、溶接は可能	成分試験、COD試験、衝撃試験
		1928(昭和3)年以降		
	SS41	1940(昭和15)年以降	ほぼ現行の鋼と同等に扱える	JIS鋼種の確認
		1951(昭和26)年以降		

（3） 保全の計画・設計

歴史的鋼構造物の保全においては、個々の対象構造物の条件に応じてその手順は異なるが、一般的には明らかにされた歴史的価値に基づいて決定された保全の方針に基づき、保守、維持管理、修理、修繕、補講、改修、再建などの保全工事の種類を決める。この中で、具体的な保全の計画・設計を行う。補修、補強であれば、その施工方法、手順を一般図、概略図などの形で具体化する。これによって詳細計画、設計を行う上での検討事項を明確化するとともに、さらに収集が必要な情報を洗い出し、必要に応じて追加の詳細点検、調査項目を設定し、構造性能調査、点検の一環として詳細点検を実施する。

詳細点検、調査で得られた情報をもとに、保全工事の種別ごとの詳細設計を実施する。これによって得られる主要な成果図書は、詳細計画図、詳細設計計算書、詳細設計図、材料表、施工計画書などがある。詳細計画・設計によって、オリジナルの材料はどこまで残さなければならないか、旧部材の再利用、取り替え、形状の変更を許容する程度、色彩、リベットなどの使用材料など、すべての仕様が決定される。撤去などを伴う場合や、部分のみ残す場合は、記録の取り方などもこの段階で決めることになる。

これらの詳細計画の段階において、道路橋の場合、準拠すべき基準類としては、表1-4のものがある。基本的な基準には道路構造令があり、道路線形、建築限界、幅員構成、荷重などが規定されており、具体的構造基準については、「橋、高架の道路等の技術基準」

表1-4 道路橋の基準類など

基準等名称	発行者	発行年
道路構造令の解説と運用	(社)日本道路協会	1994
道路橋示方書（共通・鋼橋編）	(社)日本道路協会	1996
道路橋示方書（耐震設計編）	(社)日本道路協会	1996
道路橋示方書（共通・鋼橋編）＊リベット規定	(社)日本道路協会	1980
立体横断施設設置要領案・横断歩道橋設計指針解説	(社)日本道路協会	1970
小規模吊橋指針・同解説	(社)日本道路協会	1984
鋼・合成構造標準設計示方書	(社)土木学会	2007
歴史的鋼橋の補修・補強マニュアル	(社)土木学会	2006
Bases for design of structures — Assessment of existing structures 構造物の設計の基本—既存構造物の性能評価	ISO	2008

が省令として道路橋示方書で示されている。これらの規定は、構造の安全性、耐久性などに関するものであり歴史的価値の保全を直接的に規定する条項はないが、歴史的価値の継続を構造性能の許容範囲で追求するために、規定の趣旨に遡ることが必要となる。構造物の継手の形状は歴史的価値に大きく影響を与えるものであり、特にリベット工法については熟練者がおらず、施工機械もほとんど存在しないことから採用が困難な工法であるが、採用をする場合は過去の道路橋示方書（昭和55年発行）が参考となる。

土木学会の鋼・合成構造標準示方書では、構造物の要求性能として安全性、使用性、耐久性、修復性、施工性などとともに、社会・環境適合性を挙げており、構造物の歴史的、文化的価値は、この中の社会的適合性に含まれると考えられるが、具体的に関わる規定はない。

国際基準であるISOでは、「ISO13822 既設構造物」の追補（Annex）に、歴史的構造物（Heritage Structures）の記述が新たに追加され、同規定を歴史的構造物に規定を適用する場合、追加的に考慮すべき事項を規定している。

1.4　歴史的鋼構造物の保全の課題

歴史的土木構造物全体の保全の共通的な課題としては、歴史的価値の評価方法、利活用の方法、行政の補助、基準類整備、教育・啓蒙、アーカイブの整備などがあるが、ここでは、鋼構造物の保全工事における課題について触れておく。

（1）　リベット工法

リベット工法など、歴史的鋼構造物の特徴に密接に関わる施工法ではあるが、現在実務的に使われなくなり同一工法による補修・補強ができないという課題がある。リベットについては、リベット打設機の他、熟練技能工もほとんどおらず、再現は極めて難しい状況ある。リベットは900～1100度にリベット焼き炉で赤熱し短時間に空中で投げ渡して継手に挿入し圧搾空気よるリベットハンマーにて締めつけるものであるが、現在の技能者に適合したリベット材の加熱からリベット打ちまでを連続的に可能とする軽量で簡便な施工機械、工法の開発が望まれる。

（2）　歴史的価値の視点を入れた点検、調査のガイド

既設の土木構造物の点検、調査では、通常は構造の劣化、損傷など構造性能に関わる部分が大多数であり、歴史的価値との関わりで、点検、調査を行う視点がほとんどない。このため、保全工事の計画において、歴史的価値に関わる部分への配慮が欠ける場合も多い。鋼橋分野では、2006年に土木学会から「歴史的鋼橋の補修・補強マニュアル」が発刊されたが、より実務レベルでのガイドとして、まずは点検・調査を対象に整備されることが望まれる。

（3）　古い鋼材への溶接工法の適用性の拡大

溶接工法の採用が可能であることは、鋼構造物の保全工事における特徴である。近年、初期の鋼構造物の撤去などが進みつつあるが、これらを積極的に転用、再利用などをするためには、不純物の多い初期の鋼材、特に今日の知識、常識での判断では適用を躊躇する1900年以前の鋼材への溶接施工を進めるための実験、実績に基づく知識の集積が必要である。これによって保全における溶接工法の適用範囲を広げることで、以前には撤去せざるを得なかったような鋼構造物を転用、部材再利用などで保全を進めるための支援に繋がる。

（4）　図面などの周辺情報の充実

橋梁をはじめとした歴史的鋼構造物の図面の存在は、保全工事の計画上有力な情報である。しかし、図面は一時的な文書の意識が強く、竣工後時間を経た歴史的鋼構造物の図面

は管理者のもとにも残っていないことが多い。施工者などで図面が保管されている場合は、将来の劣化や散逸を考慮してデジタル化などでアーカイブとしての記録保存を行う必要がある。

（5） 新材料の適用と歴史的価値

歴史的鋼構造物の歴史的価値は個々に異なるが、一般に構造性能と歴史的価値の維持は相反する場合も多い。保全工事の設計上の自由度を高め、歴史的価値の保全と構造性能の両立を新たな材料の開発で解決する取り組みは、歴史的鋼構造物の保全事例が増加する中で重要なアプローチである。構造性能の向上で開発されたカーボンファイバーや接着剤、塗装などの新素材や新たな工法を、歴史的価値保全の視点から着目し、利用のための仕様を発信していくことは、今後の歴史的鋼構造物の保全工法の開発において重要である。

（6） 保全事例の集積と整備

歴史的鋼構造物の保全事例を集積して整備（データベース化）することは、今後増加する保全工事に対して、有効な情報となる。

第1節 参考文献

1) 土木学会：歴史的鋼橋の補修・補強マニュアル、土木学会、2006、p.40
2) 五十畑弘：フォトエッセイ「歴史的構造物の新たな維持管理向けて」、CE建設業界2月号 Vol.57、日本土木工業会、2008.2
3) 鉄道総合技術研究所：鋼構造物の補修・補強・改造の手引き、1992.7
4) 日本道路協会：道路橋示方書・同解説 Ⅰ共通編、Ⅱ鋼橋編、1980.2
5) 鋼橋技術研究会：鋼橋の技術史研究部会最終報告書、2003.4
6) 日本橋梁建設協会：新版日本の橋、朝倉書店、2004.5

2 コンクリート構造物

2.1 対象と特徴

第1章2節の「2.1 構造物の維持管理」で述べた通り、明治期にコンクリートに関する諸技術が日本に導入された当初のわが国におけるコンクリート工事の設計、施工の方法論は、欧米のそれを踏襲していた。その後、鉄道など大規模な構造物が構築される際に「示方書」と称する工事指南書が編纂されることもあったが、わが国におけるコンクリート構造物の構築に必要な設計、施工に関する統一的な方法論は、土木学会コンクリート標準示方書として1931（昭和6）年に取りまとめられた。これ以降、わが国における土木コンクリート構造物の設計、施工の方法論は、基本的には土木学会コンクリート標準示方書に基づいていると言ってよい。なお、道路橋、橋梁、トンネル、電力施設、鉄道、下水道施設など、施設の管理機関が明確なものについては、構造物の種別に設計標準や維持管理標準が示されているものもある。

コンクリート標準示方書が対象としているのは、道路、橋梁、トンネル、空港、港湾、ダム、エネルギー施設など、社会基盤を構成するコンクリート構造物全般であり、現場で施工されるコンクリート構造物のほか、工場で部材として製造されるプレキャスト製品によって建設されコンクリート構造物も対象としている。また、コンクリート工事の作業段階に応じて設計編、施工編および維持管理編に分冊されているが、このうち、ダムについては一般のコンクリート構造物とは異なる設計、施工方法が採用されることが一般的であるため、

コンクリート標準示方書ダム編として分冊されている。なお、コンクリート舗装については、アスファルト舗装と併せて土木学会舗装標準示方書が、トンネルに関しては土木学会トンネル標準示方書が取りまとめられている。また、コンクリート標準示方書の編として、設計編、施工編および維持管理編を補完するJIS、土木学会規準などを取りまとめた規準編も別途取りまとめられている。

　2002（平成13）年以降、コンクリート標準示方書は、それまでの仕様規定的な記述から性能規定的な記述に書き換えられた。なお、現行のコンクリート標準示方書は、性能規定的な記述で一般論を示した本編と、実務での利用を考慮し、具体例などを示して使いやすさを志向した標準編に分けて記述されている点も特徴として挙げられる。特に、2007（平成19）年制定版では、コンクリート構造物の建設にあたり、ライフサイクルコストなどの経済性を考慮すること、また、施工段階において環境負荷低減の志向を推奨することなど、これまで直接的に構造物に要求されていた各種の性能以外の側面についての留意を示していることも特徴のひとつである。

　コンクリート標準示方書は、基本的に構造物の設計、施工および維持管理の標準を記したものであるが、構造物は柱、はり、床、壁およびこれらの接合部からなる構造物であり、構造物の各作業はこれらの部材レベル、場合によっては部材を構成するコンクリートなどの材料レベルで検討することが適切である場合がある。このため、コンクリート標準示方書は、構造物、部材さらには材料レベルで検討すべき事項が記載されている。コンクリート標準示方書の各編の特徴は、おおよそ以下の通りである。

　設計編は、基本的に完成後のコンクリート構造物を想定して、構造物に要求される安全性、使用性、第三者影響度およびこれらの経時的な抵抗性として位置づけられる耐久性について、供用期間中の作用外力の影響などにより予想される特性値の変化が設計値を下回らないことを、所要の性能を満足することを照査の手続きを通じて確認することで構造物を設計し、最終的に設計図書として施工段階に引き継ぐ内容が明示されている。

　施工編は、設計図書として明示されている所要の性能を満足すると確認された構造物を具体化するために、施工計画を立案し、これを達成するために必要な諸事項について示されている。なお、施工編では、設計作業段階では標準的な条件として照査が省略される施工工事に直接関わるコンクリートの製造、運搬、打込み、締固め、養生などの各作業についても、各作業時に検討すべき管理項目として施工計画段階で照査されることとなっており、施工における検査方法についても明示されている。施工段階は、最終的には具体化された構造物とともに、施工作業時の確認項目、竣工時の検査結果などの内容が供用後の維持管理段階へ引き継がれる。

　維持管理編は、供用開始後のコンクリート構造物について、予定された供用期間中に構造物に要求される性能を所定の水準以下とならないように、適切に維持管理するために必要となる点検の項目と方法、点検結果などに基づく構造物の性能の将来予測の方法、評価や対策実施の要否の判定の方法、実施する対策の選定や実施の方法、構造物に関わる設計、施工および維持管理の記録などについて記載されている。なお、維持管理編は、供用を開始した直後の新設構造物のみではなく、これまで供用されてきた既設構造物についても維持管理の対象としていることが特徴である。したがって、既往の設計基準などに基づいて建設され、現状の設計基準に照らし合わせた場合にいわゆる「既存不適格」と見なされる構造物の維持管理方法についても、特に耐震性能に対する現行の基準への対応方法として記されているのが特徴である。

2.2 コンクリート構造物の維持管理の現状

現在、コンクリート構造物に対して「歴史的価値」が見出されると、土木学会から土木遺産として選奨されるという仕組みがあるが、残念ながら、コンクリート構造物が歴史的なものであるか否かの区別に関するオーソライズされた明確なロジックは存在しない。したがって、現段階でコンクリート構造物に対して「歴史的価値」の定義が不明確である以上、選奨土木遺産と言えども、一般のコンクリート構造物と同様の保全技術が適用されることになる。

「歴史的価値」を有すると認められるコンクリート構造物は保存する必要があり、このことを危急の課題と捉えるならば、コンクリート構造物についても、例えばオーセンティシティ概念などに基づいた保全に関する方法論を早急に確立し、一般のコンクリート構造物に対して適用される保全技術の可否を明らかにし、「歴史的価値」の保存を可能とする方法論を確立していく必要があるが、ここではコンクリート標準示方書［維持管理編］の内容に基づき、一般的なコンクリート構造物の保全技術について概説する。

（1） 一般的なコンクリート構造物の保全（維持管理）の流れ

土木構造物には数多くの種類があるが、構造物の構成材料の違いによって鋼構造物、コンクリート構造物、地盤構造物などに区分されることが多い。このうち、鋼構造物およびコンクリート構造物については、交通荷重や気象などの外力作用によって鋼やコンクリートが劣化し、これに対する保全の方法論が議論されることになるので、その基本的な方法論については共通する部分が多い。

図2-1にコンクリート標準示方書［維持管理編］に示されている維持管理の流れを示すが、現行の示方書では、構造物に要求される性能の確保の他に、ライフサイクルコストを考慮して、経済的な観点からも保全技術に関して最適化を図ることや、最適化を図る際には対象とする構造物単体ではなく社会基盤として構成する複数の構造物群を考慮することも重要であり、地球環境への配慮などについても検討すべきであると記載している。

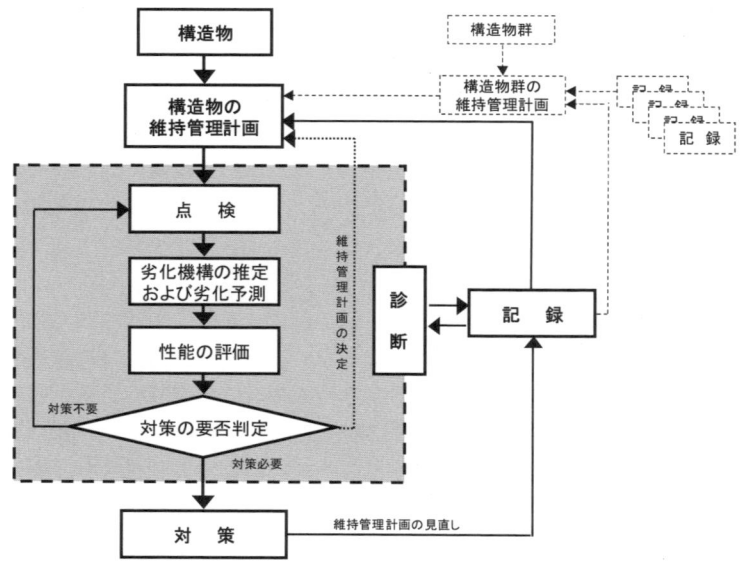

図2-1　コンクリート構造物の維持管理の流れ[1]

(a) 維持管理計画

コンクリート構造物の保全は、対象となる構造物の重要性などに基づいて定められる基本方針（維持管理の区分）と予定供用期間を定め、予定供用期間を通じて構造物が保有すべき要求性能（安全性、使用性、第三者影響に関する性能、美観・景観、維持管理のしやすさなど）を許容範囲内に維持できるように、適切な保全（維持管理）計画を策定することが基本となる。計画においては、点検の時期や点検の内容、生じると考えられる劣化機構の推定ならびにその進行の予測、構造物の保有性能の評価および対策の要否判定の他、実施する対策の内容および記録の保管方法なども含まれる。なお、耐震基準の変更などに伴い、当該の構造物が既存不適格と見なされる場合には、新しい基準に基づき、これを満足するような適切な技術を適用することになる。

(b) 診断（点検、予測、評価、判定）

土木学会コンクリート標準示方書［維持管理編］では、「診断」は定期的に実施される点検をはじめ、点検結果などに基づく劣化の予測、構造物の状態の評価、対策実施の要否の判定までの一連の行為を指し、「点検」は目的に応じて実施されるいくつかの「調査」から構成される。点検は、構造物の安全性、使用性、復旧性、第三者影響度に関する性能、美観・景観などの、構造物の保有性能に関する情報を得るために、その目的に応じた適切な時期および方法で実施されるもので、維持管理開始段階の構造物の状態を把握する目的で実施される初回点検、構造物の日常的な状態を把握する目的で実施される定期点検、災害後の安全性を確認する目的で実施される臨時点検などがある。劣化の進行予測および性能の評価にあたっては、維持管理区分、予定供用期間、劣化状況などを考慮して、適切な方法によって行われる。

対策の要否の判定では、対象とする構造物の残存供用期間を明確にした上で、構造物あるいはその部位・部材が、この期間中に要求される性能を満足しているか否かを見極め、これを満足しない場合には、適切な方法で補修、補強などの対策を実施する。これらの各プロセスで実施された内容は、しかるべき方法によって記録し、一般には構造物の供用が継続する期間中は保存されることになる。

コンクリート標準示方書［維持管理編］では、点検の種類と構造物の状態の変化に関して把握される内容との関係を**図 2-2** のように示しており、今後の維持管理において重要な位置づけとなる、維持管理開始段階で実施される初回点検で確認されるべき構造物の情報として**表 2-1** の内容を示している。これらの情報が入手できれば、より適切な維持管理が可能となるが、これらの情報を入手するための主な調査方法と、調査項目および得られる情報との関係は**表 2-2** に示す通りであり、これらのうちから必要に応じて適宜項目を選定し、調査を実施することとなる。

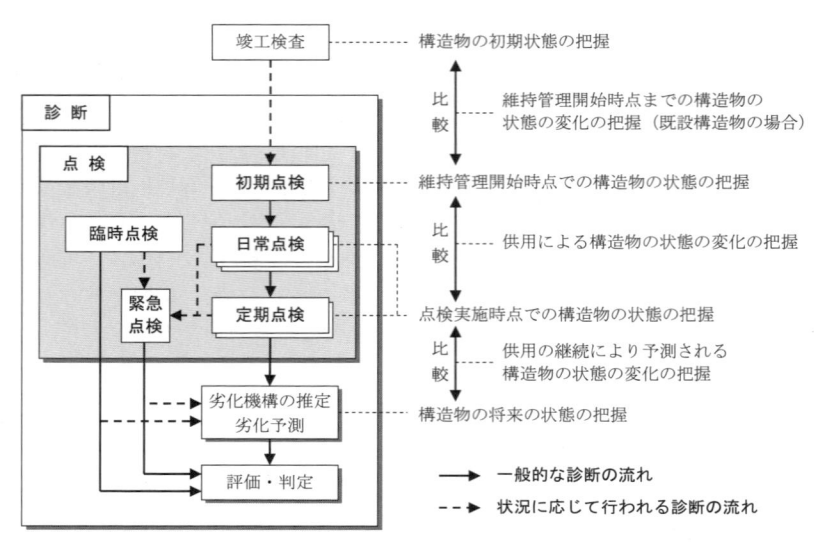

図 2-2 点検の種類と構造物の状態の変化に関して把握される内容 [1]

表 2-1 初回点検で確認される構造物の情報 [1]

情報の種類	内　容
設計図書から得られる情報	・適用した基準類（適用した示方書や仕様書の制定年度、改訂年度など） ・設計耐用期間 ・コンクリートの性能の設計値（強度など） ・かぶり、配筋条件（定着位置、継手位置を含む）などの設計値 ・環境作用の設計値 ・形状、寸法など
施工中および施工後の検査記録等から得られる情報	・工事概要に関する項目（施工者、施工年月、構造形式など） ・主要部位ごとのコンクリートの品質（使用材料の種類、配合の検査記録、単位水量の検査結果、管理強度の平均値および最小値、フレッシュコンクリート中の塩化物イオン量など） ・主要部位ごとのかぶりならびに配筋の検査記録、定着位置、継手位置など ・ひび割れなどの初期欠陥や損傷の検査結果（位置、長さ、最大および平均ひび割れ幅、など）とその対応に関する記録
初期点検時の目視、たたき、非破壊検査機器を用いる方法などで得られる情報	・初期欠陥の有無（ひび割れ、豆板、コールドジョイント、砂すじなど） ・維持管理開始時点での構造物の外観に関する項目（外形、寸法、色調、変状の有無など） ・はく離、はく落等の有無およびその程度 ・気象などの環境条件（飛来塩分、冬季における凍結など） ・構造物の荷重条件（活荷重など） ・構造物の使用条件（乾湿繰返し、凍結防止剤の使用など）
既設構造物であるがゆえに初期点検事に入手すべき情報	・経年によるコンクリートの外観上の変状（変形、スケーリング、骨材の露出、断面欠損など） ・コンクリートの性能の実測値（強度、塩化物イオンの拡散係数など） ・かぶりの実測値 ・ひび割れ、さび汁、遊離石灰、ゲルなどの有無（有りの場合は、発生状況、発生時期など） ・鋼材腐食の有無（有りの場合は腐食の形態、程度、範囲など） ・付帯設備の損傷の有無（有りの場合は位置、程度など） ・既往の診断等の記録 ・既往の補修、補強等に関する記録

表 2-2 一般的な調査の項目と得られる情報、主な調査の方法の例 [1]

一般的な調査の項目	得られる情報の例	主な調査の方法の例
構造物の概要	・適用した示方書、設計基準 ・設計図書 ・施工記録 ・検査記録 ・維持管理記録	・書類に基づく方法 ・ヒアリング（聞取り調査）に基づく方法
構造物の供用状態	・供用の状態（荷重、外力等） ・周辺環境の概要 ・支持の状態 ・異常音、異常な振動 ・使用性（乗り心地等）	・目視等による方法（近接、遠望） ・車上感覚試験による方法 ・載荷試験、振動試験による方法
外観の変状・変形	・初期欠陥の有無（ひび割れ、豆板、コールドジョイント、砂すじなど） ・コンクリートの変色、汚れの有無 ・ひび割れの有無 ・スケーリングの有無 ・浮き、はく離、はく落の有無 ・鋼材の露出、腐食、破断の有無 ・変形の有無 ・さび汁の有無 ・漏水の有無 ・遊離石灰の有無 ・ゲルの有無	・目視等による方法（近接、遠望） ・たたきによる方法 ・反発度に基づく方法
コンクリートの状態	・使用材料、配合に関する情報 ・浮き、内部空隙の有無 ・コンクリートの含水状態 ・物理的特性（強度、空隙構造など） ・化学的特性（水和物、反応生成物など） ・劣化因子の侵入程度（中性化深さ、塩化物イオン浸透深さなど）	・反発度に基づく方法 ・弾性波を利用する方法 ・電磁波を利用する方法 ・局部的な破壊による方法（コア採取、はつり、ドリル削孔粉の採取など）
鋼材の状態	・鉄筋量 ・鉄筋の位置、径、かぶり ・配筋の状態 ・鋼材腐食の状態 ・断面欠損の有無	・はつりによる方法 ・電磁誘導を利用する方法 ・電磁波を利用する方法 ・直接測定する方法 ・設計図書による方法
構造細目、付帯設備等の状態	・部材の断面寸法 ・かぶり ・定着、継手の状態 ・柱はり接合部の状態 ・付帯設備の状態	・電磁波を利用する方法 ・直接測定する方法
環境作用および荷重	・気象条件（気温、最低気温、湿度、降水量、日射量など） ・水分の供給（雨掛りの状況、地盤からの水の供給条件、防水層や排水設備の状況） ・塩分の供給（飛来塩分量、海水の影響、凍結防止剤の散布量など） ・風（向き、速さ） ・二酸化炭素濃度 ・酸性度の高い河川水等のpH ・下水道関連施設における水質 ・酸性雨、酸性霧の発生状況 ・アルカリの供給状況 ・荷重条件（車両等の状況、振動、水圧など） ・災害に関する外力（地震、火災など）	・既往の記録に基づく方法 ・気象情報（AMeDASなど）に基づく方法 ・直接測定する方法（センサの利用など） ・モニタリングによる方法
既往の対策の状態	・補修、補強の状態 ・機能性向上の状態 ・供用制限の状態	・目視による方法（近接、遠望） ・補修、補強材料に関する試験による方法

(c) 対策

　土木構造物の現在または将来の性能低下が問題になる可能性があると評価され、対策が必要と判定された場合には、目標とする性能水準を定め、適切な種類の対策を選定し、これを実施することになる。すなわち、現状で構造物が保有する性能、例えば、安全性、使用性、復旧性、コンクリート片などの剥落などを含む第三者影響度、美観や景観のいずれかひとつまたは複数の性能が低下しており、供用する上で許容し得る限界を下回っていると評価され、対策が必要と判定された場合には、対策が実施される。

　また、現状では性能の低下などの問題がなくても、劣化予測を行った結果、残存供用期間中に構造物の性能が所定の水準を下回る可能性があると評価され、予防としての対策が必要であると判定された場合や、作用荷重や耐震性に対する設計基準などが見直され、基準に適合するよう対策が必要と判定された場合などでも、土木構造物には対策が実施されることになる。

　対策の種類には、点検強化、補修、補強、供用制限、解体・撤去などがあり、いずれかの対策を適宜選定することになる。対策の選定は、構造物の重要度を示す維持管理区分、残存供用期間、対策後の維持管理の難易度（点検の頻度、点検人員の数や能力を含む維持管理体制など）、劣化機構、供用期間中の構造物の性能低下の程度、ライフサイクルコストや使用可能な予算の規模などを総合的に考慮し、目標とする性能水準を定めた上で選定することが重要である。

　図 2-3 に示すように、目標とする性能の水準としては、①建設時と現状の中間の性能水準もしくは対策を実施する段階の性能水準、②建設時の性能水準、③建設時よりも高い性能水準、の3つが考えられるが、これらの諸条件のうち、残存供用期間などの条件が不明確な場合は、選定し得る対策の保証期間なども考慮して総合的な判断が必要となる。

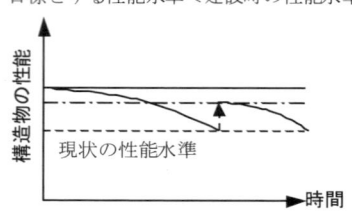

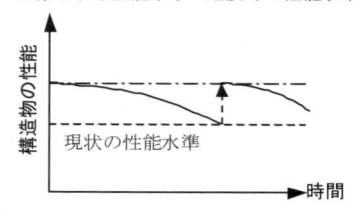

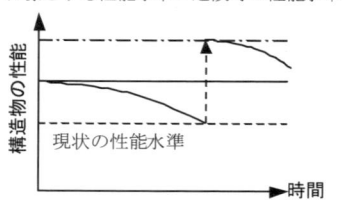

目標とする性能水準＜建設時の性能水準

①建設時と現状の中間の性能水準への回復
　もしくは現状の性能水準の維持

目標とする性能水準≒建設時の性能水準

②建設時の性能水準への回復

目標とする性能水準＞建設時の性能水準

③建設時よりも高い性能水準への向上

図 2-3　目標とする性能水準の分類[1]

　図 2-4 に、コンクリート標準示方書［維持管理編］で示されている主な補修、補強工法の一覧を示す。これらの工法は、点検や構造物の将来予測などの結果、対策が必要と判定された場合に、低下した構造物の性能を再び所定を水準レベルまで引き上げるために実施されるものである。したがって、歴史的なコンクリート構造物のように、構造物表面のテクスチャや形状そのものに歴史的価値が存在するような場合に対する適用の可能性は、残念ながら議論されていないのが実状である。

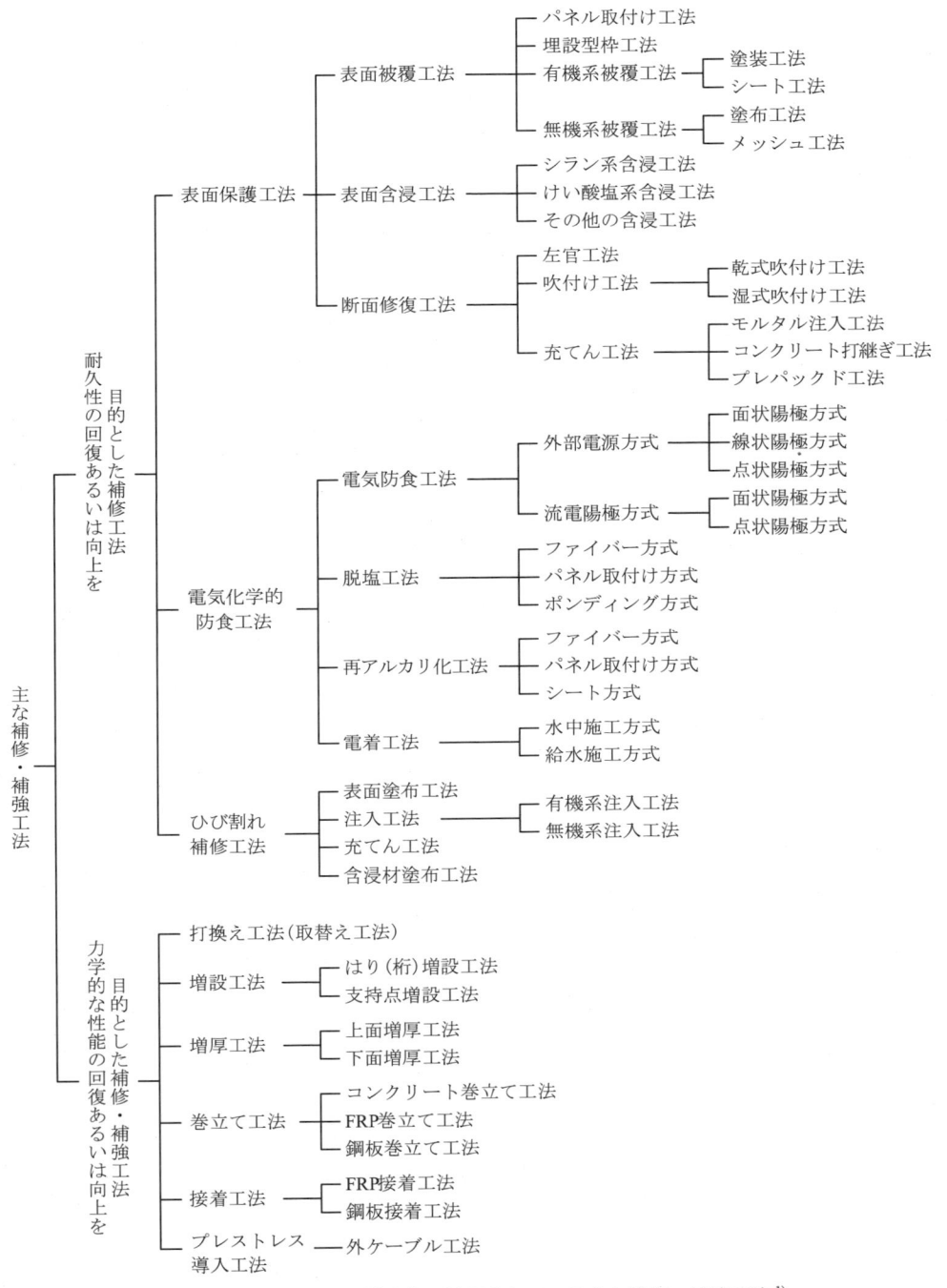

```
主な補修・補強工法
├── 耐久性の回復を目的とした補修工法あるいは向上を
│   ├── 表面保護工法
│   │   ├── 表面被覆工法
│   │   │   ├── パネル取付け工法
│   │   │   ├── 埋設型枠工法
│   │   │   ├── 有機系被覆工法
│   │   │   │   ├── 塗装工法
│   │   │   │   └── シート工法
│   │   │   └── 無機系被覆工法
│   │   │       ├── 塗布工法
│   │   │       └── メッシュ工法
│   │   ├── 表面含浸工法
│   │   │   ├── シラン系含浸工法
│   │   │   ├── けい酸塩系含浸工法
│   │   │   └── その他の含浸工法
│   │   └── 断面修復工法
│   │       ├── 左官工法
│   │       ├── 吹付け工法
│   │       │   ├── 乾式吹付け工法
│   │       │   └── 湿式吹付け工法
│   │       └── 充てん工法
│   │           ├── モルタル注入工法
│   │           ├── コンクリート打継ぎ工法
│   │           └── プレパックド工法
│   ├── 電気化学的防食工法
│   │   ├── 電気防食工法
│   │   │   ├── 外部電源方式
│   │   │   │   ├── 面状陽極方式
│   │   │   │   ├── 線状陽極方式
│   │   │   │   └── 点状陽極方式
│   │   │   └── 流電陽極方式
│   │   │       ├── 面状陽極方式
│   │   │       └── 点状陽極方式
│   │   ├── 脱塩工法
│   │   │   ├── ファイバー方式
│   │   │   ├── パネル取付け方式
│   │   │   └── ポンディング方式
│   │   ├── 再アルカリ化工法
│   │   │   ├── ファイバー方式
│   │   │   ├── パネル取付け方式
│   │   │   └── シート方式
│   │   └── 電着工法
│   │       ├── 水中施工方式
│   │       └── 給水施工方式
│   └── ひび割れ補修工法
│       ├── 表面塗布工法
│       ├── 注入工法
│       │   ├── 有機系注入工法
│       │   └── 無機系注入工法
│       ├── 充てん工法
│       └── 含浸材塗布工法
└── 力学的な性能の回復あるいは向上を目的とした補修・補強工法
    ├── 打換え工法（取替え工法）
    ├── 増設工法
    │   ├── はり（桁）増設工法
    │   └── 支持点増設工法
    ├── 増厚工法
    │   ├── 上面増厚工法
    │   └── 下面増厚工法
    ├── 巻立て工法
    │   ├── コンクリート巻立て工法
    │   ├── FRP巻立て工法
    │   └── 鋼板巻立て工法
    ├── 接着工法
    │   ├── FRP接着工法
    │   └── 鋼板接着工法
    └── プレストレス導入工法
        └── 外ケーブル工法
```

図 2-4　コンクリート構造物に適用されている主な補修、補強工法 [1]

なお、これらの各工法うち、比較的一般的に行われている工法の概要を以下に示す。

[表面被覆工法]

コンクリート表面の微細なひび割れ（一般にはひび割れ幅で 0.2mm 以下）の上に塗膜を構成させ、防水性、耐久性を向上させる目的で行われる工法で、ひび割れ部分のみを被覆する方法と、全面を被覆する方法がある。また、表面被覆材は、エポキシ系やウレタン

系などの有機系被覆材、ポリマーセメント系やシリカ系などの無機系被覆材に大別され、それぞれがさらに用途や目的に応じて多種類にわたっている。

　表面被覆工法は、劣化因子などの外部からの侵入を制御するには効果的であり、構造物の新設当初に予防保全的に被覆する場合などでは効果的であるが、色調をはじめとするコンクリート構造物表面の外観を大きく変化させる（**写真2-1**）こと、また、表面被覆工法を適用する前にコンクリート内部の劣化因子を除去しておかないと、内在する劣化因子による再劣化が生じる可能性があること（**写真2-2**）などに注意する必要がある。また、ひび割れ内部の処置ができないことや、ひび割れの幅が変動する場合にはひび割れの動きに追随し難いことなどの欠点がある。

写真 2-1　表面被覆による色調の相違 　　　写真 2-2　表面被覆適用後の橋梁の再劣化

［表面含浸工法］

　表面含浸材と呼ばれる薬剤をコンクリート表面に塗布または噴霧し、その成分をコンクリート内部へ含浸させることで、表層部あるいは内部のコンクリートに新しい機能を付与し、コンクリート本来の機能を回復させる工法である。表面含浸剤には多くの種類があり、使用目的などによって浸透性吸水防止材、浸透性固化材、無機質浸透性防水材、浸透性アルカリ付与材、塗布型防錆材、塗布型収縮低減材、ポリマー含浸材、アルカリ骨材反応抑制材、浸透性コンクリート表面養生材などに分類されている。

　一般に、表面含浸剤は無色であり、塗布後もコンクリート表面の色調が変わらない（**写真2-3**）ため、適用後もコンクリート表面のもとの状態を保持することが可能である。また、表面被覆材のような被膜による保護ではないため、経年後に再施工する場合、表面含浸材を再度塗布あるいは含浸させるだけで、再び効果を発揮させることができる。

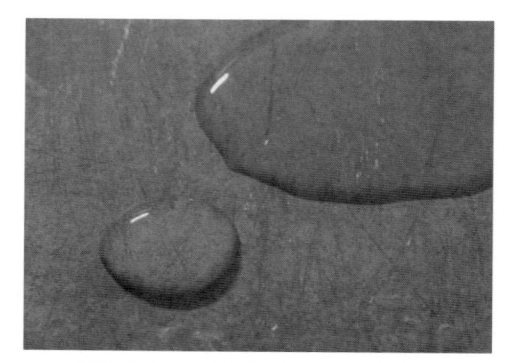

写真 2-3　表面含浸剤による撥水効果

［ひび割れ注入工法］

　幅0.2～0.5mm程度のひび割れに樹脂系あるいはセメント系の材料を注入し、防水性、耐久性を向上させるものであり、仕上げ材がコンクリートの躯体から浮いている場合の補修にも採用される。注入工法として一般的に行われているのはエポキシ樹脂注入工法であり、従来は手動や足踏み式の機械注入方式で行われている。なお、ひび割れ注入方法では、

必要十分な注入量のチェックができないこと、貫通していないひび割れでは奥まで材料を注入することが困難であること、注入圧力が高すぎるとかえってひび割れを押し広げてしまうことなどの問題があったが、最近では低粘度の樹脂を用い、低圧かつ低速で注入する工法が種々考案されている。

写真2-4は、世界遺産である原爆ドーム（広島県）にひび割れ注入工法を適用した事例であるが、表面被覆工法ほどコンクリート表面の状態を変化させることはないものの、本工法を歴史的コンクリート構造物に適用するにあたっては、注入材料の品質特性や母材となるコンクリートとの色調の差などを考慮する必要があると思われる。

写真2-4　ひび割れ注入工法の例（原爆ドーム）

［ひび割れ充てん工法］

0.5mm以上の比較的大きな幅のひび割れの補修に適する工法で、ひび割れに沿ってコンクリートをカットし、その部分に補修材を充てんする方法である。なお、この工法は、鉄筋が腐食していない場合と鉄筋が腐食している場合とで補修の方法が異なる。鉄筋が腐食していない場合には、ひび割れに沿ってコンクリートをUまたはV形にカットした後、このカットした部分にシーリング材・伸び能力を有するエポキシ樹脂およびポリマーセメントモルタルなどを充てんし、ひび割れを補修する。また、鉄筋が腐食している場合には、いったん鉄筋の発錆腐食している部分を十分に処置できる程度にコンクリートをはつり取り、鉄筋のさび落としを行い、鉄筋の防錆処理を行う。この後、コンクリートへのプライマーの塗布を行った後にポリマーセメントモルタルやエポキシ樹脂モルタルなどの材料を充てんする方法で行う。

［断面修復工法］

コンクリート内部の鉄筋が腐食した場合などでは、鉄筋を保護するためのかぶり部分のコンクリートには、塩化物イオンなどの劣化因子が多量に含まれている場合が多い。このような場合には、かぶり部分のコンクリートを除去し、鉄筋を防錆処理して、改めて物質透過抵抗性のある材料で修復する方法が採られることが多い。このような工法を断面修復工法という。

断面修復工法の基本的な手順は、①劣化したコンクリート部分の除去（はつり）、②露出した鉄筋の防錆処理、③断面修復材によるはつり箇所の充てん、④必要に応じ表面被覆工法による仕上げ、であるが、断面修復した箇所は母材コンクリート部分とは色調などで統一が得られない場合（写真2-5）が多い。

写真2-5　桁側面の断面修復の跡

[電気化学的防食工法]

電気化学的防食工法とは、コンクリート内部の鋼材に外部より陽極を通じて直流電流を印加し、鋼材腐食に関わるコンクリート構造物の劣化を防止する工法である。電気化学的防食工法は、期待する効果の違いによって電気防食工法、脱塩工法、再アルカリ化工法および電着工法に分類される。

電気防食工法は、コンクリートに設置した陽極から鋼材へ継続的に電流を流すことにより、鋼材の電位をマイナス方向へ変化させ、鋼材の腐食を電気化学的に抑制する工法である。脱塩工法は、コンクリート構造物の表面に電解質溶液を含んだ陽極材を仮設し、埋設鋼材との間に直流電流を作用させ、電気泳動の原理でコンクリート中の塩化物イオンをコンクリート外に抽出する工法である（写真2-6）。

再アルカリ化工法の原理は基本的に脱塩工法と同様であるが、電解質溶液の種類が異なることや、電解質溶液を電気浸透させることにより、中性化によって劣化したコンクリートの健全性を回復させることができる工法である。電着工法は、コンクリート構造物に埋設されている鋼材を陰極とし、電解質溶液を介して仮設陽極との間に一定期間のみ流すことによって、コンクリート構造物の表面に不溶性無機系物質の電着物を析出させる工法である。

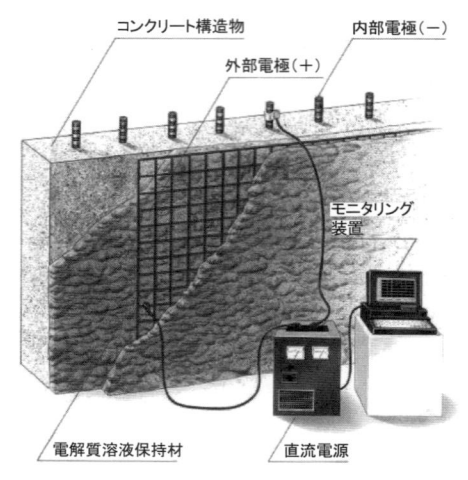

写真2-6　脱塩工法の原理[2]

電気化学的防食工法のうち、脱塩工法および再アルカリ化工法は、工法適用前後のコンクリートの外観には大きな変化は生じないことが特徴である。歴史的コンクリート構造物への適用事例としては、1997（昭和62）年に実施された大阪城（大阪府）の平成の大改修の際に、中性化の劣化が顕在化した天守閣のコンクリート部分に再アルカリ化工法の適用がある（写真2-7）。この他にも、再アルカリ化工法は歴史的コンクリート構造物へ適用された事例が多い。

写真2-7　再アルカリ化工法の適用例
（大阪城、平成の大改修）

2.3　歴史的コンクリート構造物の保全に関する課題と解決の方向性

前述したように、コンクリート構造物の一般的な維持管理の方法論においては、美観・景観などの性能を位置づけてはいるものの、歴史的あるいは文化的な側面については、構造物の要求性能として取り上げていないのが現状である。ここでは、歴史的要素を有するコンクリート構造物に対して、一般的な保全の方法論を基本とした場合の課題と解決の方向性について整理する。

（1） 維持管理計画
（a） 保存対象の明確化

　前述の通り、コンクリート構造物の維持管理においては、「構造物の供用にあたって、機能上、何らかの差し支えがある」と判断される場合に、何らかの対策を実施するのが一般的である。言い換えると、対策が実施される構造物は「供用中の構造物」であることが前提となり、調査時点での構造物が、そのままの状態で利用されるのに機能上の差し支えがあるが故に補修や補強などの対策が実施されるのである。

　これに対して、歴史的・文化的価値を有するという理由で保存対象となった歴史的コンクリート構造物は、場合によっては予定供用期間を終了した後も、その価値ゆえに保存することとなるが、これを主目的とした対策技術は現状では整備されていない。すなわち、現段階のコンクリート構造物の維持管理に関する技術体系は、コンクリート構造物を供用に差し支えのあるものであるか否かという判断の軸しか持ち得ておらず、歴史的価値があるか否かという軸での技術体系は整備されていないのが実状であろう。

　土木構造物を何らかの理由で保存するためには、当該構造物が何ゆえ歴史的に価値が見出されているのかなどの、①建設の経緯、②歴史的要素、③芸術的要素、④考古的要素などの保存対象を十分に把握しておく必要がある。例えば、日本初の水力発電所、特殊な工法を用いて建設された世界初の構造物などのような建設の経緯は、歴史的土木構造物を守るにふさわしい要素のひとつである。また、広島市内に保存されている原爆ドームや、神戸港の一部の岸壁のような戦禍や被災を象徴する遺構としての記念碑的要素、アーチ形状の構造物や跳ね橋など特殊な様式で現存する唯一のものというような芸術的要素、当時の生活様式などを後世に伝えるために残すといった考古的要素なども、歴史的土木構造物として保存するための重要な要素である。

　これに関し、北河は、歴史的コンクリート構造物の特徴として、造形の自由度が高いこと、モノシリックであること、今日的な技術が確立される以前の建造物が残されている、固有の建設体系を持っていること、規模が大きいこと、荷重が大きく多様であること、現在も供用中であること、営利法人が所有する物件が多いことを、歴史的コンクリート構造物を保存する上で考慮すべき要件として挙げている。特にモノシリックな点については、一般的なコンクリートと異なり、表面テクスチャの保存という観点からも解体修理が困難であり、この点に関する保全技術の必要性を指摘している。また、今日的な技術が確立される以前の建造物については、現状の維持管理体系においては「既存不適格」なものとして取り扱われるため、対象構造物の構造形式や形状そのものに至るまで、根本的に改変される可能性が高い。このような観点からも、歴史的コンクリート構造物の保存対象を明確化しておくことが重要である。

　例えば、タウシュベツ橋梁（**写真 2-8**、北海道）は、旧国鉄士幌線のコンクリートアーチ橋梁群のひとつとして選奨土木遺産として登録されているが、例年、水没と出現を繰り返す厳しい気象環境であることから、**写真 2-9** に示すように、凍害による劣化が著しい。このため、本構造物が実際に供用中であれば、恐らく解体され新たに建設し直すといった対策が選択される可能性が高い。

　しかも、**写真 2-8** では、橋梁の中央部には 2003（平成 15）年の十勝沖地震によって崩落したと言われている部分が認められるが、この部分についても、このまま復元する場合の材料の選定には十分な検討を要するであろうし、この状態をこそタウシュベツ橋梁の歴史的な履歴であるとするならば、この状態のままでいることが本橋の歴史的、文化的価値となるものである。

写真 2-8　タウシュベツ橋梁（北海道）

写真 2-9　タウシュベツ橋梁の凍害による劣化状況

(b)　構造物の劣化（経年変化）と要求性能との関係の理解

　歴史的コンクリート構造物の保存対象が把握された場合、その状態や構造物の機能、性能に関わる要求性能との関係を理解し、適用する保全技術の選定などの根拠とする必要がある。特に供用中の構造物の場合には、社会基盤という公共性のある構造物である以上、歴史的コンクリート構造物と言えども利用者の安全確保や第三者影響度に対して十分に対策を講じることも優先的に検討されるべきである。

　例えば、原爆ドーム（広島県）は爆風によって窓枠が変形しているが、そのコンクリートが剥落する寸前の状態で保存されている（**写真 2-4 参照**）。しかしながら、原爆ドームが供用されるためにある構造物であるとすると、剥落寸前のコンクリート片は第三者影響の観点からは撤去されるべきものであり、原爆が投下される以前の広島物産陳列館に復元されるべきであろう。また、交通量が増加傾向にある路線上にある歴史的コンクリート構造物では、構造物に設計時以上の交通荷重が作用する可能性もあり、保存対象となる状態を保全するために交通量を抑制しなければならず、場合によっては近隣に交通量を補完する新たな構造物を建造する必要がある。

　以上により、歴史的コンクリート構造物の劣化（経年変化）と要求性能との関係を十分に理解しておく必要があると思われる。

(c)　将来の取扱いに関する情報の整理

　先にも述べた通り、現状の維持管理の技術体系が対象とする土木コンクリート構造物は供用されることが前提となっている点が大きな特徴である。しかしながら、場合によってはこれからも供用されるものだけでなく、今後は保存のみで使用しない場合もある。また、

大河津分水旧洗堰（**写真 2-10**、新潟県）のように、歴史的コンクリート構造物を文化財として保存し、新たに設置された公園内のオブジェ的な形で保存されている例にも見られるように、史跡としてその場に存置されるような場合もある。

写真 2-10　大河津分水旧洗堰（新潟県）

このように、歴史的コンクリート構造物の保存法として、対策を実施した後の利用方法についても十分に考慮すべき要素となる。

（2）　診断、点検、調査
(a)　歴史的価値を把握するための情報の整理

一般のコンクリート構造物の維持管理の基本と同様に、建設の経緯や歴史的、芸術的あるいは考古的要素などの保存対象が把握された歴史的コンクリート構造物についても、その価値を把握するための情報として、当時の設計図書、施工仕様書、写真や契約書類などの文書情報、建設工事に使用した装置や工具などの特徴などに関する情報などを整理し、対象となる歴史的コンクリート構造物に関わる書面などの情報を収集し、把握しておくことが重要である。なお、可能であれば対象構造物の建設に関わった技術者らに対するヒアリングなどを実施し、建設当時の苦労話や様々なエピソードなども、コンクリート構造物の歴史的、文化的価値を保存するのに必要な情報である。

特に長年月を経た歴史的コンクリート構造物などでは、建設当初の技術基準などを特定し、これらをもとにどの程度の補修や補強を要するかなど、保全作業の策定根拠となるものはこれらの文書情報であるが、この考え方は一般のコンクリート構造物と同様である。

(b)　使用材料に関する情報の把握

当該の土木構造物にはどのような材料が使用されたのか、といった使用材料に関する情報も重要である。例えば、わが国において初めてセメントが製造されたのは江戸末期の 1875 年とされているが、それ以来、セメント産業は様々な技術革新を経て、今日のセメントを製造している。すなわち、外観では同様に見えるセメントでも、製造年代や製造会社などによってその性質が微妙に異なるものである。また、骨材や鉄筋、レンガなど、土木構造物に使用される材料も歴史的に変遷していると考えるべきである。恐らく古墳内から発掘された壁画や彫像などは、ごく当たり前に材料的な側面に関する考慮を踏まえて保存されているのが通常である。このことは、歴史的土木構造物を守る技術体系を構築する上でも十分に考慮されるべき要素である。

(c)　構造物の状態の把握

歴史的土木構造物として保存すべき構造物は、通常は長期の経年による劣化が進行している場合が多い。また、先に述べた原爆ドームや 1995（平成 7）年の阪神大震災後の神

戸港のように、被災後のそのままの状態であるが故に歴史的、文化的価値を有する場合もある。このような観点から、保存対象となる歴史的土木構造物に関しては、現段階での材料的、構造的な状態の把握が重要である。

写真 2-11 および図 2-5、図 2-6 は、大河津分水路洗堰（新潟県）から採取したコアコンクリートを分析した結果であるが、これらの結果から、当時のコンクリート製造技術がどのようなものであったか、また、100 年近く経過したコンクリートの物性がどのように変化するのか、といった知見が数多く得られるのである。加えて、これらの情報は、今後のコンクリート構造物の新たな耐久性設計などに資する重要な情報ともなり得るのである。

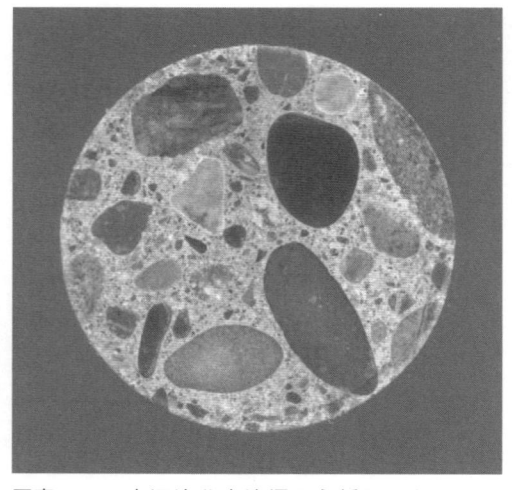

写真 2-11 大河津分水洗堰から採取したコンクリートコアの切断面[3]
（コンクリートに玉砂利が使用されていたことが分かる）

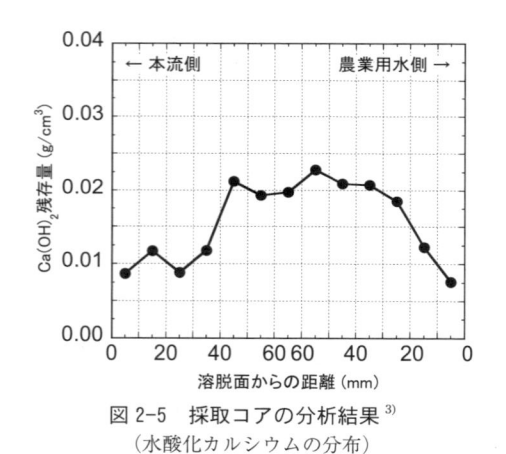

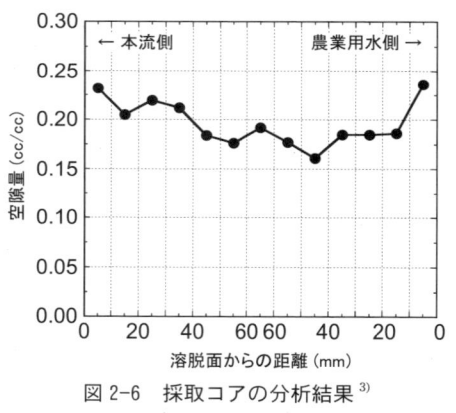

図 2-5 採取コアの分析結果[3]
（水酸化カルシウムの分布）

図 2-6 採取コアの分析結果[3]
（空隙量の分布）

　この他、保存対象の構造物が、保存すべき状態で自立するかといった耐震性能などに関する構造的な評価も重要である。さらに、使用材料の劣化程度についても、十分に把握しておく必要があるが、タウシュベツ橋梁（写真 2-8 参照）のように、顕著な材料劣化が顕在化していることが歴史的土木構造物としての価値となっている場合も少なくない。この点に関しては、先に述べた歴史的価値を評価するための情報と組み合わせるなどして、歴史的土木構造物の状態を適切に評価することが重要である。

(d)　その他

　通常の構造物と異なり、歴史的土木構造物の場合には、その状態を把握する際の技術上の制約がいくつか考えられる。例えば、通常の構造物であれば、分析試料としてコアを採取することがしばしば行われるが、歴史的コンクリート構造物の場合には、このような試料の採取が困難な場合がある。したがって、歴史的コンクリート構造物の調査方法として

は、非破壊的な手法による方法などの適用が妥当であると考えられる。

また、試料が採取できたとしても、分析に用いることのできる試料量が少ない場合が十分に考えられる。さらに、分析の結果に対する評価基準も、通常の構造物で指標となる安全性、使用性、第三者影響に関する性能などが必ずしもあてはまらない場合も考えられる。さらには、今後の取り扱い（継続供用、存置の区別など）によっても、構造物の状態に関する評価は異なってくると思われるので、歴史的コンクリート構造物の場合にはこれらの各点を考慮する必要があろう。

なお、将来の状態に関する劣化予測については、構造物の供用が予定される期間である予定供用期間、あるいは構造物の物理的な寿命として設定される設計耐用年数を超過している場合などでは、劣化予測自体の精度も含めて、今後確立されるべき技術であろう。

（3） 対策（保全技術）
（a） 保全技術を適用する目的の理解

通常の構造物であれば、その状態を把握し、補修補強の要否を見極め、適切な処置を施すことでメインテナンスは可能である。この場合に実施される補修補強には、様々な方法と程度があるが、一般的には、前述した通り「現状維持」「元通り」「元通り以上」などの方針がとられる。歴史的土木構造物の場合には、復元あるいは復原などのように、元に戻す場合ばかりではなく、どの時点に戻すか？ といった復元のポイントとなる時期が重要となると思われる。

例えば、近年の風化による崩壊が懸念されているエジプトのスフィンクスの場合、風化の抑制を目的として復元するとしても、19世紀にナポレオンの軍隊が残した銃痕を歴史的な事実として残しつつ保存することで、その歴史的価値を保持することが可能となる。この場合、保存のポイントとなる時期は、スフィンクスが建造された古代ではなく、ナポレオンが銃痕を残した19世紀が妥当ということになる。この他、現状の状態を維持する目的で実施される保存、同じものを新たにレプリカとして建造し、本物の歴史的構造物は別途保管するといった方法も考えられる。このように、歴史的コンクリート構造物の保全技術に関する課題のひとつとして、何を保全対象とするかといった理解が方法論としての課題となる。

（b） 保全技術に要求される要件の明確化

保全の方法論として考慮されるべき要素は、この他、当時の技術を再現しこれを踏襲するか、または最新技術を駆使するかなどの技術的側面、外観のみを修復するか、内部まで修復するか、自立支援（支保）を行うか、防災基準を満足させるための処置を施すか、などの機能的側面、本体と修復部分とのコントラストの是非、などに関する景観的側面が考慮すべき課題として考えられる。また、保存・修復の方法に期待する年数、すなわち、いったん保全技術を適用した後は何もしないか、劣化が顕在化するたびに対応するか、などの時間的側面や、保全技術を適用するための予算確保、施設を公開する場合には運用上の費用の確保などの経済的側面も方法論として重要な課題のひとつである。

（c） 使用材料・工法に関する配慮

保全技術を適用する際には、使用する材料や工法などについても、一般の構造物に適用する以上に配慮を要する。例えば、エポキシ樹脂注入工法は、コンクリート構造物においてひび割れの補修として一般的に用いられる技術であるが、コンクリートのような無機材料に対してエポキシ樹脂は有機材料であり、素材の本質が異なるものである。したがって、歴史的コンクリート構造物の保全技術としてエポキシ樹脂を使用することは、エポキシ樹脂そのものの劣化など、長期的には新たな劣化を顕在化させる可能性がある。

また、断面修復工法についても、一般的には劣化したコンクリート部分の除去とともに、内部鉄筋の腐食抑制を目的として一般のコンクリート構造物に適用される技術である。しかしながら、この工法においても、劣化部コンクリートの適切な除去がなされなかった場合などでは、補修として期待される効果が得られず、長期的には根本的な解決にならないことも予想される。さらに、断面修復工法の場合には、新部材と旧部材の接点から新たな劣化が生じるケースがあることなども十分に理解しておく必要がある。

　以上より、歴史的コンクリート構造物に何らかの保全技術を適用する際には、使用する材料や工法などについても、一般の構造物に適用する場合以上の入念さが要求されるとともに、今後、この方面での技術開発が強く望まれるところである。

第2節　参考文献
1) 土木学会編：コンクリート標準示方書［維持管理編］、2007年制定、2007
2) 土木学会編：表面保護工法設計施工指針（案）、コンクリートライブラリー、No.119、2005
3) 久田　真：大河津分水路、コンクリート工学、Vol.46、No.9、pp.156-159、2008

3　石造構造物

3.1　歴史的石造構造物の種類と概要

　歴史的石造構造物には、石垣、石造橋、石造建築物、石造品、石塔、石庭など様々なものがある。上記以外でも、磨崖仏、石仏なども石造構造物であり、古墳もその中心となる部分である石室はもとより、築造当初はその表面にもその大半が石材（葺石）で覆われた石造構造物であったとされている[1),2)]。一方、海外に目を向ければピラミッドやパルテノン神殿などに代表される古代の文化遺産や中世ヨーロッパの城郭なども石造構造物であり、人類は非常に古くから石を建設資材として活用してきている。表3-1に歴史的石造構造物の分類について簡単に整理した。

表 3-1　歴史的石造構造物の分類・整理（国内の事例）[1), 2)]を参考に整理

分類	概要	代表的事例
石垣	城郭、寺社などの他に、河川・港湾の護岸構造物、棚田などにも広く用いられている。	姫寺城、名古屋城、大阪城、江戸城、お台場砲台跡など
石造橋	海外から導入したアーチ技術と古来の石垣技術が融合したもので、江戸時代後期～明治初期に作られたものが多い。	通潤橋、眼鏡橋、甲突川五石橋（鹿児島県）など
古墳	築造時の古墳は、表面を葺石で覆われていたものが多かったと推定されている。石室には巨大は石材が用いられる。	石舞台古墳、高松塚古墳、作山古墳（葺石を復元）など
石造建築物	明治～大正初期のものが多く、木造に石を積んだ「木骨石造」と、純粋に石材のみで積み上げられた「本石造」がある。	旧日本郵船小樽支店、日本銀行本店本館、ニコライ堂など
石塔	多重塔、宝塔、多宝塔、五輪塔などがある。	寺社に広く見られる。
石庭	築山や池に自然石をふんだんに用いている事例が多数ある。	平城京跡庭園、龍安寺石庭など
磨崖仏	自然斜面を切削して、龕(ガン)と呼ばれる凹部の中に石仏を彫り出したもので、大分県をはじめ全国に見られる。	臼杵磨崖仏、熊野磨崖仏（大分県）など

これらの石造構造物のうち、石造建築物、石造品・石塔は建築物または文化財的な性格が強く、石庭も一般的な土木構造物ではないことから、ここでは城郭石垣と石造橋について述べることとする。なお、石垣のうち護岸や堰堤および樋門などの河川・港湾構造物についても構造的には城郭石垣と共通する部分が多いが、むしろ水理機能面に関する保全上の留意事項が重要であることから、別途、本章の7節「河川構造物」および8節「港湾」で述べることとする。

石造構造物は、鉄やコンクリートを用いた構造物と異なり、材料自体のばらつきが大きく、その加工・構築においても時代や地域に応じた様々な技法がある。さらに、空積みの場合には、接着剤を用いていないため、ほぼ完全に解体することが可能である点が他の構造物とは異なる大きな特徴である。一方、練積み構造物では、石材を接着する材料は古くは漆喰が、明治以降ではセメントやモルタルが用いられてきたように、時代とともに変化しており、保全を考える上ではこうした接着材料の信頼性も課題のひとつとなっている。

なお、本節では3.2項において石造構造物の保全の現状について整理した後、3.3項で石造構造物の保全において用いられる調査技術について概要と動向についてまとめるものとする。その後、3.4項では城郭石垣の、3.5項においては石造橋に関する設計・施工について概要を説明するものとする。

3.2 石造構造物の保全の現状

石造構造物は、前述したように、空積みと練積みで構造上の特徴が異なってくることから、保全についてもそれぞれを分けて考える必要がある。そこで、空積みが主体を占める石垣と練積みが広く見られる石造橋について、保全の現状を表3-2に簡単にまとめた。

表3-2 石造構造物の保全の現状

構造物	城郭石垣（古墳、石塔、石庭など）	石造橋（石造建築物など）
構築方法	空積み	練積み（一部に空積みも含まれる）
構造物の活用状況	城址公園などとして利用されていることが多く、文化財として取り扱われる例が一般的である。	文化財として管理されているもの以外に、道路橋や水道橋などとしての機能を有しているものもある。
復原方法	基本的に原位置での解体・修理による復原（現状維持）がなされる。工事等で発見された石垣は記録後埋め戻されることや、一部のみを見学できるようにする例もある。	原位置で修理・復原（現状維持）される例もあるが、交通量の増大や防災上の理由から、記録保存のみで撤去されることや移築復原される例もある。
保全・修理の方法	伝統的工法による解体・積み直しが行われている。近代工法が使われることはほとんどない。	機能向上のために近代工法が適用される場合もある。移築復原の場合には、基本的に伝統的工法によることが多い。
課題	石積みや石材の加工には高度な専門性が必要とされ、伝統的技法の伝承が課題となっている。	石積み技術に関する課題に加えて、交通や防災という構造物としての機能保持に対する課題がある。

以下に、石垣と石造橋についての保全の基本的な考え方を整理する。

（1） 石垣の保存についての考え方

城郭石垣の保全は、原位置での解体・積み直しにより修理を行うことが一般的である。これは、ほとんどの城郭石垣が城跡をそのまま活用した公園施設などとして活用されており、原位置において保存されること自体が重要な意味を持っているためである。実際、こうした石垣は文化財としての指定を受けているものも多く、こうした石垣については現状を変更すること自体が大きく制限されている。一方、土木事業に伴って発見される石垣も

あるが、こうした事例では保存方法が問題となる。このような場合では、発見された場所での保存や展示が困難であることも多く、記録された後に解体される例や、移設保存または部分的に展示して埋め戻されるケースなどがある。

写真 3-1 は河川改修工事に伴って発見された石垣の一部を移設保存した例であり、写真 3-2 には一部のみを展示して埋め戻された例を示した。本来、貴重な文化遺産として発見された石垣はしっかりとした調査がなされると同時に、保存・活用されることが望ましいのは言うまでもないが、その発見の契機となった事業側から見れば、これは計画の大きな変更を意味するものとなるため、保存と開発の対立という事態が生じることもある。こうした状況を未然に避けることは難しい場合が多いが、開発事業実施箇所に石垣などの存在が予想される場合は、事前の調査を十分に行い、予め保存活用のための対応策を講じておくことは、文化財の保護においても事業の円滑な推進においても有効であると考えられる。

写真 3-1　移設保存の例（清洲城）　　写真 3-2　部分展示保存の例（江戸城）

（2）石造橋の保存についての考え方

道路・鉄道や灌漑用水路橋として構築された石造橋において、その保存方法が問題となるのは、構造物としての強度劣化などのほかに、交通量の増大などに伴い機能的に低下した場合や、大規模な災害により防災面での課題が指摘された場合である。また、橋の本来の機能が失われた後に、観光資源としての機能が中心となる例もあり、個々の石造橋の位置づけによってもその保存のあり方は異なってくるものと考えられる。こうした保存に関する検討事例として代表的な3つの例について表 3-3 にまとめた。

表 3-3　石造橋保存の検討事例

名称	本来の機能	検討課題	保存方針
通潤橋[3]（熊本県）	農業用水橋	材料劣化により漏水が発生	現位置で補修 農業用および観光用として活用
眼鏡橋[4]（長崎県）	道路橋（歩道）	水害による破損	現位置で補修 調査結果を元に元来の形に復原
西田橋[5]（鹿児島県）	道路橋（車・歩道）	交通量増大による補修および改変	縦断勾配変更、舗装、一部改修、人道橋の架設などで対応
	道路橋（車道）	水害による流出および防災上での障害化	移設保存 観光・文化施設として活用

この表に示した事例のうち、通潤橋は現在ではその上流側に別途管路が設けられ、本来の機能以外に観光用資源としての側面も強くなったが、漏水が激しくなったことを受けて、本来の機能を維持するために、1971（昭和46）年に部分修理が、1982（昭和57）年には漏水調査と修理工事が実施されている[3]。

昭和57年の調査では、熊本大学に委託した構造面の検討結果、橋自体の構造に対しては問題がないとされたことから、漏水防止のための工事が行われた。この事例では、農業用水橋としての本来の機能が漏水防止工事で原状回復できることと、文化財保全の側面からも漏水防止が有効であることに加えて、観光資源としても補修工事が望ましいとされた。こうしたことから、その保存・活用方針に大きな問題はなかったものと判断される。

水害によって破損した眼鏡橋の事例[4]についても、本来の機能も保全後の機能も同じ歩道橋であり、しかも観光資源としての位置づけが大きかったことが修理の方針を決める上で重要であったと考えられる。すなわち、災害復旧において極力現状に復すると同時に、近代の補修で改変された部分を本来の構造に戻すという基本方針は、現在の橋の持つ機能を維持し、その価値を向上するものに繋がり、この点に関して大きな議論はなかったものと考えられる。

一方、鹿児島市の西田橋は、都市部の交通量の多い県道の橋であり、構築後、交通形態は徒歩から馬車へ、そして車と変化し、その量も急激に増大していく中で、縦断勾配の変更、道路面の舗装、上流部への人道橋の架設といった再生事業で対応してきた。しかし、1993（平成5）年の水害で、同じ甲付川の石造橋が破損・流出したことを受けて、かねてより懸念されていた石造橋が防災上の障害になっているとの指摘がなされ、長期にわたる議論の末、解体され原状回復の上移築・保存されることとなった[5]。西田橋は文化財として価値が高い橋であると同時に通水断面が小さく、洪水時には周辺への氾濫要因となる構造であると指摘されてきた。このため、文化財保護と都市防災上の二つの要求が、ほぼ真っ向から対立することとなったものである。この背景には、かつては洪水時には増水した水を周辺部に氾濫させることを前提とした治水設計であったものが、その後の都市化に伴い、氾濫させることなく迅速に洪水流を流下させる設計思想へと変わる一方で橋の構造は大きく改修できないという問題があった。このことは、周辺環境の変容が激しい都市部における土木遺産の保全の難しさを表しているものと思われる。西田橋の移築保存前後の状況を**写真3-3**に示した。

写真3-3　移設前後の西田橋
（左：移築前、文献5)の口絵写真より、右：移築後、2009年撮影）

3.3 石造構造物の保全のための調査技術

　石造構造物の保全・維持管理を進めていく上で必要な調査には、文献調査、測量・図化、原位置試験・探査、材料分析などが挙げられる。これらの調査の目的・特徴は表3-4に示す通りである。

表 3-4　各種調査の分類と目的・概要

調査方法	目的	概要
文献調査	対象構造物の歴史的な背景・特徴、変遷などを確認する。	構造物の歴史的な意味や重要性を確認すると同時に、構築当初の形状や寸法などを推測する。特に絵図や古写真などが復原設計では貴重な情報となる。
測量・図化	構造物の現況を正確に把握し、その寸法や変状の状況を把握する。	光波測量などによる縦横断図に加えて、写真測量による立面図の作成が基本となる。最近ではレーザー測量などの機器を用いた3次元測量が行われることもある。
原位置調査	内部構造や背面の劣化の有無など外見からは不明な事項を把握すると同時に、構造体としての強度なども評価する。	内部構造の調査にはレーダー探査や弾性波を用いた物理探査手法が用いられことが多い。地盤強度などの評価はボーリングによって行われることが多いが、原位置強度試験などが行われることもある。
材料分析	石材の強度・産地、練石積みの接着剤や、橋梁の金物などの組成などを調査する。	石材の産地確認には、文献調査に加えて岩石学的な分析が有効である。また、石材の再利用の可否の判定に強度試験が用いられることもある。接着剤や金物の分析結果は、復原設計を行う際の貴重なデータとなる。

　石造構造物は、土構造物と同様に、本書で対象としている鋼製、コンクリート製の他の構造物とは異なり、一般的に築造年代が古く、設計図書などの資料が極めて少ない場合が多い。このため解体・復原や補修を行う場合でも元来の形状や構造が不明確であり、ほとんどの場合、現況から推定することが必要となる。こうしたことから、石造構造物の保全や維持・管理においては、事前調査が一層重要となる。以下に、各技術の概要と適用上の留意点についてまとめる。

（1）測量・図化技術

　石造構造物の測量は、保全対象となる構造物の外形を正確に記録し、変状の有無や程度、構造的な特徴などを明らかにすることが大きな目的である。特に「反り」や「輪取り」といった曲線断面を持つ石垣や、アーチ構造を有する石造橋では、断面測量のみでは全体像を正しく把握することが難しく、3次元的にその形状を把握することが求められる。

　このため、この分野では通常の断面測量に加えて、面的な形状を把握できる写真測量が以前より適用されてきた。また、最近では3次元レーザースキャナが適用される事例が増えている。この技術は、ノンプリズム式のレーザー測量で連続的にデータを取得できるようにしたもので、対象物表面の3次元形状を、座標値を持った高密度な点群データとして取得するものである。本技術の特徴は、短時間に精度良く測定できることであり、測定データを立体画像として表示することができる。城郭石垣の調査での測定事例を図3-1に示した。

　なお、写真測量やレーザースキャナによる測量を実施する場合は、予め除草・伐採などを実施すると同時に、対象面をくまなく測定できるような測量計画を立案する必要がある。

図 3-1　レーザースキャナデータ（大阪城。画像提供：関西大学）

（2）　原位置調査

　原位置調査・計測技術は対象の内部構造や強度など工学的な性質を知るための技術であり、石垣の背面地盤や基礎の構造や強度、石造橋の橋脚基礎地盤の支持力および橋自体の構造的強度などを知ることが主な目的となる。

　一般に地盤の構造や地盤強度を知るためには、ボーリング調査（標準貫入試験）が行われるが、この方法も破壊調査の一種であり、文化財保護の観点からは極力本数を減らすことが望ましい。しかし、一方では面的な地盤構造を知るためには複数のボーリングが必要となるため、対象となる構造物の周辺の地形・地質などの情報をもとに合理的な計画を立案することが必要である。

　ボーリングを補完する目的で物理探査や原位置試験が適用されることがある。このうち物理探査は、地盤構造を面的に把握することが可能であり、ボーリングと組み合わせることで、より正確な地盤構造の把握が可能となる。こうした探査技術は、埋蔵文化財や遺構を把握するためにも有効であり、文化財保護の面からも有益な情報を提供し得るものであるが、用いる手法により探査可能対象、精度などが異なるため、事前に探査の専門家と十分に調整を取ることが大切である。

　図 3-2 にレーダー探査による石垣背面構造の推定例[6]を示した。この探査結果から、築石の控え（奥行き方向の長さ）、背面の栗石層と地盤との境界や空隙・空洞の分布などが判読され、石垣の内部構造を推定することができる。

　一方、原位置試験には、地盤の力学的な強度を直接確認する平板載荷試験などがあるが、こうした試験には一定の手間と費用がかかるため、より簡便なコーン貫入試験などが適用される場合もある。こうした原位置試験によって得られたデータは、標準貫入試験やボーリングによって得られた試料の室内試験結果（密度、含水比、圧縮強度、せん断強度など）と合わせて総合的に評価することにより正確な地盤の情報を得ることができる。

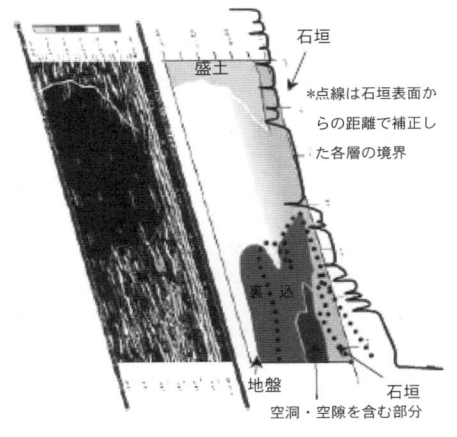

図 3-2　レーダー探査による石垣背面調査事例[6]

なお、石材の強度の確認は室内試験による方法が確実であるが、石造文化財の場合は石材自体に文化財的な価値があるために、試験を行うための供試体を取得すること自体が困難であり、シュミットロックハンマーなどにより間接的に強度を確認することが多い。

（3） 分析技術

石造構造物の補修や維持に関して必要とされる分析技術としては、石材そのものの分析とそれに付随するものの分析とがあり、技術的には電子顕微鏡による観察、蛍光X線分析やX線回折分析法などの方法がある。このうち石材の分析は、その鉱物組成などから産出地を特定することや、風化や劣化の状況を確認するために実施される。

一方、石材間に漆喰などの充填物がある場合は、その組成を明確にすることで、充填物が当初より存在したものか、後世の補修で用いられたものかなどを判断するための有効なデータとなる。また、石造橋において、擬宝珠などの金属部材についても上述の分析技術によりその材料特性や製造過程などを確認することが可能となり、よりオーセンティシティを考慮した保全を実現することができる。

3.4　城郭石垣の保存のための設計・施工

城郭石垣は歴史的な土木構造物の中でも時代的に古いものであり、その大半が築造後400年以上経過していることから、城郭石垣自体が貴重な文化遺産として、文化財の指定を受けているものが多数ある。このため、こうした石垣は既に、公園や観光施設として整備され保存・維持管理されている場合が多く、最近では金沢城や熊本城のように積極的に当時の姿に復原される例も増えている。

このように、城郭などの石垣は文化財的な価値が高く、多数の人が集まる場所に位置することから、その補修や維持・管理においては、文化財的な価値の保全と同時にその安定性や景観の形成についても十分な検討が必要である。

なお、石垣の保全については、その変状の程度や安全管理の重要性などの理由により、適用される手法が異なってくる。表3-5 にその概要を整理した。

表 3-5　石垣補修の種類と概要

分　類	実施例	適用される対象	概　　要
点　検 通常管理	目視観察 除草	管理対象石垣全般	目視観察による日常点検と地震・豪雨後の緊急点検がある。除草は定期的に行われることが多い。
小修理	除草 抜け石補充工	一部抜け石などが見られるが安定している石垣	抜け落ちた間詰石などの充填を行う。
維持修理	間詰石工	変状がやや広く見られるが、不安定化は中程度の石垣	植物の根や流入土砂を除去するとともに飼石、間詰石の補充を行う。
解体修理	解体修理工	変状が大きく不安定化が進行した石垣	変状範囲を解体し、積み直しを行う。必要に応じて新補材による取り替えも行う。

（1）　石垣の現況調査・方針の検討

わが国の城郭石垣の多くは、前述のように国や自治体の文化財に指定されているものも多く、その維持・管理においては、極力新たに手を加えないことが基本方針である。そのため、仮に変状が進み、安定性の問題が生じて何らかの補修が必要な場合でも、近代工法の適用は最小限に留めることが要求される。このことから、石垣の補修に際しては、はじめに補修の必要性の有無を判断し、補修の方法や範囲などを検討するために、専門家と事業者などからなる委員会が設けられることが少なくない。この委員会は、歴史・考古学と土木工学の

専門家により構成されることが多く、ここで文化財の保全と石垣の安定性について総合的に検討されることとなる。この専門委員会で議論される主な検討課題の例を表 3-6 に示した。

表 3-6 専門委員会での検討課題

課　題	内　容	関連する調査・資料等
全体整備計画との関連性	城郭全体の整備計画での事業の位置付け、スケジュール、事業費など	全体整備計画、既存の補修報告書など
石垣の文化財的価値	石垣構築の時期・歴史的背景、外観および構造上の特徴、隣接する石垣との関連性、周辺の建造物などとの関連性、埋蔵文化財の有無など	関連文献、古文書、古絵図、古写真、補修工事記録、考古学的調査報告書、発掘調査結果など
石垣の安定性	現況での変状位置・範囲、変状状況・程度、変状の進行性、変状要因、観光客などへの影響の度合いなど	測量、地形・地質調査、地盤探査、土質試験・調査、変形解析など
補修設計	復原勾配（反り、輪取り）、石材調達・加工法、石積み技法、裏栗・背面地盤構造、構造安定性など	断面設計、構造解析結果、土質試験結果など
施工計画	補修工法、文化財保護対策、石材の保管・記録方法、安全対策、発掘調査計画、施工中の観光対策など	設計書、施工計画書、発掘調査計画書など

こうした検討のためには、石垣の現況を正確に把握し、記録すると同時に変状範囲やその程度および不安定化の進行状況などを把握する必要があり、3.3 項において説明した測量や調査が行われ、その結果に基づいた評価が行われる。この場合、石垣の安定性の評価は、従来は専門家の目視観察による評価によることが多かったが、最近ではより客観的な評価を行うために、統計的な評価や数値解析などの手法が用いられることも増えつつある。表 3-7 に、主な石垣安定性の評価方法について示した。

表 3-7 石垣の安定性評価手法のまとめ[8]

	原理・概要	課　題
目視による判断	石垣の外面的特徴（孕み出しや目地の開口など）をもとに経験豊富な技術者（管理者）が安定性の判断を行なう方法で、現在最も一般的な方法。	客観的なデータに基づかないため、個人差が大きい。
孕み出し指数による評価	石垣の高さ（H）に対する孕み出し量（δ）の比（%）を用いて安定性を評価する。代表的な城郭石垣の実測データをもとに導き出したものであり、現場で容易に安定性が評価できる。$\delta/H < 6\%$ が安定限界とされている。	今後、計測事例を増やして妥当性の向上を図る必要がある。
土圧理論による評価	石垣石の自重と主働土圧、石材間の力のつりあいから理論式を組み立てたもので、いくつかの城郭に適用して、その有効性を検証している。	背面地盤が不均一である場合や、石垣の構造自体が複雑な場合はモデル化が難しい。
有限要素法	ジョイント要素や間詰石の挙動を再現するために特殊な要素を考案し、FEM で石垣の安定性を評価できるようにしたものである。	弾性解析であり、石材のずれや孕み出しなどの変形の評価は困難である。また、間詰石などを表現するパラメータの設定が難しい。
個別要素法	石垣、栗石、背面地盤を個々の要素として表現し、石垣の変形を表現する。視覚的にわかりやすい解析が可能であり、動的な解析が容易であることから、地震時などのシミュレーションに適する。	運動方程式を解くためのパラメータの設定が難しい。
不連続体モデル解析法	任意形状の弾性体ブロックで石垣・栗石・背面地盤を表現し、ブロック間の接触、すべりを表現することで安定解析を行う。	石垣の背面構造のモデル化を極力正確に行う必要がある。

委員会での検討により石垣の補修が必要であると判断された場合、次にその方法が検討されるが、多くの場合は解体・積み直しが行われる。これは、城郭石垣が空積み構造物であり、アンカーや注入工法のような近代工法による補修が原則的にできないためである。なお、変状の程度が比較的小規模で、抜け石が目立つような場合には間詰石工[7]が有効な場合もあり、状況に応じて適切な補修方法を選択する必要がある。以下、解体・積み直し工の設計・施工について概要を示す。

（2）石垣補修の設計

　石垣を解体・補修する場合は、その断面形状（法・反り）の決定が大きな課題である。これは、城郭石垣の場合、構築当初の形状が不明確であることが多く、さらに過去にも積み直しがなされた石垣では、その都度形状が変化していることもあるためである。石垣の復元における断面設計の代表的な方法を以下に示す。

① 隣接する石垣の形状を基準とする方法：局所的な変状の補正や比較的狭い範囲の補修断面設計を行う場合は、隣接部で変状が見られない部分をもとに復原設計を行うことが多い。

② 古文書などを参考にする方法：江戸時代に書かれた古文書などを参考に、断面形状を設計するもので、変状程度が大きく、範囲も広い場合ではこうした方法が参考となる。図3-3にこうした文献のひとつである「後藤家文書」を基に数学的に行った断面設計法の例[9]を示す。

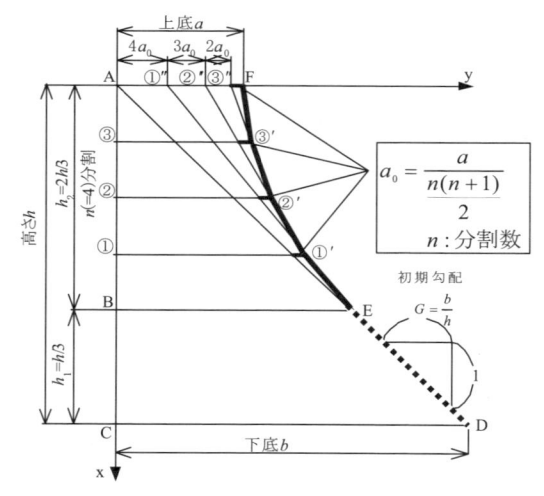

図3-3 「後藤家文書」による石垣の設計手法[9]

$$a_0 = \frac{a}{\frac{n(n+1)}{2}}$$

n：分割数

③ 古絵図などや類似事例を参考にする方法：過去に解体または崩壊した石垣を復原する場合などは、古絵図・古写真などを参考に形状を推定し、併せて同じ城内や、時代や地域、構築者が類似している石垣を参考に設計する場合がある。

　実際には、このような断面設計は専門家でも判断に迷う事例も少なくないことから、上の①～③の方法を総合的に評価して断面設計を行うことが多い。なお、石垣には平面的な曲線（輪取り）が見られることもあり、断面形状を決定する場合は3次元的な曲面として石垣を捉え、不自然な屈曲や折れ曲がりなどが生じないように設計する必要がある。

　また、石垣の補修ではその外観などは変状発生前の状況に石積みを戻す「現状回復」が原則であるが、石垣の基礎や内部構造などは解体してみないと分からないことも多く、解

体時の調査、確認結果に応じて設計を見直すこともある。なお、石垣解体に伴い背面地盤の掘削が必要となる場合は、地盤強度や施工の工程に加えて文化財保護対策などを考慮して、法面勾配や表面保護工などを決定する必要がある。

（3） 石垣補修の施工

文化財としての石垣の補修では、石積み技法も伝統的なもので行う必要がある。すなわち、石材の運搬・吊り上げなどには重機は用いるものの、極力伝統的な石積み技法により石垣を構築することが必要である。

写真 3-4 に代表的な伝統的石積み技法である、野面積み、打込みはぎ、切込みはぎの大きく 3 つの種類を示した。実際の補修工事は、こうした石積みの技能・技術を保有する石工によって行われるが、伝統的な工法は標準化や文書による表現が困難な面が多く、経験によって受け継がれていく側面が大きいことから、施工者が限られているのが実態である。

野面積み　　　　　打ち込みはぎ　　　　　切り込みはぎ

写真 3-4　石垣の構築方法

石垣補修の施工は、一般的には図 3-4 に示すような手順で行われることが多い。

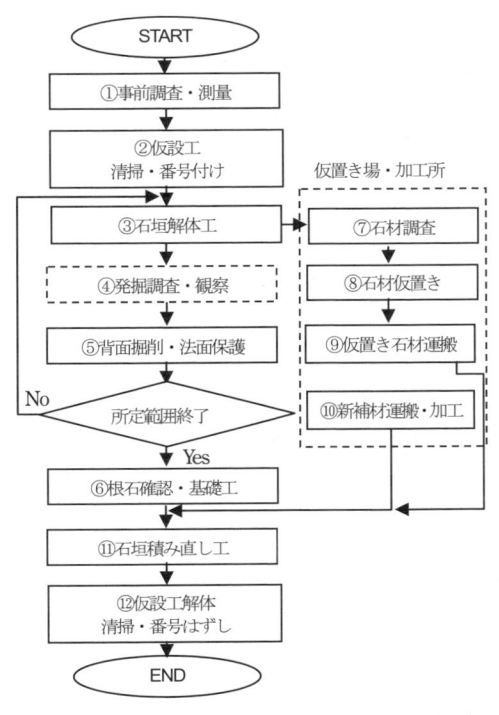

図 3-4　石垣補修工事の流れ（解体・積み直し）

以下、この手順に従ってその概要を簡単に説明する。
① 事前調査・測量：事前調査や測量は前項で述べたように、その目的や現場状況に応じて適合した手法で行うが、石垣の正面写真は除草後に撮影し、レンズによる歪みなどを補正した上で、積み直し時に参照できるようにしておく。また、測量の基準点は工事の進展に伴い、消滅や変位することがない場所に設置することが必要である。
② 仮設工：石垣工事の仮設工事としては、足場の組立が中心であり、高石垣や水堀に面した石垣および長期にわたる工事では安全で施工性が良く、石垣保護対策も十分な足場の施工が重要である。また、解体が始まる前に、石材表面の清掃を行い、設計段階で作成した立面図に対応するように、それぞれの石材に「石材番号」を付与する必要がある。この番号は工事期間中を通して管理に利用されると同時に、文化財調査においても管理番号となるため、重複や間違いのないように慎重に割り付ける必要がある。この番号は築石だけでなく、主な間詰石や飼石にも付与する。また、各石材の組み合わせ状況を忠実に復原するために、石垣表面に一定間隔で墨付けを行うことも行われる。なお、石垣には蜂や蛇などが棲息していることが多く、仮設工においては安全面でも十分に留意する必要がある。
③ 石垣解体工：石垣の解体は上部よりクレーンなどを用いて順番に行うが、石材の固定や吊り下げ時に石材が破損しないよう必要に応じて養生を行い、慎重に取り外しを行う。なお、取り外された石材は積み直し時まで仮置き場に保管するが、現場近くに十分な仮置き場が確保できない場合は、石材の運搬についても事前に十分検討しておく必要がある。
④ 発掘調査・観察：石垣解体は発掘調査としての意味合いもあり、石材間や栗石内の遺物および背面土砂の埋蔵文化財についても調査・記録されることが一般的である。このため、解体工事はこの調査の間制限されることとなることから、工程計画には予め発掘調査分の余裕を確保しておくことが必要である。
⑤ 背面掘削・法面保護：石垣および栗石の解体を行いながら、背面地盤の掘削が伴う場合で、特に盛土の場合は、この部分にも埋蔵文化財が包蔵されている可能性があり、十分に注意しながら掘削を行う。また、工事が長期に及ぶ場合や掘削範囲が大きな場合は法面保護工の実施についても検討されるが、吹き付け工法などの使用が制限される場合もあるので、事前に事業者と施工者で十分に調整しておく必要がある。
⑥ 根石確認・基礎工：石垣補修では、基礎に欠陥がある場合や根石自体が変位している場合以外では基本的に根石は取り外さない。これは、根石が石垣を元来の位置に復原する上で、その基準となるためである。一方で、基礎地盤に不具合や変位が見られる場合は、地盤支持力を増し、変位を抑制するための対策が求められる。この対策についても近代工法の適用は大きく制限されているため、松杭、石材などを用いた伝統工法での補強を考えることが要求される。また、胴木自体が腐朽などにより劣化している場合は、新材に交換することとなるが、かつての水堀が空堀になっている場合などでは、木材の腐朽が急速に進む可能性があることから、状況に応じて防腐処理を施した木材とするなどの対策を講じる必要がある。
⑦ 石材調査：解体時には石材間の接触状況などを観察し、記録すると同時に、取り外した石材の寸法、重量、外観などを観察し、所定のデータシートに記録する。このとき、積み直し時の再利用を考えて、き裂や劣化状況なども記載しておく。また、刻印や墨書については文化財担当者がこれを記録する。
⑧ 石材仮置き：石材の仮置き場は、仮置き後にも石材調査などが行えるように十分に

余裕を持った面積を確保することが望ましく、一般的には解体石垣の面積の数倍以上は必要である。また、仮置き期間が長期に及ぶ場合は、温度変化や乾湿繰り返しなどによる解体石材の劣化を防止するための養生方法も検討しておくことが必要である。

⑨ 仮置き石材の運搬：石材の運搬時は石材が破損したりしないように十分に注意が必要である。また、仮置き場が施工箇所と離れている場合は、運搬計画が工程に与える影響が大きく、特に山城などのように運搬方法も限定される場合は事前に十分検討しておくことが重要である。

⑩ 新補材の調達・加工：既存の石材が劣化や割れなどにより再利用できない場合は、新補材を用いる必要があるが、その調達先については旧材の採取場所、岩種、外見、強度などをもとに十分に検討し、同等な石材を用いる必要がある。しかし、かつての石材産地（丁場）が既に閉鎖されていることが多いため、実際には既存石材に極力近い石材を調達することとなる。新補材は、交換する石材の寸法、外見をもとに伝統的技法によって加工し、周辺部と調和するようにすることが基本である。**写真 3-5** に石材の加工状況を示した。ただし、既存石材の控えが極端に小さい場合のように構造上問題となる場合においては、専門委員会などの確認の上、形状を変更することがある。なお、新補材については、将来の補修工事において、新補材であることが識別できるようにマーキングなどを施す場合もある。

写真 3-5　伝統的技法での石材加工

⑪ 石垣積み直し工：石垣の積み直しは、設計勾配に従い、経験豊富な石工によって下部より順に積み直すことが基本であるが、このとき石材の設置状況（傾き、合端など）や、安定性について十分に留意することが大切である。また、裏栗石も現況に復するのが基本であるが、裏栗石層の厚さが極端に小さく、排水性や石垣の安定上問題があると考えられる場合は、新補材と同様に専門委員会の検討を経て変更することもある。なお、補修範囲を識別できるように、補修範囲と隣接する石材の間に鉛板などを挟みこむこともある。

⑫ 仮設工解体：石積みが完了した段階で仮設足場を解体し、石材番号の取り外しおよび清掃を行うが、他の工程と同様に石材に損傷を与えないよう十分に留意する。

（4）石垣の保全と活用

城跡は歴史的に貴重な観光資源として活用される場合が多いことから、石垣が持つ景観的な価値の持つ意味は大きいものと考えられる。天守などの建築物がない場合でも、**写真 3-6** に示すような石垣・堀・樹木が構成する景観は今日の城郭の代表的な要素のひとつとなっている。しかし、本来は石垣の直上部に樹木を植えることは少なく、こうした景観は明治以降、多くは戦後の公園化事業の中で行われたものである。さらに、石垣上部の樹木は根の張り出しにより石垣に悪影響を与える可能性もあるため、文化財保全の観点からはむしろ樹木の伐採が要求されることがある。

このように、現在の景観の持つ価値と文化財保全上の価値が対立する問題は技術的な検討のみで解決することが難しく、文化財担当者、公園整備・管理者および利用者（市民）との合意形成の場の必要性が高まっている。

写真 3-6　石垣上の樹木（大阪城）

　また、文化財としての石垣を活用するには、一般の市民が間近で石垣を見て、直接触れることで先人たちの残した貴重な土木構造物の持つ意味を感じ取ることが必要であると考えられる。そのためには十分な安全確保と文化財の保全措置を講ずる必要があり、それぞれの城郭の維持管理上の特徴（規模、立地条件、来訪者数、バリアフリー化の必要性など）に応じた対策を考える必要がある。こういった目的においては、工学的な安定性評価技術やGISによる石垣管理技術[10]などを活用することも有効であると考えられる。

3.5　石造橋の保存のための設計・施工

　わが国の石造橋は15世紀後半に中国から琉球国に伝えられ、その後17世紀半ばに九州・本州に伝来し、1634（寛永11）年（1648年とする説もある）に長崎眼鏡橋などが築造された。その後、いったん、石造橋は造られなくなるが、19世紀に入ると、石造橋は木橋に比較して洪水に対する抵抗力が大きく、火災にも強いことから恒久橋として九州から全国へと普及した。しかし、19世紀後半以降、鋼橋やコンクリート橋が建設されるに至って、大型の石造橋は造られなくなっていった。こうしたことから、石造橋は、伝来当時のものを除いて、19世紀初頭から後半までのおよそ60年間という短い期間に造られたものであることが多く、その技術も西洋からのアーチ構造と日本古来の石垣構築技術が融合したものであることから、歴史的にも土木構造物としても、貴重な構造物であると言える[5]。

　一方、石造橋は、庭園などに架けられた小規模なものを除けば、交通や農業用に日常的に活用されている土木構造物であるため、その保存・維持管理においては、前述した城郭石垣とは異なり、いわば「現役の構造物」の保存のための方針が必要である。本項では、こうした点に留意して、石造橋の補修における設計・施工についてまとめることとする。

（1）　石造橋保全における設計

　石造橋の保全においては、構造的な健全性を把握し、その保全方針を立案することが必要であるが、前述のように、対象となる橋自体の健全性に大きな問題がなくても、周辺環境変化に対して各々の機能が十分に追従できない場合は、現位置での補修・修理以外にも、移築や記録保存という選択肢についても検討されることとなる。ただし、いずれの場合においても、十分な事前調査を実施しなければならないことは共通しており、もし解体を伴う場合は、解体に伴う調査と記録はやはり必要な事項である。なお、解体後の復原については、そのケースごとに、「現状維持」「原状回復」「再生」などの基本方針が設計・施工に反映されることとなる。

　事前調査は、3.3項において説明したような様々な測量、調査、分析技術を用いて、対象となる石造橋の歴史的な意味、構造上の課題や強度的な限界、用いられている材料の特

徴などについて把握するために行われる。さらに、道路橋では、特に強度や幅員、道路勾配などは現在の交通法規に適合しているかについて確認する必要がある。西田橋の事例では、交通荷重が作用した場合の橋の変形について、現地における載荷実験を行い、併せて数値解析でも検証を行っている。また、通潤橋の事例では、水の流れによる振動が橋に与える影響を工学的に検討しているなど、その橋の用途や機能に応じて構造的な安全性が十分確保されることを確認する必要がある。

石造橋を解体・復原するための設計では、主として橋の基礎部分、アーチ部分、上部および取り付け部分について検討する必要がある。以下に、項目ごとにその留意点を示す。

① 橋の基礎部分：橋の基礎は河川内において、橋自体とその上載荷重を支持するために、橋脚下部構造としての石積みや胴木などの構造物の強度や健全性に加えて地盤強度を含めた検討が求められる。ただし、こうした構造については事前には不明確な部分も多いため、解体時の調査・観察結果に基づく設計の見直しを行うことが必要である。

② アーチ部分：石造橋のアーチ部は、構造面のみならず意匠面で特に重要であり、この部分の設計においては、外観も含めて綿密な調査結果を反映することが求められる。具体的には、アーチ部の曲線設計に対して、現況の測量結果や供用中に生じた変形だけでなく、解体後の積み直し時に、石材自重や石材間の微妙なずれによって生じる変位も考慮しなければならない。このためには、数値解析手法と合わせて、実物大で作成したパネル模型などによる検討も行われることがある。西田橋の設計事例を図 3-5 に示した。

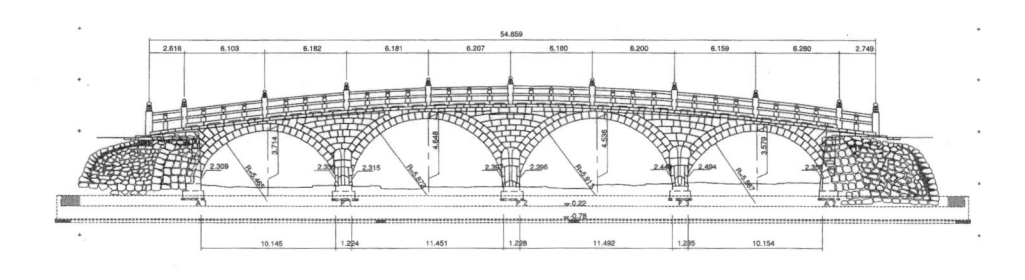

図 3-5 石造アーチ橋の設計事例（西田橋）[11]

③ 上部工および取り付け部分：道路橋の上部工は利用状況によって石貼りからアスファルト舗装などに改変されていることがある。このため、保全対象となる橋がその後どのように利用されるかによって上部工の構造も異なってくる。欄干や擬宝珠などについても同様で、橋の機能や利用形態によって材質や構造が改変されている場合があるため、復原設計をする場合は、この点にも注意が必要である。

一方、取り付け部も周辺の道路の構造や勾配に合わせて変更が加えられていることが多いが、内部構造は当初の状況を保っている場合もあるため、保存方針と解体調査結果をもとに設計を行う必要がある。こうした点は水路橋においても同様であり、水路の断面形状や材質などについて、調査結果をもとにした慎重な設計が重要となる。

以上のように、石造橋の保全における設計は、橋の保全と利用の考え方により大きく異なるが、大切なことはその橋の文化財的な価値をどこに見出し、それをどのように後世に受け継いでいくのかにある。そのための基本方針を反映して設計を行う必要がある。

（2） 石造橋保全の施工

　石造橋の解体は上部より順次行われるが、河川構造物であることから、年間を通じた流量変化を工程計画において十分考慮しておく必要がある。すなわち、流路内での作業は原則として渇水期に行い、増水期には極力河川の流下を阻害することがないように注意する必要がある。また、農業用水路である通潤橋のような例では、用水が必要な春〜夏は原則的に工事が難しく、この期間を避けて工程を組む必要がある。

　また、アーチ橋の特徴として、アーチ部の解体時には事前に仮設のアーチ支補工をその下に設置し、安全かつ確実に石材が取り外せるようにしておく必要がある（**写真 3-7(1)**）。具体的には、設計段階で検討した結果に基づき、正確に支補工を設置すると同時に、設計において述べたように石材の解体に伴う微妙な変状に対しても柔軟に対応する必要がある。ここで、設計段階における石材の変位の推定には限界があることから、施工時には支補工除去などに伴う応力の再配分による曲率の変化などについても考慮しておく必要がある。こうした対処事例として、西田橋では移設復原時に一部分を先行して試験施工を行っている（**写真 3-7(2)**）。こうした方法は、実際の施工手順や出来栄えを確認すると同時に、施工に携わる石工をはじめとした作業従事者の訓練としても有効である。

(1) アーチ支補工設置状況	(2) 移設先での試験施工

写真 3-7　西田橋における施工状況[12]

　一方、通潤橋の事例のように部分補修を行う場合では、十分な耐久性を有する補修材料の選定が重要であるが、特に後世になってより妥当な補修材料が開発された際に、必要に応じて補修材の交換が可能な材料を用いることも大切である。

　なお、現位置での保存や復原が困難な場合の移築先については、その石造橋が有している文化的な意味を極力損なわない場所を選定することが求められ、このためには専門家や関係者以外に、広く市民の声を聞き、合意形成を図っていくことが特に重要である。

3.6　まとめ

　以上、本稿では石造文化財の保全の設計・施工について、文化財的な側面、土木的な側面との両面から留意点についてまとめた。石造構造物が他の歴史的土木構造物と大きく異なることは、その歴史の古さにあることは前述した通りである。すなわち、鋼橋やトンネル、ダムなどの土木構造物の多くは構築されてから古いものでも100年程度のものが大半を占めているが、石垣はそのほとんどが既に400年程度、石造橋でも200〜400年の時間が経過している。このため、石造構造物は土木遺産と認識される以前に文化財として捉えられている点に大きな違いがあると考えられる。

こうした違いを踏まえた上で、石造構造物の保全における今後の課題は以下のようにまとめられる。

① 伝統的な石積み技術の持つ工学的な意味を再確認し、後世にその意味を伝承するための研究を進め、伝統技術の知識化を進める必要がある。これは次に述べる技術の伝承においても必要である。これに対しては、組織的に石垣構築技術を継承していくことを目的とした取り組み[注1]がなされつつある。

② 歴史や考古学系の研究者が主体を占めてきた文化財保全事業における土木工学的な見地に基づく評価を反映させるために、研究者・技術者の育成を図ると同時に、歴史系の研究者との交流を活発にするための組織作りが必要である。

③ 石造文化財の保全に関する事業の発注形態や契約内容が、その特殊性を十分に配慮した内容とできるように、事業者、設計者、施工者および専門技能者の間での意見交換が活発になされるようにする必要がある。

なお、天然資材である石材を効果的に利用することは環境問題を考える上でも重要なことであると考えられ、十分な安全性の確保と標準的な設計方法の確立によって、石造構造物の構築技術は新しい土木技術として再確認されるものと思われる。こうした動きは、技術の伝承と仕事量の確保に関するひとつの解決策を提示するものと考えられる。

注1) 平成20年5月に伝統的石積みに携わる専門技能者、石垣研究者、石垣修復の設計、施工に関係する技術者を中心に「文化財石垣保存技術協議会」が設立された。この協議会は平成21年7月に文化庁の認定団体となり、石垣技術の研究、伝承などに関する活動を行っている。

第3節　参考文献

1) 内田昭人：石造文化財の保存　日本の石造構造物－石造建築・磨崖物・石塔・石造品・庭園－；土と基礎、Vol.45、No.5、pp.49-54、1997
2) 内田昭人：石造文化財の保存　日本の石造構造物－古墳と城の石垣を中心として－；土と基礎、Vol.45、No.3、pp.49-54、1997
3) 財団法人文化財建造物保存技術協会編集；重要文化財通潤橋保存修理工事報告書、1984
4) 財団法人文化財建造物保存技術協会編集；重要文化財眼鏡橋保存修理工事報告書（災害復旧）、1984
5) 鹿児島県土木部編；西田橋移設復元工事報告書、2000
6) 原益彦、笠博義、則松勇、大沢克比古：城郭石垣補修に向けた非破壊健全度調査技術の適用、土木学会第56回年次学術講演会講演概要集、pp.242-243、2001
7) 笠博義、阿波谷宜徳：櫓直下の石垣補修技術について、土木学会土木建設技術シンポジウム2006論文集、pp.73-78、2006
8) 西形達明、笠博義；石垣の工学的検討に関する研究動向、第42回地盤工学研究発表会、DS-3 歴史的地盤構造物の構築・保存技術について、資料-5、2007
9) 森本浩行、西形達明、西田一彦、玉野富雄；城郭石垣の反り曲線勾配配分への2次曲線の適用に関する考察、土木史研究講演集281-286、2006
10) 日向哲郎、笠博義、黒台昌弘、平井光之；城郭石垣管理におけるデータベース構築に関する検討、土木学会第58回年次学術講演会講演概要集、pp.309-310、2004
11) 鹿児島県土木部編；西田橋移設復元工事報告書、p.336、2000
12) 鹿児島県土木部編；西田橋移設復元工事報告書、p.268、2000

4 地盤構造物

4.1 対象とその特徴

　土木遺産の中でも、地盤構造物となると非常に限定される。地盤構造物は言うまでもなく土で構築されたものであり、鉄やコンクリートに比べると、風雨や地震、飛来物の衝突、動植物による損壊などといった外力に対して脆弱であるため、そのままの形で長期にわたって残存させるのが難しい。したがって、土木遺産という括りで見れば、建設当初の形での残存率は極めて低くなる。また、たとえ残っていたとしても、繰り返し修復されることによって新しい構造物となってしまい、もはや土木遺産としての真正性を担保できないということも多い。歴史的地盤構造物としては、堤防、街道、ため池、古墳に代表される文化財などが挙げられるが、例えば堤防は河川の改修や付け替えなどで補修や作り替えが行われていて、ほとんどが遺産と呼べるものではない。土木学会選奨土木遺産リストを見ても、石積みの護岸などはあるものの、土のみで構築された土木構造物は見あたらない。

　本節では、歴史的地盤構造物として、古墳など盛土構造の文化財、灌漑を目的として構築されたため池堤防を対象として議論を展開する。文化財もまた、古代からそのままの形で現代に残存している歴史的地盤構造物であり、将来に向けた保全と活用が求められる。その際、鋼構造物やコンクリート構造物と歴史的地盤構造物との大きな違いは、地盤構造物に対しては、部材の補強や取り替えという概念を適用できないという点である。したがって、形状変更は可能な限り少なく、異種の補強材を援用せずに考えなければならない。こうした制約の下での調査、修復、保全を行う技術は、考古学や保存科学のみならず、土木工学や地盤工学の知見と技術を駆使することによって、社会共有の財産である歴史的地盤構造物を適切に次世代に受け渡していくという重要なミッションを達成する一助となるものと考えられる。

4.2 歴史的地盤構造物保全の現状

　鋼構造やコンクリート構造による歴史的構造物には、維持管理という視点から保全に対する比較的明確な対策が考えられている。これに対して、地盤構造物を対象とする場合、まず何をもって歴史的地盤構造物と定義するのかという問題から考えていかなければならない。

　第一に、地盤はすべての構造物や動植物にとって基礎として既に足元にあるべきものであり、構造物という認識が非常に希薄にならざるを得ない宿命にある。

　第二に、例えばトンネルであれば、たとえ地下にあっても人間の手によって構築された部分が明瞭であり、歴史的構造物として定義できるが、地盤構造物の場合には、自然地山と人工的な土構造の境界を確定するのは容易ではない。事実、地盤遺跡の発掘調査を行うにあたり、自然地山の確認は厳密には地形や地質の専門家による判断に委ねざるを得ず、コンクリートや鋼を扱う場合の明瞭さとは全く状況が異なる。

　第三に、土はその可塑性により、容易に破壊され、容易に修復される宿命にあり、どの部分までを歴史的な遺産として尊重しなければならないのか、修復に際して、どの部分までは近代的な工法を適用でき、どの部分までは構築時の技術を用いなければならないのか、という共通認識を自明のものとして確立できていない。

　したがって、歴史的地盤構造物保全の現状ということになると、特段手を加えることな

くあるがままに保存されていると言わざるを得ない。幸運なことに、地盤には植生が着くので、草木が成長して繁茂した状態になれば、降雨や少しの外力に対しては損壊しない程度の強さを持つようになる。河川やため池の堤防は、破堤するまではそのまま使用され、堆砂や洗掘、洪水によって機能が低下すれば、浚渫や嵩上げといった修復と補強が行われるというパターンを踏襲して現在に至っている。一方、墳墓である古墳、防衛のための土塁などは、もともと文化財として構築されたわけではないので、時間の経過とともに維持管理という概念はなくなっていったと考えられる。しかし当時の有力者を埋葬するための墳墓や、人間の生命と財産を守るための防衛用土塁は、容易に崩壊しないよう非常に丁寧、かつ強固に施工、構築されており、結果的に維持管理することなく数百年以上の時空を超えて現在もその姿を留めているものも多い。

　逆説的であるが、土質材料は、鋼やコンクリートに比べて脆弱であるにもかかわらず、丁寧に構築すれば、特に保全するという意識がなくてもメンテナンスフリーで超長期間維持することができる非常に強固で経済的な材料であるとも言えるわけである。しかし、こうした土自身の耐久性に助けられて幸運にも維持されてきたものを、今後もそのままそれを頼りに何の手当てもせずに保全できるという保証はない。

　歴史的地盤構造物の保全における大きな問題として、その耐震性についても十分考えておかなければならない。盛土に代表される地盤構造物は引張応力には抵抗できないので、地震時に繰返し載荷を受けると、せん断と引張による破壊に至ることが多い。こうした弱点に対しては、補強土盛土や補強土擁壁を採用することによって耐震性が格段に向上することが地盤工学の研究成果によって確かめられている。したがって、現在構築されている、鉄道や高速道路の重要盛土構造物には当然こうした対策がなされている。ところが、歴史的地盤構造物には耐震対策は施されていない。実際、条件の厳しい斜面上に構築されている歴史的地盤構造物の中には、地震によって既に崩壊してしまっているものも多く、歴史的地盤構造物の保全という意味では耐震性の向上は今後の非常に大きなテーマとなる。ただし、この場合も、異物の挿入や人工構造物による保護工の設置と歴史的構造物としての真正性との関係をどのように評価するのかについて、きちんとした規定があるわけではなく、基本となる考え方を確立しておかなければならない。特に地盤構造物の場合は、部材ごとに取り替えたり補強したりするという方法は適用できない。また、一度壊して形状を変化させてしまえば、見かけはともかくとして、構造は元通りには戻せないという非可逆性の縛りがあることは、十分認識しておかなければならない。

4.3　地盤構造物の調査技術〜土の物性と強度を知るための土質調査〜

　歴史的地盤構造物の保全に向けた調査には、歴史を知るための文献調査、大きさや高さといった規模を知るための測量調査、構築されている地盤の堆積環境や地形を知るための地形・地質調査、地盤構造物の材質、強度特性を知るための土質調査などがある。文献調査、測量調査、地形・地質調査については、通常の発掘調査においても恒常的に行われているが、土質調査、特に強度特性についてはほとんど調査されてきていない。

　本節では、地盤構造物の保全に対して非常に重要であるにもかかわらず、従来ほとんどなされてこなかった土質調査について説明する。地盤構造物を形成している材料は土であり、その保全のためには、土の特性に沿った調査を行い、補修や保存に必要な物性値や力学定数を適切に把握することが必要となる。一方、通常の土木構造物建設のための調査と異なるのは、対象とする歴史的地盤構造物を損壊したり、大きく変状させてはならないという制約が課せられることである。

(1) 発掘調査と平行して実施できる物理特性調査

　歴史的地盤構造物が発見されると、まず発掘調査が行われる。いわゆる考古学的な調査である。通常、歴史的地盤構造物の考古学的な価値を探るために、丁寧に土層を削りながら観察が行われる。このとき削り取られる土は遺跡として存在していたものと同じものではあるが、地盤工学的には、現地で有していた構造を失った「乱れた試料」という範疇の土になる。考古学調査では、削り取られた後に現地盤に残されたものに遺跡として価値を認め、研究の対象となる。削り取られた土も遺物ではあるが、基本的には既に破壊されたものであり、試料として土質試験に使用することへのハードルはさほど高くない。土はいったん構造を乱してしまうと現地に存在する状態における剛性や強度といった力学量を求める試験に供することはできないが、含水比や土粒子密度といった基本的な物理量の評価には問題なく用いることができる。

　以下に、土の物理特性を調べるための代表的な土質試験を紹介する。

(a) 含水比

　土は土粒子と土粒子間の空隙から構成されるが、空隙には空気と水が存在する。土の全重量 W を測定し、それを炉乾燥させて乾燥重量 W_d を測定する。元々 W の中に含まれていた水の重量は $W_w = W - W_d$ となる。この時、含水比 w_n は $w_n = W_w/W_d$ と定義される。つまり、土に含まれる水の土粒子に対する重量比であり、この値が高いと水が多く含まれる土、少ないと乾燥気味の土ということになる。一般に同じ土であれば、含水比が高くなると強度が低下する傾向があり、直接強度を測定できない場合であっても含水比の情報があれば、土の状態やおよその強さを推定することができる。

(b) 土粒子密度

　土を構成している土粒子の密度であり、ピクノメータと呼ばれる装置によって求められる。詳細は地盤工学会編「土質試験の方法と解説」[1]を参照されたい。土粒子密度 ρ_s は、土を構成する土粒子の鉱物組成に依存し、火山性の岩片が卓越するような材料では大きくなり、火山灰や凝灰岩系の鉱物が多ければ小さくなる。

(c) 粒度分布

　土を構成する土粒子の大きさがどのように分布しているのかを調べるために、砂質土についてはふるい分け試験[1]が、粘性土については沈降分析試験[1]が行われる。これにより、粒径加積曲線が求められ、対象としている土が粗いものから細かいものまで配合されているのか、単一粒径の材料で構成されているのかといった情報を得ることができる。一般的に、粒度の良い土（土が粗いものから細かいものまでまんべんなく配合されている土）は締固めによって高密度化しやすく、強固な土構造物を構築することができるとされている。

(d) X線回折試験

　結晶物質にX線を照射すると、反射するX線は結晶物質が持つ格子面間隔とX線波長によって決定される回折角のところで強くなる。この原理を利用して、X線回折のパターンから土に含まれる結晶物質を特定することができる。一例として、図4-1に奈良県高市郡明日香村にある2つの古墳から採取された墳丘の土に対するX線回折試験結果[2]を示す。カヅマヤマ古墳は明日香村・真弓丘陵に構築された磚積古墳であり、スメクタイトやバーミキュライトといった粘土鉱物が多く含まれているのに対し、同じ明日香村でも檜隈地区に構築された高松塚古墳の墳丘土は典型的な花崗岩起源のマサ土であり、カヅマヤマ古墳の墳丘土に用いられている土とはかなり異なっていることが分かる。

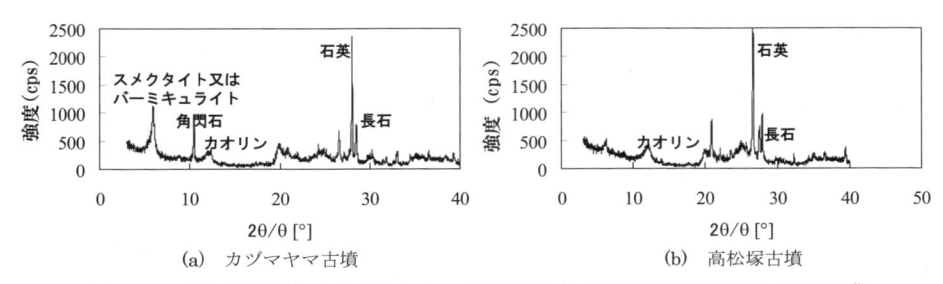

図 4-1　X 線回折試験によるカヅマヤマ古墳と高松塚古墳墳丘土の鉱物分析結果[2]

（2）原位置試験法による物性値の評価方法

　本項の(1)では、発掘調査に伴って得られる土の削り取られた試料を活用して室内試験によって比較的簡単に測定できる物性値について紹介した。実際の発掘調査においても、こうした諸量については求められている場合もある。一方、非常に重要でありながら求めるのが難しい物性値として、土の湿潤密度 ρ_t が挙げられる。土の湿潤密度は、よく知られている密度の定義そのもの（土の重量／同じ土の体積）であり、一見容易に測定できると思われるかもしれない。ところが、現地の状態を保持して試料を採取し、その体積を正確に求めるのは案外難しいことが障害となって、実際には容易に求めることができない。

　土の湿潤密度は土の締まり具合そのもので、力学特性に直結する。すなわち、密度が高くなれば土は強くなり、低くなれば強度は低下する。このように、非常に重要な物性値であるにもかかわらず、原位置における土の湿潤密度を測定するのは容易ではない。そこで用いられるのが、ガンマ線を用いた原位置測定法である。ガンマ線を土中に照射すると、土の密度の高低によって土中を通過するガンマ線量が規定されるため、通過してきた到達ガンマ線を測定することによって非破壊で現地盤の密度を測定することができる。代表的なものとして、図 4-2 に示す表面透過型 RI 密度測定器を挙げることができる。この装置は、線源から放射されるガンマ線のうち、土中を通過してくるものをヨウ化ナトリウムシンチレーション検出管で測定し、別途実施する校正試験から得られている密度～ガンマ線カウント関係によって測定されたガンマ線カウントを密度に変換することによって、地盤中のある領域の平均的な湿潤密度を測定するものである。

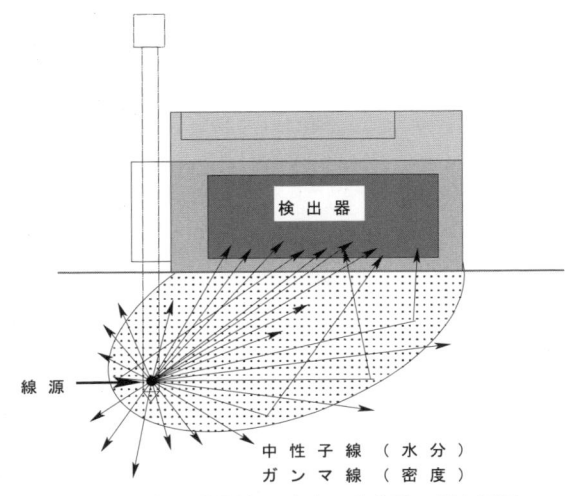

図 4-2　表面透過型 RI 密度・水分計の測定原理

(3) 原位置における盛土の構造評価

歴史的地盤構造物には盛土構造物が多く、一般に自然地盤上に構築されている。構造物の健全性評価や保存のための処置に関する検討にあたり、保全すべき構造体の形状や規模を正確に把握する必要がある。土質試験と同様に、非破壊試験、調査法によって、遺跡を損壊することなくこうした情報を得なければならない。

このような条件をクリアする方法は、物理探査・検層である。物理探査は地下資源調査の探査に用いられたもので、種々の物理量を用いて間接的に地盤性状を解析する調査技術である。その意味では、前項で紹介した RI による密度検層も物理探査の一種であるが、本項では、歴史的地盤構造物としての人工盛土構造物の同定という目的に適う試験法を説明する。歴史的地盤構造物の規模を考慮すると、対応深度が 10m までを最も得意とする表面波探査と地中レーダー探査が適している[3]と考えられ、歴史的地盤構造物調査への適用実績も考慮して、以下、この 2 つのタイプの探査法について簡単に紹介する。

(a) 表面波探査

ハンマーや起震機によって地表面に人工的な弾性波動を生じさせると、P 波と S 波が地中を伝播し、地表面には表面波が伝播する。この表面波を用いて地盤の速度構造を評価する探査手法を表面波探査という。表面波探査は通常の屈折法による弾性波探査の弱点である硬軟互層地盤の探査が可能であり、沖積地盤、盛土、埋土、地下空洞など地盤内部の異種構造の探査には適している。また 10m 程度の深度であれば、震源としてかけ矢で十分であり、大がかりな装置を必要としないので衝撃も少なく、地盤構造物への悪い影響も最小限に抑えられるという特徴を併せ持っている。

(b) 地中レーダー探査

地中レーダー探査では、図 4-3 に示すように送信アンテナから電磁パルスを地中に向けて発信し、地中にある異物から反射する信号を受信アンテナで観測する。図では歴史的地盤構造物である盛土が自然地山を覆っているケースを想定しているが、送信した電磁パルスが受信されるまでの時間を計測しておき、自然地山の位置と深さを推定することになる。地下遺構の調査や土器などの地中遺構の調査にもよく使われているが、その他にもガス管などの埋設管調査、埋立地の旧地形調査、路面下の空洞調査などにも広く用いられている。

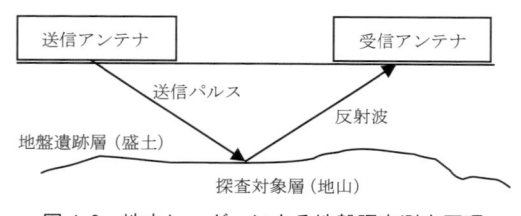

図 4-3 地中レーダーによる地盤調査測定原理

4.4 歴史的地盤構造物の強度特性評価

歴史的地盤構造物の保全に際し、その真正性を確保しつつ修復など人的な働きかけを行う場合、地盤の強度と安定性の担保は最重要課題である。もちろん歴史的地盤構造物を崩壊させるようなことがあってはならないし、小規模な損壊であってもできる限り避けなければならない。つまり、4.3 項で述べた土の諸物性や歴史的地盤構造物の構造調査と同様、非破壊に近い条件でという制約の下で、個々の現場の条件に従って最も適切で効果的な方法を選択する必要がある。

（1） 試料採取やサウンディングが認められる場合

　歴史的地盤構造物からの試料採取は遺跡の一部を切り取るということであり、一種の損壊行為である。したがって、通常は発掘時に削り取られる土を転用して試料とすることで対応せざるを得ない。4.3項で説明した物理試験についてはそれで十分対応できるが、本項で説明するような強度特性を調べる場合、現地の土の構造をそのまま試験室に再現する必要があり、削ったり崩したりした土は既に現地の構造を失っているので基本的には使えない。このため、通常の地盤工学で行われる試料の不攪乱サンプリング＋室内試験という手法が適用できるのは例外的であると考えておかなければならない。ここでは、その希有な事例として、2004年度に実施された国宝高松塚古墳壁画恒久保存対策に関わる発掘調査に際して、極めて例外的に行ったいくつかの試験について紹介する。

　高松塚古墳壁画はカビや細菌、虫類による生物被害と漆喰の劣化、墳丘の不安定化など生物的被害と物理的被害を受け、現地保存が不可能になったと判断された。そのため、石室を解体し、壁画を取り出して、温湿度環境を完全に管理した保存施設に保管して壁画の修復を行うことになった。一連の工程には、当然、墳丘の発掘と掘削、石室石材の吊り上げという土木工事が実施されることになり、古墳の地盤構造物としての強度特性、安定性についての慎重な検討が求められることになる。こうした要請に応える形で、2004年度に実施された発掘調査に際して、図4-4に示す石室まわり3ヵ所（●で示すB-1、B-2、B-3）において墳丘構造の把握と壁画被害の要因調査、さらには墳丘土の力学特性の把握のために、石室周辺の墳丘土および高松塚古墳墳丘土の不攪乱試料採取を実施した[4),5)]。

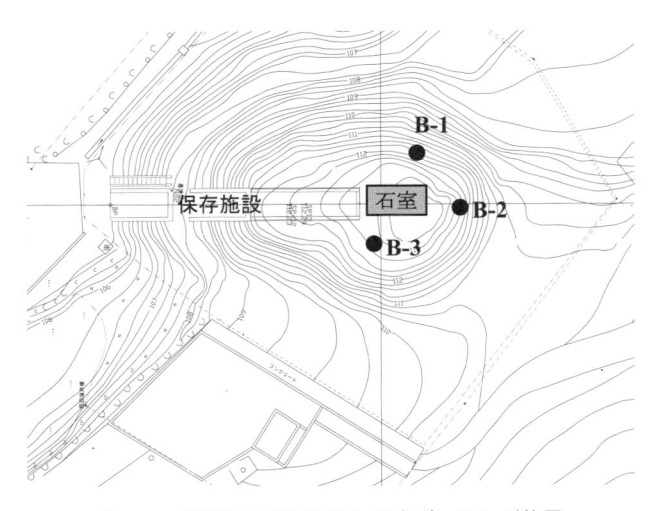

図4-4　高松塚古墳平面図と調査ボーリング位置

　試料採取にあたっては、①墳丘を傷めない、②石室への水の侵入を防止する、③振動による壁画面の剥落を防止するという制約が課せられた。このため、単管支持の空中に突き出した工事用パネル上に機材を設置し、振動の少ない電気モーター制御のボーリングマシンを使用し、孔壁保護およびずりの排出のための泥水を使用せず、圧縮空気を送気するという「エアーボーリング方式[6)]」を採用した。図4-5に採取試料の一例を示す。

採取試料が外から確認できるように、アクリルの透明サンプラーを使用した。採取された墳丘土には数cmごとに縞模様が認められる。これは版築（土を数cmごとに撒きだして、杵のような搗棒で突き固めて高密度化し、これを繰り返すことによって締固め層の積層構造を持った盛土に仕上げる）という構造で、同図に示すように、RIコア密度測定によって約5cmごとに密度の高低が認められる。この密度の揺らぎは、土が搗棒の当たる面では強く締まり、撒きだした下面ではエネルギー分散によってさほど高密度化しないことによって生じるものであり、当時の密度構造が現代まで1400年の時空を超えて保存されていることが分かる。

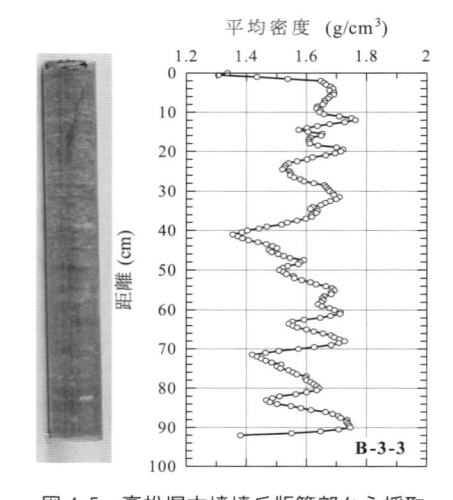

図4-5 高松塚古墳墳丘版築部から採取した試料とRIコア密度測定結果
（B-3-3は図4-4におけるB-3孔から採取した上から3番目のコアであることを示す）

採取した現場試料を供試体化するにあたり、凍結させた後トリミングすることになるが、砂質系のマサ土を三軸圧縮試験用の所定の円柱形に成型するのは困難であることから、圧密試験用の試料押抜器で周囲を拘束しながら直径60mm、高さ20mmのサイズに切り取ることによって供試体とし、一面せん断試験によって強度特性を評価した[7]。結果の一例を図4-6に示す。一連の試験結果から墳丘版築土の強度定数として、粘着力cとせん断抵抗角ϕを求めた。

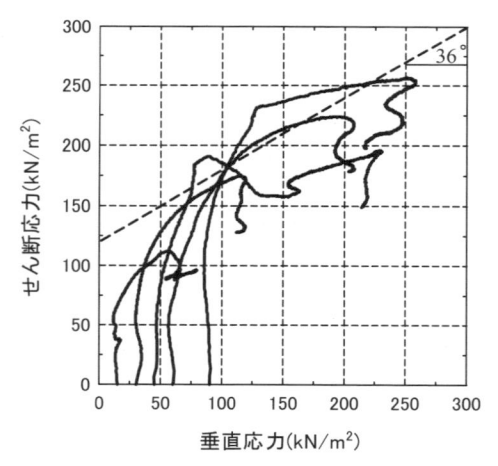

図4-6 高松塚古墳墳丘版築土（B-3）の排水排気一面せん断試験における応力経路と破壊線

高松塚古墳墳丘の試料採取を行ったボーリング孔（図4-4に示した3地点）にケーシングを入れ、古墳墳丘地山の剛性を知るためのダウンホール式PS検層試験と、墳丘の密度構造を知るためのRI密度、水分量検層を実施した[4),5)]。それぞれの結果を図4-7、図4-8に示す。

4 地盤構造物

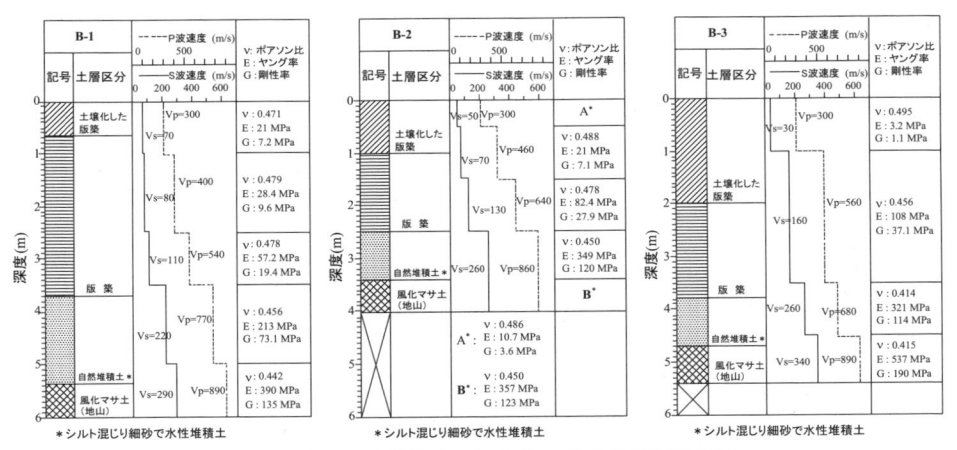

図 4-7 高松塚古墳墳丘における PS 速度検層試験結果

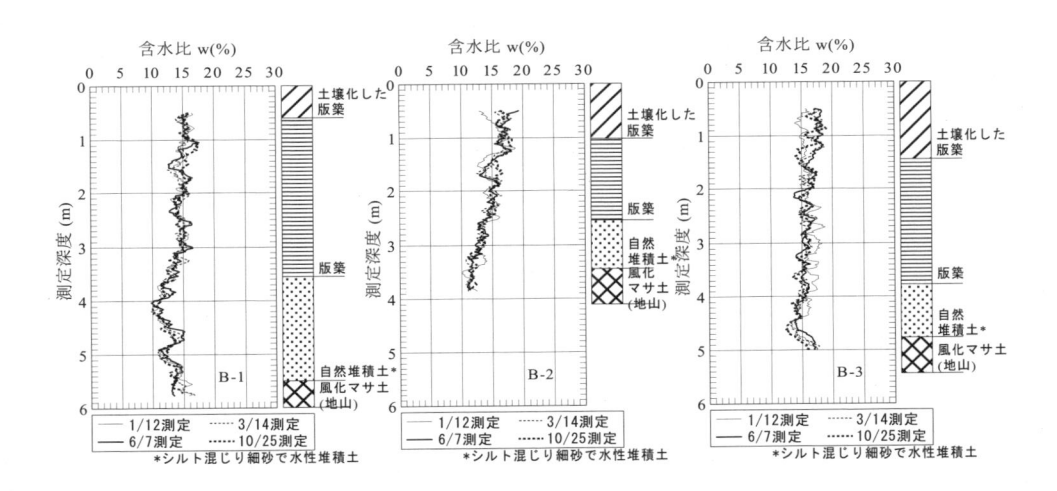

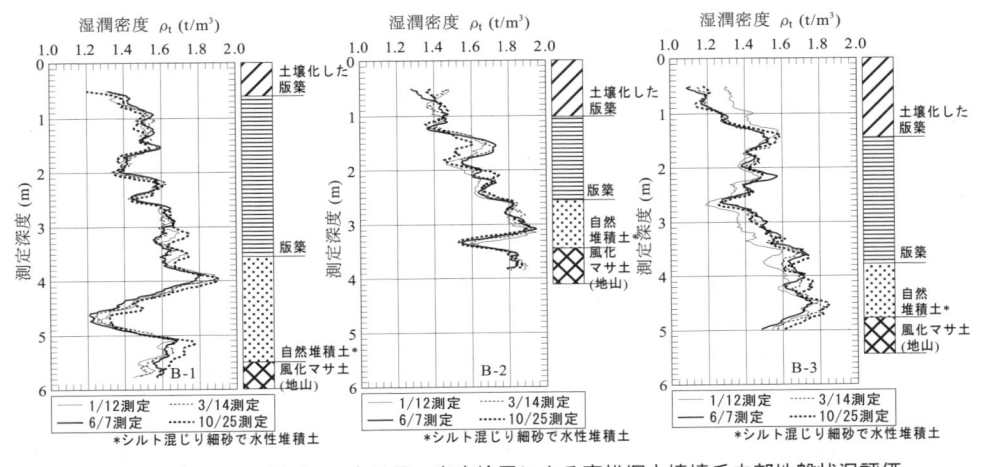

図 4-8 ボーリング孔内 RI 水分量、密度検層による高松塚古墳墳丘内部地盤状況評価

図 4-7 より、墳丘の S 波速度は 70 〜 160m/s で非常に低い値を示していることが分かる。採取試料による室内ベンダーエレメント試験によって健全な供試体レベルの S 波速度を測定すると 160m/s となり、現地の値を大きく上回る[7]。この差の要因として、発掘時に発見された地震による墳丘内部の無数の地割れの存在が考えられる。写真 4-1 はその一例であるが、こうした地割れによって古墳そのものは大きく損傷していたことが明らかとなった。

写真 4-1　高松塚古墳墳丘発掘過程で見つかった地震によるものと思われる地割れ

　PS 検層とベンダーエレメント試験結果の比較から、版築土そのものは硬く、高い剛性を有する一方で、集合体としての古墳地山は地震による被害によって健全度がかなり低下していることが分かった。図 4-8 に示す RI 密度、水分検層結果を見ると、古墳墳丘地盤はおよそ 15％程度の含水比を有し、深さ方向に含水比が低くなる傾向を示している。

（2）　地盤の改変が認められない場合

　歴史的地盤構造物の調査に際して、本項の (1) で紹介したような試料採取やサウンディングが実施できるのは例外的であり、通常は地盤の損壊を伴うような行為として認められないと考えておくべきである。では、このように地盤工学で一般的に行われる調査ができない場合、どのようにして必要な地盤情報を得るのかについて実例を挙げて論じてみたい。

　まず、一般論として、強度を求めるには対象とする土をある条件で破壊させ、破壊時の応力を測定してこれをその土の強度と定義する。非破壊で強度を求めるというのは言わば自家撞着であり、厳密には不可能である。そこで、限りなく非破壊に近く、損壊を最小限に留める手法を適用することになる。遺跡として残っている土構造物は、砂のような非粘着性の完全な摩擦性材料ではなく、粘着力を有する土質材料で構築されている。古墳に見られるように、版築構造のような硬く締固めた構造体を構築するためには比較的粗い砂質成分から細粒のシルト、粘土成分まで幅広い粒度分布を持っている材料が望ましい。こうした土質材料からなる歴史的地盤構造物の強度を求める手法として、針貫入試験はひとつの有力な試験法である。針貫入試験機の模式図と校正曲線を図 4-9 に示す。

(a) 針貫入試験機の構造

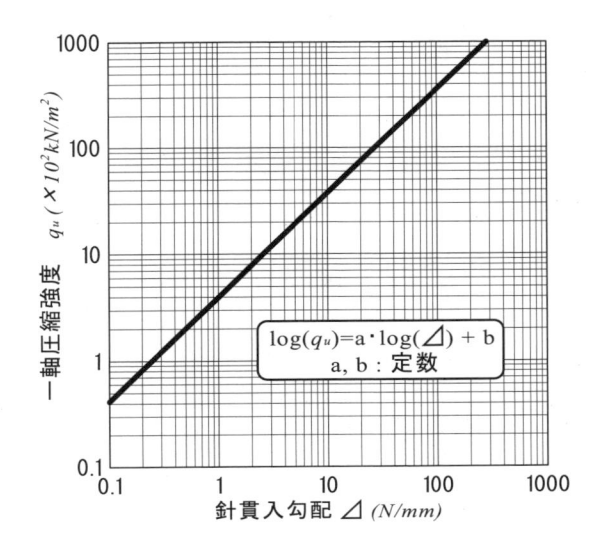

(b) 針貫入勾配と一軸圧縮強さの関係

図 4-9　針貫入試験機の構造と測定値と土の一軸圧縮強さとの校正関係

　針貫入試験機は軟岩硬度計とも呼ばれ、主としてトンネル現場など、サンプリングが難しくかつ迅速に現場強度が必要な場合に適用されることが多い。測定するのは、先端の針部分を測定対象地盤に人力で貫入したときのスプリング部分の圧縮によって生じるスピンドルの変位量から換算される貫入力 P（N）である。こうして求められた P を用いて、

① 針貫入量 L が 10mm になったときの P（N）
② 最大貫入力 P（N）のときの針貫入量 L（mm）

のいずれかを用いて針貫入勾配 $\Delta = P/L$（N/mm）を算定する。Δ と一軸圧縮強さ q_u（kN/m^2）がほぼ一義的な関係にあることが図 4-9(b)からも分かっているので、原位置試験によって Δ が分かれば、対応する一軸圧縮強さを換算することができる。

　この試験機は構造も簡単で、試験時にピンホール程度の孔を地盤に空ける程度の傷しか残さないので、歴史的地盤構造物の現場強度調査には有用である。当然のことではあるが、この装置が適用できるのは粘着力を有する自立できるような土質に対してであり、完全な砂質土には不適である。

　奈良県高市郡明日香村の高松塚古墳の南側墓道部東壁において実施した針貫入試験の結果を図 4-10 に示す。同図壁面の写真において、上部①は元々版築であったものが土壌化することによって版築構造が失われてしまった領域、②は古墳の外周を構成する赤色のマサ土で造られている版築層で、その下位にやや白色に見える部分（③）は石室を取り囲むように造られているやや硬質の白色版築層にあたる。また、下段④で表された部分は、石室を設置した面以深の硬質版築層にあたる。

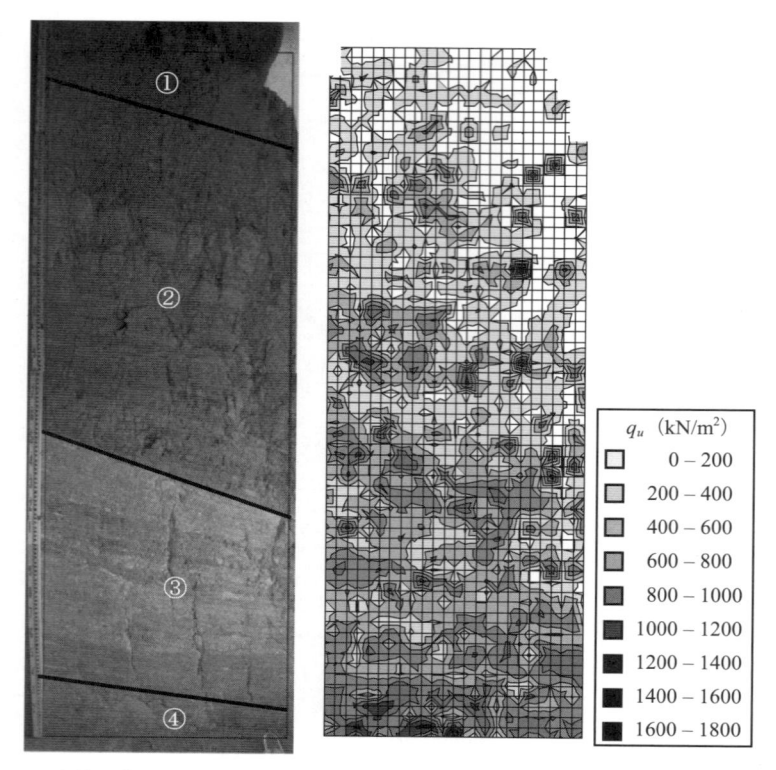

図 4-10　高松塚古墳南側墓道部東壁における針貫入試験によって求めた換算一軸圧縮強さ

　針貫入試験から換算した一軸圧縮強さの分布を見ると、上層から下層に向かうに従って強度が増大していることが分かる。墳丘外周の赤色版築層では、$0.2～0.4\text{MN/m}^2$ 程度、石室を覆う白色版築層では $0.6～1.0\text{MN/m}^2$ 程度、石室床石設置面以深の版築層では 1.0MN/m^2 以上の値を示している。発掘の過程では、それぞれの版築層が現れた段階で水平面上で同様の針貫入試験を実施し、換算一軸圧縮強さを求めている[7]。図 4-10 の結果は既往の結果と調和的であり、改変を許されない歴史的地盤構造物に対して針貫入試験が有効であることが分かる。

　このように、発掘調査において考古学的な知見とともに、物性や強度といった地質学や地盤工学的なアプローチを加味することで、古代の技術や地盤構造物の構築方法に関する情報を明らかにすることができる。また、地盤遺跡の保全となれば、工学的技術のサポートが不可欠であり、現地の土質材料に関する地盤工学的な試験に基づく情報なくして合理的な保全対策を実施することはできない。特に、土で構築された構造物は短期的には鉄やコンクリートに比べて低強度、高変形性であり、適切な修復を含めた保全措置の重要性はより高いということを心しておかなければならない。

4.5　修復によって長期間現役として活躍する歴史的地盤構造物～狭山池を例として～[8), 9)]

　土材料を用いて構築されている土木構造物としては、河川やため池の堤防がある。歴史的に洪水や氾濫を制御し、灌漑用水の供給という治水事業は支配者の最も重要な仕事のひとつであった。本項では、616 年に構築され、幾度となく決壊と修復を繰り返しながら、

今なお現役として活躍している狭山池の護岸堤防について紹介する。

昭和57年8月の豪雨によって、狭山池から流下する西除川・東除川流域は大きな被害を受け、元々農業灌漑用のため池であった狭山池に洪水調節機能を持ったダムに改修するため、平成の改修とも言える直近の改修が昭和63年から始められ、280万 m^3 の貯水容量を有する堤頂長997m、堤高18.5mの均一型フィルダムとして平成13年末に竣工した。修復に際しては、基本的には現地発生土を活用するなど歴史的継続性に配慮して施工されたが、現役構造物としての機能、安全性を求めることに重点が置かれ、伝統的な施工方法を踏襲するという観点はさほど重視されていない。この改修に際し、堤体の一部を断面保存し、新たに建設された狭山池博物館に展示することになった。保存の方法の詳細については文献8)を参照されたい。

（1） 狭山池堤防の構築工法と改修の痕跡

図4-11に保存されている堤体断面の構造を示す。また図中の層ごとに付けた①～⑧の番号は、表4-1にまとめたように、発掘調査によって明らかとなった堤体改修の時期と痕跡を示している。

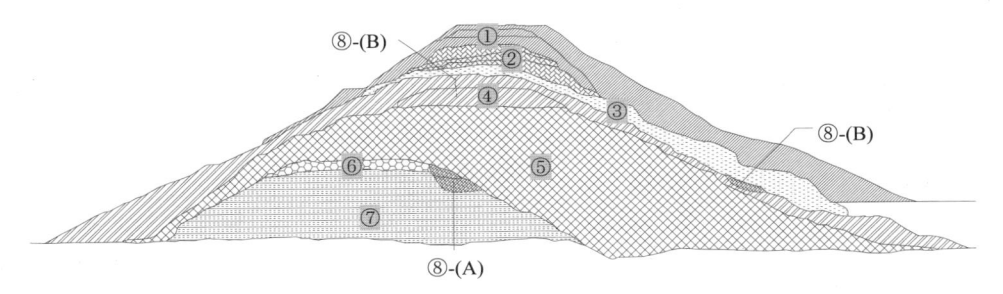

図4-11　狭山池北堤中樋地点東壁面（図中の数字は表4-1の層分類に対応）
（狭山池埋蔵文化財編[8]「大阪府富田林工事事務所・狭山池ダム平成の大改修[10]」より転載、一部加筆）

表4-1　狭山池堤体改修の歴史[8),10)]

層番号	改修の歴史（年代）	工事の概要	堤防高さ	堤防基底幅
①	明治・大正・昭和（1886年～1964年）	小規模嵩上げ、上流側への腹付け	15.4m	62m
②	江戸時代（元和、元禄、安政の改修）	小規模嵩上げ	13.8m	50m
③	慶長の改修（1608年）	東樋、中樋、西樋、木製枠工、全長600m	11.8m	50m
④	鎌倉～室町時代の改修	石棺を樋に適用、全長310m	10.2m → 11.3m	54m
⑤	天平宝字の改修（762年）	大規模嵩上げと上流側への拡幅、腹付け、敷葉工法	9.5m	54m
⑥	行基による改修（731年）	小規模嵩上げ、敷葉工法	6m	27m
⑦	初期構築（616年）	シルト、細砂による築堤、土嚢、敷葉工法、全長300m	5.4m	27m
⑧	地震痕跡	(A)731年の地震痕跡 (B)1596年の地震痕跡		

狭山池埋蔵文化財編、大阪府富田林工事事務所・狭山池ダム平成の大改修より転載、一部加筆

図4-11に示す⑦の部分が、616年に構築された時の形状に相当する。堤体の規模は底幅約25m、天端幅約8m、高さ約5.4m、表のり勾配1：2、裏のり勾配1：1.8、全長約300m、堤体積約3万m^3程度であったとされている。616年という構築年代は、この時に敷設された高野槇で作られた底樋（東樋）の年輪年代測定に基づいて決定されたものである。その後、いくたびかの改修を経て1400年間現役構造物として利用されてきた。731（天平3）年に行基によって改修され、堤体の高さが約60cm嵩上げされて6mになった。奈良時代の762（天平宝字6）年には堤体の大規模な拡幅と嵩上げが行われ、底幅がほぼ2倍の約54mに、堤体の高さは約9.5mに、長さは310mになった。

この時期までの堤体の構造的な特徴として、盛土材料に粗粒の砂礫系のものがほとんどみられず、シルトまたは細砂からなっていることが挙げられる。一般的に、細粒・粘質土は強度や安定性の面からみれば決して適切な材料とはいえないが、ため池からの漏水を防止し安定的に湛水させるために十分な低透水性を確保することを優先して、こうした土質材料を用いたものと考えられる。

1202（建仁2）年に高僧・重源によって改修が行われている。堤体高さが約10.2mに嵩上げされているが、この時の改修の特徴は、古墳の石棺のつまの部分を切り取ってU字溝のようにし、木で蓋をして底樋にしたことである。耐久性や安定した断面確保という観点からは木製の底樋に比べてはるかに良く、構造的に強化されたものとなった。

次に、1608（慶長8）年に豊臣家の重臣であった片桐且元によって最も大きな改修が行われた。堤体の底幅こそ変わらないが、高さは約11.8mに、全長は約600mに拡大され、底樋3本と余水吐2カ所を新設するという大規模なものであった。この改修以後、池底までが破壊されるような大規模な決壊は起こっていない。

江戸時代には元和の改修（1620～1621年）、元禄の改修（1693～1694年）、安政の改修（1857～1859年）などたびたび改修された記録が残っている。堤体の規模としてはさほど拡大されたというわけではなく、余水吐の破壊による再構築を主とした改修が繰り返し行われている。大正13年の干ばつ被害を受け、安定した農業用水確保のために北堤を嵩上げするとともに、東堤、西堤、南堤を新設した。また東西の余水吐も石張コンクリートで新設した。

（2）狭山池堤防構築と修復に用いられた技術

狭山池堤防では、616年の最初の堤体と762年の拡幅時の堤体の断面に、樫の葉のついた枝を盛土層厚10～20cmごとに敷き詰めながら締め固めて盛土を構築した痕跡が認められる。この工法は「敷葉工法」と呼ばれるもので、現代の補強土工法や地盤改良工法に繋がる技術である。敷葉工法の具体的な目的については、盛土の補強（現ジオテキスタイル工法）、排水効果（現フィルタードレーン工法）、施工管理（薄層撒き出し厚管理）締固め時の搗棒への土の付着防止などが考えられるが、明確な結論が出ているわけではない。本項の(1)でも説明したように、初期の堤体にはシルトや細砂といった低透水性の材料が使用されているが、こうした材料は軟弱で強度も期待できないため、敷葉工法によって引張強度が付与され、高含水状態になりがちなこうした土の排水を助け、施工時のトラフィカビリティ（足場のめり込みや沈下の防止）とワーカビリティ（締固め搗棒への土の付着防止）が確保されることを考えれば、非常に合理的な工法が選択されていることが分かる。

狭山池周辺には、須恵器の窯跡や窯の灰を投棄した灰原が点在する。堤体の盛土材としても灰原の土も利用されており、762年改修時の層に含まれている。現代で言えば鉱滓のような材料と考えられ、締固め、固化に優れた材料として利用されたものと考えられる。また、狭山池築造から奈良時代にかけての堤体から土嚢の遺構が見つかっている。堤体法

面の整形や補強に使われたと考えられる。土嚢は引張強度を有する袋に土を詰めるために、載荷されると厳しい拘束状態となって大きな強度を発現するという特徴を有しており[11]、シルトや細砂のようなそれ自体では強度を期待できない土質材料をも有効活用できる。特に勾配を持った法面などへの適用は効果的であり、狭山池堤体では土嚢の構造的な特徴と目的に適った利用がなされている。

次に、構造物として適用された工法について紹介しておく。重源が底樋として石棺を利用したことは既に述べた。それまで底樋として使われていた重源による石棺の底樋は、堤体の決壊や堆砂のために使用できなくなっていたと考えられ、慶長の改修時にこれを撤去して、檜の厚板をボックスカルバート状に組んだ東樋、中樋、西樋の3本の底樋が新たに設置された。これに伴い、撤去された石棺は取水部の両側の法面の護岸石として再利用された。また、中樋、西樋の周辺には堤体の浸食、すべり破壊を防止するための木製の護岸や枠工が設置された。護岸背面には控え杭が打たれ、護岸と木材で連結することによって安定性の向上が図られている。この護岸形式は、現在の鋼矢板と鋼管の控え杭をタイロッドやタイワイヤーで繋いだ護岸構造に類似したものである。

このように、狭山池構築、修復において使われた技術は、現代の最新工法に引き継がれており、鋼やコンクリート、化学物質などを用いることなく、土質材料の特性を十分に考慮した工夫がなされてきた。また構造体としての安定性向上のために、石材の護岸法面への利用、木製護岸、枠工や控え杭の適用など今に繋がる技術の黎明をみることができる。ハードとして残存する堤体そのものも土木遺産として貴重であるが、それを構築した古代技術者のアイデアと力量もまた貴重な土木"技術"遺産であると考えられる。

4.6 歴史的地盤構造物の保全に対する課題とその解決に向けて

土質材料で構築された歴史的地盤構造物の保全を考える場合、被災要因としては「雨」と「地震」が挙げられる。まず、豪雨による被災を考えてみよう。古墳のような単純な盛土構造物の場合、表面に植生による保水性、凸型の形状による表面の流下などが期待できるため、単独で破壊するというケースはまれである。これに対して背後に水が存在する河川やため池の堤防は、水がらみの破壊の可能性を考えておかないといけない。

内田[12]は、平成16年台風23号による豪雨によって被災した淡路島のため池を調査し、豪雨によるため池の被災原因を以下のように分類している。

① 洪水吐通水断面不足に伴う溢水により堤体や洪水吐下流部付近を洗掘して決壊
② 上流側集水区域の崩壊による二次災害として堤頂部越流により決壊
③ 上流のため池の決壊
④ 高水位によるパイピングなどの漏水の発生による決壊
⑤ 道路排水による洗掘により決壊

こうした豪雨による堤体の破壊を防止するためには、洪水吐の断面拡幅、流入部の土砂止対策、堤体構造の強化（十分な遮水材を有し、下流側斜面には強度を持つ砂礫を配置する構造にする。また、腰石積、嵩上げ、天端被覆など）、緊急放流対策などが必要であるとしている。

地震に伴う震災については以下のように考えられる。文化財である古墳は、勾配を持った盛土であり、場合によっては斜面に構築されていることもある。このような構造物は地震に対して脆弱であり、実際多くの古墳が地震によって崩壊している。釜井[2]は14世紀の正平南海地震によって崩壊したとされる奈良県明日香村のカヅマヤマ古墳について動的応答解析を実施し、急斜面上に突出した形状の墳丘部分で応答加速度が大きく増幅される

ことを示し、古墳の崩壊の要因として基礎地盤形状と古墳との相互作用を検証すべきであると指摘している。また、三村ら[13]は、高松塚古墳に対する動的解析に基づいて、墳丘内部にある石室と墳丘との境界で大きな応力とひずみの発生が起こり、墳丘に亀裂が生じる可能性を示唆している。このように、地盤工学的なアプローチによって歴史的地盤構造物の置かれている状況が必ずしも安定したものではないことが明らかにされつつある。

遺跡の真正性を度外視すれば、ジオテキスタイルを適用した補強土擁壁構造にしたり、地盤改良工法を適用して地盤強化を図れば地震時の被害を劇的に軽減することができる。しかしながら、既存の歴史的地盤構造物に異物を挿入したり混合させたりして強化することはできないので、現実問題として斜面状の墳丘を地震被害から確実に保護する方法は今のところ見当たらない。

河川やため池の堤防について考えてみよう。1995年兵庫県南部地震によって淡路島を中心にため池にかなりの被害が出た。ため池の場合には、地震力を受けたことによる破壊とともに、堤防背面に湛水していることにより液状化による破壊の可能性についても十分検討しておかなければならない。被災したため池堤防について実施された有効応力解析によって、地震時の過剰間隙水圧の上昇、液状化を考慮した安定解析によって実際に起こったため池堤防の被災状況を評価することができたと報告されている[14]。堤防については幾多の修復を経て現在の状態にあり、現代の最新工法を適用できる許容範囲は広くなる。また実際に堤外を流下する水から人間の生命と財産を守るために、地震によって崩壊しない手立てを尽くす必要があり、都市大河川におけるスーパー堤防や、耐震護岸の適用によりそのための対策が講じられている。

第4節　参考文献

1) 地盤工学会編：土質試験の方法と解説、2001.
2) 明日香村教育委員会：カヅマヤマ古墳発掘調査報告書－飛鳥の磚積石室墳野調査－、2007.
3) 地盤工学会編：地盤調査の方法と解説、2004.
4) （独）文化財研究所奈良文化財研究所：高松塚古墳の調査－国宝高松塚古墳壁画恒久保存対策検討のための平成16年度発掘調査報告－、2006
5) 三村衛・石崎武志：高松塚古墳墳丘の現状とその地盤特性について、地盤工学ジャーナル、Vol.1、No.4、pp.157-168、2006
6) 奥田悟・三村衛・石崎武志：エアーボーリングによる高松塚古墳墳丘の地盤調査と試料採取、土と基礎、Vol.54、No.4号、pp.10-12、2006.
7) 三村衛・吉村貢・金田遙：高松塚古墳墳丘の構造と原位置試験および室内試験による地盤特性評価に関する研究、土木学会論文集C、Vol.65、No.1、pp.241-253、2009
8) 狭山池調査事務所：狭山池の改修1998.
9) 三宅旬：私信、2009.
10) 大阪府富田林工事事務所：狭山池ダム　平成の大改修、2006.
11) 松岡元：土のう、地盤工学会誌、Vol.56、No.11、pp.47-48、2008.
12) 内田一徳：淡路島におけるため池関連の土砂災害、自然災害科学、Vol.24、No.2、pp.149-155、2005
13) 三村衛・長屋淳一・石崎武志：動的解析による高松塚古墳の損傷要因の検討、日本文化財科学会 第27回大会研究発表要旨集、pp.304-305、2010
14) （社）土木学会関西支部：大震災に学ぶ－阪神・淡路大震災調査委員会報告書－、第1巻、第2編（地震と地盤と構造物－何がどこまでわかったか？－）、pp.200-220、1998

5 ダム

5.1 歴史的ダムの対象と特徴

　稲作農業を行ってきたわが国では、古代よりため池用のアースダムが建設されてきたが、1900（明治33）年に初めてコンクリートダムが導入されて以降、急速にダム技術は進歩し、灌漑の他、水道、発電など様々な目的で数多くのダムが建設された。現在、河川法によりダムと定義されるものは2800以上を数えるが、本書で対象とする歴史的ダムは文化財制度に倣い、築造後50年を経たダムとする。したがって、佐久間ダム（昭和31年）などに代表される戦後の復興期に建設されたダムも含まれる。

　ダムの改修工事は、他の構造物とは比較にならないほど、規模が大きく、安全性のみならず周辺環境に与える影響も非常に大きなものとなる。したがって、安全性能、形式、地形条件、劣化の程度といった個々のダムにおける構造物としての要件に加え、生態系や景観、地域社会など周辺環境への影響についても、長期的な視点で検証を行う必要がある。

　特に歴史的ダムの場合、安全性と歴史的価値のバランスをどう保つかが大きな焦点となる。堤体あるいは基礎地盤へのグラウト注入など、外観上、堤体に大きな影響を及ぼさない改修に関しては、差ほど問題にならないが、嵩上げ、補強のための堤体の増厚、洪水吐きやゲートの改修など構造的にも、景観的にも大きく改変される場合は、ダムの歴史的価値、意匠にも十分配慮して、その保全方法を検討する必要がある。また、ダムの構造的特徴として、他の構造物とは違い、モノリシックで中が見えないため、十分な調査が必要となる。さらに、基礎地盤に定着しているため、橋梁などのように移設や転用、部分保存は極めて困難で、現位置での保全が大前提となるなど、ダム特有の問題があることも考慮しなくてはならない。

　なお、「河川管理施設等構造令」をはじめとする各種基準類を遵守することはもちろんのことだが、築造以来50年以上にわたってそこに存在し、人々の生活を支え、地域の歴史や景観を形成してきたものであり、景観法に関わる配慮も忘れてはならない。以下、タイプ別に見た保全の現状、設計や施工の手法、保全の課題と解決の方向性について詳しく解説する。

5.2 歴史的ダムの保全の現状
（1）形式別に見た保全の現状

　ここでは、形式別に(a)アースダム、(b)重力ダム、(c)アーチダム、(d)バットレスダムの保全の現状を解説する。なお、アースダムについては、本章4節の「地盤構造物」、その他のコンクリートダムに関しては、本章2節の「コンクリート構造物」も参照されたい。

(a) アースダム

　アースダムは、灌漑用のため池としてわが国で最も古くから用いられているダム形式である。その性質上、嵩上げ、補強を行おうとすれば、旧堤体を覆うように盛土を施工せざるを得ず、当初の形態を保つことは困難である。

　わが国最古のため池とされる大阪府の狭山池（7世紀前半）、空海の改修で知られる香川県の満濃池（大宝年間（701～704年））でも、洪水や地震によってたびたび決壊し、復旧工事が繰り返されてきた。したがって、創建当初の形態は、当然、保たれていない。しかし、その堤体には各時代の改修履歴が残されており、狭山池ダムでは堤体の断面の一

部を切り出し、歴史資料として博物館に展示・保存されている。

近代に築造されたアースダムでも、例えば東京都水道局の山口ダム（昭和9年）では、耐震補強工事として、上下流に抑え盛土を施工し、堤体法面の上流側にはコンクリートブロック、下流側には張芝が施され、天端幅も 7.3m から 10m に、堤体積も 140 万 m^3 から 237 万 m^3 に増加した。同じく村山下ダム（昭和2年）でも、面状の繊維で補強したジオテキスタイル補強土により下流面を補強する耐震補強工事が行われた。

(b) 重力ダム

重力ダムは、構造的に見れば歴史的価値やオリジナルの外観などを保ちながら、改修を行うことが最も可能なダム形式と言えよう。しかし、堤体を越流させることができる形式のため、堤体上にゲートや洪水吐きが設置されており、それらの改修に際しては、配慮が必要である。

一般的には、上流側に旧堤体と一体化させるようにコンクリートで補強したり、テクスチャーに配慮し、既存の堤体と同質材料（表面石張りなど）で嵩上げ、あるいは切り下げを行えば、当初の姿を十分に維持することができる。その例として、神戸市水道局の布引ダム（明治33年）（第4章2節の「2.2 布引水源地五本松堰堤（布引ダム）」参照）、鳥取市水道局の美歎ダム（大正11年）がある。いずれもダムの歴史的価値、周辺景観、そして安全性に配慮して改修が行われ、後に国の重要文化財に指定されている。

一方、嵩上げ、補強によって外観が大幅に変わってしまったものとして、アメリカ・アリゾナ州のルーズヴェルトダム（1911年）を紹介しておく。1996年の改造で、下流側に補強コンクリートを打設して、嵩上げを行ったため、当初の美しい石積みダムの姿は完全に失われてしまった（写真5-1）。左右に大規模な洪水吐きも設置されている（写真5-2）。また、歴史的ダムとして、堤体は保存されたものの、ダムとしての役目が終わったのが、長崎市水道局の西山ダム（明治37年）（第4章2節「2.1 歴史的ダム保全事業」参照）で、その保存のあり方が問われる事例である。

写真 5-1　改修中のルーズヴェルトダム
（出典：www.usbr.gov）

写真 5-2　改修後のルーズヴェルトダム

(c) アーチダム

砂防ダムを含めれば、戦前にも数基が建設されたが、わが国でアーチダムが本格的に建設されるようになったのは戦後のことであり、いずれ近いうちに多くのダムで大規模な改修が必要な時期を迎える。特にアーチダムは、コンクリートを節約するために、鉄筋を使用し、堤厚を極限まで薄くしている。加えて、複雑な解析によって設計された構造物であるため、その保全は容易ではない。したがって、重力ダムと比較して、堤体、基礎地盤の

調査などを含め、その改修、維持管理にはより慎重な検討が必要となってくるであろう。
(d) バットレスダム

わが国には 10 基ほどしか現存していないにもかかわらず、改修が行われている割合が最も多いのがバットレスダムである。その要因として、セメント量を減らす目的で、また、地盤条件があまり良くない場所でも施工できるように、細いバットレスと薄い遮水壁からなる非常に華奢な構造をしているためである。その上、寒冷地での建設が多く、凍結融解によるコンクリートの剥離が生じるため、日常的に点検、補修が行われており、中には函館市水道局の笹流ダム（大正 12 年）のように大規模な改修工事を実施したダムもある。

(2) 改修の種類別に見た保全の現状

改修の種類により、(a)堤体補強、(b)嵩上げ、(c)凍結融解防止、(d)用途変更、(e)残置、(f)形式変更、(g)付属設備の改修の 7 項目に分け、保全の内容について実例を紹介する。なお、それらが保全措置の種別「保守」「修復」「再生」「保存」のうち、どれに当たるかもダム名の後に示しておく。

(a) 堤体補強

ⅰ) 千本ダム「修復」

松江市水道局の千本ダム（大正 7 年）では、1989（平成元）年から 1992（平成 4）年にかけて、堤体の補強工事が実施された。堤体の漏水防止のためグラウト注入を行い、PC アンカーによって堤体と基礎岩盤を結合し、地震時の安定性を高めており、堤体の外観には一切、手を加えていない（**写真 5-3**）。老朽化の度合いと、どこまで安全性を向上させるかにもよるが、特に歴史的ダムの場合、堤体を増厚させることなく、補強ができれば、それが最も望ましい手法である。

写真 5-3 改修後も外観の変化はない千本ダム

ⅱ) 豊稔池ダム「修復」

豊稔池ダム（昭和 5 年）では、昭和 50 年代後半から堤体にクラックと漏水が目立つようになってきたため、1986（昭和 61）年、改修工事を農水省の県営ため池整備事業として実施されることになった。同時に、わが国唯一のマルティプルアーチダムであるため、その歴史的重要性を考慮し、ダムの評価、改修の工法について慎重な検討が行われた。その結果、工費が当初予想の 7 億 1200 万円から 15 億円に倍増し、補助率の高い「防災ため池工事」に変更して実施されることになった。改修工事の設計において最も重要視されたことは、堰堤の外観を極力損なわないように配慮する点であった。1989（平成元）年に着工し、1994（平成 6）年に竣工した。

工事の主な内容は、①堰堤基礎地盤の補強と止水のためのグラウト工事、②アーチ部の補強、③バットレスの補強のためのコンクリートフーチングの施工と洪水吐放水の衝撃緩和のための減勢工の拡張であった。基礎処理については、基礎全体の支持力を補強するためにコンソリデーショングラウトを、基礎からの漏水と揚圧力を抑えるためにカーテングラウトを実施した。また、両サイドの地山との接着部を補強するために、上流側の取付部に階段状のフィレットコンクリートを打設した。アーチ部は、劣化が激しく漏水が著しいため、既設アーチ部の上流側に無筋コンクリートを新設し（**図 5-1**、**写真 5-4**、**写真**

5-5)、その新設アーチ版のみで全荷重を支えるようにした。なお、外壁は石張のため、アーチ部の頂部から 5m までを化粧石張とし、景観を保全した。バットレス部については、ダム軸方向の地震力に対する安全性を高めるため、バットレス間の基礎部分にコンクリートを打設し、コンクリートフーチングを設けて補強した。さらに、既設の減勢工を拡大した。

1997（平成 9）年に国登録有形文化財に、2006（平成 18）年には国の重要文化財に指定された。

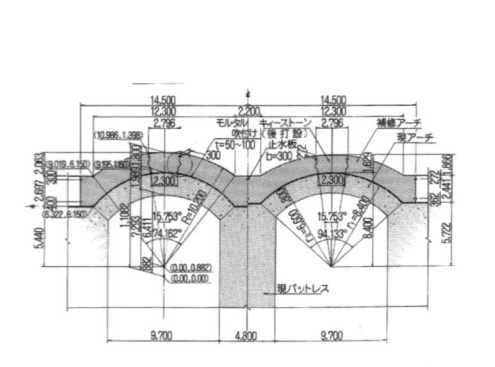

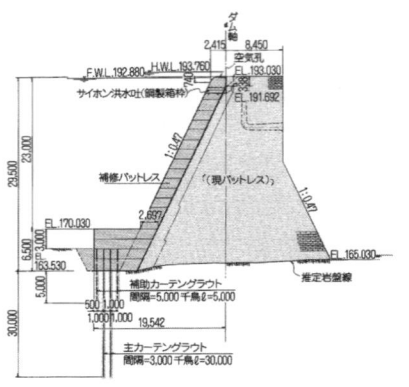

図 5-1　豊稔池ダムの改修図 [1]
（バットレス間の基礎部分にフーチングを設けただけの豊稔池ダムの下流側）

写真 5-4　アーチ部をコンクリートで補強した豊稔池ダムの上流側
（提供：三豊土地改良事務所）

写真 5-5　豊稔池ダム（下流側）

(b)　嵩上げ「再生」

福岡市水道局の曲渕ダムは、1923（大正 12）年に完成した高さ 31.21m、表面は花崗岩による布積みの重力式粗石コンクリートダムである。早くも 1934（昭和 9）年には 6.06m の嵩上げが行われ、37.27m となった。これは創設時に将来の拡張に備えて、あらかじめ嵩上げできるように計画されていたもので、既設堤頂部より約 5.5m までの石張をいったん剥がし、嵩上げが行われた。併せて、全国で初めてセメントガ

写真 5-6　嵩上げ、改修の痕跡が見て取れる曲渕ダム

ンによるセメント吹き付けによって堤体の漏水防止工事が実施されている。

その後、現行のダム設計基準の安全率を満足させるため、1989（平成元）年から1992（平成4）年にかけても、堤体の外観を損なわないように上流側を増厚する補強工事が実施された。新旧堤体の一体化を図るため、上流側の石張をはつり、既設堤体を頂部から3m除去した後、新たにコンクリートを打設し、天端、高欄とも当初のイメージで造り直された。

戦前には、完成後しばらくして嵩上げされる場合、同質の材料を用いられることが多くあったが、曲渕ダムは近年においても歴史的価値と意匠に配慮して嵩上げされた好例である。2009（平成21）年、福岡市指定文化財に指定された。

(c) 凍結融解防止「再生」

函館市水道局の笹流ダムでは、既に1940（昭和15）年に実施された調査で凍害が進行していることが判明した。戦後間もなく再調査、凍害防止工事が行われたが、1960年代になると、凍結融解による風化が一段と進行し、コンクリートの剥離が目立つようになってきた。そこで、1983（昭和58）年から1985（昭和60）年にかけて、既設の遮水壁とバットレスには力学的な機能を持たせず、新たに下流側に設けた遮水壁と、数倍の厚さに巻立てたバットレスと水平梁によって全荷重を持たせる構造に改修された。旧堤体の全面を巻立てたため、バットレスダム特有の華奢なイメージから、非常に重厚なイメージに一変した（**写真 5-7**、**写真 5-8**）。バットレスダムというまれな構造形式を維持しながら安全性を保つためには止むを得ない改変であったが、バットレス上部をアーチ型にした点は、外観に対する配慮を欠いていた。

写真 5-7　改修前の笹流ダム
（「函館水道のダム」パンフレットより）

写真 5-8　改修後の笹流ダム
（出典：「函館水道のダム」パンフレットより）

(d) 用途変更「再生」

ダムの歴史的価値に配慮して、用途の変更を行い、廃止されたダムを活用した珍しい例として美歎ダムがある。もともとは鳥取市の水道用ダムとして、1922（大正11）年に完成した表面石積みの重力式コンクリートダムであるが、1978（昭和53）年、老朽化と他の水源地の完成により供用を休止し、1989（平成元）年には廃止された。

本来、河川法によれば廃止されたダムは全面撤去しなければならないが、ダムの撤去には膨大な費用がかかることと、下流の集落が土砂災害の危険にさらされることから、砂防ダムとして残すことになった。その背景には、鳥取県内最古の近代水道としての歴史性と周辺環境の良さから、ダムの直下に位置するろ過池などの水源地施設を含めた保存活用の計画があった。1992（平成4）年、都市対策砂防事業により砂防ダム化への工事に着手し、1999（平成11）年に砂防ダムとして生まれ変わった。

砂防ダム化への改良工法に関しては、財団法人砂防・地すべりセンターに設けられた「砂防施設に関する研究委員会」で検討された。断面の不足に関しては、滑動、転倒とも安定条件を満たしていないため、上流側をコンクリートで補強した。旧ダムと一体化させるため、石張は取り外されたが、景観保持のため、補強コンクリートの表面上部は再び石張とされた（写真 5-9）。旧ダムは、砂防ダムとしては天端幅が 1.6m と狭く、逆に水通し幅は 37.6m と広いため、越流部の 20m を 1.6m 切り下げ、天端幅を 2.5m とした（図 5-2、写真 5-10）。基礎地盤の風化が進んでいたため、コンソリデーショングラウトを、堤体下部からの漏水に対しては、カーテングラウトも実施されている。

2007（平成 19）年に国の重要文化財に指定された。

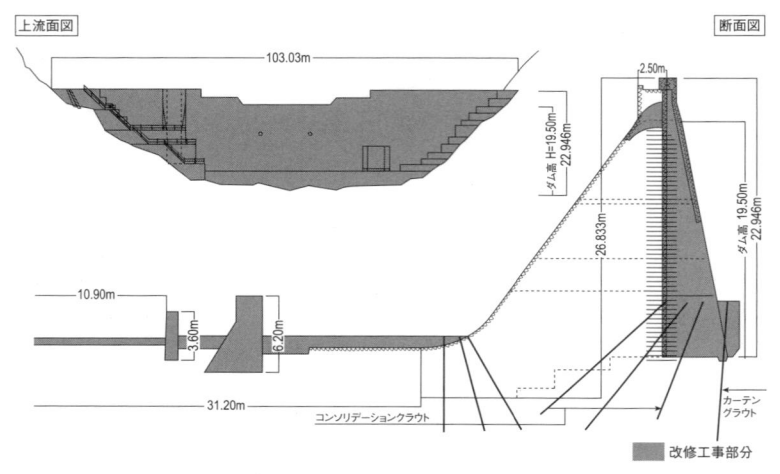

図 5-2 美歎ダムの改修図（「美歎川都市砂防工事」パンフレットより）

写真 5-9 補強コンクリートの表面を石張りした美歎ダム（上流側）

写真 5-10 砂防ダム化で切り欠かれた美歎ダム（下流側）

(e) 残存「保存」

近接して新規ダムが建設されたため、撤去する予定であった旧ダムをモニュメントとして残置した例が、長崎市水道局の本河内高部ダム（明治 24 年）と西山ダム（明治 37 年）である。長崎水害後の緊急対策事業として新規ダムが建設されたが、明治期に建設された旧ダムの歴史的価値に配慮して、歴史的ダム保全事業に指定されたにもかかわらず、アースダムの本河内高部ダムは土の塊として、重力式ダムの西山ダムは単なる石積みの堤とし

て湖中に残され、ダムとしての本質的な価値が完全に失われてしまった（詳しくは、第4章2節「2.1　歴史的ダム保全事業」参照）。

こうした保存の方法は、悪しき事例をも生んでしまった。1999（平成11）年、兵庫県淡路島の成相ダム（昭和25年、重力式粗石コンクリートダム）の500m下流に新規ダムが建設されたが、歴史的ダムを保存するという名目のもと、西山ダムと同様の方法で残置された（写真5-11）。さながら湖中に浮かんだ石積みの壁になってしまったため、7つある余水吐きのうちのひとつに穴をあけて上流から下流への水の流れを確保しているが、視認できるのは旧ダムの上部のみで、とてもダムには見えない。

写真5-11　残置された成相ダム

(f)　形式変更「再生」

形式が変わってしまった例としては、戦前の植民地であるサハリン（旧・南樺太）に樺太工業が建設した手井ダム（大正7年）がある。マルティプルアーチダムとしては、豊稔池ダムよりも早く、かつ鉄筋コンクリート造としてはわが国でも唯一の例であったが、そうした歴史的価値には配慮されず、ソ連時代にアースダムに変更された。その方法は実に大胆で、下流側のアーチ部とバットレスの空間を土で埋め、土盛りをして完全に覆ってしまった（写真5-12）。嵩上げもされたが、上流側にかろうじてマルティプルアーチの痕跡を見ることができる（写真5-13）。オリジナルのダムが土の中に眠っているとは言え、当時のソ連がダムを維持していくためには、経済的にも技術的にも、この方法しかなかったのかもしれない。

写真5-12　下流側は土盛りによって覆われた手井ダム

写真5-13　上流側にかろうじてマルティプルアーチが残る手井ダム

(g)　付属設備の改修

ⅰ）　黒部ダム「修復」

ゲートの改修例として、1912（大正元）年に完成したわが国初の発電用コンクリートダムである東京電力の黒部ダムがある。既設の洪水吐きは21門の木製スルースゲートであったが、巻き上げ装置の老朽化、流木などによる放流障害ならびに作業性の悪さのため、1987（昭和62）年から1989（平成元）年にかけて、7門の鋼製ローラーゲートに改修された。

日光国立公園内のため、景観的配慮から、ゲートのピアは堤体の石張に似せた化粧型枠によ
る石張調の仕上げにされたが、当初のイメージからは大幅に変わってしまった。もう少
し外観に対する配慮が欲しかったところである。
　しかしながら、堤体よりもまず改修の対象となるのがゲートなどの付属施設であり、経
済性、機能性、効率性、維持管理の面で時代遅れとなった建設当初の付属施設を、現状で
使い続けることは困難な場合が多い。
　ⅱ）　本河内低部ダム「再生」
　ダムの外観には手を加えず洪水吐きを新設する例として、本河内低部ダム（明治36年）
がある。詳しくは、「第4章2節2.1　歴史的ダム保全事業」で述べるが、当初の水道用ダ
ムに治水機能を持たせるため、堤体の下を通るトンネル式の洪水吐きを設置する工事が行
われている。

5.3　歴史的ダムの保全の手法
（1）　保全の考え方
　ダムは、治水、利水（農業用水含む）、砂防、発電などの用途に用いられており、材料
や構造形式から重力式コンクリートダム、アーチ型コンクリートダム、アースダム、ロッ
クフィルダムなどに分類される。そのため、保全に関わる調査、設計、施工および維持管
理に関する内容や手法などはダムの種類によって異なるが、規模が大きく周辺環境と既に
融合している場合が多いため、保全措置は現地において既設堤体を活用して実施されるこ
とが一般的である。図5-3に、歴史的ダム保全の考え方の流れについて事例を示す。
　ダムを保全する際には、事前の調査結果を踏まえて、堤体の安全性照査などの設計を行っ
た後に保全工事を実施して、それらを工事記録として残すことが一般的である。しかし、
歴史的ダムの場合、安全性の照査などにより修復や耐震補強の検討を行うことに加えて、
歴史的・文化的・景観的な側面からダムの価値を検証して、保全活用方策も踏まえた保全
計画を策定することが肝要である。
　なお、歴史的ダムの劣化対策や耐震性能の向上などを実施する場合、ダム建設当時の荷
重条件、材料特性、設計手法および安全対策など、ダムを取り巻く環境が大きく変化して
いることを勘案する必要がある。また、保全工事の際に判明したダムの材料特性や施工方
法などについては、単なる工事記録としてではなく、文化財の保全という観点から将来の
保全計画に有効活用できるように、詳細な記録をデータベース化することが重要である。

（2）　調　査
（a）　調査の必要性
　ダムは事故や地震・地盤変位により被災した場合、二次災害が甚大であるため、関係法
令や規準類に適合しなければならない。しかし、歴史的ダムの建設当時の設計規準などは
時代とともに順次改訂されており、多くのダムが現行の規準類などに対して既存不適格の
状態になっていることが推測されるが、保全工事を実施する際にはそれらの解消に努めな
ければならない。
　そのため、予め構造物としての安全性に加えて、供用しているダムの機能面についても
定量的に調査する必要があるが、歴史的ダムの場合は歴史的・文化的な価値などを継承す
るために、定性的な調査も併せて実施する必要がある。
　なお、ダムの保全工事を実施する場合、その施工規模が大きく、地理的な制約などから
施工が困難な場合が多いため、財源や工期の問題を解決しなければならない。

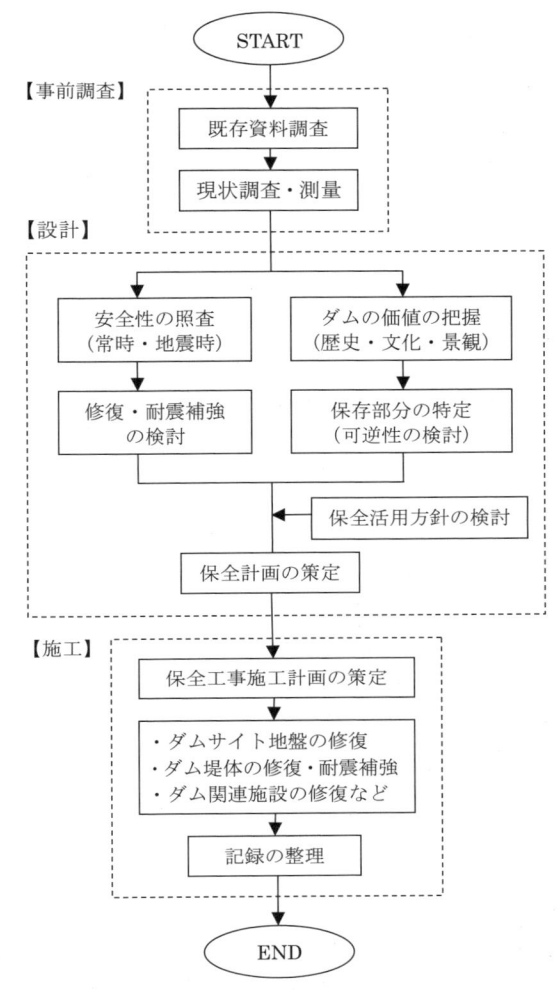

図 5-3 歴史的ダム保全の考え方の流れ

(b) 調査項目

　ダムの耐震性能を含む安全性や機能面に関する主な調査項目は、堤体材料やダムサイト地盤の物性値、透水係数（ルジオン値）、揚水圧および堆砂位などが挙げられる。その他に、堤体の漏水量や劣化状況、ダムサイト地盤の亀裂や風化状況なども調査により把握する（表 5-1 参照）。

表 5-1　ダムの主な調査項目

調査対象	主な調査項目
ダム堤体	単位体積重量、強度（圧縮・引張・せん断）、変形係数、粒度、比重 材料の均質性（ホモジニアス）、亀裂の状況、締固め特性 漏水量、揚圧力、間隙水圧、含水比、給水率 浸潤線、透水係数（ルジオン値）、堆砂位
ダムサイト地盤	圧縮強度、変形係数、地下水位、透水係数（ルジオン値） 亀裂・風化の状況、岩級区分、断層との位置関係 基礎地盤の液状化抵抗率（FL 値）

これらの項目は、保存されている建設当時の設計図書など（設計図・竣工図、構造計算書、施工計画書、写真など）や保全関連図書により確認にする。しかし、歴史的ダムの場合、図面が現存していないことが多いため、ダムの形状や寸法をレーザーなどにより測量して一般構造図を作成している事例がある。また、既存資料のみでは不十分な場合があるため、保全工事実施前に堤体やダムサイト地盤に関する現状調査を実施しており、計測設備が設置されている場合もある。

歴史的ダムの調査では、その価値に関する定性的な調査項目も併せて調査することが重要である。その着目点は、一般的に技術的評価、意匠的評価、系譜的評価に大きく分けられており、表5-2に主な調査項目を示す。

なお、放流設備のゲートや排泥管バルブなどのダム関連施設についても、管理橋などの土木構造物と併せて調査する必要がある。

表5-2 歴史的ダムの主な調査項目

評価内容	主 な 調 査 項 目
技術的評価	建設の背景（先駆性・希少性） 使用材料の価値、高度な技術水準 施設規模、構造形式、施設機能など構造物の属性 技術関連図書の存在（過去の保全関連資料含む）
意匠的評価	意匠の特徴（設計者の意向） 周辺環境・景観との調和
系譜的評価	著名な技術者の関与、地域性（地形、材料など） 地元意識（地元密着型） 保存状況（補修履歴を確認）

(c) 調査の留意点

既存資料の調査においては、施工中の設計変更により、設計図と竣工図に差異がある場合があることに留意する必要がある。

現状調査においても、堤体の物性値、岩盤の健全度などの推定方法が確立されていない場合があることに留意する必要がある。例えば、堤体が均質（ホモジニアス）でない場合、設計に必要な単位体積重量、強度、他の物性値を設定することが極めて困難である。そのため、類似ダムでの調査結果やコア採取などによる現状調査により、物性値を設定している場合が多い。なお、現状調査を実施する際には、構造面や機能面（漏水の可能性など）に加えて、文化的な価値にも支障がない箇所を選定しなければならない。

また、堤体や地盤の劣化調査結果を設計に反映する方法が、いまだ確立されていないことなどについても留意が必要である。

(3) 設 計

歴史的ダムの保全工事の設計においては、表5-3に示す関連規準類などに基づいて、漏水対策、安定性（転倒、滑動、地盤の圧壊や液状化、円弧すべりなど）や耐震性能の確認（安全性の確保、暫定的な措置も含む）を行う。

その際には、「河川管理施設等構造令」第6条などに規定されているダムへの作用荷重などが、時代によって変更されている場合があることに留意する必要がある。例えば、ダム設計洪水流量（降雨強度）が従来に比べて大きくなっている傾向があるため、堤体の安定計算に用いる設計洪水位がダム建設当時よりも大きくなっている場合が多い。

また、歴史的ダムは耐震設計が実施されていないものや、「河川管理施設等構造令」施行規則第2条で規定されているように、レベル1地震動に相当する設計震度を用いて設計

表 5-3　ダム関連の規準類など

規準類など	発行者	発行年月
河川管理施設等構造令	政令第 312 号	平成 12 年 6 月
大規模地震に対するダム耐震性能照査指針（案）・同解説	国土交通省	平成 17 年 3 月
河川砂防技術基準（案）同解説	国土交通省	平成 16 年 3 月
コンクリート標準示方書〔ダムコンクリート編〕	土木学会	平成 20 年 3 月
第 2 次改訂ダム設計基準	日本大ダム会議	昭和 53 年 8 月

されているものが大半である。しかし、このレベル 1 地震動に関しても、時代背景とともに入力地震動が大きくなっており、また最近では「大規模地震に対するダム耐震性能照査指針（案）」に記載されているように、ダムについてもレベル 2 地震動の検討が言及され始めている。

このように、大規模な地震が多発していることを反映して、耐震設計の規準が従来に比べて厳しくなっているが、実際の堤体の寸法や物性値、水運用や地下水位、堆積土砂の状況、適切な推定入力地震動、非線形解析などを採用した耐震設計により、耐震補強を回避することが可能となる場合がある。したがって、歴史的ダムの保全計画を策定する際には、建設当初の設計者の設計思想、意匠的な配慮や周辺環境との調和についても勘案する必要があり、最小限の保全工事を行うことで保全の可逆性を担保することが可能となる。以下にその事例を示す。

① 堤体の漏水対策としては、止水壁の設置よりも堤体内のグラウト（ジョイントグラウト、ブランケットグラウト）を優先する。
② 堤体の安定を図るためには、堤体の重量増加や補強よりも運用水水位の低下、基礎岩盤の浸透水を止水するカーテングラウトや変形や強度を改良するコンソリデーショングラウトの実施を優先する。
③ 耐震補強のために構造物を新設する場合、上流側の水面下において整備する。
④ 保全工事に使用する材料は、建設当時と同一のものを確保することができない場合が多いため、堤体の撤去・除去を避けて、極力建設当時の材料を再利用するが、入手困難な場合には材料の産地を確認して、物性値や意匠面での類似品を調達する。

（4）施　工

ダムの保全工事を行う際には、周辺の土地利用などが建設当初から異なっていることが多いため、カーテングラウトなど機械施工を行うための施工ヤードの確保、資材置き場や資材搬入アプローチ道路などの検討を要する。

また、新設構造物を使用した保全工事を行う場合には、新旧構造物の一体化を図るが、施工を最小範囲に限定することが重要である。保全工事の各段階において常に保全の可逆性を認識し、設計条件である各種諸元、使用材料や堤体の健全度などを確認しながら、設計と異なる場合には、その都度それらを設計に速やかにフィードバックすることが望ましい。

（5）維持管理

ダムのような大規模な構造物については、その代替機能の確保が極めて困難であるため、日常の維持管理業務により早期に保全の必要性を把握して、予防保全も含めて対応することが肝要である。また、ダムの場合は水面下の堤体部分やダムサイト地盤など目視で確認できない部分が多いため、計測を活用した維持管理を実施することが望ましい。日常の維持管理の記録をデータベース化して順次更新することは、日常の維持管理だけではなく、

将来の保全工事にも有効である。

　歴史的ダムを適切に維持管理するために、対象となる構造物の歴史的な価値を認識して維持管理を行う必要があり、維持管理担当職員の意識改革が重要である。

　また、ダム周辺環境や関連施設の保全も併せて行われていることが多い。例えば、利水ダムでは周辺の乱開発による水源水質の悪化を防ぐため、管理者がダム周辺を保全用地として買収している事例が多い。あるいは、ダム湖周辺に散策路、休憩所、案内看板などを整備するなど、ダムを観光資源や憩いの場として有効活用することによりダム周辺の環境を維持している事例もある。

5.4　歴史的ダムの保全の課題と解決の方向性

　歴史的ダムを保全する際に留意すべき課題と、その解決方策の提案を以下に示す。

[保全工事において歴史的・文化的な評価が一般的に行われていない]
① 調査段階から文化財の専門家を交えて、ダムの構造面に加えて文化財的価値の保存も併せて検討する。
② 文化庁や各地方自治体の教育委員会に相談して、文化庁の補助（国登録文化財設計監理費など）を受けて設計・施工することを検討する。
③ 保全工事に従事する土木技術者は、技術的な側面からの評価のみならず、意匠や系譜的な側面にも着目して、建設当時の整備目的や時代背景など設計・施工の思想なども勘案する。
④ 堤体単独ではなく、余水吐けや管理橋など周辺関連施設との一体性にも配慮する。

[関連法令や規準類に歴史的ダムの保全に関連する規定がない]
　水道施設耐震工法指針・解説（2009年版）において、歴史的構造物に対する耐震補強の留意点が記載されたように、ダム関連の規準類などが改訂される際に歴史的ダムの保全に関して記述されることが望まれる。

[歴史的価値を継承する施策が検討されていない]
① 一般的にダムは自然に囲まれた場所に位置しているため、ダムの歴史的・文化的価値を活かして観光資源（ランドマーク）や教育資源として活用することが、その歴史的価値の継承には有効である。
② 歴史的ダムの保全活動や課題解決を地元が中心となって実施することが、ダムを活用したまちづくりや地域活性化の手段となる。
③ 事業者はアカウンタビリティ（説明責任）として、納税者やダム利用者の理解と協力を得るため、保全工事の目的、財源、施工方法や効果などについて、工事中も含めてあらゆる機会を通して広報する。

[維持管理における歴史的ダムの位置づけが明確でない]
① 施設全体を資産と見なして、財政計画とも連携した最適な維持管理を行う「アセットマネジメント」手法を導入することにより、施設保全の優先順位づけなどが検討され始めている。そのため、保全工事の費用対効果以外の項目として、歴史的ダムの価値を評価する方法を組み込む必要がある。
② 日常の維持管理マニュアルにおいて、保全に関する方針や維持管理の留意点を予め作成しておくことが望ましい。

第5節　参考文献
1) 豊稔池土地改良区：豊稔池の築造―豊稔池改修事業竣工記念誌、1994
2) 福岡市水道局：福岡市水道局七十年史、1994
3) 函館市水道局：函館市水道百年史、第一法規出版、1989
4) 中村隆幸・小林繁弥・千代田将明：鬼怒川発電所黒部ダムの改良について、電力土木、223、1989、pp.37-50

6　トンネル

6.1　保存対象としてのトンネルとその特徴

　トンネルは、地中に所定の空間を確保することを目的として建設される線状の土木構造物で、一般にその内部は同じ断面の空間が連続しているだけである。もちろん、トンネルの出入り口に設けられる坑門（ポータル）に、それにふさわしいデザインが施されたりもするが、トンネルの本体となる部分はあくまでも地中の空間を構成する部分なのである。したがって橋梁などのように、全体の姿を周囲から見渡すことはできず、その内部を通過することによってのみ、トンネルそのものを認識することが可能となる。

　わが国におけるトンネルの歴史は、既に江戸時代初期の辰巳用水（石川県）や箱根用水（神奈川県／静岡県）などの用水路のトンネル、「青の洞門」（大分県）などの道路トンネルがいくつか建設されたが、西洋土木技術を用いた最初のトンネルは、1874（明治7）年に完成した大阪－神戸間鉄道の3本のトンネル（石屋川トンネル、芦屋川トンネル、住吉川トンネル）が最初であった。これらは、イギリス人技師の指導の下に建設されたごく短いトンネルであったが、1880（明治13）年に完成した京都－大津間の逢坂山トンネルをほとんど日本人のみの手によって完成させ、土木技術の分野ではごく初期の段階で自立の道を歩み始めた。その後、道路トンネルとして1880（明治13）年に栗子トンネルが、水路トンネルとして1890（明治23）年に琵琶湖疏水のトンネル群が完成するが、1919（大正8）年に旧道路法が制定されて道路整備が本格化するまでは、鉄道トンネルがその主流を占めた。

　こうして各地に建設されたトンネルは、100年以上の歳月を経て原位置で利用され続けているトンネルもあるが、その後の路線の改良工事や、路線そのものの廃止によって、使命を終えたトンネルも数多い（**写真6-1**）。廃止されたトンネルの末路は、解体や埋め戻しなどが行われる場合もあるが、山間僻地に立地するトンネルが多いことや、あえて解体、埋め戻しなどの措置を行う必要性が少ないこともあって、ほとんどの場合は現地に存置または放置されたままとなっている。このため、歴史的土木構造物の中では比較的あちこちに残っている確率が高く、トンネル自体は保存・活用の機会をひっそりと待ち続けている状態にある。

写真6-1　原位置で保存されている天城山トンネル（静岡県・国指定重文）

　トンネルは、解体してどこか他の場所へ移設することができないため、現地での保存を余儀なくされるという特徴がある。特にトンネルは、地形条件や地質条件など、自然環境

の影響を強く受けて建設される構造物なので、山奥から坑門だけ移設しても、それ自体にトンネルとしての意味はない。また、トンネルは、鉄道や道路の路線選定を行う上で重要な地位を占めるため、前後のアプローチ部分を含めて、なぜこの位置にトンネルが建設されたのか、なぜこれだけの長さを必要としたのかなど、トンネルの存在理由を理解させる工夫も保存のための重要な視点である。したがって、歴史的土木構造物としてのトンネルの保存は、構造物そのものの保存もさることながら、周囲の自然環境や前後のアプローチ部分を含めた総合的な保存を考慮する必要がある。

こうした歴史的トンネルを保存するにあたっての基本的な考え方や設計・施工法は、まだ十分に確立されている状況ではなく、事例を積み重ねながらその方向性を探っているのが現状である。

6.2 歴史的トンネルの現状

トンネルは、施工法によって山岳工法トンネル、シールド工法トンネル、開削工法トンネル、沈埋工法トンネルなどに区分されるが、少なくとも戦前のトンネルの大部分は山岳工法トンネルであり、その他の施工法はごく一部での適用にとどまっていた。また、トンネルの立地条件によって、山岳トンネル、都市トンネル、水底トンネルなどに区分されるが、やはり戦前の大部分のトンネルは山岳トンネルが圧倒的に多い。したがって、ここでは戦前の主流を占めた「山岳工法によって施工された山岳トンネル」を対象として解説することとするが、その他のトンネルについても、使用材料や地盤条件などの違いを除いて基本的な考え方はほとんど変わらない。また、地下壕や洞門（落石覆い）、鉱山の坑道、水道施設、地下発電所など、トンネルと類似した構造を持つ地下構造物に対しても、トンネル保全の考え方を準用することができる。

歴史的土木構造物としてのトンネルは、その様態によって、①現在も供用中でほぼ原型のまま利用され続けているもの、②現在も供用中であるが断面改築や補修工事によって原型を留めないもの（鉄道における電化改築や道路における断面拡大など）、③本来の用途では廃止されたが別の目的で再利用されているもの（鉄道トンネルとして廃止した後に道路トンネルとして再利用されるなど）、④新トンネルの完成によってサブルートとして存置されているもの（バイパストンネルの完成による路線の変更など）、⑤廃止されたままの状態で放置されたもの、などに区分される。

廃止となったトンネルの利用・活用例としては、①遊歩道やサイクリングロードなど道路として再利用した例、②トロッコ列車など観光用の鉄道として再利用した例、③地下博物館として再利用した例、④ワインや焼酎などの貯蔵・醸造施設として再利用した例、⑤キノコなどの栽培施設として再利用した例、⑥倉庫として再利用した例、⑦宇宙線や地震などの観測施設として再利用した例、⑧暗闇を利用したアミューズメント施設として利用した例など、様々である（これらの中には、トンネルの文化財的価値を評価して保存・再利用したケースと、地下施設としてのトンネルに価値を見出して再利用したケースがある）。これらの事例は、①一定の断面が線状に連続する空間であること、②1年間を通じて温度や湿度の変化が少ないこと、③地中に構築されるため照明を設置しない限り暗闇であることといったトンネル固有の特徴を利用した点に特色がある。ここでは、トンネルの保全事例として、碓氷峠鉄道構造物群、中央本線深沢トンネル・大日影トンネル、神戸市湊川隧道の3例について紹介してみたい。

（1）碓氷峠鉄道構造物群における保全

碓氷峠鉄道構造物群（群馬県安中市）は、信越本線の一部として1893（明治26）年に

完成したが、横川〜軽井沢間の標高差約550mの碓氷峠を約11kmの水平距離で克服するため、当時の鉄道としては最急勾配であった66.7‰を採用し、ドイツの山岳鉄道などで用いらていたラックレール式（アプト式）の鉄道を導入した。また、本格的な山岳路線として建設されたため、26カ所のトンネルと18カ所の橋梁、21カ所のカルバートが建設され、いずれも煉瓦積みを主体として一部に石材を併用した。1963（昭和38）年にこの区間が複線化された際に、横川〜熊ノ平間は別線に付け替え、熊ノ平〜軽井沢間は断面を改築して再利用した。その後、1993（平成5）年から翌年にかけて、煉瓦アーチ橋5基、トンネル10カ所などの歴史的構造物群が国の重要文化財に指定され、これを機会に遊歩道として利活用されることとなった。

トンネルについては、碓氷第二号トンネルの入口付近に輪切り状のクラックが認められた他、天端の縦断面方向に開口クラックが確認された。そこで、断面測定を行った結果、天端が垂下し、側壁の幅が拡大していることが明らかとなったため、鉛直方向の荷重の増大が原因と推定された。この変形は、遊歩道としての活用にあたって、歩行者の安全とトンネルの機能に支障する可能性があると判断されたため、H鋼によるセントル補強と鋼繊維吹付けコンクリート（SFRC）による内巻を併用した補強工が実施された（**写真 6-2**、**図 6-1**）。また、一部の漏水区間には、漏水樋が設置された（**写真 6-3**）。

写真 6-2　セントルと内巻による補強工

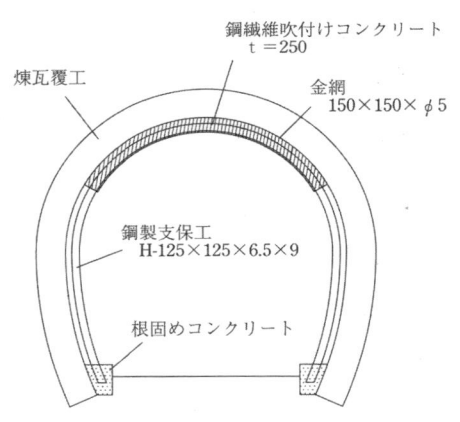

図 6-1　トンネルの補強方法

写真 6-3　漏水樋の設置

補強工事により、この区間のみ断面が狭くなり、本来の煉瓦積み覆工も表面が覆われて外観が損なわれることとなったが、こうした補強工事は外側からの補強が難しいトンネルではしばしば行われ、特に地圧による変形を抑えるためには有効である。歴史的構造物の保全という意味では、本来の煉瓦をはつってコンクリート材料に置き換えるなど、覆工部分に損傷を与える工法ではないため、覆工の保護と補強を兼ねた施工方法として適用範囲は広い。しかし、外観や内空断面などに影響を及ぼすため、安易な適用は望ましくなく、より軽微な補強工法が選択できる場合には避けるべきと考えられる。

（2） 大日影トンネル、深沢トンネルにおける保全

中央本線甲斐大和～勝沼ぶどう郷間（山梨県甲州市）に位置する深沢トンネル（延長1,106m）と大日影トンネル（延長1,369m）は、1903（明治36）年に完成し、東京と甲府の間が鉄道で結ばれた。構造は、いずれも煉瓦積みを基本とし、坑門と側壁の一部に石材が用いられた。この区間は山腹を縫うようにしてトンネルを掘削したため、偏圧地形の影響を受けやすく、トンネルの一部に変状を生じていた。このため、防災強化を目的とした線路付け替え工事が実施されることとなり、1997（平成5）年、新たに新深沢第二トンネル（延長1,612m）と新大日影第二トンネル（延長1,413m）が完成し、深沢トンネルと大日影トンネルは廃止された。廃止されたトンネルは廃線敷とともに地元に無償譲渡され、利活用方法が検討された。

このうち、深沢トンネルは、トンネル内部の気象条件（温度、湿度、振動、光）がワインの貯蔵に適していることから、ワインセラーとして利用されることとなり、保管庫の設置、照明の新設、路盤部分の舗装などが行われた（写真6-4）。ワインの製造は、地元の主要産業でもあり、観光と産業振興を兼ねた利用法として注目された。トンネルの本体部分は、ほぼそのままの姿で利用されているが、管理上の理由により内部の一般見学はできず、坑門には門扉が取り付けられた。

写真6-4　ワインセラーとして利用された坑内

一方、甲府方の大日影トンネルは、勝沼ぶどう郷駅から深沢トンネルに至る遊歩道として再利用されることとなり、坑内を整備した上で、2007（平成19）年より一般に開放されている。内部は、路盤の左右を歩きやすいように簡易舗装し、レール、バラスト、まくらぎ、マンホール（待避所）、排水溝、ケーブルなども現役当時のままで、部外者が一般に立ち入ることのできない鉄道トンネルの姿を、できる限り忠実に伝える工夫がなされている（写真6-5）。マンホールには、トンネルを含む中央本線の歴史や、周辺の近代化遺産に関するパネルが展示され、大型のマンホールには休憩のためのベンチが備えられたほか、昼間の時間帯のみに限定して公開しているため、坑門には門扉が取り付けられた。なお、覆工の一部に剥離や劣化が見られたため、剥落防止の金網が取り付けられた（写真6-6）。

写真 6-5　遊歩道として整備された坑内 　　　　写真 6-6　アーチ部分の剥落防止の金網

（3）　湊川隧道の保全

　神戸市兵庫区の湊川隧道は、1896（明治29）年8月にこの地を襲った大水害を契機として、湊川の流路を付替えた際に建設された水路トンネルである。トンネルは、会下山の直下に延長332間（603.5m）にわたって掘削され、1898（明治31）年8月に起工し、翌年9月に導坑が貫通、1901（明治34）年3月に竣工した。トンネルの断面は、内空幅24尺（7.3m）、内空高25尺（7.6m）とやや縦長で、約45m^{2}という断面積は、複線鉄道トンネルに相当し、当時としては大断面であった。1995（平成7）年1月17日に発生した兵庫県南部地震は、この地域に未曾有の被害をもたらし、湊川隧道も吐口の坑口斜面が崩落し、坑門が全壊したほか、トンネル本体も覆工の変形、煉瓦の剥落、クラックの発生などが生じた。このため、坑門をコンクリート構造で応急復旧したほか、吹き付けコンクリートや鋼板による内巻補強が行われた。

　湊川隧道の復旧にあたっては、新トンネルの掘削案、旧トンネルの改築案などを比較検討した結果、両坑口を全面的に改築し、中間部の北側にバイパスとなる内空幅12.80m、内空高10.24m、内空断面積105m^2、延長683.24mの新トンネルを建設した。そして旧トンネルの中間部は、歴史的遺産として保存し、呑口側に見学者用にアプローチトンネル（延長80.0m）を新設した。

　新トンネルの建設工事では、旧トンネルの坑門の意匠を踏襲することとし、無事だった扁額のみを再利用した（写真6-7）。また掘削工法は、ベンチカット工法または側壁導坑先進工法によるNATMで、土被りが薄かったため、補助工としてフォアポーリングを用い、神戸電鉄との交差部にはパイプルーフ工法を使用するなどした。工事は、災害復旧助成事

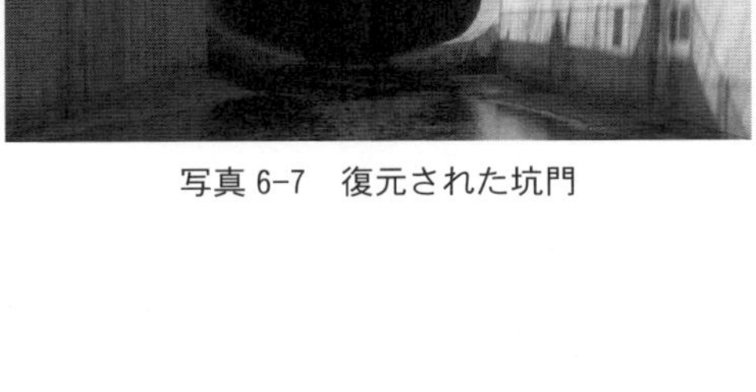

写真 6-7　復元された坑門

業として兵庫県により行われ、2000（平成12）年に完成した。
　一方、中間部の約400m区間のみが現状のまま残された旧トンネルの保存方法について検討するため、2002（平成12）年に委員会が設置され、地域の歴史を伝える文化的遺産として保存すべきであるとする提言がまとめられた。この提言に沿って、旧トンネルを一般見学者が利用可能な状態に整備されることとなり、保存された中間部の約400m区間のうち40m区間は鋼板により、また別の40m区間は吹き付けコンクリートにより、それぞれ内巻補強を行ったほか（写真6-8）、照明などが設置された。インバート部分は、当初、見学者の便を考慮して砕石が敷かれていたが、歩き難いことや、特徴のひとつである切石によるインバートの構造が隠れてしまうため、兵庫県産の間伐材を用いた幅2.5mの木道とした。このほか、新トンネルからの逆流を防止するためのマウンドの設置、アプローチトンネルに対する門扉の新設などが行われ、一般市民が安全に見学できる設備が整えられた。さらに、利活用を支援するための団体として湊川隧道友の会が設立され、トンネル内でのミニコンサートや写真展など、多彩なイベントが開催されるようになった（写真6-9）。
　湊川隧道は、震災によってそのシンボルであった坑門を失い、旧状を模した新しい坑門が設けられて往時の姿を甦らせたが、それ自体に文化財としての価値はない。むしろ、内部に入らなければ体験できない地下空間のスケール感や、今となっては再現が困難な煉瓦積みによる覆工の構造など、地下に設けられた内部の空間そのものに存在価値があり、歴史的トンネルの保存のひとつのあり方を示している。

写真 6-8　鋼板（奥）と吹付けコンクリート（左アーチ部手前）による内巻補強

写真 6-9　坑内で行われたコンサート

6.3　歴史的トンネルの保全手法
（1）　保全の考え方
　一般のトンネルの維持管理については、管理者ごとに定められた内規などによってその具体的な方法が決められている。鉄道分野における事例を紹介すると、1974（昭和49）年に「土木建造物の取替標準（土木建造物取替の考え方）」[1]が制定され、それまで個々に行われてきた土木構造物の維持管理方法を初めて統一したマニュアルとして体系化し、共通した基準を設けた。1987（昭和62）年の国鉄民営分割化以後も、JR各社などではこの考え方を基本として維持管理を続けてきたが、トンネルに関しては、1990（平成2）年10月に「トンネル補強・補修マニュアル」[2]を作成し、その後、1999（平成11）年のトンネル覆工剥落事故[3]を受けて同年2月、運輸省（当時）により「トンネル保守管理マニュアル」[4]がすべての鉄道事業者に通達された[5]。さらに2000（平成12）年5月には、これを補足した形で「トンネル保守マニュアル(案)」[6]が、また2002（平成14）年3月には

都市トンネル向けとして「都市トンネル保守マニュアル」[7]が相次いで作成された。

一方、2001（平成13）年12月には、「鉄道に関する技術上の基準を定める省令」が制定され、鉄道の技術基準を性能規定化することが示された。こうした背景に基づいて、2007（平成19）年1月に国土交通省より「鉄道構造物等維持管理標準・同解説（構造物編）」[8]（以下、「維持管理標準」と称する）が通達され、コンクリート構造、鋼・合成構造、基礎・抗土圧構造、土構造、トンネルの各構造物ごとに、その維持管理の基本的考え方が示された。このうちトンネル編については、「土木建造物の取替標準（土木建造物取替の考え方）」[1]「トンネル補強・補修マニュアル」[2]「トンネル保守管理マニュアル」[4]「トンネル保守マニュアル（案）」[6]「都市トンネル保守マニュアル」[7]の成果をベースとして、その改訂版として位置づけられており、現在に至っている。

トンネルの維持管理標準では、1)列車の運行と旅客公衆の安全性を確保するために性能照査型の体系を構築すること、2)すべての鉄道事業者に適用するため幅広い技術レベルを含んだ体系とすること、3)トンネル以外の構造物と共通した体系とすること、4)これまで実施されてきた維持管理体系を大きくは変更しないこと、という基本方針が示され、①検査区分、②検査周期、③検査員、④調査項目と方法、⑤健全度判定、⑥措置、⑦記録、の考え方と方法が整理された。

維持管理標準の適用範囲は、山岳工法トンネル、シールド工法トンネル、開削工法トンネルの各工法を含み、覆工材料も石、煉瓦、コンクリートブロック、無筋コンクリート、鉄筋コンクリート、セグメントと多岐にわたる材料・構造からなる覆工全体を対象としている。また、覆い工（緩衝工、落石覆いなど）についても、剥落に関する安全性の項目はトンネル編を準用できることとした。トンネルにおける維持管理の全体の流れは、図6-2のように示される。

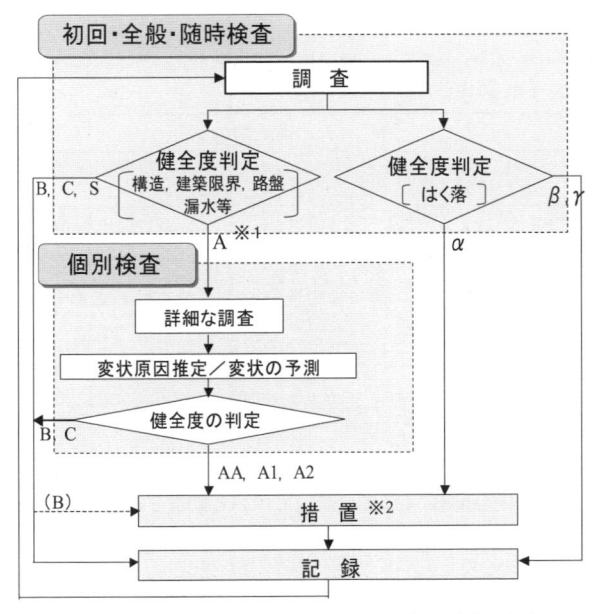

※1　ＡＡの場合は緊急に措置を講じた上で個別検査を行う
※2　αの場合は劣化・剥落対策工などの補修・補強の措置が必要

図6-2　鉄道トンネルの維持管理の手順

維持管理標準では、構造物の要求性能について、安全性、使用性、復旧性に分類している。このうち安全性は、構造物が使用者や周辺の人々の人命を脅かさないための性能で、構造物としてのトンネルの安定性、建築限界と覆工との離隔、路盤の安定性、剥落に対する安全性、漏水・凍結に対する安全性が含まれる。使用性は、構造物の使用者や周辺の人々に不快感を与えないための性能および構造物に要求される諸機能に対する性能で、漏水・凍結に対する使用性、表面の汚れ、周辺環境への影響などが考慮される。復旧性は、構造物の機能を使用可能な状態に保ったり、短期間で回復可能な状態に留めるための性能で、万一災害を受けても崩壊せずに早期に復旧できることが求められる。

（2）　検　査

トンネルの検査は、初回検査、全般検査、個別検査、随時検査に区分され、このうち全般検査はさらに通常全般検査と特別全般検査に区分されている。鉄道トンネルの全般検査の検査周期は、省令で通常全般検査が2年以内、特別全般検査が新幹線トンネルで10年以内、新幹線以外のトンネルで20年以内と定められている。なお、トンネル以外の構造物では、特別全般検査を行った上で構造物が良好な状況にあることを確認し、ある一定の条件を満たせば通常全般検査の周期を延伸することが可能であるが、トンネルの場合は覆工の一部が剥落した場合は運転保安に重大な影響を及ぼすことから、検査周期の延伸は考慮されていない。

初回検査は、新設トンネルおよび大規模な補修・補強を行った箇所の初期状態を把握するために行われるもので、検査方法は特別全般検査と同様である。

通常全般検査は、変状の有無とその進行性、変状発生箇所の状況を把握することを目的として、トンネルの全般にわたって定期的に実施する検査で、トンネルの安全性に直接影響を及ぼす変形、ひび割れ、漏水などの項目を重点的に調査する他、変状の発生・進行に結びつくような周辺環境の変化についても把握する。全般検査の終了後は、表6-1に示す健全度判定区分に従って判定区分を行い、健全度Aのうち、安全を脅かす変状などがあ

表6-1　健全度の判定区分 [8)]

(a)　剥落以外の変状に対する判定

健全度		構造物の状態
A		運転保安、旅客および公衆などの安全ならびに列車の正常運行の確保を脅かす、またはそのおそれのある変状などがあるもの
	AA	運転保安、旅客および公衆などの安全ならびに列車の正常運行の確保を脅かす変状などがあり、緊急に措置を必要とするもの
	A1	進行している変状などがあり、構造物の性能が低下しつつあるもの、または、大雨、出水、地震などにより、構造物の性能を失うおそれのあるもの
	A2	変状などがあり、将来それが構造物の性能を低下させるおそれのあるもの
B		将来、健全度Aになるおそれのある変状などがあるもの
C		軽微な変状などがあるもの
S		健全なもの

注1：健全度A1、A2および健全度B、C、Sについては、各鉄道事業者の検査の実状を勘案して区分を定めても良い。

(b)　剥落に対する判定

健全度	変状の状態
α	近い将来、安全を脅かすはく落が生じるおそれがあるもの
β	当面、安全を脅かすはく落が生じるおそれはないが、将来、健全度αになるおそれがあるもの
γ	安全を脅かすはく落が生じるおそれがないもの

る場合は AA と判定して緊急に使用制限や補修・補強などの措置を行う他、健全度 A と判定された場合は、個別検査を実施して詳細な健全度判定を行う。

　特別全般検査は、健全度判定の精度を高めることを目的として行われるもので、高所作業車などを用いて覆工に接近して入念な目視検査を行う他、打音調査などが実施される。特別全般検査の周期は、新幹線で 10 年以内、新幹線以外で 20 年以内で行うこととしており、通常全般検査に代えて実施することも可能である。

　個別検査は、全般検査や随時検査で健全度 A と判定されたトンネルに対してより精度の高い健全度（健全度 A1、A2 など）の判定を行うことを目的とした検査で、健全度 A 以外のトンネルに対しても、予防保全的な観点から必要に応じて個別検査が行われる。個別検査では、変状原因の推定および変状の進行の予測を行うためのデータ収集に主眼が置かれ、計測器によるモニタリングや、サンプルによる強度試験、化学分析、数値解析などが実施され、これらのデータに基づいて変状原因の推定や変状の予測が行われる。

　トンネルの変状原因は、図 6-3 に示すように変状を生じさせる直接の原因である「外因」と、外因による変状を促進させる「内因」の 2 つに区分される。トンネルの変状は、長期

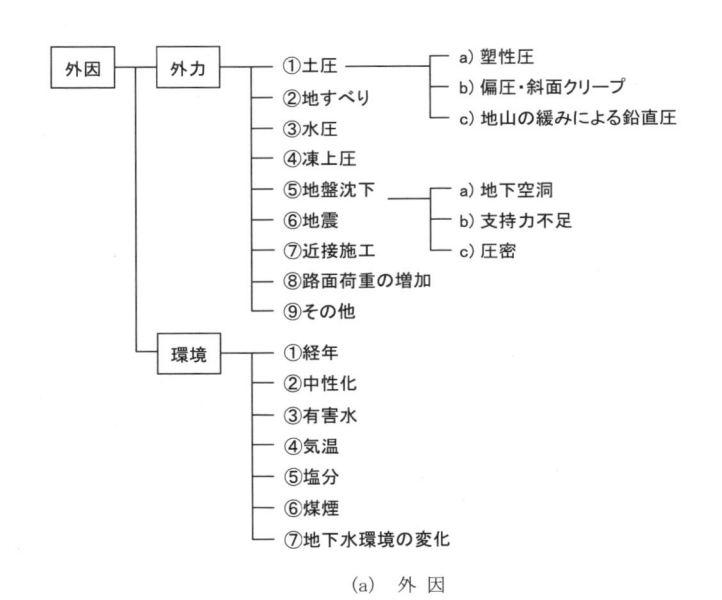

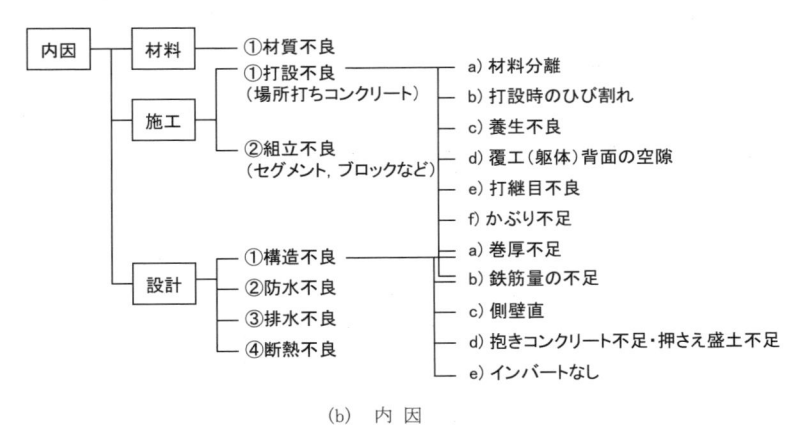

(a) 外因

(b) 内因

図 6-3　トンネルの変状原因（外因・内因）の分類[8]

にわたって緩慢に進行し、地形・地質や地下水などの周辺環境に依存することが多い。このため、精度の高い予測が難しく、丹念な調査によって精度を上げる必要がある。さらに、トンネルの建設時の状況などの文献調査や、過去の類似例などの調査も、変状原因を推定する上での重要な情報である。

写真6-10は、廃線敷に放置されたトンネルにおける変状の例として、坑門における剥離とひび割れを、写真6-11、写真6-12は、トンネル内の覆工における剥離と剥落、陥没を示したものである。

随時検査は、地震、大雨、火災、近接施工などによって変状の発生または進行のおそれがある場合に行われるもので、全般検査、個別検査以外に必要と判断された場合に不定期で実施される。また、あるトンネルで変状が発見された場合に、他のトンネルを対象にして緊急に行う検査も随時検査に相当する。

写真6-10　煉瓦の剥離とひび割れ

写真6-11　覆工表面の剥離

写真6-12　覆工の剥落・陥没

(3) 一般のトンネルに対する補修・補強対策工

トンネルの機能低下に起因する事故や、災害を未然に防ぐため、検査後の措置としてトンネルの監視、補修・補強対策工が行われる。

監視は、目視などにより変状の状況や進行性を確認する措置で、これに対して補修・補強は、変状が生じた構造物の機能を回復させるか、機能の低下を遅らせるための措置として行われる。このほか、トンネルに使用上の制限を加え、列車の運転停止、入線停止、荷重制限、徐行などが行われる場合や、改築・取り替えによって構造形式を部分的あるいは全体的に取り壊して変更する措置も採用される。

トンネルでは、補修・補強対策工を、①劣化・剥落対策工、②漏水・凍結対策工（漏水対策、凍結対策、路盤沈下対策など）、③外力対策工に区分している。図6-4はこのうち劣化・剥落対策工の分類を示したものであるが、トンネルは閉鎖空間であるため、対策工の施工位置や作業時間、施工スペースなどを十分に考慮する必要がある。

なお、維持管理標準では、補修・補強工法の具体例を示していないが、これらについては「トンネル補修・補強マニュアル」（鉄道総合技術研究所・1997（平成19）年1月）[9]を参照することとしている。

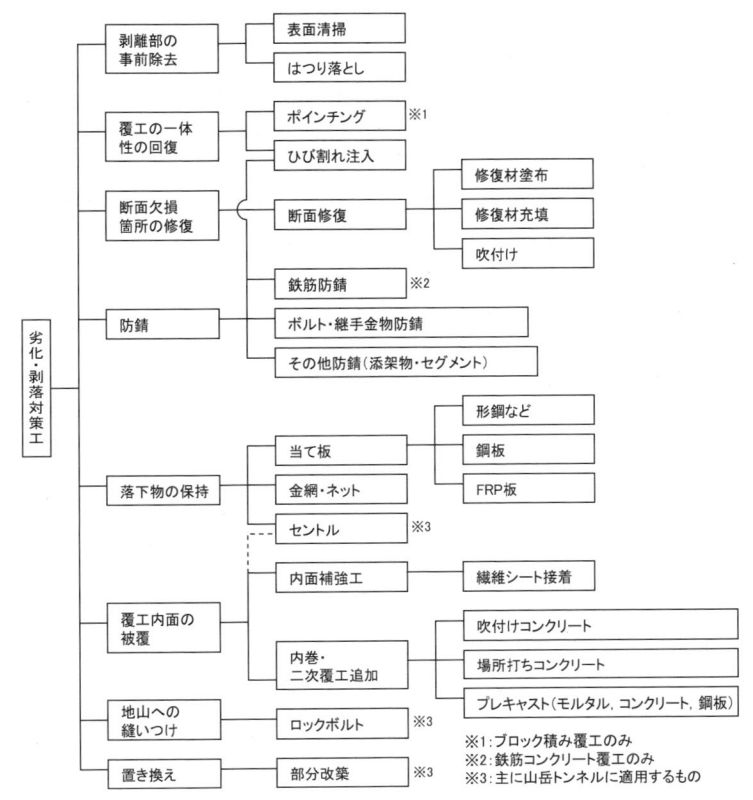

```
劣化・剥落対策工
├─ 剥離部の事前除去 ─┬─ 表面清掃
│                    └─ はつり落とし
├─ 覆工の一体性の回復 ─┬─ ポインチング ※1
│                      └─ ひび割れ注入
├─ 断面欠損箇所の修復 ─── 断面修復 ─┬─ 修復材塗布
│                                    ├─ 修復材充填
│                                    └─ 吹付け
├─ 防錆 ─┬─ 鉄筋防錆 ※2
│        ├─ ボルト・継手金物防錆
│        └─ その他防錆（添架物・セグメント）
├─ 落下物の保持 ─┬─ 当て板 ─┬─ 形鋼など
│                │          ├─ 鋼板
│                │          └─ FRP板
│                ├─ 金網・ネット
│                └─ セントル ※3
├─ 覆工内面の被覆 ─┬─ 内面補強工 ─── 繊維シート接着
│                  └─ 内巻・二次覆工追加 ─┬─ 吹付けコンクリート
│                                          ├─ 場所打ちコンクリート
│                                          └─ プレキャスト（モルタル，コンクリート，鋼板）
├─ 地山への縫いつけ ─── ロックボルト ※3
└─ 置き換え ─── 部分改築 ※3
```

※1：ブロック積み覆工のみ
※2：鉄筋コンクリート覆工のみ
※3：主に山岳トンネルに適用するもの

図 6-4　劣化・剥落対策工の分類

（4）歴史的トンネルに適した補強・補修工

　歴史的トンネルの補強・補修工の選択にあたっては、①歴史的遺産としての価値を損なわない施工法であること、②長期間にわたる保存に耐えられる施工法であること、③再補修が容易であること、④内部の空間をオリジナルの状態で保持できること、⑤見学者に対する安全対策や防災対策に配慮されていることなどの条件が求められる。表 6-2 は、こうした点を考慮して、各補強・補修工法の特徴を再整理したもので、外観の保持という観点では裏込注入や部分改築、目地詰めのような施工法が望ましく、覆工の表面を被覆する内面補強（セントル補強、吹き付けコンクリートによる内巻、鋼板や繊維シートの貼り付けによる内面補強など）は好ましくない。
　しかし、覆工に外力が加わって変状しているようなトンネルでは、裏込注入や部分改築、目地詰めのような補強・補修工法では十分に対応できない場合もあるため、碓氷峠鉄道構造物群や湊川隧道でも紹介したように、次善の対策としてセントル補強や内巻補強などの内面補強を実施するケースもあり得る。これらの補強方法は、外観を損なうという欠点はあるが、覆工そのものに大きな損傷を与える工法ではないため、仮設工法としてとりあえず変形の進行を抑え、必要に応じて別の施工法を適用することも可能である。このほか、トンネルの内部は暗所で、閉鎖された空間となるため、その利活用にあたっては安全対策（防火、防犯など）や照明などについて、十分な配慮が必要となる。

表 6-2 歴史的構造物としてのトンネルを前提とした各種補修・補強工法の特徴

工法種別	対策効果			外観の保持	再補修しやすさ	内部空間保持	耐久性	備考
	外力対策	剥落対策	漏水対策					
裏込注入	◎	○		◎	○	◎	○	
ロックボルト	◎	○		△	○	○	○	
セントル補強	◎			△/○	△	△	△	仮設が可能
内巻（吹付けなど）	◎/○	◎	△	×	×	×	△/○	
内面補強（鋼板、繊維シート）	◎/○	◎		×	×/△	×	○	
部分改築（煉瓦積み直し）	◎	◎		×/◎	○	×/◎	◎	
目地詰め	○	◎		◎	◎	◎	◎	
当て板・ネット		◎		×/△	◎		△/○	仮設が可能
漏水樋・防水板			◎	×/△	◎	△/○	△/○	仮設が可能

※効果の程度：◎大、○あり、△ややあり、×適切ではない
※効果の程度が並記されたものは、適用条件により効果の程度が分かれることを示す。

6.4 歴史的構造物としてのトンネルの保全の課題

　現時点では、歴史的トンネルに対する保全方法について定まった考え方はなく、個々のケースに応じて対応しているのが実情である。このため今後も経験を重ねながら、その方法論を確立して行く必要がある。
　歴史的トンネルの保全に対する今後の課題としては、下記のような項目が考えられる。

（1）　歴史的トンネルの評価方法の確立
　通常の構造物の維持管理業務において、トンネルの歴史的価値を考慮して保全を行うことは極めてまれである。トンネルの保全工事にあたっては、それぞれのトンネルの歴史的価値を認識し、その価値を極力損なわない方法で保全する姿勢が望まれる。しかし、トンネルの歴史的価値の有無や、その価値をどこに見出すかといった基本的な考え方は十分に整理されておらず、歴史的価値が見逃されたまま保全工事がなされている例が多いのが現状である。維持管理に従事する技術者が、トンネルの歴史的価値を認識し、適切な保全工事がなされる体制づくりが必要である。また、現行の維持管理標準を含むトンネルの保守管理に関するマニュアルなどでは、歴史的遺産としてのトンネルの維持管理、復元・保存を前提とした記述はなく、こうしたマニュアル類の整備も重要である。

（2）　歴史的トンネルの保全工法の開発
　現行の保全工法は、トンネルの文化財的価値を考慮して開発されていないため、工法によっては文化財的な価値を損ねる場合がある。特に、外力に対する補強工事では、トンネルの外観を大きく改変しなければならない場合もあるため、その選択は慎重でなければならない。構造物としてのトンネルの保全を図りつつ、文化財的な価値を損ねない施工法の開発が急務であり、既存の保全技術に捉われない新たな施工法の提案・開発などが望まれる。また、利活用方法に応じた保全工法の選択も重要で、適用にあたっての基本的な考え方を整理しておくことが必要である。

（3）　歴史的トンネルの利活用方法
　歴史的トンネルの利活用はまだ事例が少ないが、歴史的トンネルとしての価値を尊重し、その特徴を活かした活用方法が望まれる。また、トンネルは、周辺の自然環境（特に地形・地質）に支配される構造物であり、なぜここにトンネルが掘られたか、先人たちはどのよ

うに峠道を克服してきたのかが理解できるよう、アプローチ部分を含めて保存計画を検討する必要がある（**写真 6-13**）。外部に露出した坑門部分だけではなく、トンネルとして最も重要な存在価値がある内部の空間に対しても、オリジナルの姿を留めるよう留意しなければならない（**写真 6-14**）。

写真 6-13　アプローチ部分を含め旧東海道の歴史的散策路として整備した例（宇津ノ谷トンネル・静岡県）

写真 6-14　路盤部にスポット照明を設置することにより、素掘り面へ直接照明設備が取り付けられることを避けた例（化石の地下壕・岐阜県）

第6節　参考文献
1) 日本国有鉄道：土木建造物の取替標準、日本鉄道施設協会、1979
2) 鉄道総合技術研究所：トンネル補強・補修マニュアル、1990
3) 小島芳之、野城一栄、朝倉俊弘、小山幸則：鉄道トンネルの覆工剥落事故と原因推定、トンネルと地下、Vol.31、No.9、2000
4) 運輸省：トンネル保守管理マニュアル、2000
5) 小島芳之、野城一栄、朝倉俊弘、小山幸則：鉄道トンネルの新しい保守管理、トンネルと地下、Vol.31、No.10、2000
6) 鉄道総合技術研究所：トンネル保守マニュアル（案）、2000
7) 鉄道総合技術研究所鉄道技術推進センター：都市トンネル保守マニュアル、2002
8) 鉄道総合技術研究所：鉄道構造物等維持管理標準・同解説（構造物編）トンネル、2007
9) 鉄道総合技術研究所：トンネル補修・補強マニュアル、2007
10) 土木学会トンネル工学委員会：山岳トンネル覆工の現状と対策（トンネルライブラリーVol.12）、2002
11) 土木学会岩盤力学委員会：トンネルの変状メカニズム、2003
12) 土木学会トンネル工学委員会：トンネルの維持管理（トンネルライブラリーVol.14）、2005
13) 湊川隧道保存友の会：湊川隧道と共に歩む、2007

7　河川構造物

7.1　歴史的河川構造物の事例とその特徴
（1）堰
　堰とは、河川の流水を制御するために、河川を横断して設けられるダム以外の施設であって、堤防の機能を有しないものと定義されている。なお、堰とダムの区分に関しては、①基礎地盤から固定部の天端までの高さが15m以上のものはダム、②流水の貯留による流

量調節を目的としないものは堰、という基準が存在する[1]。なお、ゲートを全閉することで堤防の機能を有する場合には、後述する水門または樋門となる。

　堰の構造には、コンクリートなどで流れを堰き止め操作を行わない固定堰（洗い堰）と、ゲート操作により水位調節を行い、特に洪水時にはゲートを開放することで流水を阻害しない可動堰の二種類が存在する。旧来は固定堰が主であったが、1974年の多摩川における狛江水害に見られるように、洪水時には流水を阻害し周辺の水害リスクを増大させることから、近年は次々と可動堰への変更が進められている。

　これに伴い歴史の古い固定堰は姿を消しつつあるが、こうした歴史ある固定堰の代表的な構造として、湾曲斜め堰を挙げることができる。これは、流れに対して垂直に設置される近年の堰とは異なり、片側の岸から対岸に向かって、下流側に大きく弧を描くように設置されるのが特徴であり、写真に示す球磨川の百太郎堰（**写真 7-1**）のような形状である。

写真 7-1　百太郎堰（球磨川）

　この形状は、自然河川に見られる河原の形状、厳密には砂礫堆と呼ばれる地形を模して作られたとも考えられており、洪水時に流れが片側の岸に集中する場所と、その後左右岸に発散する場所をよく見極めた上で、その流れが左右に発散する場所でできるだけ局所的に大きな力がかからないように設計されていると考えられている[2]。すなわち、洪水という外力に対し、屈強な構造物を建設することが困難であった時代は、その外力を受け流すような構造に設計されていた。しかしながら、洪水流の状況によっては逆に局所的な洗掘を招く恐れもあることから、近年は「堰の河川横断方向の線形は洪水の流心方向に直角の直線形（直堰）とし、堰柱の方向は、洪水の流心方向とすることを基本」とするよう、河川管理施設等構造令（以下、「構造令」という）において規定されている[3]。

　一方の可動堰に関しても歴史的な堰が存在する。代表的な例として、多摩川の羽村堰（1653（承応2）年（**写真 7-2**））、養老川の西広板羽目堰（1760（宝暦9）年〜1920（大正9）年）が挙げられる。ただし、前者の羽村堰は現在もなお伝統的な運用規則に則り操作が行われているが、後者は1979（昭和54）年に電動式の可動堰が完成したことに伴い、数年に一度イベントとして開放されるだけとなり、普段は川の中に設置されていない。後述するが、羽村堰のゲートは粗朶と砂利で作られており、洪水時にはそれらをすべて下流に流すことによりゲートを開放するという構造であるため、洪水時にゲートを開放した後は一から再構築しなければならない。

写真 7-2 羽村堰（多摩川）

　可動堰の別の事例としては、阿賀野川水系日橋川と猪苗代湖の境界にある十六橋水門が挙げられる。名前は水門となっているが、その機能と上述した定義を照らし合わせると、これは堰であると判断されている（第4章2節「2.3　十六橋水門」にて詳述）
（2）　砂防堰堤
　砂防堰堤は、山間部の急流域において下流へ多量の土砂が一気に流れ下るのを防ぐとともに河床や山裾の侵食を防ぐため、コンクリートや石積みの構造物で河道をふさぎ、上流からの土砂を蓄える働きをするものである。満砂状態になっても、河床や山裾の侵食を防止し、河川を階段状にすることで土砂の流下を遅らせる機能を有している。こうした砂防堰堤も、近年では山地から海までの土砂輸送の連続性を確保するため、スリットを有するものへの変更が進められている。このように砂防堰堤は大きく旧来の非透過型と最近主流となりつつある透過型に分類される。
　こうした砂防堰堤のうち歴史的なものの一例としては、富士川水系御勅使川の御勅使川堰堤群を挙げることができる。御勅使川は、武田信玄による治水事業で有名なように、脆弱な地層からなる破砕帯を流れ、洪水のたびに多量の土砂が流下するのが特徴である。そうした御勅使川において、上流から順に藤尾堰堤（1923（大正12）年）、芦安堰堤（1926（大正15）年）、源堰堤（1921（大正10）年）という3つの砂防堰堤が設置されている。歴史的砂防堰堤には練り石積みの構造をとるものが多いが、特に芦安堰堤（**写真 7-3**）は珍しい構造をしており、上段はアーチ式下段が重力式となっている。また、日本で初めてセメントを用いた砂防堰堤であるという点も特徴として挙げられる。

写真 7-3　芦安堰堤（御勅使川）

（3）　水　門
　水門および樋門とは、河川または水路を横断して設けられる制水施設であって、堤防の機能を有するものと定義されている。すなわち、ゲートを全閉したときには堤防として機能する。なお、堰と水門とでは構造令の適用が異なるので、構造物に付けられた名称とは関係なく、これらを厳密に区別しておく必要がある（第4章2節「2.3　十六橋水門」参照）。また、河川または水路が合流する河川の堤防を完全に分断して設けられるものが水門であり、暗渠を挿入して設けられるのが樋門であるが、これらも構造令の適用が異なるので注

意が必要である。なお、樋門のうち、小型のものを樋管として呼称を分けることもあるが、これらについては構造令の適用に違いはない。

　水門の類も河川や水路を横断して設置されており、水門が設置された河川が増水した際には、その流量を安全に流下させなければならない点は堰と同様で、構造令でも堰に関する規定が準用されることもある。それに加えて、高潮時や水門が設置された河川の合流先での洪水時には、堤防として機能しなければならないため、大河川において築年数の古い水門を現役で使用するのは難しい。

　しかし、既に使用されていないにもかかわらず河道内に残されている水門として、荒川の旧岩淵水門（**写真7-4**）を挙げることができる。旧岩淵水門は、RC造で5門のゲートからなる水門であり、1924（大正13）年に完成した。その後、通船のために1門が拡大され活躍してきたが、1985（昭和57）年に新しい岩淵水門が完成したことに伴い、その役目を終えている。そのため、河道から撤去されるという話も出ていたようではあるが、その重要性が認められるとともに、洪水時には死水域に位置することから、流水阻害にはならないと判断され、今なお河道内で保存できている。

写真7-4　旧岩淵水門（荒川）
（右に見えるのが運用中の新水門）

　一方、多摩川の六郷水門（1931（昭和6）年（**写真7-5**）は用水路に設置された水門であり、その近傍にポンプ場が完成したことに伴いほとんど使用する必要はなくなったが、治水障害にはならないと判断され、常に稼働できるよう整備・点検されながら保全されている。

写真7-5　六郷水門（多摩川）

（4）閘門

　閘門とは、水位の異なる水域が接する場所で舟を上下させるための構造物である。閘門の類は、ダムや堰の脇に設置されるものの他、水位差の生じている二河川を繋ぐ運河に単体で設置されることもある。後者は、洪水の流下能力を考慮しなくてよい場合が多く、保全もしやすいが、その代表的なものとしては、利根川の横利根閘門（1921（大正10）年（**写真7-6**））と木曽川、長良川を繋ぐ船頭平閘門（1902（明治35）年（**写真7-7**））が挙げられる。いずれも舟運の衰退に伴い利用される機会は減ったが、漁船やレジャーボートによって今なお利用されている。いずれも観音開きの鋼鉄製門扉でできているのが特徴である。

写真 7-6　横利根閘門（利根川）　　　写真 7-7　船頭平閘門（木曽川）

（5）堤防・水制

　堤防は河川工事の中で最も古い歴史を持つものであり、記録に残るものだけでも、仁徳天皇の時代の茨田堤にまで遡ることができる。そのため、その年代も様々ではあるが、例えば古いものでは、直江兼続の治水による最上川水系松川の蛇堤や谷地河原堤防（直江石堤）（**写真 7-8**）といった石積みの堤防を、現存するものの一例として挙げることができる。また、比較的新しいものとしては、羽田旧レンガ堤（1918（大正 7）年（**写真 7-9**））のようなものも存在する。

写真 7-8　谷地河原堤防（松川）

写真 7-9　羽田旧レンガ堤（多摩川）

一方、その堤防・河岸を守るために、川に突き出して設置することで、河岸にぶつかる流れを"はねる"ための構造物が水制であり、水制はその形態から出し類、牛類、枠類に分けられる。出し類の例としては上述した武田信玄の治水による、富士川水系御勅使川の石積出し（写真7-10）などが挙げられ、現在も川沿いに保存されている。牛類もまた、富士川水系においてよく見られ、丸太組の構造物を蛇篭（金属（かつては竹）で作った籠に石を積めたもの）で押さえた構造物である（写真7-11）。枠類もまた、丸太を組んだ枠の中に玉石を詰め込んで押さえたものであり、川底の侵食を防ぐ役割を果たす粗朶沈床や木工沈床がその一種である（写真7-12）。牛類や枠類は河道内に設置される木製の構造物であるので、かつてのまま保全されていることはないが、近年になって再構築された事例は多い。

写真7-10　石積出し（御勅使川）

写真7-11　牛類の例

写真7-12　枠類の例

（6）ダ　ム

ダムの定義については、堰の項で述べた通りであるが、ダムに関しては本章の5節に詳細が記載されているため、本節では割愛する。

7.2　歴史的河川構造物の保全の現状

このように、歴史的河川構造物をその種類別に一部の代表的な事例を紹介してきたが、これらを保全形態により再分類することで、どの構造物がどの保全形態になりやすいのか、それぞれどのように保全されやすいのかについてまとめる。

<u>Type1：かつての役割を終え、運用せずに残されている構造物</u>
（Type1'：堤内地（河道の外）で残されている構造物）
【事例】岩淵水門（荒川）、南郷洗堰（淀川水系瀬田川）、[Type1'] 羽田旧レンガ堤（多摩川）など

治水上の観点から、使用していない河川構造物を河道内で保全するというのは基本的には不可能である。可動堰や水門で、既に使用されていないものは、仮にゲートを全開にし

ておいたとしても径間長が足りず、流水や流木などを阻害すると判断される可能性が高い。

　ただし、既に述べた岩淵水門のように、そもそも洪水が流下しない場所であれば保全が可能である。しかしながら、通常多くの構造物は死水域には設置されていないため、そのまま保全するためには、河道線形を変形するなどの措置により、川の流れを変更する必要がある。また、構造物による洪水の阻害を考慮した上で、河道断面積を確保するか、後述する長崎の眼鏡橋のような放水路を建設するかできれば、同様に保全が可能である。しかしながら、いずれも堤内地と一体となった計画が求められる。

　そうした措置をせずに河道内で保全しようとすると、南郷洗堰（**写真 7-13**）や上述した湾曲斜め堰のひとつである高知の旧河戸堰（松田川）のように、構造物をすべて保存するのではなく、川岸付近の一部を保存し、流路中心部は完全に撤去されるか、構造令の基準を満たす新しい構造物に置き換えざるを得ない。

写真 7-13　南郷洗堰（瀬田川）（撮影：田中尚人氏）

　堤防の類に関しては、土の連続堤とする現在の堤防の設計方針とは異なるものも多く、その強度も不十分であるのが普通である。そこで、最上水系松川の蛇堤や谷地河原堤防（直江石堤）のように、河道内の高水敷上に保全し、それより都市側（堤内地側）に新堤を築くか、羽田旧レンガ堤のように、都市の中で保全し、それより河川側に新堤を築くかのいずれかとなる。しかし富士川水系御勅川の将棋頭のように、かつての流路が現在の流れと異なる場合には、旧流路を公園とした保全が可能である。

Type2：補強・修復をされつつ、従来の機能を維持できている構造物
【事例】御勅使川堰堤群（富士川水系御勅使川）、船頭平閘門（木曽川）、横利根閘門（利根川）、十六橋水門（阿賀野川水系猪苗代湖）など

　一般に砂防ダムの類は、その存在自体が治水上の障壁となることは少ないため、摩耗に耐えその強度を維持さえできれば、これまで通り使用可能である。しかしながら、経年的に流下土砂によって摩耗していくため、これらを修復・補強していくことが必要である。

　閘門の類もまた、運河など流下阻害とならない位置に設置された場合には、引き続き運用できる構造物であるため、従来の機能を維持していける可能性が高い。

　しかしながら、河道内に設置された古い構造物は、例え強度に問題がなくとも、構造令の諸基準を満たせなくなっている場合が多い。例えば、湾曲斜め堰は、すべて基準を満たせていないことになる。そうした場合、十六橋水門のように、構造令の基準に適合しないものの、構造の安定性やゲート設備の安全性を検討した上で、国土交通大臣による大臣特認（適用除外）を受けて現役として活躍している事例もある（第4章2節「2.2　十六橋

水門」にて詳述）。あるいは長崎の眼鏡橋（中島川）（**写真7-14**）のように、別途放水路を建設することにより、河道内の計画高水流量を軽減または除去することにより、構造物はそのままに基準を満たすという手段も考えられる。

　いずれにせよ治水安全度の観点からいつまで使えるか、強度をモニタリングしながらの使用が求められる。

写真7-14　眼鏡橋（写真提供：小島卓也氏）

Type3：現在の技術から見て非効率ではあるが、継続運用している構造物
【事例】羽村堰（多摩川）など
　これまで流水阻害率や強度の観点から、歴史的構造物の保全の難しさについて言及してきたが、仮にそれらに問題がないとしても、築年数の古い可動堰や閘門はその操作が自動ではなく手動であるなど非効率な場合も多い。よって木曽川の船頭平閘門では、最近になって操作を手動から自動に切り替えるなどして、手間を軽減している。
　しかしながら、羽村堰のように、堰の開放だけでなく、その後の堰の構築まですべて手作業に頼っている場合は、その操作に技術と労力を要しているのが現状である。こうした場合、多くの人々がその重要性を理解し、その操作技術を継承していくことが求められる。しかし、例えば羽村堰の場合でも、粗朶と丸太の堰を構築できる技術者の高齢化とその継承はやはり問題になっている。これはなんらかの働きかけを要する歴史的構造物の多くが抱える悩みであるが、特に羽村堰の復旧作業はいまだ流量が多い内に高所から作業するという難しい作業である上、年平均4.5門しか操作する機会がないため、その技術の継承の機会が少ない。
　なお、継続的に運用されているものの中にも、構造令の基準が満たせていない場合は多く、こうした構造物の今後のあり方については、Type2で述べたのと同様の課題がある。

Type4：価値が見直され歴史的な設計が復活した構造物
【事例】各地に見られる牛類、枠類など
　これは構造物自体を保全するのではなく、構造物の設計技術を保全、再生させた事例である。Type3の項でも述べたように、歴史的構造物は基本的な治水機能、利水機能、操作の作業量などにおいて、近年のものに比べ非効率だと考えられる場合が多い。しかし、最近重要視されるようになった景観あるいは環境の観点まで加えて考えると、現状のものに勝る価値が見出されることがある。景観や環境まで考えずとも、治水計画の立て方次第では、その有用性が見出される場合もある。
　こうした事例として牛類や枠類（特に木工沈床）の再構築が挙げられる。これらはそれ

ぞれコンクリート護岸と、コンクリートブロックに置き換えられつつあったが、牛類はコンクリートで固められた河岸や川底とは異なり、植生のある自然河岸を残存させ、周辺の川底の侵食に伴い深い淵を形成することで動植物の生息場を提供し、木工沈床は、その内部の玉石の隙間が魚類の隠れ場を提供する、という機能が注目されるようになってきた。そのため、例えば多摩川水系秋川などでは、**写真 7-11** に示したような牛類の一種（川倉）が再構築されており、実際にコンクリート護岸に代わり河岸侵食を防ぐ効果が確認されている。他のタイプと少し特徴は異なるものの、今後の歴史的河川構造物の保全を考える上で、重要な視点であるためここに加えることとした。

7.3　歴史的河川構造物のシステム保全のあり方について〜羽村堰を例として〜

　7.1 項で一部を紹介した通り、歴史的河川構造物は、その意匠や構造そのものが面白い。しかし重要なのは、なおも現役で機能している歴史的河川構造物には、河川ごと場所ごとに創意工夫を凝らした治水・利水システムが存在するということである。すなわち、その周辺の環境や広範囲の川づくりと構造物の設計や設置場所は一体となって計画されており、相互に関係しているため、それらの関連性を考えることで先人達がその川をどのように捉え、どのように関わっていたのかが分かる。たいていの場合、歴史的な河川構造物はその耐力に限界があるがゆえに、川の動きをよく捉え、柔よく剛を制そうとしていたことが分かる。

　そこで、既に紹介してきた多摩川の羽村堰（Type3）（**写真 7-2**）を事例としてその特徴を捉えてみたい。羽村堰の原型は玉川上水が完成した 1653（承応 2）年に完成したが、橋脚、桁、作業橋などが改造、設置されたのは明治以降である。投げ渡し堰と呼ばれる堰は、縦組みの丸太と横組みの丸太および粗朶からなり、その背後に砂利を積むことで漏水を防いでいる。堰き止められた水はいったん玉川上水へと入った後、一部が多摩川に戻る。しかし、洪水時に堰上流の水位が規定値を上回ると、縦組みの丸太を倒し、粗朶や砂利をすべて下流に流すことで堰を開放し水位を下げる。なお、堰は 3 門からなるが、何門開放するかは洪水の規模によって異なる。よって、大きな洪水が来るたびに、丸太と粗朶や砂利を積み直さなければならず、作り直した直後に次の洪水が来て、すべてやり直しとなることもある。

　その羽村堰の下流側には石畳が広がり、左岸側（上流から下流を見て左側）には、水制と呼ばれるコンクリートの突起が設置されているが、これらは共に明治後期から大正時代に設置されたようである。水制は洪水時の流れの向きを変えることで、河岸を守る。また、投げ渡し堰の右岸側に続くコンクリートの固定堰には 2 カ所の溝があり、投げ渡し堰のすぐ横に設けられた溝は、かつて筏が通った筏通し場で、1721（享保 6）年に建造され、現存する施設は明治後期に改修されている。それより少し離れて設けられた溝は、魚が通るための魚道であり、平成 14 年（2002 年）に設置されている。また、羽村堰の上流右岸側には、間伐材の丸太でできた牛類の一種である川倉という構造物が再建されている。かつては、大聖牛と呼ばれるより大型のものであったが、近年になって小型の川倉が新築されている。この川倉も 400 年以上前から用いられている構造物であるが、最近復元された **Type4** に属する構造物である。

　このように、それぞれの年代のニーズ、河川の自然条件、技術レベルに合わせて、構造物を追加、改善しながら現在の羽村堰の姿ができあがっており、ある一時の構造物が単に保存されているのではなく、様々な時代の堰への働きかけの積分値が保全されているということができる。

　これら様々な年代の構造物すべてを俯瞰すると、その治水・利水システムが見えてくる（図 7-1）。

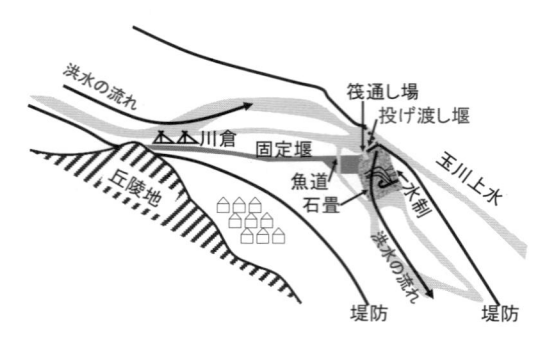

図 7-1 羽村堰の様々な構造物の位置と、洪水時の流れ

　まず、洪水時の流れは湾曲の外側にあたる堰上流の右岸側へぶつかるが、ここは固定堰と堤防を丘陵に接続している場所であり、このままでは危険である。また、洪水時にこちらの川底が掘れると普段の水みちも右岸側に偏り、左岸側の取水口へ水が行かないおそれがある。そこで、流れを"はねる"ために、川倉がここに設置されている。一方、洪水時に左岸側から順に1門ずつ払われた投げ渡し堰を通過する流れは、上流に堆積してしまう土砂をも下流へ流し去り、階段状の石畳によって守られた堰の足下を侵食することもなく、水制によって、再び川の中央へと戻される。また、右岸側に続く固定堰と投げ渡し堰を結ぶ線を見れば、近年の堰のような直堰ではなく、ここも流れを柔軟に受け止められる湾曲斜め堰であることが分かる。このように、川の動きに応じた形で、一連の構造物と人の働きかけからなるシステムが機能していることが分かる。
　このように、羽村堰を事例として歴史的構造物のシステムについて述べてきたが、こうしたシステムは、例え構造物本体が保全されていても、周辺の河川改修や土地利用形態の変化に伴い、変質するか完全に失われてしまう可能性があることに注意が必要である。また、この構造物は上述した**Type3**であり、後世にその操作技術を継承していき、非効率であっても運用していくことで初めて、そのシステムが保全される。
　特に歴史的河川構造物に関して言えば、その構造物がなぜそのような構造になっており、なぜそこに設置されているのかを、周辺の自然地形や構造物と見比べながら理解した上で保全計画を立案する必要がある。例えば羽村堰の場合、上流に川倉を作るか否かで羽村堰保全の意味は大きく異なってくる。

7.4　今後の河川計画の中での位置づけについて

　ここまで述べてきた通り、歴史的河川構造物の保全における重要なポイントは、強度の維持に加えて2点あり、ひとつはいかに治水障害とならないように河道内で保全していくか、換言すれば、いかに構造令の諸基準に準拠させていくかであり、もうひとつは周辺の自然地形、他の構造物群、人間の働きかけ（操作）との相互作用から成り立つ「システム」を維持できるか否かである。
　既に構造令の諸基準を満たせていない河川構造物の保全を考えるときに、単に残すか残さないかの議論をするのではなく、岩淵水門のように構造物を止水域に留まらせるための方策を考えたり、十六橋水門のように、流木よけを設置したり流下させる流量を再検討したりすることにより、国土交通大臣による大臣特認（適用除外）を受ける方策を考えたりする必要がある。すなわち、これらもまた、単なる構造物の保存ではなく、治水・利水システムの保全方法、あるいは新たなシステムの創出方法の検討である。
　上述した通り、現在保全されている構造物の中にも、その形状や径間などが構造令の基

準を満たしていない場合が多い。例えば羽村堰の場合は、まだ下流側の整備が整備目標に追いついていないために現段階では大きな問題となっていないが、今後河川整備が進んでいくと、いずれはこのあり方を巡る議論は避けられない。

　こうしたときに必要なのは、今後どのような治水・利水システムをここに構築していくかの議論である。現在は、常に人がこの堰の操作・再構築を繰り返しながら、この堰に関わっており、川の流れに関しても、川倉によって取水口側へと誘導された後に水制によって澪筋へと戻されるというシステムが構築されている。しかし、現在の投げ渡し堰の部分が現在の計画高水流量を安全に流し得ないと判断されたときに、堰をどのように改築するのか、あるいは堰をそのままにして堰を通過する計画高水流量をどのように低下させるのかなど、この場所に限らず、広域の河川特性をよく理解した上で、様々な方策を検討しなければならないであろう。

　その際には、構造物の残し方ではなく、Type4 でも紹介したようにかつての利水・治水に対する考え方自体にもう一度立ち返り、構造物だけではなく、広域の自然条件や人々の住まい方までを含め、かつての柔軟な治水システムを見直す必要がある。特に、今後は地球温暖化の時代を迎え、気象条件が大きく変化する可能性が指摘される一方で、ダムに頼らない治水のあり方についても検討されるようになった現在こそ、現行の構造令に合致するか否かだけにとらわれない保全方法を検討していく意義は大きい。

第7節　参考文献

1) （財）国土技術研究センター編：改訂　解説・河川管理施設等構造令、(社)日本河川協会・山海堂、2000
2) 高橋裕：河川工学、東京大学出版会、1990
3) 三輪弌：砂レキ堆形成からみたわん曲斜めゼキの合法則性、農業土木学会論文集76、pp61-66、1978
4) 知花武佳：歴史的河川構造物のシステムを捉える、CE 建設業界 Vol.57、No. 11 ［通巻 678 号］、2008

8　港　湾

8.1　歴史的港湾施設

　港湾は、背後のまちと一体となってその機能を発揮している。「みなとまち」という言葉はその表れである。そこで歴史的港湾施設も「みなとまち」という空間領域で捉えられている（表8-1）。実に多くの種類の施設が含まれている。ここでは、この中で港湾基本施設と分類されている、石積みの防波堤や岸壁・護岸に対象を絞る。時期的には、明治年間以前のものとする。

　防波堤・岸壁・護岸の空間的特徴は、港の水域を明示し港と背後地の境界を示し、みなとまちとしての構造を規定するところにある。防波堤は背後の地形や前面海域の水深といった自然条件に則って設けられ水域の形を決めている。岸壁・護岸は水際線の形を決定し、直背後の倉庫や問屋などと街路や街区は一体的に整備され、みなとまちの構造が立ち現れることになる。構造的には、干満差や波浪などにより常に海の外力を受ける。防波堤は第一線で波を受けるため、波浪に耐える重さや積み方が求められる。岸壁や護岸は接岸機能を果たすため直立に近い形状で、干満に対応できるよう雁木などの工夫がなされた。

表 8-1 「みなとまち」に基づく歴史的港湾施設の新分類（山下作成）[1]

空間領域の別	大分類	中分類	小分類
みなとまちを構成する歴史的港湾施設	みなとに含まれる歴史的港湾施設		
	港湾基本施設	外郭施設	防波堤・導流堤・突堤・防砂堤・防潮堤・堤防・護岸・水門・樋門
		水域施設	運河・水路・航路・泊地・船溜り・船入澗
		係留施設	岸壁・桟橋・物揚場・水揚場・雁木・波止場・係船柱・船揚場・渡船場・ドルフィン
		陸上交通施設	駅・電車線路・道路・橋
	貨物輸送施設	荷さばき施設	荷役機械・荷役場石柱・上屋・魚市場
		保管施設	倉庫・蔵屋敷・野積場・貯木場・網干場石柱
	船舶運航施設	海象等確認施設	望楼・日和山・日和見台方位盤・方位石・方角石
		標示施設	目印山・狼煙場・常夜灯（灯籠）・灯台・航路標識・標識
		気象観測施設	気圧計・観測所
	船舶関連施設	船舶	船舶
		船舶建造施設	造船所・ドック、焚場
		船舶格納施設	船倉・船小屋
	港湾管理施設	港湾管理施設	番所・番所井戸・港銭収入所・関門・関・官庁・官舎・役所
	港湾工事施設	測量関連施設	基石・ベンチマーク
		製作施設	ケーソンヤード
	港湾産業施設	生産施設	プラントなど生産設備、鉱山の坑口跡、油田
	軍事施設	防衛施設	砲台・台場
		艦船施設	軍艦所
	まちに含まれる歴史的港湾施設		
	旅客宿泊施設	宿泊施設	小宿・宿泊接待所・船宿
	港湾文化施設	海事教育施設	学校
		記念施設	記念碑・慰霊碑・銅像・記念館
		催事施設	山車・力石
		信仰施設	神社・玉垣・寺院・墓地・石祠・教会
		娯楽施設	料亭・遊廓・タワー
	休息施設	公園施設	築山・公園・臨海庭園
	貿易・外交施設	貿易・外交施設	会所・交易所・運上所・税関・領事館・商社商館
	町家施設	町家施設	回船問屋・商家・屋敷
	埋立地		埋立地（上物により判断して、他に分類）
	遺跡		遺跡（それぞれの施設の遺跡）

また、干満による吸い出しを防ぐため、裏込めにぐり石を用いている。環境的には、海域の自然生態や水質と密接な関係にある。石積みは多孔質であるため、生物にやさしい構造物である。材料は、大小の石材である。自然石や切石を用いて、布積み・谷積み・野面積みなどの技法が用いられている。

8.2 歴史的港湾施設の保全の現状
（1） 鞆の浦

鞆の浦は福山市中心部より南へ14km、沼隈半島の先端に位置し、平安時代から内海航路の要港であり、室町時代には対明貿易の基地であった。近世に港が整備され、現在も雁木、常夜灯、船番所、焚場、波止などの施設が残っている。

(a) 雁木

　現存する最も古いものは大雁木と呼ばれる 1818（文化 8）年の施設であり、高さは 3.5m、階段数 24 段で、約 4m に達するこの海域の干満差に対応し、ほぼ年間を通じて荷役作業が可能であったと想像できる。他に、北雁木、東雁木、波止雁木が残されているものの、建設年代は不明である。北雁木については、上段 6 段は花崗岩の雁木であるが、下段 10 段はコンクリート製の階段護岸になっている。また、雁木は老朽化に伴い階段の間に空隙が生じており、漆喰やコンクリートで補修されている。

写真 8-1　大雁木と土蔵

写真 8-2　北雁木

(b) 船番所波止

　船番所波止は石積み防波堤である。大可島の南端を起点として、陸繋砂州を利用して設けられたと推測される。船番所波止では、港外側は全体にわたって谷積みが採用されているのに対し、港内側は谷積みと布積みが混在している。防波堤には、一般的に水平方向からの風波に対して頑強な谷積みが奨励されている。このため、船番所波止でも谷積みが多く採用されていると考えられる。港内側の部分的な布積みは、物揚場としての利用を前提とした階段工の痕跡だという可能性もある。船番所波止は、往時のままの姿を残している。

写真 8-3　船番所波止全景

写真 8-4　港内側に小段の付いた船番所波止の石積み

(c) 近世の港町

　鞆城址から北雁木に至るあたりには、近世の港町としての姿が色濃く残っている。現在の県道と重なる昔の街道の浜側は、街道と浜の両側に接する町家が大規模な宅地を占め、浜に面して土蔵群、街道に面して主屋を配置している。また、主屋・土蔵群に囲繞（いにょう）された宅地内部には、離れ座敷、庭等の接客空間の充実が見られる。土蔵群の浜側は、船荷を捌（さば）くためのスペースがあり、雁木が海に落ち込む。一方、街道陸側は、浜側に比較して奥行きもそれほどない鞆城址の丘陵までの間に、間口の狭い小規模な町家が立地している。このように、街道浜側が陸側に比較して大規模な町家である理由は、港町の発展に伴い、浜側に土地を拡大していったことによるといわれており、港の発展が街の空間構成に影響を与えていることが伺える。

写真 8-5　土蔵と雁木のある西町

写真 8-6　西町の江戸期の町家と通り

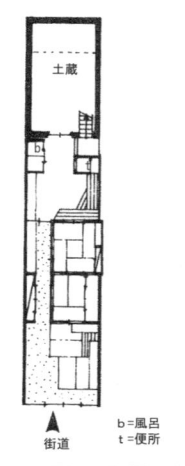

図 8-1　西町の町屋の例 [2)]

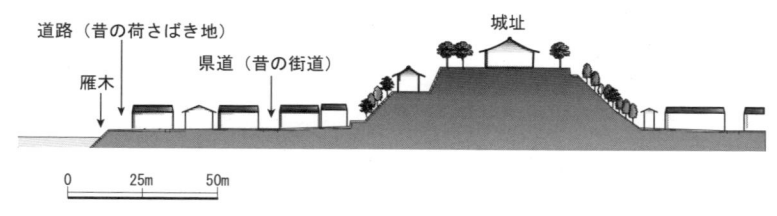

図 8-2　鞆城跡から北雁木断面

(2) 三角西港

　三角西港は、熊本県中央部より西に突出した宇土半島の終端に位置する。野蒜（のびる）、三国築港に次いで、明治時代に行われたわが国で3番目の近代築港事業である。明治政府から派遣されたお雇いオランダ人水理技師ムルドルが指導にあたり、1887（明治20）年に竣工

した。オランダ築港技術が日本で実地に適用されて成功した唯一の例であり、ほぼ完全な状態で当時の施設が残っている。

(a) 岸壁・護岸

当初造られた730mの延長を持つ岸壁は、港湾計画上の緑地として位置づけられ、浮桟橋跡、階段などが、築港後1世紀を経た現在においてもほぼ無傷のまま残る。これらをそのまま、新たな造作を極力せずに背後の芝生地と連続した緑地として活かすことで、来訪者、市民の水際線の憩いの場として利用されている。

1985（昭和60）年から始まる港湾環境整備事業においては、家屋の移転も行いながら、岸壁の一部を覆っていたコンクリートやレンガを撤去し、石積みの岸壁を発掘した。水路部の階段はコンクリートであったため石積みに復元し、石垣のゆるみのある部分は補修した。また、背後の護岸部では天端石が欠損している部分があり、石を補充して修復した。敷石のゆるみは、目地にコンクリートを充填して補修している。

写真 8-7　浮桟橋部の岸壁

写真 8-8　水路部の石積みと橋

(b) 明治期の港町

現在の三角西港は、漁船などが係留している程度であるが、街路の構成はほぼ往時のままである。背後は、当時の建造物が復元・活用されている。岸壁沿いに立つ三角築港記念館は荷役倉庫として使用されていたものを修復し、西港築港の資料を展示しているとともに、この岸壁や水面を眺めることのできるテラスのあるレストランも併設されている。この他、背後の緑地には、洋館の龍驤館、旧高田回漕店、ムルドルハウス（物産館）、浦島屋などが修復、復元されている。

写真 8-9　復元された建築物と石積岸壁

写真 8-10　石積岸壁と倉庫を改修したレストランのテラス

（3） 御手洗港大防波堤

御手洗港大防波堤は、広島藩が 1829（文政 12）年に「中国無双」の大波止として設けた。風波に強いゴボウ石（控えの長い石）を使用したものであり、重要伝統的建造物群保存地区のシンボルとなっている。

1991（平成 3）年の台風 19 号で被災し、大防波堤の先端約 3 分の 1 と小（東）防波堤は全壊した。大防波堤は、同施設の文化財としての価値から、空積みによる現状復旧が行われた。小防波堤は、被災前と同様の場所打ちコンクリートで行われたようである。現在は、間知石谷積みの姿になっている。

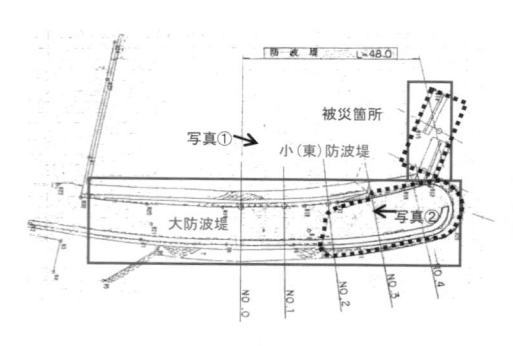

図 8-3　被災状況平面図　　　　写真 8-11　被災状況①

写真 8-12　被災状況②　　　　写真 8-13　修復後の防波堤

（4） 瀬戸田港福田地区防波堤

瀬戸田港福田地区の船溜りの防波堤は、1945（昭和 20）年頃に施工した空積みの石積み防波堤であった。その後防護機能を強化する目的で、外港側にコンクリート施工による嵩上げと、空積みの目地の緩んだ箇所にコンクリートを流し込み、補強を行っている。1991（平成 3）年の台風 19 号で被災したが、被害の少なかった内港側は、石積みによる復旧を行うこととした。

北西側からの波により、防波堤の北側かつ外港側がほぼ全壊し、内港側も全体の約半分が崩壊した。大きく崩壊した部分は工費、材料の確保などを勘案し、コンクリートによる修復とした。石積みにした場合、直工費で約 1.5 倍程度の違いが出る。防波堤の内港側一段目の部分的に石積みが崩落した箇所は、石の積み直しにより修復した。

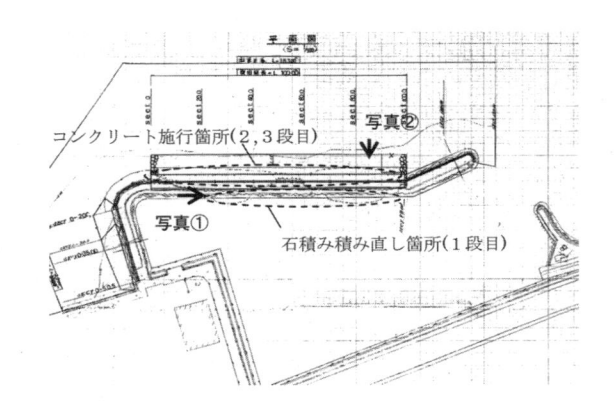

図 8-4　被災状況平面図

写真 8-14　被災状況①

写真 8-15　被災状況②

写真 8-16　修復後の防波堤

（5）　桂浜・西洋式ドック跡（護岸）

　広島県呉市の桂浜は、かつて海上交通の要衝として、そして造船の中心地として栄えた場所であり、ドックを含むその周辺は国立公園区域に指定されている。また、ドック前の海岸部の松原は県指定史跡であり、ドックは埋蔵文化財であった。桂浜ドックは江戸後期の西洋式ドックであり、乾式ドックとしては日本最古ではないかといわれている。

　2005（平成17）年に倉橋町が呉市と合併した際の計画事業のひとつとして、桂浜の整備が行われた。呉市教育委員会が中心となり文献調査と聞き取り調査を行い、一部発掘調査も行った上で、県文化課と修復を進めた。空積みの部分の石垣は、元々3段程度しかな

かったが、高潮対策を考慮し地盤まで積み上げることとした。石垣の裏込めの状態は試掘しても分からなかった。そこで、砂地盤を切った際に山止めできる勾配を設定し、そこを吸い出し防止の防砂シートで押さえた上で、裏込めで満たす手法をとっている。

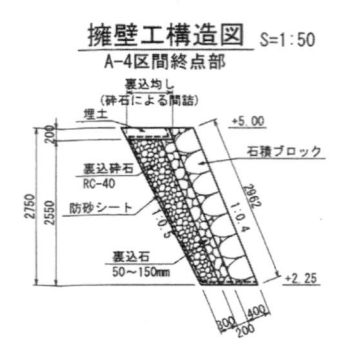

図 8-5　石垣修復断面図　　　　写真 8-17　修復後の石垣

8.3　防波堤や岸壁・護岸の保全の手法
（1）保全の考え方
　歴史的港湾施設の保全を考えるにあたっては、「みなとまち」として一体的に検討することがまず必要である。港発祥の地（旧港部）に着目し、8.1 項に示した歴史的港湾施設を再発見する。特に背後のまちと一体となった空間構造（地形・街路・敷地）に着目しなければならない。そして、現存するみなとまちの空間構造とその象徴である歴史的港湾施設をもとに、各地域で個性豊かなみなとまちづくりを展開する。そのためには、文化的景観や伝建地区などの指定制度、都市整備事業や港湾整備事業などの事業制度を活用する。
　前項で紹介した鞆の浦や三角西港、また高知県の手結港などは、水域を含め防波堤や岸壁・護岸と一体となった歴史的港湾空間が保全されている好例である。さらに旧港部を残して埋め立てがなされた港として、鹿児島港本港区の旧港施設（第 4 章 3 節「3.1　鹿児島旧港施設」で紹介）、横浜港の象の鼻、門司港の船だまりと岸壁・護岸などが挙げられる。現代の港に、その履歴を表す防波堤や岸壁・護岸および水域が残り、港と街に時間的な奥行きを与えている。
　8.2 項で見たように、石積みの施設は被災を受け大半が崩壊する場合がある。また一方で、鞆の浦や三角西港のように往時の姿がそのまま残されるケースもある。これは海象条件の相違によるものである。したがって、石積み施設の保全を検討するにあたり、その文化的な価値の評価と同時に、施設の置かれている自然条件をよく見極めることが大切である。多くの港では、旧港施設の外側に長大なコンクリートの防波堤が設けられており、旧港施設は静穏な水域にある。しかし、御手洗港のように第一線で活躍している場合は、波浪の影響をまともに受けることになる。このような状況を踏まえ、石積みの防波堤・岸壁・護岸は、空積みなど当初の構造を踏襲することが重要である。自然条件の厳しさや被災の履歴などにより、一部コンクリート構造で補強するなどの手法は、次善の策としたい。また、保全にあたっては、石積みの技法（野面積み、谷積み、布積み、曲線処理）の再現・継承を考える必要もある。
（2）調　査
　まず文献調査を行う。江戸時代の防波堤や岸壁・護岸は困難であるが、明治以降ならば

設計図書を入手できる可能性がある。文献によって、形状や構造の確認、被災状況と修復の履歴の確認、当時の港湾としての利用状況の把握などを行う。

保全・修復のためには、内部構造や基礎が重要である。現地での目視による確認、試掘調査や発掘調査を行う必要もある。また、使われている石材を吟味し、修復にあたっての調達方法の検討や、石積みを修復できる技術者の確認なども必要である。さらに、資源性の評価や修復の手法を検討するため、先進事例の調査を行いたい。

また全体に関わることであるが、調査から施工まで一貫した検討体制が組まれることが望ましい。地元の教育委員会などが参画した委員会方式が一般的である。

（3） 計画・設計

計画・設計の段階では、修復の目標像の設定が重要である。時代設定や修復の原則（空積み、練積み、目地充填、控え矢板など）を設定する。旧港部の再整備の場合は、往時の防波堤や岸壁・護岸の機能をそのまま利用できるのか、新たな意味づけを必要とするのか検討する必要がある。ただし新たな整備をする場合でも、基調は港湾空間の中で「地」となるようにすべきである。

修復の方法は、文化財や波力が厳しくないところであれば空積みを基本としている。技術基準として、港湾ならば「港湾の施設の技術上の基準・同解説」（社団法人日本港湾協会、平成19年7月）、海岸であれば「海岸保全施設の技術上の基準・同解説」（海岸保全施設技術研究会、平成16年6月）がある。ただし、空積みの構造計算に関する記述はない。したがって現実は、石積み構造物を一体のものとみなして転倒や円弧すべりなどの検討を行い、安定するかどうかを判定している。鹿児島港の事例のように、こうした検討をした上で、空積みの構造物をそのまま保全するとともに一部崩落した部分は積み直しを行っている。直接波浪を受ける石積み防波堤の場合は、目地に漆喰やコンクリート充填をして修復することが多い。また、護岸の場合は、油津の堀川運河の護岸のように空積み護岸の後ろに控え矢板を設けて構造体としての安定を確保している。このように修復の手法は、それぞれのケースで何を優先すべきかを考え選択すべきである。

また、工事費の積算をする上で重要なことがある。現在の石積み工事の歩掛かりは雑割石積みのものしかなく、空積みを行うためには不十分なものである。したがって、見積もりをとって積算することが望まれる。

（4） 施　工

施工にあたっては、石材の確保と石工の活用が要点である。石材については、2つの考え方がある。対象となる構造物と同様の石材を確保し、往時の姿を復元する手法がひとつである。この場合は同様の石材が確保されるという前提である。もし同等の材料の確保が困難な場合は、文化財修理の考え方を応用して、欠損した部分にむしろ別の石材を用いて修復し、残っていた部分と新たに修復した部分を明確にするという手法をとることが望ましい。

次に石工の活用である。少なくなっていることは事実であるが、各地に専門技術を持った石工職人はまだ現存する。鹿児島港の場合も地元で代々石材業を営んできた方がおられ、積み直しや補充などの修復作業を担ってもらった。歴史的な石積み構造物については、やはり熟練の技術が必要とされるため、特定の石工職人が関われるよう体制を検討することが望ましい。

（5） 維持管理

石積みの防波堤や護岸の維持管理は、日常的というより地震や台風などの災害直後の点検が重要だと思われる。崩落や孕みだしがないかどうか、点検する必要がある。そうした

箇所がある場合は、積み直しを行う。空積みは壊れて積み直すことを前提とした柔構造の構造物であるという考え方が基本であると思う。積み直せば元の機能を発揮する点に特徴があり、少ない金額で修復すればまた元通りの機能が期待できる。コンクリートなどの鋼構造の構造物だと、壊れると作り直しとなってしまうためその分コストはかかる。

8.4 歴史的港湾施設の保全の課題と解決の方向性

ここでは、主として石積みの防波堤・岸壁・護岸と水域、これを中心とした歴史的港湾施設の課題と解決の方向性を述べる。

① 技術基準などに石積みに関する規定が必要である。

空積みの技術は、柔構造の構造物として外力への対応に優れていると考えることもできる。しかし、技術基準などにおいて空積みの記述がないため、構造計算上の信頼性に不安が大きく、採用が敬遠される要因となっている。

ⅰ）城石垣をはじめ既存の構造計算技術に関する研究成果を集約し、その適用可能性を検討する。

ⅱ）被災実績のある防波堤や護岸を対象として破壊過程を把握し、試計算を行うことにより検討結果を蓄積する。

ⅲ）実際の設計にあたって水理模型実験を行い、破壊の形態、波力と石材の大きさや積み方の関係を明らかにする。

ⅳ）以上の成果を蓄積し、適切な計算手法を確立する。

② 石工職人の存続・石工技術の継承が必要である。

ⅰ）公共事業の中で、歴史的資源の活用や地場産業振興、自然復元への有効性などの観点から空積み技術を評価し、積極的な導入を図る。

ⅱ）文化財事業における取り組み事例や港湾における事例を調査し、歩掛かりの設定、雇用形式による単価の設定を検討し、空積みに関する積算基準を示す。

ⅲ）行政・大学・石材業者が連携して後継者の育成を図る。

③ ライフサイクルコストによる石積み技術の再評価が必要である。

ⅰ）石材は自然素材であるため、コンクリートに比べCO_2の排出が少なく、資源の再利用も可能であり、環境への負荷が少ない。

ⅱ）石材を利用した場合は、多孔質で水際も変化に富む。このような状況は、生物の生息にとって望ましい環境である。したがって、生態系を豊かにする工法としてコンクリート構造物より優れている。

ⅲ）石積み構造物は、柔構造であり、壊れても積み直すことにより修復できる。

ⅳ）以上のことにより、コンクリート構造物に比べて、ライフサイクルコストの面で石積み構造物が優れていることを示す。

第8節　参考文献

1) 島崎武雄、山下正貴：歴史的港湾施設の調査方法論に関する研究、土木史研究論文集 Vol.23、土木学会、2004
2) (財)新住宅普及会・住宅建築研究所・研究 No8201・東京大学稲垣研究室：近世の遺構を通して見る中世の居住に関する研究、1985
3) 市古太郎・植松弘幸・長野隆人・金子慎太郎・伊東孝：近世広島鞆港の港湾整備と施設群の現存状況に関する研究、土木史研究論文集 Vol.21、土木学会、2001
4) 財団法人観光資源保護財団（日本ナショナルトラスト）：観光資源調査報告 Vol.13、三角西港の石積埠頭、1985

5) 蔦田真一ほか：近世の波止の構築意図に関する研究－広島鞆港を事例として－、土木史研究講演集 Vol.23、土木学会、2003
6) 星野裕司、北河大次郎：三角築港の計画と整備、土木史研究論文集 Vol.23、土木学会、2004
7) 国土交通省国土技術政策総合研究所：国土技術政策総合研究所資料景観デザイン規範事例集（河川・海岸・港湾編）、2008
8) 国土交通省港湾局：平成18年度地域の景観形成を図るための伝統的土木構造物の力学的構造の解明に関する調査、2007

9　煉瓦造建築物

9.1　煉瓦造建築物の対象と特徴
（1）　はじめに

　本節では、建築物のうち、壁などの主構造が煉瓦による組積造であるものを対象とする。
　煉瓦造建築物は、日本の近代化とともに西洋より技術が導入され、明治から大正末のごく限られた時代のみ存在した建築物である。従来の伝統的な木造建築物に比べて堅固で火災に強い建築が可能で、また西洋技術導入による近代化を象徴的に示す材料として数多くの煉瓦造建築物が建設された。一方堅固であるが粘りに乏しいその構造は地震に弱く、地震国の日本においては大弱点となり、1923（大正12）年の関東大震災以降ほとんど建設されることがなくなってしまった。震災を契機に1924（大正13）年に市街地建築物法が改正され、大規模な煉瓦造建築物の建設が事実上不可能になったこと、煉瓦造に置換し得る鉄筋コンクリートの技術が確立してきたこと、そして何よりも煉瓦造建築物が盛んに作られたのは約50年前後のわずかな期間であり、煉瓦造自身が日本の文化に定着できなかったことも大きな原因である。
　このように、現在ではほとんど新築されることのない煉瓦造建築物であるが、各地に残る歴史的煉瓦造建築物は、その素材の持つ暖かみ、味わい、重厚さ、貴重性、西洋への憧憬などの魅力により、人々に親しまれている。街のランドマーク的存在となっているものや、近年は東京駅丸ノ内本屋三階部分の復原、三菱一号館の復元、横浜赤レンガ倉庫の整備など、歴史的なノスタルジー的価値だけでなく、大都市圏において経済的にも利点があるものとして活用されるようになっている。
　このような煉瓦造建築物を保全していくためには、その建築物の特徴をよく把握しておく必要がある。以下に材料・構造・意匠別に特徴を述べる。

（2）　材料的特徴
（a）　材料に色むら・強度などのばらつきがある

　煉瓦は瓦などと同じく土をこねて成型し、窯で焼成されたものであり、土の種類、成型方法、焼成方法などによりその品質は大きく異なる。現在では機械成型したものを重油などを燃料とした窯で焼成するため、比較的均質なものができるが、当時は達磨窯や登窯、ホフマン窯などで薪や石炭により焼成していたため、場所や火の具合により品質は大きくばらついた。焼成後にその焼き具合ごとに等級を分類してある程度の品質を揃えていたが、それでも焼成による色むらなどは見られる。
　一方目地についても、明治初期～中期のものはセメントが使われていない石灰モルタルである事例も多く、またそれ以降のものでもセメントの量にはかなりの個体差がある。また、セメントの質なども時代ごとに異なる。

写真 9-1　重要文化財　法務省旧本館
1895（明治 28）年竣工。1995（平成 7）年改修にあたり、煉瓦壁の強度など耐震性の検討が実施された。

（b）　耐久性は比較的高い

　鉄筋コンクリート造の劣化の主要因は、コンクリートの中性化による鉄筋の発錆・爆裂であるが、鉄材が入っていない煉瓦造（一部鉄材が入っているものあり）は、中性化の問題はあまりない。また、良質の煉瓦の場合は、表面からの劣化はあまり進行しない。品質にばらつきがあるので一概には言えないものの、良質な施工が施された煉瓦造の耐久性は比較的高いと言える。

（3）　構造的特徴

（a）　壁面の面外への倒壊や、壁頂部からの倒壊、突出部などの部分崩壊が問題となる

　煉瓦造が鉄筋コンクリート造と最も異なるのは、鉄筋のように引張に抵抗する要素がないため、引っ張りや曲げによる破壊に脆いことである。鉄筋が入っている鉄筋コンクリート造は破壊しても鉄筋によりバラバラに崩壊することはまれであるが、煉瓦造は一部の破壊が始まるとそこから他の部分の破壊を誘発し、最終的に崩壊に至るという局所破壊から全体崩壊へという破壊性状を持つ。過去の地震被害事例からも、特に煙突やパラペット、壁頂部などが地震により部分崩壊し、やがて全体に破壊が及ぶ例が多く確認されている。まず突出部や壁頂部からの崩壊を防ぐ手立てが必要となる。

（b）　ほとんどが経験則・仕様規定で建てられている

　わが国で煉瓦造建造物が建てられた時代（関東大震災以前）は、1920（大正 9）年施行の市街地建築物法の一部の規定を除き、現在の建築基準法のようなものはなく、そのほとんどが経験則で建てられていたと言ってよい。特に 1891（明治 24）年の濃尾地震以前は壁厚も薄く、目地にセメントが用いられていないなど、かなりの問題を抱えた建造物が多い。幾度かの大地震の経験により、一部組織で仕様の規定が作られるが、全体的に構造計算を実施して建設されたものはほとんどない。

（c）　ばらつきが大きい（時代・官と民、地域）

　全国を包括する法令がなかったために、煉瓦造建造物は構造的なばらつきが非常に大きい。前述のように、1891（明治 24）年の濃尾地震以前のものは壁厚が薄く、目地強度も弱い傾向があり、また公共団体による建築と民間の建築では同じ時代でもかなりのばらつきが見られる。また、地域差も同様に見られる。以上のように、煉瓦造といっても一様なものではなく、各要素により大きくばらつくため、個別の判断が重要である。

（4） 意匠的特徴
（a） 洋風建築の意匠
　煉瓦造建築物は、作られた時代を反映して、何らかの装飾を有したものが多い。石材と煉瓦を巧みに組み合わせた外部意匠、軒先蛇腹やアーチなど煉瓦積による意匠、室内の洋風装飾など、どれも現代建築には容易に見られないもので、魅力のひとつとなっている。現代に比較して濃い色、暗い色を好んで用いるのも時代の特徴を示すものである。

（b） 煉瓦の色合い
　煉瓦造建築物の大きな特徴は、壁面に表れる煉瓦積の意匠である。もちろん躯体のみに煉瓦が用いられて、表面はモルタルやタイル、漆喰などに隠蔽されている建物もあるが、煉瓦造建築物の魅力の大部分は、煉瓦のテクスチャーにあるものも多い。この煉瓦のテクスチャーを再現することは容易ではない。同色の色むらのある煉瓦を焼成するのが困難であるし、また積み方をよく理解して再現しなければ出来上がりは軽薄なものとなってしまう。

　以上のような特徴を持つ煉瓦造建築物を保全するためにはどうすべきか、現状と手法、課題について順に述べる。

9.2　煉瓦造建築物の保全の現状
（1）　文化財としての歴史的煉瓦造建築物の現状
　日本における文化財建造物の保護は、社寺建築の保存から始まり、次第に城郭や民家へと対象を拡大していったが、その主たる構造は木造であり、保護の制度および技術的なノウハウは原則木造建築物を主として発展してきた。一方で、明治期以降の木造以外の建造物もその価値が認められて重要文化財に指定されるようになり、特に1990（平成2）年以降各県において近代化遺産（建造物等）総合調査が実施されると、調査の結果を踏まえて煉瓦造、鉄筋コンクリート造の建造物が数多く重要文化財に指定されるようになった。

　さらに1996（平成8）年、文化財保護法が一部改正され、登録有形文化財の制度が導入されると、近代の建造物が多数登録されるようになり、煉瓦造の建築物も多数登録されるようになった。

　文化財に指定される煉瓦造建築物が増加するに従って、保存修理が実施される建築物も出てきたが、課題とされたのが構造診断・構造補強の方法であった。煉瓦造建造物は、1924（大正13）年の市街地建築物法の改正によって仕様規定が厳格化され、大規模な建物の新築がほぼ不可能となって以降、その耐震性能についての研究がほとんど進んでおらず、したがって耐震性能の評価の方法なども未策定のままとなっていた。

　そんな中、暗中模索で始められた初期の煉瓦造重要文化財建造物の補強は、鉄筋コンクリート躯体を付加的に新設し、耐力を鉄筋コンクリート躯体に持たせる工法が多数用いられた。多くは外部意匠を守るため、部屋内側に鉄筋コンクリート壁を増し、煉瓦壁と一体化させるものであった。近衛師団司令部庁舎（1977（昭和52）年修理）や、北海道庁旧本庁舎（1968（昭和43）年修理）で実施されている。この方法は、部屋の意匠をかなり変更する必要が生じることや、将来の撤去が困難であることなどから、次第に適用事例は減少していった。

　コンクリートに代わる補強方法としては、鉄骨フレームによる補強が増え、現在でも一番多く用いられている。

　局所的な補強としては、煙突や立ち上がり部の補強、あるいは壁面の倒壊防止のために、頂部から削孔し、鉄筋を挿入する工法や、壁面に鋼板を貼り付ける工法、炭素繊維などの

連続繊維シートを貼り付けるなどの工法がある。いずれも補強材は隠蔽あるいはごく薄く済み、意匠に与える影響は少ないが、取り外し不可能である点や、エポキシ樹脂などと煉瓦との相性の問題を十分考慮しなければならない。

近年では、上部構造に対する影響を極力減らすことができる手法として、免震工法が用いられる事例が増加している。重要文化財では、兵庫県南部地震で倒壊した神戸居留地十五番館（木骨煉瓦造）の復旧工事において免震工法が初めて用いられたのをはじめ、東京駅丸ノ内本屋においても巨大な建造物全体を免震化する工事が進められている。また、大阪市中央公会堂のように、免震工事が完成したあと重要文化財に指定されたものもある。

煉瓦躯体の評価方法について、初期の事例は煉瓦の構造強度を期待せずカーテンウォールと考え、それを支持できるだけの構造体を付加するという手法が多く見られたが、次第に煉瓦躯体そのものの強度を評価しようとするものが出てきた。主に煉瓦壁の面内せん断力をいかに評価するかということで、煉瓦壁よりサンプルを採取し実験が実施されている。また、面外方向への検討はいまだ確率した手法がなく、同志社クラーク記念館など近年の事例で検討が実施されているにすぎない。

（2）　その他の煉瓦造建築物の現状

近年特筆すべき事項として、東京丸ノ内において1894（明治27）年に竣工した煉瓦造のオフィスビル「三菱一号館」をそのまま煉瓦造の構造で復元するという試みが実施された。重要文化財級の価値が認められていた建造物を、一度壊しておきながら再度元通りに作り上げるという行為に果たして文化財的な意味がどれほどあるのかという点は意見が分かれるところであるが、現行法規の下で煉瓦造ビルを新築するにあたり、煉瓦躯体の構造強度などについて数多くの実験・検討が実施された点は興味深い。

（3）　活用の現状

活用方法については、煉瓦の建物を活かした活用は年々増えている。横浜や舞鶴など、大規模な煉瓦建築物をホールや店舗などに転用した事例も増加している。小規模なものでは、内壁の煉瓦壁を露出させ、個性的な空間を演出しているものも多い。

しかしながら、「赤れんが○○」や、「○○レトロ」などの安易なテーマを掲げるものが多いように思われる。倉庫を活用するにしても、単に「赤れんが倉庫」というのではなく、元々その建物がどのような機能を持っていたのか、立地との関わりはどうだったのかという建物の意味から検討し、個性的な活用方法を模索する姿勢が求められる。

9.3　煉瓦造建築物の保全の手法

（1）　調査・計画

煉瓦造建築物の保全のために検討すべき最重要課題は構造対策である。保全を検討するにあたっては、まず構造対策に主眼をおいて、必要な調査を実施し、診断を行って設計に反映させるという調査──診断──設計という流れが重要である。

ただし、歴史的建築物の場合、施工中に新たなことが発見されることは頻繁であり、施工途中での設計変更を想定した計画としておくことが重要である。施工中の調査を行わず設計のまま実施してしまうことは、良い結果を生まない。

(a)　調査

まず調査では、建物を保全するにあたっての課題を洗い出すことが重要である。調査は構造検討のための調査（構造調査）、修理のための調査（破損調査）、建物の歴史調査（歴史調査）などに分けられる。

[構造調査]

構造調査は、構造検討のために必要なデータを収集する調査であるが、地盤調査、躯体調査、物性調査などがある。

地盤調査は、ボーリングや土質試験などを実施し、地盤に関する情報を収集する。

躯体調査は、構造体に関する情報を収集し、特に煉瓦造としての弱点はどこかを割り出す。

物性調査は、煉瓦や目地、煉瓦躯体などの強度試験などを実施し、診断に必要な各種強度を求める。コア抜きなどの破壊を伴うため、必要な調査を効率的に実施する必要がある。

躯体調査・物性調査の一覧を**表9-1**に示す。

表9-1 躯体調査・物性調査一覧

		調査事項	調査目的	調査方法
躯体調査	構造体調査	構工法調査	・煉瓦の寸法・種類 ・目地の寸法・種類 ・積み方　・施工精度	目視・実測
		形状調査	・建造物の形状　・建造物の高さ ・壁の長さ ・壁厚　・臥梁の有無　・壁の開口部 ・床および屋根の構造 ・壁面の立上り部分（妻壁・ペディメント）、暖炉などの煙突、パラペットなどの有無	目視、図面照合
		基礎構造調査	・基礎の形状の確認 ・基礎杭の有無・形状・破損状況の確認 ・地下水位の確認	基礎掘削、目視、実測
		改変状況調査	・改変状況の調査 　荷重の増減、壁・柱など構造部材の増設・撤去	目視、図面照合、仕様・痕跡調査
	破損調査	破損調査	・構造体に関する破損調査 亀裂、劣化、欠損、汚損、白華、発錆、腐朽など	目視、打診
		変形調査	・変形の測定とその原因の検討 ・不同沈下・傾斜・その他変形	レベル・トランシット、トータルステーション、下げ振り、水準器、三次元測量、モニタリング調査
		ひび割れ調査	・構造的破損状況の把握と原因の検討 ・ひび割れ図の作成	目視、クラックスケール、打診
	内部探査	内部探査	・躯体内の空隙の確認 ・躯体の構造の確認 ・躯体厚さ・施工精度の確認 ・目地の空隙調査	レーダ法、超音波法、衝撃弾性波法、内視鏡法、コアボーリング
		鋼材探査	・鋼材の位置・寸法・形状確認（構造材としての評価、錆による躯体破損原因としての評価）	電磁波レーダ法（地中探査用電磁波レーダ）、電磁誘導法、衝撃弾性波法、磁気探査法、透過X線法、部分解体調査
	振動測定	常時微動測定	・建物の破損・劣化推定のため地盤の卓越周期、増幅特性、建物の固有周期、減衰特性の測定	微小振動を測定
		強制振動測定	・建物の破損・劣化推定のため地盤の卓越周期、増幅特性、建物の固有周期、減衰特性の測定 ・常時微動では建物の性状を把握しきれない場合に適用	起振器、トラック、人力などによる加振
		地震モニタリング	・建物の破損・劣化推定のため地盤の卓越周期、増幅特性、建物の固有周期、減衰特性の測定 ・長期間の観測が可能な場合	継続モニタリングによる地震測定
	図面作成	図面作成	・配置図・平面図・立面図・断面図、矩計図、材料伏図、展開図、部分詳細図 ・各部の構造形式	目視、実測、測量、三次元測量など

物性調査	躯体物性調査	躯体の力学的特性		
		強度		
		躯体圧縮強度	躯体としての圧縮強度	煉瓦圧縮強度、要素圧縮強度、目地充填率などより算出
		躯体引張強度	躯体としての引張強度	煉瓦引張強度、要素引張強度、目地充填率より算出
		躯体せん断強度	躯体としてのせん断強度	上部からの圧縮力を考慮した上で、要素せん断強度、目地充填率より算出
		躯体曲げ強度	躯体としての曲げ強度	煉瓦曲げ強度、煉瓦引張強度、躯体引張強度、躯体せん断強度より算出
		剛性		
		躯体圧縮弾性係数	躯体としての圧縮弾性係数	煉瓦圧縮弾性係数、要素圧縮弾性係数、目地充填率などより算出
		躯体引張弾性係数	躯体としての引張弾性係数	煉瓦引張弾性係数、要素引張弾性係数、目地充填率より算出
		躯体せん断弾性係数	躯体としてのせん断弾性係数	上部からの圧縮力を考慮した上で、要素せん断弾性係数と目地充填率より算出
		躯体曲げ弾性係数	躯体としての曲げ弾性係数	煉瓦曲げ弾性係数、要素引張弾性係数、要素せん断弾性係数より算出
		躯体の密度	躯体の密度	煉瓦の密度と要素の密度より算出
		目地調査		
		目地充填率調査	・目地の充填率の評価 ・目地強度の信頼性および施工精度の確認	目地の健全部分の面積比率 縦目地、横目地の充填率
		目地の中性化深さ試験	・鋼材の腐朽の可能性評価（鋼材がある場合）	コア抜き、ドリル削孔＋フェノールフタレイン
		目地の配合推定	・目地強度推定 ・セメント、石灰の有無 ・細骨材の性質・量　・配合比 ・水分量	化学分析など
	材料試験	煉瓦圧縮強度試験	・煉瓦の圧縮比例限界 ・煉瓦の圧縮強度 ・煉瓦の圧縮弾性係数	（例）JIS R 1250 に準拠
		煉瓦曲げ強度試験	・煉瓦の曲げ比例限界 ・煉瓦の曲げ強度 ・煉瓦の曲げ弾性係数	
		煉瓦引張強度試験	・煉瓦の引張比例限界 ・煉瓦の引張強度 ・煉瓦の引張弾性係数	
		煉瓦密度・吸水率試験	・煉瓦の密度 ・煉瓦の吸水率	（例）JIS R 1250 に準拠
		煉瓦圧縮強度推定試験	・煉瓦の圧縮強度推定	（例）リバウンドハンマー、ドリル削孔による強度推定法、ウインザーピン法
		目地圧縮強度試験	・目地の圧縮強度	
		目地圧縮強度推定試験	・目地の推定圧縮強度	（例）リバウンドハンマー、ウインザーピン法、引っかき傷法
	要素試験	要素圧縮試験	・要素の圧縮比例限界 ・要素の圧縮強度 ・要素の圧縮弾性係数	（例）要素試験体を圧縮
		要素引張試験	・要素の引張強度	（例）要素試験体を直接引張
		要素せん断試験	・要素のせん断強度 ・要素の圧縮応力度とせん断強度の関係 ・要素のせん断弾性係数	（例）要素試験体を1面せん断、2面剪断試験 載荷力と直交する方向に圧縮力を付加し影響を考慮
		要素密度試験	・要素の密度	
	実大試験			過去の試験等を参考に試験方法を検討

［破損調査］

　破損調査は、修理すべき箇所の調査を行う。破損の箇所とその原因を把握し、対策を検討する必要がある。煉瓦造建築物の主な破損を表9-2に示す。

表9-2　煉瓦造建築物の主な破損

部位	材料	破損状況	推定される原因（一部）
基礎	根積煉瓦	亀裂、ひび割れ	不同沈下・支持力不足、地震
		劣化 欠損 浮き・剥離	経年劣化、凍害、塩類風化、物理的要因
	基礎コンクリート	亀裂、ひび割れ	不同沈下・支持力不足、地震
		ジャンカ	初期不良、地下水によるセメント分の流出
	基礎杭	腐朽	初期不良 地下水位の低下 経年劣化
壁	煉瓦および目地	亀裂、ひび割れ	不同沈下、地震、局部不良、内部鋼材の錆による膨張
		劣化 欠損 浮き・剥離	経年劣化、凍害、塩類風化、物理的要因
		汚損	植物、地位・菌類の繁殖←雨漏り・漏水による水分の供給、落書き
		白華	目地内石灰分の析出、煉瓦・コンクリートその他からの石灰分の析出
		発錆	内部補強鋼材の錆、釘・ボルトなど埋め込み金物の発錆
屋根・床など水平部材	木造トラス・床組	腐朽・虫害・蟻害 割れ 変形・たわみ	雨、漏水、キクイムシ、白蟻 木材の乾燥、荷重 荷重（固定＋積載）
	鉄骨トラス・床組	変形 錆・腐朽	荷重 漏水、塗膜の劣化、電食作用、環境
	煉瓦アーチ・ヴォールト	亀裂、ひび割れ	不同沈下、地震、鉛直荷重、局部不良
		その他	（壁に準ず）
	コンクリート（無筋・鉄筋）	亀裂、ひび割れ	不同沈下、地震、鉛直荷重、局部不良、鉄筋の発錆、温度変化
		その他	経年劣化、凍害、初期不良など

［歴史調査］

　歴史調査は、建物の来歴、変遷などを調査し、建物の歴史を整理する調査である。文化財建造物の保存修理では、解体中の調査などを綿密に行いながら、建物の来歴を明らかにし、建物にとってもっともふさわしい姿・時代に復原を行う場合が多い。文化財でない煉瓦造建築物では、この歴史調査が疎かにされる場合があるが、建物の本当の価値を表現するためには、建物の本来の姿を知ることが重要である。

(b)　診断

　診断は、調査の内容を分析し、評価することであるが、ここでは特に構造診断について記述する。

　煉瓦造建築物の構造診断は、靭性に乏しくばらつきが大きいというその特性上、変形性能を評価するのが難しい。そのため複雑な計算を実施した事例はまれで、コンクリート構

造物の一次診断法を準用した煉瓦壁の面内せん断耐力と地震時に発生するせん断応力とを比較する方法がよく用いられている。

　煉瓦壁のせん断耐力はばらつきが大きいので、基本的にはサンプル採取による試験が必要となる。壁のせん断破壊は、目地部での滑り破壊、目地に添う斜めクラック、目地・煉瓦を貫通する斜めクラックの3種類があり、理論上はその3種類の破壊の最小値となる。しかしこの3種の破壊モードを評価する手段が確立していないため、目地のせん断耐力をもって壁のせん断耐力とすることが多い。このとき気をつけなければならないのは、目地のせん断試験は試験体の寸法の影響を大きく受けること、実際は鉛直力による摩擦力の影響を受けることである。小さな試験体で鉛直力の影響を無視すると、せん断耐力を過小評価することに繋がる。

　面外方向の検討が本来は優先事項であるが、面外方向への検討はかなり複雑なため、壁頂部に臥梁を設置するなどして、面外方向の問題をなくして面内の検討のみにもっていく事例が多い。面外の検討をしたものでは、各面を独立壁とみなしてその面外倒壊を防ぐような検討を行ったもの、実験などより壁強度・剛性を設定し、有限要素法解析を行ったものなどがある。実大実験により確認した事例もある。面外方向の検討はいまだ発展途上にある。

　その他、煙突、パラペットなどの突出部は別途検討が必要である。

(2)　設　計
(a)　保存修理設計（修理・復原）、

　修理設計においては、破損している部分を修理することになるが、先天的にどうしても破損しやすい部分がある。近代建築では複雑な屋根の谷部、煙突・ドーマ窓周辺、軒樋や内樋、柔らかい石材の劣化、銅や鉄など異種金属の接触による電蝕などである。できるだけ元通りの仕様で直すのが望ましいが、先天的に欠陥のある部分は改良し、再び同様の破損が進まないように工夫すべきである。

　また、先に歴史調査を実施して、元の姿が判明し、復原することが建物の価値に良い影響を与えると判断されたときは、復原を行うことができる。オリジナルのデザインは建物の魅力を最大限引き出すことができる。色彩の感覚などが現在とは異なり、思いもよらない濃い色彩での特色ある空間を創造できることがある。ペンキなどは、後世の趣味の変化により様々な色が塗り重ねられている場合が多く、塗膜面のこすり出しなどの調査により、予想外の色が判明する場合がある。

(b)　構造補強設計

　構造補強設計のポイントは、局所破壊の抑止と面外方向への倒壊防止である。
・構造体を一体化することにより面外方向の問題を面内方向の問題にする。
　（壁頂部に臥梁を廻す、床面・天井面など水平面を固める）
・煙突・パラペットなどの突出部の補強を行う。

　補強の方法としては、以下の方法がある。

［RC壁の増設］

　煉瓦壁にRC壁を増設する工法である。外観を保護するため内部に打ち増す場合が多い。煉瓦壁を一体化し、面外への倒壊も防ぐことができる。内部意匠を犠牲にすることや、可逆性の問題、コンクリート壁に起因するエフロが煉瓦壁に発生するなどの問題があり、適用事例は減少している。

［RC梁・柱の付加］

　RCフレームによる補強方法である。煉瓦壁頂部に臥梁を廻したりする事例はあるが、

断面が大きくなるため適用事例は少ない。

［鉄骨フレーム付加］

　鉄骨フレームを付加することにより煉瓦壁を補強する方法である。耐力評価が算定しやすい、比較的重量が軽い、煉瓦壁に与える影響が少ないなどの利点があるが、取り付け部分のディテールの検討が必要であったり、意匠との取り合いを十分検討しておく必要がある。H鋼フレームは比較的大きな断面となりがちであるので、取り付け位置やイメージなどを十分検討しなければ、内部空間を大きく損なう結果を招く危険性がある。

［煉瓦壁の鉄筋挿入］

　煉瓦壁の曲げ・引張の弱点を補うために、壁内部に鉄筋あるいはステンレス鋼を挿入する工法である。多くは壁頂部から削坑し、鉄筋を挿入した後樹脂またはセメントスラリーで充填する。パラペットや突出部の補強に用いられる。外観上はほぼ目立たないが、可逆性に課題が残る。壁頂部から数mにもわたる穴をまっすぐ削孔するには技術が必要である。

　類似の補強例として、壁全面にステンレスピンを挿入する方法が用いられている事例がある。煉瓦全面におよそ30cm間隔で、斜め45°に削孔し、ステンレスピン挿入する工法である。外観をほぼ変えずに壁面の曲げに抵抗する要素となるが、大量の削孔とピン挿入が必要となるため、煉瓦壁に与える影響は大きい。

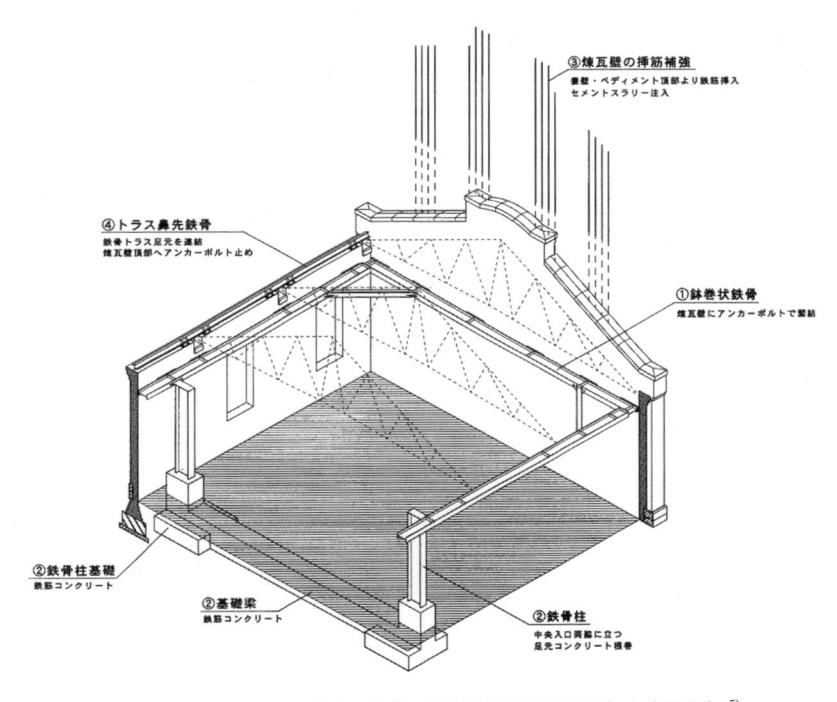

図9-1　構造補強事例（重要文化財碓氷峠鉄道施設旧丸山変電所）[5]

［煉瓦壁の鋼板張り］

　煉瓦壁に鋼板を張り付ける工法である。比較的薄い仕上げで煉瓦壁の補強を行うことができる。施工時の調整は必要である。

［煉瓦壁の連続繊維張り］

　炭素繊維などの連続繊維を煉瓦壁に張り付ける工法である。薄く軽量で、施工は鋼板張より容易であるが、エポキシ樹脂を全面に塗布する施工方法のため、耐久性や煉瓦壁への

影響が懸念され、まだ実施例は少ない。
　［煉瓦壁の目地注入］
　煉瓦目地の空隙に樹脂またはセメントスラリーを注入し、煉瓦壁を強化する方法である。施工の管理が難しく、完全な注入が困難であること、強度向上がさほど認められないことから、補強としての評価は難しく、補助的に用いるものになると思われる。
　［煉瓦壁の目地置換］
　オリジナルの弱い目地を、ある程度の深さまではつり取り、信頼できる材料に置換して接着効果を高め、壁の性能を高める工法である。石造の美保関灯台で実施された例がある程度で、実施例は少ない。
　［プレストレス工法］
　煉瓦壁にPC鋼棒を挿入し締め込むことで壁を一体化し、圧縮力を加えることでせん断力を高める工法である。PC鋼棒定着部分の補強が必要である。海外では、壁頂部の開き止めなどで鋼棒による締め込みが行われている事例がある。
　［免震工法］
　正確には補強方法ではないが、基礎に免震装置を挿入することで入力地震を減らす工法である。上部構造は良好に残せる反面、基礎など地下構造の大部分が失われてしまうこと、周辺に免震クリアランスを設けなければならないこと、一般的に工事費がかさむことなどが課題である。

　補強方法は前述のように、鉄骨補強が主流である。しかしながら、補強にあたっては空間を殺さないような補強を心がける。内部空間が重要なものであれば上部を横切るような梁は設置しない。山形県会議事堂は、外部に鉄骨バットレスを付加した事例で議論となったものであるが、これは議事堂としての内部空間を優先し、なおかつ躯体に与えるダメージを極力減らしたものである。

(c)　活用設計（設備など）
　歴史的建築物を活用するためにはどうしても付加しなければならないものがある。
　付加するもののデザインは、オリジナルのデザインと区別可能かつ調和するものとすることが求められる。また、あまり華美なものを取り付けない、建築物の魅力を損なうようなものは避けるべきである。日本の公共事業における整備では、過剰で安易なデザイン、煉瓦だから煉瓦でという単純な発想のものが多く見られる。十分検討すべきである。
　設計において、電気・設備の設計は一体的に検討することが重要である。電気・設備設計は隠蔽方法を一緒に検討しておかないと、せっかくの意匠設計を台無しにしてしまうことがある。特に空調ダクトなど、断面の大きなものは十分検討すべきものである。床下や天井裏、既存の設備空間、あるいは暖炉やラジエターボックスなどを活かして上手に隠蔽する工夫をする。

(d)　積算の注意点
　積算の際に注意しなければならないのは、煉瓦造建築物に限らず近代建築に関わるあらゆる材料・技法はそのほとんどが現在現役で使われることのない、あるいは極めてまれなものばかりであり、実施に想定外の費用がかかるということである。煉瓦積、屋根、内部漆喰塗、木製建具、建具金物・照明器具などひとつひとつが既に特殊な工法である場合が多い。いずれも市販品では間に合わず特注品となり、高価となる。また、どうしても再現不可能な技法の場合は、その再現の可能性や、代用品の選択を行わなければならない。設計には十分な検討時間、作業手間を確保することが重要である。

（3） 施　工

煉瓦躯体の修復方法としては、大きく以下の項目が考えられる。
① 煉瓦積み直しによる断面修復
② ひび割れ補修（注入・金物補強）
③ 表面補修（煉瓦差し込み、煉瓦タイル補修）

①の煉瓦積み直しは、根本的な修理であり、健全性を回復させることができる。応急的な修復では不十分な場合に適用する。しかしながら、一度煉瓦を解体し、積み直した場合、目地はほぼすべて取り替えとなり、また煉瓦も大部分が再用できず、取り替えになってしまう。結果的には何割かの煉瓦しか保存することができず、果たしてこれで建物の煉瓦造としての本質的価値を保存したことになるかどうかは疑問が残る。また煉瓦・目地ともに同様のものを再現するのが難しいことも課題である。煉瓦積に際しては、煉瓦の水湿しを十分行い、目地のドライアウトを起こさないよう注意する。

②のひびわれ補修は、コンクリート躯体のひび割れ補修方法と同様に用いられるものである。注入器などを用いて接着材・セメントスラリーなどを注入する。初期の事例ではエポキシ樹脂を用いることが多かったが、近年では物性の近い無機系材料（セメントスラリー）を用いることが一般的である。海外の事例では、オリジナルの目地材に近い材料で補修する技法がある。煉瓦の躯体内部は実際には空隙が多くあり、注入したスラリーが思わぬ所からはみ出したり、また際限なく材料が必要になったりする場合がある。試験施工を実施して具合を確認するのが望ましい。

③の表面補修は、表面が水分の出入り、凍結融解、塩類風化などで劣化している場合、劣化部分をはつり取り、新たな煉瓦あるいは煉瓦タイルを貼り付け補修する方法である。煉瓦積み直し同様色合わせが重要となる。

目地のみが劣化・脱落している場合は、目地の補修、目地ポインチング補修を行う場合もある。煉瓦の脱落を防ぐことができる。

また、煉瓦表面がエフロ、地衣菌類、落書きなどにより汚れている場合、表面のクリーニングを行うこともある。表面のクリーニングは高圧洗浄などで行う。重曹を混入させるブラスト洗浄なども行った事例がある。ただし、煉瓦表面はさほど堅くないため、水圧などを十分調整し、表面を痛めない工夫が必要である。地味ではあるが手作業による清掃も有効である。

また、表面保護のため、吸水防止剤などを塗布する場合もあるが、多孔質の煉瓦の性質上あまり安易に特殊な薬剤を用いない方がよい。

写真9-2　煉瓦アーチ積の施工

9.4　煉瓦造建築物の保全の課題と解決の方向性
（1）　調査・診断・補強方法の研究

調査・診断・補強方法についての現況は以上に述べた通りであるが、既往の研究としては以下のものがある。
① 佐野利器「家屋耐震構造論」1914（大正3）年
② 財団法人国土開発技術研修センター『無補強煉瓦造建築及び市街地建築物法期の鉄

筋コンクリート造建築耐震性能評価ガイドライン』1998（平成10）年3月
③　財団法人国土開発技術研修センター『歴史的建造物保存・活用ガイドライン』1998（平成10）年3月
④　日本コンクリート工学協会『建築・土木分野における歴史的構造物の診断・修復研究委員会報告書』2007（平成19）年6月
⑤　（財）文化財建造物保存技術協会『歴史的煉瓦造建造物の構造検討のための調査方法』2009（平成21）年3月

①は日本建築構造学の大家である佐野利器博士が1914（大正3）年に発表された論文であり、日本の建築構造力学の基礎となったものである。

「第三章　煉瓦造家屋」には、煉瓦造建築物の構造的特徴や弱点、耐震強度の検討方法などが記述されている。煉瓦造建築物が現役の時代に書かれたもので、関東大震災以前ではあるが実際にサンフランシスコや台湾などの地震被害の実例と比較しながら論じられている。煉瓦造建築物に関するこれ以降の研究の多くが、この論文の考え方を踏襲している。

②、③は、煉瓦造や初期の鉄筋コンクリート造の歴史的建築物の保存の一助とするために書かれた本である。②では煉瓦造について、佐野利器博士の基本的考え方をベースとし、煉瓦造の弱点はどこか、どのような手順で評価すべきかということについて具体的に述べられている。③は事例や参考文献が多数まとめられている。

④は、歴史的建築物・土木構造物について、鉄筋コンクリート造、煉瓦造、石造に分類し、それぞれの劣化診断・補修方法、耐震診断・修復方法について記述されている。

⑤は、文化財建造物の保存修理を数多く手がける（財）文化財建造物保存技術協会が過去の事例を踏まえて研究し、煉瓦造建築物の効率的な調査方法について提案したものである。

煉瓦造建築物の保存修理事例もかなり蓄積されてきており、今後これらのデータを整理することで今後の修理に役立つ資料となると思われる。

一方海外では、イタリアにおいて、歴史的構造物の耐震リスクに関する評価と軽減に関するガイドラインが作製され、煉瓦造建築物の耐震評価法の研究が進められている。また、開発途上国を中心として、主に簡易な組積造住宅地震被害軽減のための研究が進められている。今後は、これらの成果を取り入れて国内の研究が進むことが期待される。

（2）　技術の保存・再現

煉瓦造建築物を保全していくための問題は、建築物を構成する要素のほとんどの技術が廃れてしまっており、また材料についても同等のものの入手が困難となっていることである。

まず煉瓦であるが、ホームセンターでもガーデニング材として売られているので、一見入手しやすいように思われるが、そのほとんどが輸入品であり、建築用の煉瓦ではない。国内で今なお煉瓦を製造している会社は数えるほどしかない。また、製造方法も昔と同じ成型方法、焼成方法ではなく、真空土練機による押出成形、トンネル窯による焼成であり、寸法は似せることができても、密度、肌合い、色などを合わせることは難しい。特注の場合、数量によって単価が非常に高くなる。三菱一号館復元では、数量・単価・色・肌合いなどの問題で、中国に煉瓦を発注し焼成させた。

現在小さな動きではあるが、達磨窯や登窯を再現して煉瓦を焼成しようという地域があり、小ロットでの補修用煉瓦などへの対応が期待される。

煉瓦積職人も建物を積み上げるまでの仕事はほとんどないため、熟練技能者がほとんどいない状況である。

また、煉瓦以外の部分も、材料の入手ならびに技能者の確保が困難な状況である。

文化庁の施策としては、選定保存技術として、洋風建築関係の技術では石盤（スレート）葺と金唐紙（壁紙）製作が選定保存技術保持者として認定され、技術の錬磨、伝承者養成などの事業に必要な補助を行っている。しかし、いずれも実際の仕事の需要は少ない。石盤については、肝心の国産の石盤材料の入手が困難となっており、東京駅や三菱一号館など近年大量に石盤葺を実施している場所ではスペイン産のものを使用している。金唐紙製作については、従来の技術を伝承しているのではなく、一度絶えてしまった技術を担当者の研究と試行錯誤により復活させたものである。

工業製品については需要がなくなれば生産されなくなってしまい、入手は困難となる。クレオソート、アスベストなど、毒性が認識されて生産されなくなるものや、油性調合ペイント、リベット技術などのように新技術の登場で生産されなくなるものも多い。鉄材も現行の生産ライン上で昔と同じ組成のものを手に入れるのは極めて困難である。最後まで残ることができるのは、従来の木造建築物でも用いられる木工事や左官工事、屋根工事など、元々人間の手で作れるものくらいではないかとすら思う。

技術の伝承・保存のために、仕事を継続できるように増やす努力は必要であるが、従来の文化財に比べ煉瓦造建築物などの近代建築はあまりにも数が少ない。せめて現在残っている部材を極力保存することに努め、工法については詳細な記録を取り、再現できるだけのデータを蓄積することが重要と考える。また、施工可能な技術を持つ組織などの情報をデータベース化して共有し、仕事を継続可能なようにすることも必要であろう。

第9節　参考文献
1) 財団法人国土開発技術研修センター：無補強煉瓦造建築及び市街地建築物法期の鉄筋コンクリート造建築耐震性能評価ガイドライン、1998
2) 財団法人国土開発技術研修センター：歴史的建造物保存・活用ガイドライン、1998
3) 日本コンクリート工学協会：建築・土木分野における歴史的構造物の診断・修復研究委員会報告書、2007
4) （財）文化財建造物保存技術協会：歴史的煉瓦造建造物の構造検討のための調査方法、2009
5) （財）文化財建造物保存技術協会：重要文化財碓氷峠鉄道施設変電所（旧丸山変電所）2棟保存修理工事報告書、松井田町、2002

［コラム］　三次元レーザ測量について

近年、測量技術の進歩とともに三次元測量が用いられる事例が増加している。三次元測量には写真測量、三次元レーザ測量などがあるが、ここでは歴史的建造物で使用頻度の高い三次元レーザ測量について解説する。

三次元レーザ測量は、計測・測定対象物に触れることなく対象物にレーザを当てることにより対象物の三次元座標データを取得する測量方法である。測量に使用する三次元レーザスキャナは、発射したレーザ光が測定対象物で反射して帰ってくるまでの時間から距離を、また方向角度から角度を算出し、この距離・角度情報から三次元位置情報を求める計測機器である。

特徴として、離れた位置から短時間に広範囲に大量のデータを計測できることが挙げられる。現在、測量の主流である光波測距儀やGPSによる測量と比較して、測定精度は同等程度か若干劣るものの、一度のスキャニングで大量のデータを取り込むことができ、そ

こから必要な三次元座標データを抽出し、形状計測、変位計測を短時間で行うことができる。また、計測された点群データから、面化処理を行い、コンタ図や断面図（点）などを作成することも可能である。同時にデジタル写真を撮影し、写真の色を点群データに着色すれば、実物に近い三次元モデルを作成し、プレゼンテーションなどに生かすことができる。

通常のスケールやメジャー、トランシットなどの測量計器による計測と比較すると、短時間で大量のデータが取得できること、非接触なので仮設足場が不要であることが大きな利点である。実測にかけられる時間が制限されている場合、一時的な状況を記録する必要がある場合などに有利である。地形や土木構造物、遺構面のように巨大であるもの、不整形なものの計測に対しては特性を十分に生かすことができる。

一方で、レーザによる計測は陰になる部分のデータは取得することができない。見え隠れ部については機器を盛り替え複数点から計測し、データを結合する必要がある。基本的に表面形状をありのままに捉えるものであるので、土構造物など単一材料によるものの計測には適しているが、複合構造の内部構造まで捉えることはできない。また、木造建造物などの軸組構造は見え隠れが多く発生するので、やや不向きである。

また、図面化する作業は、結局ほぼ手作業となるため、図面の精度・品質は図面化する技術者の技量によることになる。建築物を図化するには、建築の知識が必要なのは言うまでもない。

三次元測量の適性を理解した上で、手作業による直接実測と併用して活用する姿勢が重要である。

写真1　三次元レーザ測量状況
中央機器が三次元レーザスキャナ。パソコンでデータの取得状況を確認している。

写真2　取得した点群データ（旧下野煉化製造会社煉瓦窯の例）

10　鉄筋コンクリート造建築物

10.1　はじめに

一般に、近代の構造物と近世以前のより伝統的な構造物とで、保存手法を変える理由はない。ただ、近代の構造物については、修復・再現する部分の製造設備が既に失われている場合に大きな困難が生じる。例えば、私がこれまで関わった事例からは、

・旧ムニエ・チョコレート工場（ノワジエル）における、当初の線描が残る縞鋼板や約1世紀前に製造を終えた錬鉄の修復、既に型が失われた工業生産のタイルの製造

・ミュエット団地（ドランシー）における、防音・断熱といった現代的要求を満たしながら行われた、ジャン・プルーヴェが折曲鋼板から作り出した窓の修復

などが挙げられる。幸いにもこれらの修復については個別の対応が可能だったが、他の近代の構造物では対応が見つけられないこともあった。例えば石綿セメント、鉛を主成分とする塗料、特定のプラスティックなどの、既に使用できない材料が関係した場合である。ここでは、こうした特性を持つ近代の構造物のうち、鉄筋コンクリートに限定して話を進めてみたい。

10.2　鉄筋コンクリートの誕生

　これまでの歴史の中で、建設技術者たちは主に2つの力の作用（圧縮力と引張力）と闘ってきた。多くの場合、圧縮力は材料の自重や積載荷重に、引張力はヴォールト、アーチ床スラブなどのように材料の配置や風荷重などの環境要素に依存している。

　木材は、規模を限定すれば、この2つの力に対して優れた強度を発揮する。石材やテラコッタは、圧縮力は比較的強く、引張力にさほど強くない。鉄は引張力が強いが、19世紀までその使用は限定的であった。

　石材は、中世には鉄材や木材で連結されるようになり、17・18世紀の古典建築においてこの傾向はさらに顕著となる。そして、ルーヴルの列柱や1775年頃に建てられたサント・ジュヌヴィエーヴ教会（後のパンテオン）に見るような、『鉄筋石造（pierre-armé, reinforced stone）』の考えに向かっていく。

　現在私が修復を担当しているパンテオンは、大胆なプロポーションで造られた建物である。この建物では、石材同士が完全に鉄材で連結されている。しかし鉄材の腐食と鉄材が石材に及ぼす引張力が建物に悪影響を与えており、その進行を防ぐのが困難な状況になっている。一方この建物の安定には、ドーム部分に使われているような大規模な連結材が不可欠である。ここでは、複合的な維持管理と炭素繊維による補足的な連結材の設置が必要となる。

　パンテオンは、石材の圧縮力と鉄材の引張力の試験が行われた上で建設された、本格的構造計算に基づく最初のモニュメントである。

　産業時代初期に、製鉄技術の発展とほぼ同時期に近代セメントが発明されることで、鉄筋モルタルが誕生する。1774年、鉄とモルタルの膨張率がほぼ等しいことを確認したロリオは、モルタルの中に鉄を挿入してこの2つを一体化することを提案している。そして、1855年の万国博覧会にランボの小舟が出品され、鉄筋コンクリートの本格的な歴史が始まる。その後、モニエ、コワニエ、エヌビックなどにより一連の特許が出願されていく。

　当初、鉄筋コンクリートは建築界においてさほど注目されず、とりわけ工業製品や土木構造物に用いられた。この技術がエヌビックの開発によって建築界に広まるのは、20世紀初頭のことである。

　モンマルトルのサンジャン教会は、最初期の鉄筋セメント造建築のひとつである。そして、ペレ兄弟がこの技術を盛んに用いることで、建築界における鉄筋コンクリートの名を高らしめる。

　鉄筋コンクリートの歴史はこの辺で終わりにしよう。そうしなければ20世紀建築史にまで話を広げることになってしまう。

　ただ、この材料が早くから歴史的モニュメントの修復に利用されたことは指摘しておく必要がある。基礎にはもちろんのこと、ボーヴェ大聖堂で1906年から行われたテラスの修復、1897年のアブヴィル遺跡における荷重分布の調整、第一次世界大戦で破壊された

ランス大聖堂の小屋組のフィルベール・ドゥ・ロルム式による再建などに鉄筋コンクリートが使われている。

　引張に強く成形が自在な鉄筋コンクリートは、その造形的な自由度とスパンの規模によって、建築物にめざましい発展をもたらした。もし施工の質が高ければ、鉄筋コンクリートは理想的な材料と言えよう。ウルトラ・ハイパフォーマンス・コンクリートのような最新技術にしても、その推進者たちによれば1000年保証できると言われているではないか。

　しかし残念ながら、20世紀を通じて鉄筋コンクリート造建造物は、配合や配筋方法などに応じて様々な品質で造られた。そして今、鉄筋コンクリート造による多くのモニュメントが、劣化の症状を示している。

10.3　劣化機構と原因

劣化の主な原因は以下の通りである。
- （ほとんどの金属でそうであるように）浸食をもたらす水分。
- コンクリートの溶解またはエトリンガイトの生成により膨張を引き起こす酸性雨、硫酸塩を含む水分、海水。エトリンガイトはコンクリート表面の破裂をもたらす。
- 同じく膨張をもたらすアルカリ骨材反応。
- 鉄筋の腐食。コンクリートのアルカリ性（pH > 12.5）は鉄筋を腐食から守るが、二酸化炭素の浸透によりpHが低下し、不動態被膜が失われる。
- コンクリートの中性化。コンクリート中の水酸化カルシウムが二酸化炭素と反応して炭酸カルシウムに変化することで、pHが低下する一方でコンクリートに収縮現象が起こる。表面にはエフロレッセンスが析出されることもある。
- 凍害

10.4　劣化の現象

　コンクリートの劣化現象は、単純な外観上の変化から完全な破壊まで、様々な無秩序状態をもたらす。
- セメントの表面的な浸食は、型枠の模様を写し出す表面を、骨材の現れたざらざらした外観に変化させる。
- 施工不良に起因する表面の気泡
- pHの変化による鉄筋の腐食。通常、原因は中性化とかぶりの薄さである。腐食によってコンクリートの破裂が起こる。
- 凍害による表面剥離
- エフロレッセンスの析出
- 表面収縮、急激な温度変化、コンクリートの膨張などによる微細なひび
- 同様の現象に加えて鉄筋の腐食によるひび割れ
- 凍害、鉄筋の腐食、アルカリ骨材反応によるコンクリートの膨張
- 施工不良によるジャンカ
- コンクリート内の水分の泳動による石灰分
- 鉄筋の腐食とコンクリート内の水分の泳動によるさび汁
- 施工不良などによる表面仕上げの変色

10.5 コンクリートの修復

　最も深刻な劣化現象は、鉄筋の腐食によるコンクリートの破壊である。

　従来は、健全な部分が出てくるまで劣化部分をはつるという修復手法が取られてきた。また、著しく強度が失われた鉄筋は取り替えられて健全な鉄筋と溶接され、保存鉄筋は不動態化され、モルタルは表面仕上げされる。ここで難しいのは、当初の姿を尊重して仕上げられる表面の扱いである。実際には、当初と同じ型枠を使用するか、表面加工が行われる。それはまるで彫刻制作のような作業である。当然、表面仕上げのモルタルの色は既存のものと同様にしなければならないし、乾燥後もそうなるように事前に実験しておく必要がある。また建設時の施工不良に起因する外観が、そのモニュメントにとって不可欠の要素となっている場合には（打継面が見えていたりジャンカがあるなど）、修理においてもそれを尊重して外観を作る必要がある。

　こうした従来の修復手法には、他の問題点もある。モニュメントが当初の姿を取り戻したとしても、コンクリート全体で健全化の処理がされたわけではない、ということである。多かれ少なかれ、さほど時間の経たないうちに、別の部位（まずは隣接部分）に再び問題が起こるのである。そのためほとんどの場合、予防措置が必要となる。

　何よりも、まずは水分と二酸化炭素がコンクリート内部に深く浸入するのを防ぐ必要がある。コンクリートが着色されている場合には、措置は比較的容易である。無機質の特別な塗料が市場に出ており、定期的にそれを塗布すれば劣化を遅らせることができる。また同じく無色の表面含浸材もあるが、こちらは先ほどの塗料と比べて効果が低く、またコンクリートの表面に光沢を与えてしまう。

　こうした表面的な処置の他に、より根本的な予防措置もある。

　まず鉄筋の腐食抑制剤による保護は、処置としては比較的簡単なものである。ローラー、刷毛、スプレーなどで表面から液体を浸透させ、その液を躯体内部で泳動させて鉄筋に至らせる。これは劣化速度を抑えることができるが、躯体内部に完全に浸透しているかどうかの検証が難しく（完全な浸透はむしろまれだ）、その効果をコントロールすることは難しい。この手の手法は、おそらく鉄筋を効果的に処置するというよりも、修復家を安心させることに眼目が置かれているのだろう。

　電気化学的手法は、これよりも有望な手法である。鉄筋が完全に連続していることを確認した上で、鉄筋を防食するために電解質溶液をコンクリート内で泳動させ被膜周辺のpHを上げる、あるいはコンクリートの塩化物イオンを内部から外部へ泳動させる。鉄筋には陰極を接続し、セルロース・ワッディングに覆われた格子状の金属をコンクリート表面にあて、それを陽極とする。

　脱塩は、比較的弱い電流で長時間かけて行う。表面のセルロースが、塩化物イオンの内部から外部への泳動を促す。ただ、粗雑に扱えばコンクリートの多孔性をさらに高める恐れもある。

　コンクリートの再アルカリ化についても手法は同じである。ただし鉄筋の周辺でpHを上げるかアルカリを鉄筋に向けて泳動させるために、より強力な分極化が必要である。

　この他に、恒常的な陰極化による保護という手法もある。しかし、コンクリート表面の永続的な変更を伴うため、あまりモニュメントにふさわしいやり方とは言えない。

　現在我々は、コンクリート造のモニュメントの変化を本格的にモニタリングする検討を行っている。中性化速度、コンクリートの多孔性、鉄筋の配置などをモデル化することで、実際にどの瞬間で危機的な鉄筋腐食となるか測定し、処置の周期や方法について決めることができる。

10.6 修復の事例

それでは、いくつか脱塩化、再アルカリ化などの具体例を挙げながら説明してみよう。

まず、1931年の植民地万博の一環としてパリ近郊のヴァンセンヌに建設されたミッション聖母教会を紹介したい。この教会は、世界の五大陸におけるカトリック使節団の役割を象徴化している。当初木造で建設されたが、エピネ・スル・セーヌに移転される際に、構造が鉄筋コンクリートに変えられた。コンクリート製の枠にステンドグラスが嵌め込まれた教会の後陣は、従来の手法で修復された。

現在、我々は鉄筋コンクリート造の鐘塔を修復中である。この鐘塔はアフリカを象徴したデザインで、四面がコンクリート製の大きな彫刻で飾られている。この鐘塔では表面仕上げについて調査し、全体的にアフリカの大地を表現する赤色に着色され上部が白色で塗られていたことが判明した。（当初、こうした強烈な色彩が使用されていたことで）表面仕上げの修復による視覚的インパクトは、ほぼ無に等しいだろう。

写真10-1　ミッション聖母教会（エピネ・スル・セーヌ）工事前

写真10-2　ミッション聖母教会（エピネ・スル・セーヌ）工事後

現在、クラマール子供図書館の修復に向けた調査も行っている。1965年にモンルージュの建築家たちによって建設されたこの建物は、全体が荒々しく仕上げられた鉄筋コンクリート造建築物である。繊細な作りのテラスのパラペットや中庭の仕切り壁などについては、中性化の進行について調査を行った。その結果、従来通りの手法でも修復が可能であることが分かったが、実際には電気化学的手法による根本的な予防処置をとることになるだろう。ただ、特に劣化の著しい薄い仕切り壁などについては、新しいものに置き換えられる予定である。

写真10-3　クラマール子供図書館（オー・ドゥ・セーヌ）1965年

写真10-4　クラマール子供図書館（オー・ドゥ・セーヌ）現況

写真10-5　クラマール子供図書館（オー・ドゥ・セーヌ）現況、claustraの要素

写真10-6　クラマール子供図書館（オー・ドゥ・セーヌ）現況、コンクリートの破裂

　次に紹介するのは、ペレ設計のランシーの教会である。この教会は、約20年前に修復された。当時、大規模なコンクリート製のステンドグラスの枠については、修復するには作りが繊細すぎ、さらに劣化の進行が深刻であった。そこで、この部位は新しいコンクリートで置換された。その際、当初の型枠の欠陥、ジャンカ、型枠間の色の違いまでも尊重するなど、極めて慎重に工事が行われた。

　鐘塔については、根本的な処置を伴わない従来の方法がとられた。しかし近年鐘塔に新たな劣化が確認されたため、電気化学的手法による試験が行われ、現在も実施中である。この物件では、鉄筋周辺でアルカリ化の処置を行うことでアルカリ骨材反応が引き起こされる傾向が確認されており、現在アルカリ化しない処置を試験中である。

写真10-7　ランシーの教会（セーヌ・サン・ドゥニ）

写真10-8　ランシーの教会（セーヌ・サン・ドゥニ）新しいコンクリート製のステンドグラスの枠

また、リアンテック教会では、電気化学的手法により鉄筋コンクリートの健全化処置を行っている。

写真 10-9　リアンテック教会

写真 10-10　リアンテック教会の鐘塔内部

写真 10-11　リアンテック教会における電気化学的処理の試験

　その他、これまで紹介したものとは少々性格が異なるが、鉄筋コンクリート造建造物の修復の理念に関わる問いを投げかける工事に最近携わった。1917年に戦死したカナダ兵士の記念碑として造られたフランス北部ヴィミィにあるモニュメントである。これは表面石張の鉄筋コンクリート造建造物である。コンクリートと石材は膨張率が異なるため、多くの石材が割れ、石に刻まれた兵士の名前も見えなくなるほどに劣化が進行していた。
　この場合、鉄筋コンクリートは構造の一要素でしかなく、本当の価値は文字が刻まれ彫刻が施された表面の石にある。そこで、膨張の問題を回避し内部の浸透水を排出するために、石材をコンクリートから切り離した。

写真10-12　ヴィミィのカナダ兵士記念碑（パ・ドゥ・カレ）

写真10-13　ヴィミィのカナダ兵士記念碑（パ・ドゥ・カレ）石版

10.7　修復理念に関わる問題

　ヴィミィでは構造の原則が変更され、ランシーでは新しい部材で置き換えられた。今、（フランスの）修復建築家たちは、劣化の進んだ近代のモニュメントを、費用のかかる洗練された手法で修復すべきか、建設当時の考え方に鑑みて、部分的にでも新たに作り直すべきか、自問している。ここでいう建設当時の考え方というのは、安い費用で建設すべきとする近代の建築思潮のことである。

　ヴェニス憲章は、材料のオーセンティシティーが形状のオーセンティシティーと同じように重要であるとしている。それでは、近代のモニュメントは例外なのか？

　この点についてしばしば白熱した議論が行われるが、歴史家、文化財専門家、化学・構造技術者、建築家、経済専門家などからなる学際的なチームで、それぞれ個別に研究する必要がある。

　最後に、こうした問題を端的に示す現在進行中の修復事例を紹介して、この論考の締めくくりとしよう。その事例とは、ル・コルビュジエが1933年に建設したパリの救世軍本部の修復である。自由なプランとガラスのカーテンウォールという明快な理念に基づいて造られたこの建物は、この時代の建築のひとつの模範とされる。しかし、工業製品によるカーテンウォールは直ちに老朽化し、第二次世界大戦後には既に一部しか残存してなかった。

写真10-14　パリ救世軍本部；1929年　　　　　写真10-15　パリ救世軍本部：現況

　そこで所有者は、ファサードを当初から変更したものに造り直すよう建築家に依頼する。当時、他の大きなプロジェクトに専心していたこの建築家は、この仕事を事務所の若手に任せている。ちなみにこれら若手の何人かは、その後有名な建築家になっている。こうしてカーテンウォールは細いコンクリートの枠と日よけを備えたファサードに変更された。今日これらの部分の劣化が進み、一部は落下している。これらはそもそも繊細な作りである上に劣化が進んでいるため、修復は不可能である。
　そこで、以下のような問いが生まれる。
　この建物の主要な価値はカーテンウォールが生み出されたことにあると考え、1933年の状態に復原すべきなのか？　当初の材料を使って？　それとも現在のより耐久性に優れた材料を使って？
　このようにすれば、1965年に設置されたコンクリートの日よけなどのこのモニュメントの歴史の一部は、失われることになるだろう。
　それとも、ファサードの枠と日よけを新しく造り直して、この建物の変遷を尊重すべきなのか。これは、1933年の総合的理念のもとにこの建物を復原する望みを今後失うという決断だろう。同時に、材料のオーセンティシティーを完全には尊重しないということにもなろうか？
　これは難しい問題で、答えは技術、計画、財政、気候、建築、哲学そしてとりわけ歴史といった様々な要因に左右されるのだろう。最終的な決断は所有者に委ねられているが、その決断は歴史的モニュメント担当の考え方によって大きく方向づけされることだろう。
　建物は生き続け、機能し続けなければならない。そして同時に、近代モニュメントの先駆者たちの理念も伝えなければならないのである。

（翻訳　北河大次郎）

第4章
事例分析

1 橋梁
2 河川
3 港湾
4 その他

1 橋　梁

1.1 東京都における歴史的橋梁の管理

(1) はじめに

東京都が管理している都道の橋梁、いわゆる道路橋は、1,247橋（平成20年4月1日現在）あるが、他の府県が管理している規模と比較すると橋梁数が少ないように感じるかもしれない。しかし、管理総面積は1,109,042m^{2}で、1橋当たりに換算すると889m^2（幅員20mで長さが約45m）とかなり大規模の橋梁を管理していることが分かる。管理している橋梁の建設年次別の推移について見てみると、大きな特徴として図1-1に示す通り、関東大震災後の復興期と東京オリンピックを契機とした高度成長期の2つのピークがあるが、数的には特に後者の占める割合が大きい。

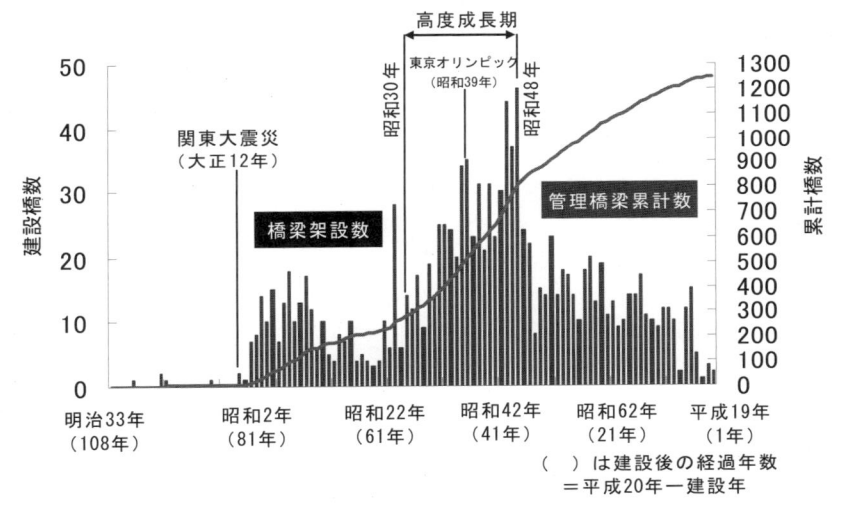

図1-1　東京都が管理する道路橋建設の推移

ここで、道路橋とはどのような施設か改めて確認する。道路橋は、河川、鉄道、他の道路などの上空を跨ぐなど、円滑な道路交通を確保するために必要不可欠な道路施設である。これらの橋梁は、長期間安全かつ便利に使用できるよう、周辺の交通状況や建設する地域の環境に合わせて多種多様な構造形式と材料を採用し、建設されている。また、住民の生活や都市活動を支える重要な都市基盤施設であるとともに、都市景観を創り出す地域のランドマーク（写真1-1）や有形の貴重な文化財などになっていることから、周辺への影響やき損傷した場合の社会的損失を正しく把握し、地域の人々に長く親しまれるように適切・的確な管理を行う必要がある。

本項では、東京都における橋梁を対象と

写真1-1　御茶ノ水の聖橋

した特徴のある維持管理について概要を紹介する。

（2） 道路橋の維持管理

　橋梁には、路面上に隣り合った床版や橋台などを連結する継手、通行する人や車が橋から落下しないように高欄や防護柵などが設置されているが、通行する車両や人々が不快や危険を感じないように可能な限り段差を少なくし、雨水が滞水しないように種々の工夫がなされている。橋梁は多くの部材で作られているが、いずれも人々が橋梁に求めている多種多様の機能を長く保つために必要なものであり、どれ1つ欠けても求められている性能や機能に影響が出てくる。

　橋梁を管理するということは、人々が安全・安心かつ快適に橋梁を通行でき、保有している外観や美しさを保ち、設定された供用期間内は十分使用できるように無駄なく効率的、効果的に管理し、橋梁の資産価値を低下させないように保全・活用することである。橋梁を管理している管理者は、日々の管理を適切に行い、橋梁の健康状態を判断し、年月とともに衰えた機能を、最新の基準に適するように可能な限り適切に補修、補強している。不幸にして地震、洪水、車両や船舶の衝突などが発生した場合、管理者は、失った機能が何か適切に診断し、機能回復に必要な部材を効果的に追加などして、当初予定されていた使用期間を安全・安心かつ快適に住民や利用者が橋梁を通行できるようにすることが求められる。

　特に、橋梁の安全性、使用性、耐久性、復元性（修復性）などの寿命診断においては、その判断が的確にできる橋梁技術者が、当該橋梁の機能の劣化程度やその機能を回復する対策を客観的にかつ定量的に診断し、正しく決定することが求められる。

　橋梁の適切な維持管理の基本は、橋梁を正しく診断するための点検である。東京都では、橋梁点検を未知の状態で昭和46年に開始した。しかし、昭和62年からは、定期的な点検と定量的な健全度の評価を行うため、全国に先駆けて「橋梁の点検要領」を独自に策定し、管理するすべての橋梁を対象に、日常点検、異常時点検および図1-2に示すように5年に1度の頻度で定期点検を行っている。

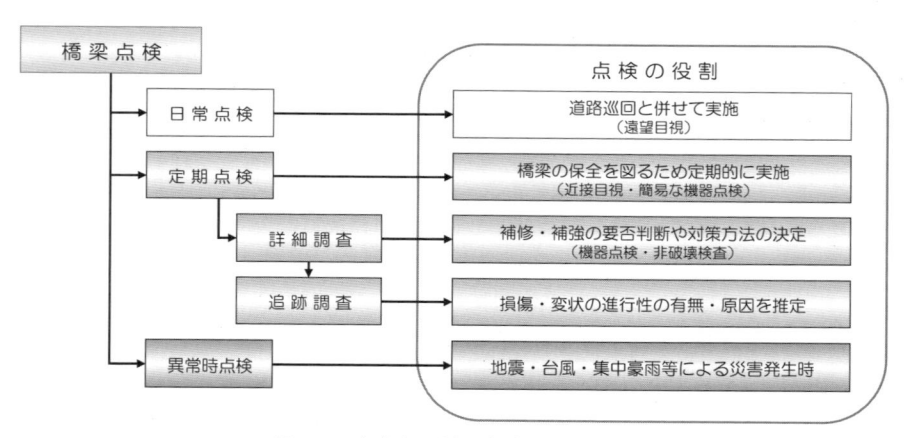

図1-2　東京都の橋梁点検とその流れ

　橋梁点検の目的は、橋梁の損傷や変状を早期に発見して、安全性を確保するとともに、段差などによる揺れが少なく快適に通行できるよう必要な処置（維持、補修・補強、長寿命化、架け替えなど）を適切に講ずることである。また、橋梁に発生する損傷や変状の原因を除去し、再度同様な損傷や変状が起きないようにすることによって、常に橋梁を良好な状態に保ち、利用者の安全と快適性の確保および付属物などの落下による第三者への事

故の防止を図ることである。
　このように重要な意味を持つ橋梁点検は、目的別に分けられ、車両や歩行者の安全性、使用性確保のために行われる日々実施する道路パトロールの日常点検、橋梁構造の定量的な健全度を診断する目的で行われる定期点検、地震、車両の衝突などの異常発生時に緊急的に安全性を確認する目的で行われる異常時点検の3種類を行っている。目的別に行われた点検の結果は、日々に行われる維持管理に反映され、日常点検は、橋面の損傷によって発生した段差の解消、車両の接触などで破損した、高欄の部分取り換えなどの軽微な維持工事に使用され、異常時点検結果は、地震発生によって影響を受け損傷した部材などの緊急工事に活用されている。次に定期点検である。定期点検の結果は、点検後5年間の安全性、使用性、景観性などが十分確保されているかの判定を行った後、必要な対策、例えば、主構造の補修・補強を計画的に行うよう活かされている。
　これまで東京都が行ってきた定期点検を表1-1に示すが、このように継続的に点検を行うことが、橋梁の現況を正しく把握する上で重要なことである。

表1-1　これまで実施してきた定期点検表

点検次数	点　検　年　度	橋梁数	要　　領
第1次点検	昭和46年度～昭和50年度	1,604橋	―――――
第2次点検	昭和54年度～昭和58年度	1,242橋	―――――
第3次点検	昭和62年度～平成元年度	1,344橋	点検要領　昭和63年版
第4次点検	平成4年度～平成6年度	1,240橋	点検要領　平成6年版
第5次点検	平成9年度～平成11年度	1,250橋	〃
第6次点検	平成14年度～平成16年度	1,239橋	点検要領　平成14年版
第7次点検	平成19年度～平成21年度	1,247橋	点検要領　平成19年版

　橋梁の維持管理とは、使っている橋梁の状態を適切に保つために行われる日々の行為であり、具体的には路面の清掃や橋面の舗装打ち替え、伸縮装置の取り替え、塗装の塗り替えや交通事故などで損傷した高欄、歩車道境界の横断抑止柵などの取り替えなどである。ここで挙げた維持管理行為の中で多額の費用を投じているのが塗り替えである。ちなみに東京都において平成19年度における鋼桁の塗り替えに要する費用の維持費に占める割合は39％となっている。鋼桁塗装の塗り替えは、本来の要求性能である鋼材の腐食を防止するだけでなく、景観を保つためにも重要である。東京都は、これまで「鋼橋の塗替塗装設計・施工要領（昭和60年4月　建設局道路管理部）」によって塗膜の劣化状態と錆の発生状況を個別に調査し、定量的に評価して塗り替えを行っているが、東京都の橋梁塗装の塗り替えは、これまで平均すると概ね8～10年に一度の頻度となっている。
　次に、昭和の末から平成にかけて行われた歴史的な橋梁などを中心として整備した著名橋整備事業について紹介する。

（3）　東京都著名橋整備事業の概要
　ここで挙げている著名橋とは、1988（昭和63）年3月に外部有識者を入れた「著名橋の整備検討委員会」において審議し、当委員会で選定された橋梁を指している。当時選定された著名橋には、2007（平成19）年6月に国の重要文化財（建造物）に指定された清洲橋、永代橋、勝鬨橋も含まれている。著名橋整備事業は、隅田川に架かる橋梁を中心に1983（昭和58）年からスタートし、その後前述の委員会を経て都内全域に事業を拡大、1995（平成7）年までの14年間行っている。整備概要は、古き良き姿の復興という考え

からストリートファニチャー、例えば、高欄、歩車道境界の防護柵などの整備、歩道舗装、橋梁灯具の意匠化が主体で、腐食などによって損傷した部材の交換など一部構造部分の補強も合わせて行った。

　ここで著名橋の整備検討委員会において、どのような基準で著名橋を選定したか触れることとする。委員会が東京都にふさわしい著名橋として選定した定義は3つあり、第一は、橋を軸とした歴史的景観を形成している橋、第二は、橋の土木史的価値について特徴のある橋、第三は、魅力ある都市景観の形成に寄与する橋としている。したがって、本書で対象としている歴史的土木構造物に対比する著名橋は、第二である。

　歴史的土木構造物にあたる著名橋は、土木史的にも価値のある橋梁となる。土木史的価値とは、土木史に寄与する技術の発展である。江戸から明治に移り変わり、文明開化・西洋の技術導入によって橋梁技術が急速に進展し、関東大震災や第二次世界大戦による衝撃的な都市破壊を経験することによって都市の近代化、市街地の拡大が進むことで、橋梁技術も発展してきた。東京都の橋は、その時代の背景・土木技術を代表する橋、立地条件の特異性から土木技術的評価の高い橋、構造形式・技術開発の要となっている橋が多い。また、関東大震災の復興期における主要な橋梁のように、橋梁の構造形式から構造美を主張し、地域のシンボル、都市のランドマークとして魅力的な都市景観を形成している橋梁も多い。その代表的な橋梁が具体的には、隅田川およびその周辺に架かる永代橋（**写真1-2**）、聖橋のようなアーチ橋、清洲橋（**写真1-3**）のような吊橋などがある。

写真1-2　永代橋：国の重要文化財

写真1-3　清洲橋：国の重要文化財

　震災復興事業以降にも、その流れを汲んだ技術的にも優れ景観的にもその存在を主張している橋が多く架けられ、例えば、隅田川の河口に帝都の門として架設された勝鬨橋（**写**

真1-4）、中流部に架かる白鬚橋、市街地の幹線道路を跨ぐ千登世橋、山間部の奥多摩に架かる奥多摩橋などがある。

写真1-4　勝鬨橋：国の重要文化財

　著名橋整備の基本コンセプトは3つである。第一は、橋梁を軸とした歴史的景観の保全であり、橋梁の持つ歴史的、文化的な価値を重視し、地域のコンテクストに歴史を表すしるしとしての位置づけを再評価する整備を行うことである。第二は、橋梁の土木史的価値に着目することであり、土木史的な価値を保有する橋梁について、橋のディテールからトータルな美しさと調和を意識した整備を行うこととしている。第三は、魅力ある都市景観の形成という観点から、現存する橋梁を首都東京として積極的に位置づけた整備を行うとしている。

　このようなコンセプトに基づいて実際に行われた具体的な整備は、保全型、復元型、修復型、改造型の4種類に分けられ、対象橋梁の特性に合わせて選択された。保全型とは、素材の復元を主として行い、橋の原型が維持された橋梁を対象にその形態の保全を主として原材料あるいは類似素材による整備を行った。保全型の代表的な事例は、重要文化財の永代橋、清洲橋、勝鬨橋や奥多摩の御岳橋などが挙げられる。次に復元型としては、建設後の周辺状況の変化や要求によって当初の原型が損なわれているが、原型への再生が可能な橋の場合は、原形を復元している。復元型の具体的な事例としては、江戸橋、目黒新橋などがあり、主構造は大きな改変がないことから、主な整備は、親柱や橋梁灯の復元が主となっている。上記整備以外の修復型、改造型は、いずれも戦後に架設された橋梁を対象として行われたもので次世代に著名橋となる可能性の高い、例えば、葛西橋、佃大橋などを対象として整備を行っている。

　著名橋整備事業は、基本コンセプトに沿って1983（昭和58）年から1993（平成5）年に行ったが、残念なことに整備後の外部評価はあまり良くはなかった。著名橋整備事業の基本的な整備姿勢としては、「橋のこころ」を挙げて整備を行うこととしている。しかし、外部の評価は主な整備に華美な修景が多かったことから、「厚化粧的で橋本来の構造美とはかけ離れている」との手厳しいものであった。

　「橋のこころ」とは、個々の橋の設計に関わったデザイナーがどのような意図、意味、様式や形態の追求をどのように考えていたかを探り、橋に込められた「デザイナーのこころ」を見出すことである。ところが、目に付く整備内容が歩道舗装を天然石によって変更することや、高欄を時代的なモニュメントをはめ込んだ鋳物にして設置するなど高額な整備費を要したことから、構造美を唱えた田中豊氏（復興事業の著名な橋梁の多くを手がけた当時の復興局橋梁課長東京大学名誉教授）の意に反していると捉えられ、そのような評

価となったかもしれない。しかし、東京都の歴史的な建造物に着眼し、それらを架け替えることなく整備を行ったことで多くの古い橋が現存し、多くの人々が集まる現状を見ると、著名橋整備事業は十分にその目的を果たし、価値のある事業であったと、手前味噌かもしれないが、私は評価している。

次に、平成21年4月に外部に公表し、管理橋梁を対象とした30年間の中長期計画「橋梁の管理に関する中長期計画」で行われる長寿命化について、その概要を紹介する。

（4） 橋梁の長寿命化

平成21年度からスタートした長寿命化対策の基本となっているのは、先に挙げた「橋梁の管理に関する中長期計画」である。本中長期計画は、東京都がこれまで行ってきた点検、維持工事、補修・補強対策や先に述べた著名橋整備などを踏まえ、今後、橋梁の予防保全型管理を進めるために必要な種々の対策について、戦略的に取りまとめた30年プランである。本計画は、東京都において20年間蓄積された定期点検データを科学的に分析することによって得られた個別橋梁ごとの劣化速度によって、橋梁の性能を確保するために必要な対策を行う時期や対策内容を、民間企業が使っているアセットマネジメントを活用して定量的に決定し、その結果を取りまとめたものである。

これまで橋梁の寿命は、国内においては一般的に概ね50年と考えられていた。しかし、東京都が管理する橋梁について、過去に架け替えた実態を調査すると、朽ち果てる状況まで使用した橋梁は道路管理上の理由から皆無であるが、平均寿命は約53年となっている。一方、先に述べた個別橋梁の劣化速度算定における部材別劣化曲線によると、鋼主桁の代表的な損傷である腐食に関するeランク到達年は、図1-3に示すように約150年、鉄筋コンクリート橋脚の鉄筋が露出に到るeランク到達年は約190年となるなど、それぞれ寿命が100年以上と算定されている。なお、ここでいうeランクとは、健全度が危険レベルとなる供用限界判断基準である。ここで示した新設の時から危険レベルまでの到達年は、あくまで東京都がこれまで行ってきた点検や維持管理によって一定のサービスレベルを保ってきた結果を示していることから、他の管理者が管理する橋梁すべてが同様な寿命であることを示しているわけではない。

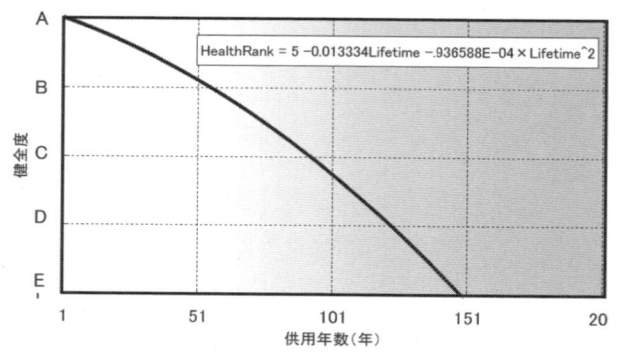

図1-3 鋼主桁の劣化曲線（腐食）

予防保全型管理とは、対症療法型管理、事後保全型管理と対比される管理で、橋梁に発生する損傷や劣化を予測し、予防的な対策によって橋梁の安全性、使用性、耐久性などを確実に確保する管理を指している。図1-4は、橋梁の対症療法型管理と予防保全型管理を比較したイメージを示している。

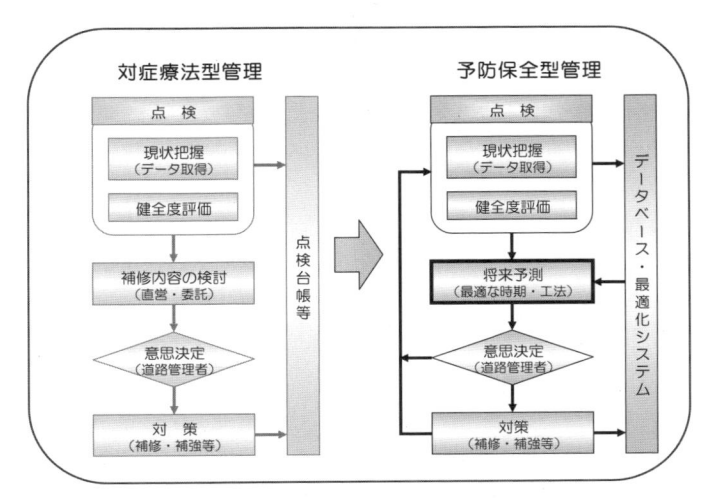

図 1-4　橋梁の対症療法型管理と予防保全型管理に比較

「橋梁の管理に関する中長期計画」においては、貴重な橋梁を次世代に残すこと、環境負荷を可能な限り減らすなどに加え、これまでの管理をより戦略的に進めるために、それらを着実に進める手段として橋梁の長寿命化を提案している。今回計画し、実行しようとしている長寿命化対策は、管理している橋梁を図 1-5 に示すように長寿命化対象、一般管理対象、小橋梁の3つに分類し、長寿命化対象橋梁212橋に対して長寿命化対策を行うものである。長寿命化対象の内訳は、著名橋、長大橋、主要幹線橋、跨線橋・跨道橋が対象となっている。中でも著名橋とは、文化財としての歴史的な価値や都市景観の形成などに重要な存在となる橋梁であり、次世代に貴重な遺産として残さなければならない重要な役割のある橋梁を指している。

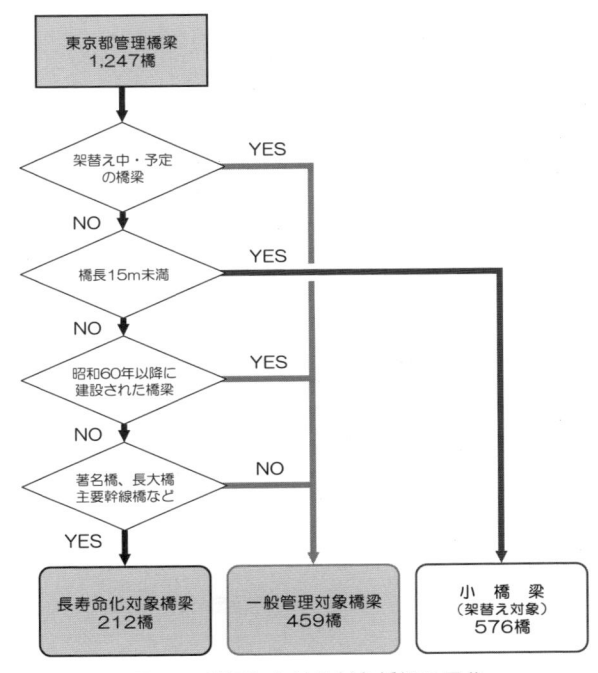

図 1-5　計画における対象橋梁の区分

長寿命化対象橋梁に行われる長寿命化対策とは、当初設定されていた設計耐用年数（平成14年度以前は50年程度、以降は100年）を最新の設計法、材料、工法を採用することによって、これまでの更新主体の概念を大きく変えて長期間寿命を延ばすために効果的な対策を行うことである。海外に目を向けると、アメリカ・ニューヨークのブルックリンブリッジは既に120年を超えても現役として活躍している。そして、供用を開始した橋梁の中には、いかなる対策を行っても延命化することが不可能な橋梁もあるが、近年の新材料や新工法の開発によって、これまで延命することが困難であった橋梁も寿命を延ばす工法が種々研究、開発されていることから道は明るい。

また、今回の「東京都橋梁長寿命化検討委員会」において審議、検討した中で損傷や劣化の原因究明や劣化曲線の有用性が確認できるとの判断が示されたことなどから、構成している個別の部材、詳細構造を改良することで、目標とする寿命まで延命することが十分可能となったと判断した。この辺りでわが国も、イギリスのフォースブリッジや先に挙げたブルックリンブリッジとならび称されるような名橋を育てるべきだろう。

（5） 長寿命化対策の内容

(a) 長寿命化による「基準不適合」橋梁の解消

これまでは物理的な寿命、機能的な寿命、経済的な寿命によって管理する橋梁を順次、架け替えてきた。また、橋梁の安全性を高めるために、耐震対策や耐荷対策、補修、補強などを必要に応じて行ってきたが、供用中の橋梁すべてが現行の技術基準に適合した橋梁となっているわけではない。長寿命化における大きな目標のひとつとして、基準適合構造物への改善がある。長寿命化対象の橋梁は、原則として基準不適合を解消し、最新の基準に適合するよう長寿命化対策によって改善することで、安全で安心なインフラとして長い間愛されるランドマークとなる。

現行の技術基準に示されている性能の中で具体的な要求性能および条件は以下の通りである。

・耐震性　→ 道路橋示方書に規定されている耐震性能を確保
・耐荷性　→ 設計活荷重B荷重の通行できる性能を確保
・耐疲労性 → 道路橋示方書および疲労設計指針の性能を確保
・耐腐食性 → 東京都の腐食調査事例等を参考に十分な腐食性能を確保

ここに挙げた各性能を確保することが長寿命化第一の目的である。

(b) 長寿命化対策の設計

長寿命化対策に関する設計は、原則、性能設計によって行い、新たに求められる各種性能を確保するように設計することとしている。これまでの橋梁設計の多くは、慣れ親しんできた許容応力度設計法である。しかし、現行の技術基準である2002（平成14）年の道路橋示方書やコンクリート標準示方書などにおいては、一部みなし仕様となっているものの性能設計となっている。その後の橋梁設計法における研究や次期改定の動向を見ても、より具体的な性能設計法への移行が確実であり、当然今回の長寿命化においては、性能設計によることが適当である。また海外においても、アメリカ合衆国の橋梁設計に使われている荷重抵抗係数法に代表されるように、欧米諸国も性能設計となっている。

このような状況を踏まえ、長寿命化の設計は、長寿命化対策以降の耐用年数（100年以上、200年以上など）を確保することを条件として、安全性、使用性を確保した状態を明らかに示すと同時に、設計結果について十分な照査を行うこととした。また、国の重要文化財である清洲橋、永代橋、勝鬨橋は、次世代への貴重な遺産を残す目的から可能な限り長く（200年を超えて）耐用年数を延ばす設計を行うこととしている。しかし、重要文化

財であることから、外観の変更を極力抑えなければならないことや、使用されている鋼材、部材同士を連結している方法などが明確でないうえ、過去に参考となる確実な設計法もなく、手探り状態で設計を進めざるを得ない部分が多い。

いずれにしても、現行の道路橋示方書、指針、便覧などの技術基準に適合する基準適合構造物に改善するために、国内外で実施されている多くの同様な事例や研究を参考に、過去に行われた著名橋整備事業で得られた多くの経験を踏まえて、この大きな課題を解決する決意である。なお、実際に行う個別橋梁の性能設計は、構造全体系で必ず照査することとしているが、それが不可能な場合は部材レベルでも可とした。

ここで取り組む長寿命化に向けた多くのトライアル設計は、必ずや将来の日本、いや世界にも通用する技術を生みだす原点になると考えている。

(c) 長寿命化対策の施工

性能設計によって要求性能を満足する具体的な長寿命化対策の提案が完了した橋梁は、供用中の橋梁を対象に工事が行われる。対象となった橋梁に中には、**写真1-5**のように大きく断面が欠損したり、変形していたり、連結部材であるリベットが欠損していたりする場合が想定される。そのような場合は、細心の注意を払って部材を切断し、全体のバランス、部材同士のバランスや残留応力などを十分に調査、検討し、施工による過ちがないようにすることが必要である。また、新たな部材などを追加する場合は、既存の部材をいたずらに傷つけたり、切り取ることは避けなければならないし、他に方法がない場合でも、少なくとも見えがかりの部分だけでも改変が分からないように処理することが必要である。

写真1-5　復興事業橋梁（断面欠損）

(6) 橋梁の戦略的な予防保全型管理への転換と今後の管理

橋梁は、道路交通の重要な要であるとともに、地域の景観を構成する重要なランドマークにもなっている。東京都には、国の重要文化財である、清洲橋、永代橋、勝鬨橋などの他にも、隅田川に架かる蔵前橋、駒形橋、厩橋、吾妻橋や白鬚橋、御茶ノ水駅に隣接する聖橋、王子駅から望める音無橋、市街地・目白にある千登世橋、千駄ヶ谷の東京都体育館に隣接する外苑橋、多摩川に架かる奥多摩の万世橋、奥多摩橋、奥多摩湖に架かる深山橋、峰谷橋などの多くの著名橋があり、多くの橋が都民に親しまれている。いずれの著名橋も、また著名橋とはなっていなくとも古くからある味のある橋は、捨てがたい魅力を持ちつつひっそりとたたずみ、その役割を日々果たしている。

今回策定した「橋梁の管理に関する中長期計画」は、高度成長期に集中して建設された橋梁が、近い将来一斉に更新時期を迎えることから、架け替え時期の平準化と総事業費の縮減を図り、橋梁を適切・的確に管理するためアセットマネジメントを活用し、予防保全型管理を着実に推進していくために策定した。計画策定の大きな目的は、古くからある橋の保全と活用も大きな目的のひとつである。本計画の着実な推進によって、従来の架け替え主体の消費型手法から、保全・活用型に大きく舵をきることになる。合わせて、建設当時の基準に基づいて建設され、その後の基準改定によって耐震性や耐荷性に劣る状態となった基準不適合橋梁の解消を経済的に行うことが可能となる。また、本計画を進めるこ

とは、架け替え総量を抑制する結果ともなり、CO_2 排出量を削減し、環境への負荷を低減が可能となる。

　私は、今回示した橋梁の長寿命化を柱とする中長期計画が全国の範となり、多くの歴史的建造物が保全・活用されることを望んでいる。そのためには、東京都の多くのインハウスエンジニアが今回提案した多くの施策を継続的に維持し、確実に実施することを望んでいるし、それが責務である。

　橋を管理するということは、重要な都市基盤を管理し、都市機能や日々の都民生活を支えることにほかならない。今後東京都は、首都東京として本計画を着実に推進することによって、より安全・安心な道路交通の実現と効率的・効果的な橋梁の管理を行い、貴重な都市基盤である橋梁を良好な状態で次世代に引き継いでいく決意である。

1.2　余部鉄橋

（1）　はじめに

　2007（平成19）年3月にJR西日本山陰本線余部橋梁の新橋の建設工事が始まり、現存する余部鉄橋は数年後（新橋の工期は2010年度末まで）に供用を停止する。その後の取り扱いについても議論がなされているが、新橋梁の建設のためには一部を撤去する必要があるため、現在の形で残されることはない。1912（明治45）年に建設された余部鉄橋は、「日本の近代土木遺産2800選」においてAランク、重要文化財級と評価されているが、建設百周年を目前に機能を停止し、構造物としても大幅に姿を変えることとなった。ここではその経緯の概略を振り返った上で、余部鉄橋の架け替えから学ぶべき問題点をまとめることとする。

写真 1-6　余部鉄橋（写真提供：藤原月代）

（2）　余部鉄橋の架け替え経緯の概要

　余部鉄橋の架け替えに至る経緯を**表 1-2** にまとめた。表の事象に沿って説明を加える。

　回送列車が強風にあおられて転落し、車掌と橋下の住民の計6名の死者が出るという事故を機に、列車走行の風速規制が強化された（**表 1-2** のNo.1、No.2　以下同）。そのため列車の遅延、運休が増加し、地元がその対策を協議すべく、対策協議会を設立する（No.3）。本協議会は、兵庫県知事、鳥取県知事および周辺の自治体首長によって構成され、その後も余部鉄橋の扱いに対する意思決定機関となる。

　風速規制への対策を技術的に検討するために、学識経験者および関係者からなる余部鉄橋技術研究会によって、防風壁設置の技術的課題の検討が行われた（No.4）。そこでは、当時の橋梁の健全性、防風壁の高さ・充実度と防風効果、防風壁の概略設計が調査された。

表 1-2　余部鉄橋架け替えの経緯

No.	年・月	できごと
1	1986(昭和61)・12	列車転落事故発生
2	1988(昭和63)・5	風速規制強化 25m/s → 20m/s
3	1991(平成3)・3	余部鉄橋対策協議会設立
4	1994(平成6)・7	余部鉄橋技術研究会（1997.3 まで）
5	1998(平成10)・7	余部鉄橋調査検討会（2000.8 まで）
6	2001(平成13)・11	鉄道事業者として防風壁設置は困難と判断 定時制確保の一方策として新橋架け替えの提案
7	2002(平成14)・1	地元市町へのアンケート
8	2002(平成14)・3	余部鉄橋対策協議会総会にて新橋架け替えの意向を確認
9	2002(平成14)・7	新橋架け替えの方針決定
10	2002(平成14)・11	検討会の設置承認
11	2002(平成14)・12	余部鉄橋定時性確保のための新橋梁検討会第1回
12	2003(平成15)・2	新橋梁検討会第2回（開催地香住町）
13	2003(平成15)・3	土木学会にて「歴史的鉄橋の保存・利活用に関する講演会」開催
14	2003(平成15)・3	新橋梁検討会第3回
15	2003(平成15)・5	土木学会土木史研究委員会「余部橋梁の保全的活用に関する要請」兵庫県知事あて提出
16	2003(平成15)・5	新橋梁検討会第4回（最終回）PCラーメン橋が最適と評価
17	2003(平成15)・9	「余部鉄橋定時性確保対策のための新橋梁の形式選定に関する提言」
18	2003(平成15)・10	余部鉄橋対策協議会総会にて、新橋梁検討会の提言内容を尊重し、協議会としてもPCラーメン橋を主とした取り組みを行う」
19	2004(平成16)・5	佐々木葉「余部鉄橋定時性確保対策のための代替案検討のお願い」兵庫県知事あて提出
20	2004(平成16)・10	兵庫県担当者より上記要望書返却
21	2005(平成17)・3	余部鉄橋対策協議会　新橋デザイン（エクストラドーズド橋）了承
22	2005(平成17)・3	兵庫県担当者と土木学会土木史研究委員会景観デザイン委員会有志委員が懇談
23	2006(平成18)・3	余部鉄橋利活用検討会（第1回）
24	2006(平成18)・7	余部鉄橋を思う会開催
25	2006(平成18)・7	余部鉄橋利活用検討会（第2回）
26	2006(平成18)・9	余部鉄橋利活用検討会（第3回）
27	2007(平成19)・1	余部鉄橋利活用検討会（第4回）
28	2007(平成19)・3	余部鉄橋利活用検討会（第5回）最終回
29	2007(平成19)・3	新橋建設工事着工
30	2008(平成20)・8	余部鉄橋撤去鋼材利活用アイディアコンペ
31	2010(平成22)・8	新橋

その結果、腐食は認められるがその進行は確認されず、ボーリング調査、衝撃振動試験の結果からは橋梁は健全であると判断、高さ2m充実度100％の防風壁によって列車の転覆を防ぐことが可能、といった結論が出された。これを機に、より詳細な検討を行うため鉄道関係者と自治体からなる余部鉄橋調査検討会が組織された（No.5）。ここでは先の技術研究会の検討にほぼ沿った形で、より一層詳細な調査検討が行われたが、結論はほぼ同様であった。つまり、防風壁を設置した場合、一部の部材に許容応力度を若干超過する計算結果が出たが、何らかの対策を講ずることで対応可能であり、その他については安全性が

確認された。しかし最終結論としては、余部鉄橋の補強は困難が伴い、補強による部材バランスが崩れるなど、将来的に耐久性を損なう恐れもあるため、鉄道事業者による慎重な検討と判断が必要であるとされた。

これを受けて、鉄道事業者としては防風壁設置は困難という判断を下し、風速規制を緩和し定時性を向上させるためには、新橋への架け替えという方策を提案する（No.6）。

以上の経緯を受けて、地元自治体に対して、架け替えへの賛否を問うアンケートが行われた。その経緯の詳細は不明だが、架け替えによって定時性が確保されることは好ましいが費用負担の程度によるという意見が多く、明快な判断としての賛成が必ずしも多かったわけではなかった。また架け替え反対を明快にする意見も多くはなかった。なお、こうした地元の意向を問う際に、それまでに行われた技術的な検討結果とその意味がどのように説明されていたかは不明である。

いずれにしても現橋の改修による定時性確保が鉄道事業者によって困難であると判断された状況の中で、地元対策協議会は、新橋への架け替えの意向を固めてゆき（No.7）、新橋の形式などの検討を行うことを承認する（No.10）。兵庫県の交通対策課が主催する新橋梁検討会が設置され（No.11）、短期間で多数の橋梁形式を比較し、PCラーメン橋をコストと実績の面から高く評価するという結論に至る（No.16）。なお、この新橋梁検討会開催期間中に、土木学会土木史研究委員会は、この問題を重視し、兵庫県との情報交換や保存要望書の提出を行う（No.13、No.15）。

新橋検討会の提言が、最終委員会終了後約4カ月を経てまとめられ、そこには、PCラーメン橋が適しているが他の形式の検討の可能性や並行して検討すべき課題などが併記された。これを受けて地元対策協議会では、PCラーメン橋による架け替えという意向がまとめられる。

以上の経緯に、新橋梁検討会のメンバーの一員であった佐々木が強い疑問を持ち、現橋の改修の可能性を一定程度技術的に検討した結果も添えて、再度慎重に代替案を検討することを要望する文書を兵庫県知事宛に提出するが、約半年を経てから兵庫県としては本要望の検討はできないため文書を返却するという回答をもらった（No.19、No.20）。その際、新橋建設後の現余部鉄橋の扱いに対して土木学会などの協力を得たいという要望がなされ、その後の兵庫県と土木学会との懇談の機会が設定される（No.22）。

山陰本線の高速化も含めて、鉄道事業者および関係自治体の費用負担も目処がつき、兵庫県の交通対策の一環として新橋建設が事業化される。新橋の形式はエクストラドーズ橋となり、工事が開始され（No.29）、2010年度に完成した。なお新橋の事業化が決定後、残る余部鉄橋の利活用について兵庫県および地元での議論が行われ、橋脚を一部残すことなどを提言した利活用の方策案がまとめられる（No.28）。一方、地元にて利活用の議論がなされる中で、やはり現橋の保存を望む声が一部の市民から上がり、地元有志にて議論の場が設定された（No.24）が、既に事業化された計画を変更するまでの結果には至らなかった。

新橋建設後の余部鉄橋の利活用については、No.28の提言取りまとめにおいて、「鉄橋からはじまる多彩な交流と余部の元気あふれる地域づくりに向けて」を基本理念として、現地に橋脚を残す際の考え方の案を示している。これを踏まえ、兵庫県が中心となり、具体的な方法を検討し、橋の一部を展望施設とすることが予定されている。また、撤去される部材にも余部鉄橋の歴史が凝縮されていると考え、撤去部材を利活用する方策が検討された。そのためのアイディアコンペも行っている（No.29）。そこでは部材再利用の部（オブジェ部門・グッズ部門）、展示・保存、研究の部（展示保存部門・研究部門）について合計で169の応募があり、優秀賞が選定された。

表 1-3　新橋検討会にて議論された新橋梁の形式の候補[1]

概要	橋梁側面図
RC充腹アーチ橋	工事に伴う運休期間を極力短縮する可能性を探ることに視点を置いた工法であり、現橋脚内にコンクリートの橋脚を建設し、現橋を取り込む形で施工する形式
RC開腹アーチ橋	建設当時(1912年)、現橋梁の対案として検討されたが廃案となった開腹式アーチコンクリート橋案であり、当時のイメージを再現した形式
鋼トレッスル橋	当初、コンクリート橋の対案として選定した鉄橋案であり、現橋梁のイメージを復元した形式
鋼上路トラス橋	余部鉄橋の規模から考えられる同程度(橋高41.5m　橋長310m)の鉄道橋としては最も一般的な形式
鋼V脚ラーメン橋	メタルを素材とした橋梁としては、単純な断面構造で表面積も小さいことから、最も維持管理しやすい鋼橋形式
PCラーメン橋	経済性、施工性に優れ、施工実績も多い形式

(「余部鉄橋定時制確保対策のための新橋梁検討会報告書」より)

写真 1-7　架け替えによる新橋梁と余部鉄橋の橋脚
(写真提供：藤原月代。2010 年 7 月 26 日撮影)

(3) 余部鉄橋の事例から得られる課題

前記（2）で述べた経緯により、最終的に余部鉄橋は現役で存続することが不可能となった。重要文化財に匹敵する歴史的土木構造物の維持存続がなされなかったことは、誠に残念である。また、供用停止後の扱いについても様々な検討が行われ方向性が示されたが、本稿執筆時では整備着手されておらず効果は確認できない。こうした結果に終わった本事例から、学ぶべき課題を以下にまとめる。

(a) 改修の技術的検討方法の課題

余部鉄橋については、列車の通行を確保するために、防風壁を設置するという新たな機能的付加が求められた。これを解決するための技術の検討が、余部鉄橋技術研究会と余部鉄橋調査検討会という2つの場において行われた。それぞれ、専門家を含め、風洞実験や振動実験なども行い、詳細な検討が行われたと思われる。その結果は、検討過程で用いた条件は相当に安全側を見たものでありながら、なお防風壁の設置の可能性と現橋の健全性を支持するものであった。とは言え、理論的には一部の部材に許容応力を超える計算結果が出たことから、補強の必要性も指摘された。また現実の補強工事を行う際の具体的な方法と補強後の維持管理の方法に対しての検討は、理論のみで進められるものでなく、この点についての検討は事実上なされていない。そのため、管理者はリスクを回避するという観点から、改修による維持存続を受け入れないという判断をしたと思われる。ただし、補強による部材バランスが崩れるという論点については、理論的にも検討が可能であったと推察されるが、それは行われていない。

なお、一例として、表中 No.15 の要望書に添付した改修の代替案では、No.4、No.5 で用いられていたあまりに過大と思われる条件設定を見直すなどして検討した結果、許容応力を超える部材が出ることはなかった。

以上より、改修や補強の技術的検討においては、その際に用いる条件の設定の仕方と根拠に対して、現在まだ十分な基準がないのではないかという課題がある。さらに、理論的に健全性、安全性を支持する計算結果が出たとしても、それが実際に適用された場合に生じる課題や問題についての経験知的蓄積がないため、改修改築を含む補強というチャレンジを後押しすることが困難という課題もある。これらの課題に対しては、やはり海外も含めてより多くの実験や事例からの経験的な知見のストックを得ること、またそのためのチャレンジの根拠となる、さらなる理論的検討の推進が必要であろう。

(b) 歴史的土木構造物に求める性能の設定に関する課題

余部鉄橋は、防風壁を設置するという新たな構造性能の上乗せをせず、現状のままで列車を通過させるという使用であれば、安全性に支障はなく、腐食の進行も特に認められていなかったため、当面の存続は可能であった。新橋に架け替えることとなったのは、新たな性能を求めたためである。

強風による列車の走行障害という問題は、確かに見過ごせない。しかし、建設後長期間を経たインフラストラクチュアにどこまでの性能（この場合は鉄道運行のサービスレベル）を求めるかは、総合的な観点から判断する必要があるのではないか。余部鉄橋の場合で言えば、新橋に架け替えたとしても強風による走行障害が100%なくなるわけではない。風速30m/sを超えれば列車の走行は規制される。また、余部鉄橋を通過する列車の本数と乗降客数の絶対数および地域交通に占める割合を勘案した場合、防腐壁の設置や新橋への架け替えによって解消される走行障害の程度がどの程度であるか、という検討が冷静になされる必要があったと考える。

構造物としての安全性の検討だけでなく、地域におけるインフラストラクチュアとして

の担うべき性能、機能とその実現に掛かるコスト、すなわちコスト・ベネフィットをどのように算定するかという観点から、歴史的土木構造物の担うべき適切な性能を評価し設定するための計画論的検討技術が求められる。そこには、歴史的構造物の存在価値（観光資源としての価値、地域住民の愛着の対象としての価値など）を組み込んだ場合のみならず、人口減少社会において維持可能なインフラストラクチャのマネジメントという観点からも、どの程度の性能を既存の構造物に求めるかを評価することが必要である。

(c) 合意形成の場に提供される技術評価に関する情報に関わる課題

上記(a)、(b)に示した課題は、それ自体専門家による理論的また経験的議論として取り組まれなければならない。しかしその結果は、白黒がはっきりしたものにはならないであろう。構造物の安全性についても、絶対安全か絶対危険かのどちらかであると結論づけられることはまれであるはずだ。

いくつかの仮定を含んだ検討の中で導かれる専門的な検討結果を、地域住民をはじめとする多くの人々にどのように情報として提供するかは重要であり、その合意形成に極めて大きな影響を与える。余部鉄橋の場合においては、表中のNo.4、No.5で検討された結果が、具体的にどのように伝えられていたかは不明であるが、地元にとっては、余部鉄橋は老朽化が進み改修の余地はないという認識がなされていた可能性が高い。また新橋をかける際にも、現橋と同様な鋼トレッスルを復元することはコンクリート橋に比べてコストが数倍にも上るため断念せざるを得ないといった認識が、比較的早くにもたらされていた可能性がある。

歴史的土木構造物に対する評価は、新設の構造物の計画設計以上に不確定要因が多く、現物の評価や改修などの条件をどのように設定するかなどによって、結論がかなり変化する。こうした幅のある議論を専門家以外の人々に適切に伝えるためには、十分な情報開示と丁寧な解説が不可欠である。それを含めた合意形成の場の運営は、極めて重要な課題であろう。

(d) 現状維持の補修補強を超えたリ・デザインに関する課題

歴史的土木構造物のオーセンティシティを尊重し、できるだけ原型または現状に近い形での補修補強を行うことは、言うまでもなく重要である。しかし、それが困難となった場合、取り壊して全く新しい構造物を建設するのではなく、既存の構造物を大胆に改修するという、言わばリ・デザインの発想とチャレンジも必要である。

余部鉄橋の場合には、新橋検討の過程で、現橋の鋼トレッスル橋脚の中に新たなコンクリート橋脚を立ち上げ、現橋の桁を巻き込んだメラン式のアーチ状の構造とするという案も出された（表1-3のRC充腹アーチ橋）。R.マイヤールが同様の方法で大胆な改修をした例からヒントを得た案であったが、その可能性を十分検討するには至らなかった。こうした大胆なデザインの発想と技術的チャレンジは、新橋の建設よりも困難ではあるが、意義があると言えるのではないか。あるいはまた新しく構造物を建設するに際しても、歴史的構造物の損失を埋めて余りあるような存在価値を有するデザインへのチャレンジがなされるべきであろう。そうした機会を積極的に作っていく努力が必要なのである。

第1.2項　参考文献
1) 兵庫県：余部鉄橋定時性確保対策のための新橋梁検討会 報告書、2004年3月
2) 余部鉄橋利活用検討会：余部鉄橋の保存と再出発に向けた提言―鉄橋からはじまる多彩な交流と余部の元気あふれる地域づくりに向けて―、2007年3月
3) 土木学会土木史研究委員会（委員長 中村良夫）：餘部橋梁の保全活用に関する要請、2003年5月　http://www.jsce.or.jp/committee/hsce/y-ama.htm

4) 佐々木葉：余部鉄橋架け替えは必要か、神戸新聞、2004 年 8 月 23 日

1.3 レイ・ミルトン高架橋
（1） 概　要
　本項では、イギリス土木学会（ICE）の提案で進められた現存する世界最古の鉄道高架橋の保全プロジェクトについて述べる。この保全プロジェクトでは、1992 年から 96 年の間に 106.5 万ポンドの資金を寄付により調達し、高架橋を買い取って設計施工一括方式により保全に必要なすべての工事を予算内で終了させた。プロジェクトの資金調達、調査、計画、修復工事について述べた本項は、土木遺産保全の関係者に対して有益な情報を提供すると思われる。

写真 1-8　保全工事終了後の高架橋全景（北側より）

（2） 歴　史
　レイ・ミルトン高架橋は、スコットランドのグラスゴウ南郊のキルマノックの西でイルビン川を越える場所に位置する。4 径間のこの高架橋は、スコットランドで最初の公共鉄道のキルマノック＆トゥルーン鉄道の主要構造物であった。スパン 12.3m（40ft）の石灰岩のアーチ構造で、軌道高は水面から 8m であった。各アーチはライズ比は 1 対 3 で、アーチリブの厚さは 0.61m である（図 1-6）。

図 1-6　南側から見たミルトン高架橋（1816 年時点の推定図）

　この鉄道は著名な土木技術者であるウィリアム・ジェソップ（1745 〜 1814）の設計によるもので、全長約 16km の 4 フィートゲージの複線鉄道として、1811 年から 1846 年 7 月の運行停止まで 46 年間にわたり馬車曳きの車両が運行された。この鉄道は、旅客とともに、キルマノック付近の炭鉱から港町のトゥルーンまで石炭を輸送した。キルマノックからトゥルーンへ 660 分の 1 の一定の勾配で下る縦断線形で、1 頭の馬がそれぞれ 0.66t の貨物を積んだ 3 両の貨車と 1.67t の石炭をトゥルーンまで運び、帰りは空の貨車を曳いて戻ることができた。軌道は、フラットな板レールで、鉄道と並行して走る道路との間で頻繁に客車が線路に「出入り」ができることで、貨物、旅客の混在輸送を容易にした。商業的には非常に成功した鉄道であった。
　レイ・ミルトン高架橋の歴史的意義は、鉄道時代の初期に建設された連続アーチ構造で、以後数多く採用された形式の現存する事例という点である。

（3）損傷状況

この高架橋に使用された石材は、必ずしも質の高いものではなく微細なクラックのある比較的脆いものであり、保全プロジェクトの実施以前には、かなり劣化が進んだ状態にあった（写真1-9）。長期間の放置による植物の繁茂や風化作用で、広範な部分から積石の欠落があり、橋脚は水位高の近傍で、重大な躯体の欠け落ちがあった。西側の橋脚には大きなクラックがあり、2.9mの躯体幅の三分の一の断面が欠損していた（写真1-10）。かなり以前に大きな構造変形が発生し、西側の橋脚に隣接する片方のアーチが沈み、他方が浮き上がる現象が起こっている（図1-7）。しかし1992年に取り付けられたセンサーによって、工事が始まるまでの3年間には変位の発生は見られないことが確認された。高架橋の北面のスパンドレスの壁面上端付近では、相当な石材の欠損が見られた。

写真1-9　保全工事前の高架橋全景（南側より）

写真1-10　保全前の西側橋脚の状況
スパンドレスの南側壁面にクラックと積石の欠損が見られる。

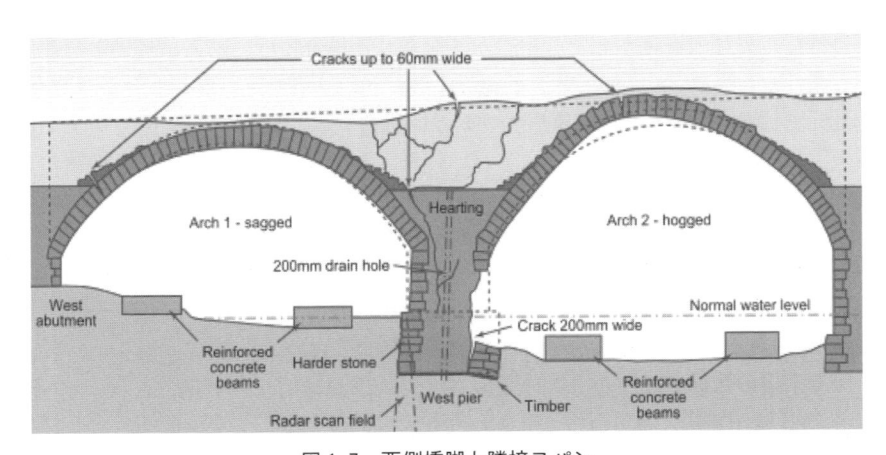

図1-7　西側橋脚と隣接スパン
アーチ1（左）が沈下、アーチ2（右側）が隆起。橋脚は断面欠損。

（4）保全プロジェクト

この保全プロジェクトを進めるにあたって、構造物の劣化から所有権など多くの解決すべき困難な課題があった（表1-4）。

表1-4 プロジェクト遂行上の課題

項　目	課題の内容
構造的な信頼性	100年以上放置されて使用されてこなかったことによる構造物としての信頼性が未知
	地盤条件、基礎の状況もまったく未知
	構造全体が不安定で風化が進行し、すぐにでも崩壊する危険性あり
アクセス	公共道路からのアクセスが皆無
所有権	英国国鉄と近隣農家の間で所有者の特定が容易ではなかった
資　金	保全に対して相当な資金を必要

　高架橋の崩壊は時間の問題であるという調査の結果に基づいて、ICEの土木史研究委員会（PHEW）は、スコットランド当局に対して高架橋を国の管理下に置くように求めた。この要請は却下されたが、スコットランドの文化財機関（Historic Scotland）は、寄付を募ってしかるべきトラストを設立した修復事業の実施に向けて検討の表明をした。1992年2月に「レイ・ミルトン高架橋保全プロジェクト」というプロジェクト組織が設置され、事業の公共性から免税措置を受けた有限会社組織として認定された（表1-5）。

表1-5 プロジェクト組織の目的

No.	目　的
1	高架橋を買い取ることなしに保全事業を推進すること
2	高架橋に関する知識の増進、および将来的な利用に関する調査をすること
3	高架橋の将来的な維持管理のために地方自治体と取り決めをすること
4	必要資金の獲得、受け入れ、および支払いを実施すること

　高架橋の所有権については、実際には大口の資金提供者の寄付条件となったことから、1995年2月に以下の条件で購入手続きが行われた。ただし、もし何らかの理由で最終的に地元自治体以外に所有権がわたる事態が予測される場合には、購入は無効とし農家に戻すという条件が付され、プロジェクト組織が1ポンドの価格で買い取ることが合意された。
① 　地元自治体（SRC: ストラスクライド地区議会）は、発注者の立場で保全工事の入札の実施、工事契約の管理を引き受け、補修工事が終了した段階で、高架橋の管理者（所有者）として引き渡しを受けることに合意した。結果的には、地元自治体によるこの協力が事業の成功のカギとなった。
② 　精度の高い積算によるコスト把握がなされ、この必要資金は寄付で充当された。
③ 　橋へのアクセス道路および、高架橋の所有権の条件がすべての関係者から同意を得られた。

（5） 保全工事の仕様

　1994年4月に、補修工事は設計・施工一括方式で実施することが決定された。プロジェクト組織側は、発注、施工管理の実務を行う地元自治体の道路部に対して、特別の支障がない限り発注仕様書の中で盛り込むべき事項をまとめて通知した（表1-6）。

表 1-6 保全工事の仕様

No.	項目	内容
1	適用基準	完成後に地元自治体が引き渡しを受ける際、すべての工事部分は適用の基準を満たしていなければならない。
2	オリジナル材料の尊重	施工性の確保および、構造全体が歩行者の安全のための確実で良好な補修の実施に差し支えのない限り、オリジナルの石材は現状の状態で保存する。
3	工事範囲	工事範囲には、基礎の安全性の確保、橋脚とアーチの安定化、繁茂した植物の除去、破損、脱落した積石をオリジナルと同様の色、質と適合する形状の石材による交換が含まれる。
4	床版、高欄	床版および高欄の設計は、高架橋の特徴と矛盾しない設計とし、プロジェクト組織の承認を必要とする。すべての工事はスコットランドの文化財機関（Historic Scotland）の要求規準に適合すること。
5	段階施工	入札に付される工事は資金提供上、2段階で実施する。
6	安全施工	工事を安全に実施し、常に構造物の安全性を確保するための方法を入札時に明確に示して説明を行い、これに従って履行、モニタリングがされる。
7	記録写真	写真記録を工事前、工事中にとる。
8	第三者対策	近隣農家や河川管理者の財産へ損傷を与えることに対する対策を講じる。

（6） 契約手続き

1994年7月、入札者の提案プレゼンテーションが行われた。この2カ月以内に、その1工事のみの場合、全体の両方について入札が行われ、1期、2期工事を連続して実施する最低価格を提示した企業が1995年に落札した。

進行の恐れのあった構造物の崩壊に対する対策として、入札の仕様では、補修工事着手前に、まずすべてのアーチをスパンごとに独立して支持をすることとされた。

（7） 資 金

プロジェクトが実施されなかった場合、寄付された無数の小額寄付金を返却することを避けるために、寄付金は一定金額以上を受け入れることとした。1995年2月までに総額106.5万ポンドの寄付の申し出を受けた（表1-7）。

表 1-7 基金拠出組織と金額

組織名称	金額など
遺跡メモリアル寄金（National Heritage Memorial Fund）	400,000 ポンド
スコットランド文化財機関（Historic Scotland）	277,300 ポンド
EU（地元自治体経由）	200,000 ポンド
地元自治体（ストラスクライド地区議会）	63,000 ポンド（発注、施工管理業務）
地元自治体（カイル＆カリック地区議会）	65,000 ポンド
地元自治体（キルマノク＆ロウダン地区議会）	45,000 ポンド
スコットランド投資団体（Enterprise Ayrshire）	15,000 ポンド

2つの大口の寄付組織は、寄付金が確実に実施されるための安全措置として契約に対して法的な拘束を求めた。このため施工管理の技術者が検収した請負者の月間出来高とその支払いの証明書を発行し、プロジェクト組織の事務局は、この写しをもって支払い請求をスポンサーに対して起こすこととした。これによって、出来高に応じた金額のみをその都度受領をすることで寄付を受けた。

（8） 設計・施工

　入札前にできるだけ多くの地盤の情報を応札者に提供するために、レーダー探査試験を実施した。調査の結果より、高架橋の橋脚位置の地盤は基本的には強固であることが分かった。基礎の場所で深さ2mの所に、伝統的な基礎工法である厚さ100mmの完全に浸水した硬い木製の井桁状のプラットフォームが硬い地盤上に敷かれていることが確認された。また基礎地盤には、垂直方向に、地盤から構造物まで達する地震によると思われる割れ目が走っていることも確認された。

　契約後に、受注企業では調査、設計を進め、1995年6月に設計の承認を受けて工事が開始された。同年8月には、すぐ上流側に仮の堰堤を設け、高架橋の場所で水位が1m程度に下げられた。仮設の鋼製支保工が仮堰堤と高架橋の間で組み立てられてアーチ下に挿入され、ジャッキアップにより支持された（写真1-11）。

　1995年11月までに、高架橋のスパンドレル内部の中詰め土は除去されると足場を利用して欠損した石材の取り替えと充填の工事が開始された（写真1-12）。取り替えた新しい石材は、元のものと区別できるようにそのまま用いられた。スパンドレル内部の空隙を水密として耐水性を確保するために、水位高さまでコンクリートが打設された。断面欠損した橋脚基部は、鉄筋コンクリートで巻いて補修されコンクリートの表面は新しい石材で覆われた。

　高欄は元の構造物にはなかったものであるが、安全上設置が決められ、建設当時の類似のものに近い外観の鋼製とすることとされた。路面には元の構造でも使われた砕石が敷き詰められ、説明の銘板が高欄に取り付けられ、レールのレプリカが路面上に設置された。

　請負者、施工管理技術者、事務局の間の良好な関係が、歴史的構造物のレイ・ミルトン高架橋に対し最良の保全事例を実現した。保全のでき栄えは、保全前の写真と保全後の写真を比較することで分かる。高架橋は1996年10月29日に正式に再開通した。

写真1-11　保全工事着工直後（1995.8.3）
仮堰堤が設置され、川床にRCはりが設置され鋼製支保工が組み立てられている。

写真1-12　補修工事中の西側橋脚
石積のモルタル充填、断面欠損基礎のコンクリート巻きが施工中。

（訳編：五十畑 弘）

1.4 カミーユ・ドゥ・オーギュ橋
——電気化学的処置によるコンクリート構造物の再アルカリ化について——

(1) はじめに

　20世紀前半に造られたコンクリート構造物の劣化現象に関連して、強度よりも多孔性などの材料特性が注目されるようになったのは、ここ15年くらいのことでしかない。実際、構造物の周辺に存在する硫酸塩、塩素、炭酸ガスなどの化学物質の透過を抑えるためには、セメントのミクロ構造を密にするため、第一に水セメント比を低くすることが求められる。そして化学的耐久性や緻密性を最適化することで、最良のコンクリートを作り出すことが可能となる。このような考えから、ヨーロッパ規準 EN206-1 は作成された。反対に、この規準以前に作られたコンクリートは、基本的に鉄筋に錆をもたらす塩分などの劣化因子を（コンクリート中に）容易に浸透させてしまう多孔体となっている場合が多い。

(2) 鉄筋の腐食の原因

　鉄筋の酸化には、塩化物イオンのコンクリート内部への侵入とコンクリートの中性化といった大きな2つの原因が挙げられる。

　海の近傍に位置する構造物については、波しぶきや毛管現象が、塩化物イオンをコンクリート中に侵入させるきっかけとなる。山間部では、凍結路面の解凍に塩を使うことも珍しくない。またかつては、型枠を早く外すために、塩素を含む凝結促進剤が広く使用されていた。現在、EN206-1 は、鉄筋コンクリートの鉄筋腐食の危険を回避するため、セメントの重量に対して塩素の割合を 0.4％以下にするよう推奨している。プレストレストコンクリートの場合、この割合はさらに厳しくなる。そこで、コンクリートに含まれるセメント量を把握し、その結果から単位セメント当たりの塩化物イオン量を同定する必要があるが、これを実施するには経験を積んだ研究所による調査が必要となる。コンクリート中の単位セメント量は、通常コンクリートに含まれる溶解性シリカの分量から判別する。しかし、スラグやフライアッシュを含むセメントの場合、この手法では近似値しか出ない。この場合、溶解性シリカの分析の他に、走査型電子顕微鏡による観察や熱重量分析を行い総合的に判断することになる。

　いずれにしても、簡易な仕上げや腐食抑制剤といった処置では、塩化物イオンに起因する腐食を根本的に抑止することはできない。コンクリートの補修を確実なものとするためには、これらのイオンを取り除かなければならない。

　一方、中性化はより広範に見られる現象である。その定義として、フランス国立文化財研究所のマリー＝ヴィクトワール女史の説明を引用しておこう。

　「中性化は、すべてのコンクリートが関係し得る劣化の現象である。それは、硬化したコンクリートが、空気や湿気の中に存在する二酸化炭素に触れることで進行する変化のことで、pH値の減少が引き起こされる（健全なコンクリートはpH13程度であり、その結果鉄筋を保護する不動態被膜が形成されている。コンクリートが中性化するとpH値は9程度まで低下し、不動態被膜は破壊される）。中性化が鉄筋の位置まで進行すると、鉄筋の腐食がもたらされる。そして多くの場合、鉄筋の錆によってコンクリートの剥離が引き起こされる。」

(3) かぶり部分の通常の処置と電気化学的処置の効果

　一般に、剥離したコンクリートの修復として、劣化部位の徹底的な除去が行われることが多い。そして、ブラッシングやサンドブラストなどで鉄筋の錆を取り除き、通常は鉄筋に防食剤を塗布し、新たなかぶりとしてセメントを主要材料とする断面修復材などを使うことになる。

もし剥離の程度が軽ければ、この処置でもよいのかもしれない。しかし、もし劣化が軽度でなければ、そもそも腐食が電気化学的反応であることを考慮して、腐食の傾向が鉄筋の広範にわたっている可能性を疑うべきである。そして腐食箇所、つまり鉄が分解している場所が陽極、それに隣接する箇所が陰極となっているのである。

　何年もの間、米国のRILEMやNACE、フランスのCEFRACORやAFGCでは、この問題について取り組んできた。剥離箇所の鉄筋に金属線を繋ぐことで電極とし、またコンクリートの表面にも電極端子を当てて、100ミリボルト単位の電位を記録する。電位がほぼ一様ならば、腐食は進行していないことになる。一方、複数の計測ポイントで電位勾配が確認できれば、その勾配の大きさに注目する必要がある。もしそれが50～100ミリボルトならば、腐食が進行中というしるしである。

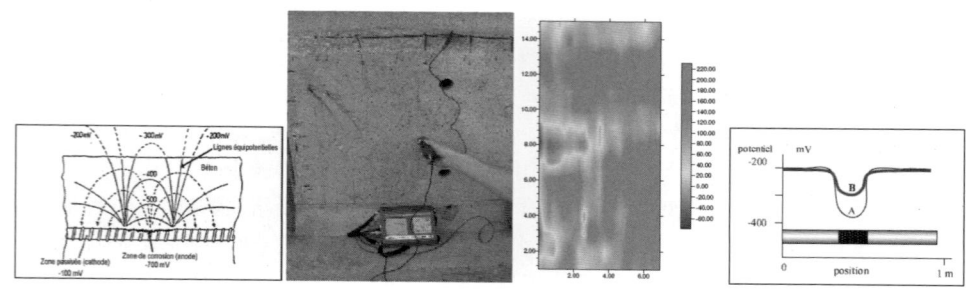

図1-8　潜在的腐食範囲の計測と図化

　電気化学的に考察すると、腐食箇所つまり陽極化した部分に対して、pH値が高く浸透性の低い新たなコンクリートで補修しても、単に腐食を別の場所に移動させるだけだということが分かる。修復箇所が正常な状態に戻ると、それに隣接する陰極の部分が、今後は陽極と化すからである。これが、英語で"incipient anode"と呼ばれる誘導的陽極化の現象である。修復されたかぶり部分の周囲において、さほど時を経ずして鉄筋が腐食するのは、この現象があるからである。

（4）　イオンの泳動による腐食に対する電気化学的層

　RENOFORS（レノフォール）社は、この約15年間、塩化物イオンの除去（脱塩）と中性化による低下したpH値の回復（再アルカリ化）に関する技術を発展させてきた。

　この工法の概略は、コンクリートの表面に直流安定化電源の陽極端子と接続した格子状の金網を敷設し、さらにその上に湿らせたペースト状のセルロースを吹き付け、コンクリートの鉄筋には陰極と繋げる。そして、脱塩の場合は塩化物イオンが所定の割合まで減少するまで、また、再アルカリ化はコンクリートが適正なpH値に戻るまで電流をかけ続ける。

　もし、あまりに大量の塩化物イオンを含む構造物ならば、効果が発揮されるまでの長期間にわたる通電によってコンクリート表面にエフロレッセンスが析出しないように、除去後の塩化物イオン濃度が上昇する陽極側の格子に耐食性の高い金属を使用する。一般に、電極などの設置期間を除いて（ちなみに、構造物の表面形状の複雑さに依存するが、設置には通常1～2週間はかかる）、脱塩による処置に必要な期間はおおよそ1カ月である。また、中性化に対する再アルカリ化の処置については、レノフォール社のNOVEBETON（ノヴベトン）方式の場合、約2週間が必要となる。ただ、この処置は脱塩よりも期間は短いものの、ペースト状のセルロースに含まれるアルカリ成分が不足しないようにしておく必要がある。

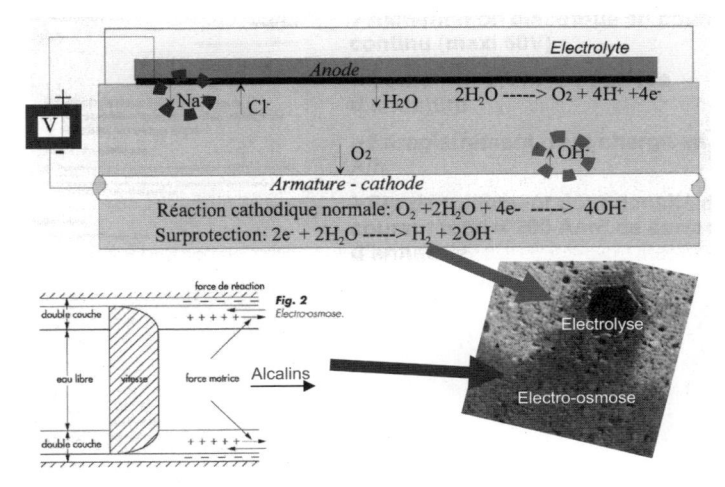

図 1-9　ノヴベトン方式再アルカリ化の原理

　再アルカリ化にしても脱塩にしても、鉄筋の近くで加水分解が引き起こされ、pH 値を高める OH- が作り出される。レノフォール社のノヴベトン方式では、コンクリート内でアルカリ成分の泳動を促す電気浸透の現象が起こる。外部のアルカリが pH 値を上昇させ、加水分解によって生まれた OH- の集合体を固定させる。そして、電流の優先経路に通電時に発生する電場の状態に従って、鉄筋周り 1cm から 3cm の所で環状に pH 値が上昇する。なお、鉄筋から離れた所では pH 値を上げる必要はない。この pH 値の上昇は、フェノールフタレイン溶液による呈色反応で確認することができるが、約 10 年前に再アルカリ化したコンクリートを調べると、鉄筋周り数 cm の範囲でまだ赤紫色を呈しており、長期間にわたる効果を確認することができる。

（5） カミーユ・ドゥ・オーギュ橋へのノヴベトン方式再アルカリ化の適用

　カミーユ・ドゥ・オーギュ橋はシャテルロ市に所在し、1900 年から 1904 年にかけてエヌビック社によってヴィエンヌ川に架設された。スパン 50m の鉄筋コンクリート造 3 連アーチ橋で、国の文化財に指定されている。

　躯体のコンクリートは部分的に破裂して、床版の下面には多くのエフロレッセンスが析出し、構造物の多くの部分で中性化の進行が確認された。

写真 1-13　カミーユ・ドゥ・オーギュ橋の全景

写真 1-14　処置前の状況

そこで、主任文化財建築家ジャヌー氏の指導のもと、ノヴベトン方式による再アルカリ化工法が採用された。この手法は、単に中性化したコンクリートの処置として有効であるだけでなく、コンクリートの表面仕上げも損なわずに、処置の痕跡を残さず行われるため、文化財にはとりわけ有効である。

工事は、以下のような順序で進められた。

・伝統的な修復方法と同じように、コンクリートの剥離箇所を除去する（**写真 1-15**）。

写真 1-15　剥離コンクリートの除去

・鉄筋全体に電流が連続的に流れるかを確認。もし全体に一様に電流を流すのならば、この作業は重要である。必要ならば追加の鉄筋や分流器を設置（**写真 1-16**）。

写真 1-16　鉄筋内を電気が連続的に流れるかの確認

・著しく錆びた鉄筋の取り替え。その際当初の鉄筋の形状、長さを踏襲する。
・ケーブル（青）を鉄筋と接続。

- 電気抵抗率の低いモルタルによる接続部分の閉塞。なおこの際に、電気回路のショートを防ぎながらも、イオンの交換を妨げないように注意する。
- プラスチック製のピンで陽極の金属格子を固定し（**写真 1-17**）、ケーブル（赤）と接続（**写真 1-18**）。

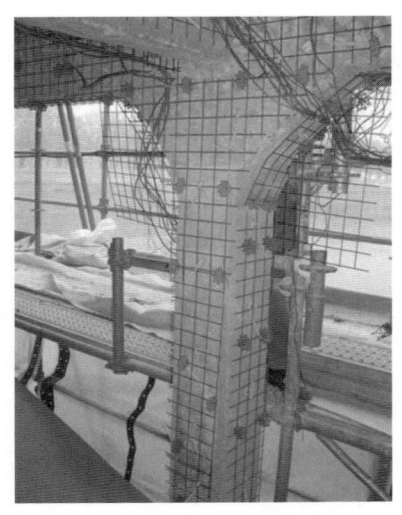

写真 1-17　陽極の金属格子の設置

写真 1-18　ケーブルの接続

- ペースト状のセルロースの吹き付け。なおこのセルロースは、常にアルカリ性の電解質溶液で湿らせておく（**写真 1-19**）。

写真 1-19　吹き付け状態

- 電流を流す。流した電流は毎日記録する。
- 処置終了後、鉄筋近くでコア抜きをして、フェノールフタレイン溶液による呈色反応の検査を行う（**写真 1-20**）。

写真 1-20　施工者によるフェノールフタレイン反応検査

・もし結果が良好ならば、事業者か施工者が選んだ外部組織の担当者が、研究所で処置の効果を確認するために現地で試料採取。
・設置物の除去と産業廃棄物の処理（写真 1-21）。

こうして、表面仕上げを交換せずにコンクリートの健全化が図られる。ちなみにノヴベトン方式は、建物保険を専門とする SMABTP 社の 10 年保証の規定に対応しており、ヨーロッパ規準の FD CEN/TS 14038-1 にも則っている。

写真 1-21　設置物の除去と仕上げ工事

（翻訳：北河大次郎、校閲：久田真）

2　河　川

2.1　歴史的ダム保全事業
（1）　歴史的ダム保全事業の概要
（a）　目的と効果

　歴史的ダム保全事業とは、1990（平成 2）年度から当時の建設省が河川総合開発事業として実施したもので、歴史的に価値のあるダムについて、その健全な保存と歴史的価値をなくすことなくその構造的安定性を増進するとともに、治水、利水機能の新たな開発を行うこと。さらに、ダムの歴史、技術などの資料の収集、展示などを行うことにより、ダムに関する知識の学習、教育の場を設け、住民の河川行政に関する意識の向上、啓発を図ることを目的としている。既存の貯水池の再開発事業が機能の増進・回復を目的としているのに対して、この歴史的ダム保全事業は、既存貯水池が現在有する歴史的意義、環境保全上の重要性に配慮した再開発事業を行うもので、その効果として下記の 5 項目が掲げられた。

　①　歴史的ダム構造物の修復保全と新たな治水、利水機能の開発
　②　歴史的環境の保全（旧ダムに係わる土木構造物などの保全と再生、展示、建設技術の展示）
　③　ダムの建設の歴史に関する資料の収集整理

④　ダムに関する資料保管のための資料庫の建設
　⑤　ダムに関する知識、教育の場を設け、住民を啓発する
(b)　実施ダム

　1990（平成2）年度に採択されたのは、狭山池ダム、辰巳ダム、西山ダム、本河内高部ダムの4カ所であった。狭山池ダム、辰巳ダムについて、簡単に事業内容を解説する。

［狭山池ダム（大阪府）］

　狭山池ダムは、日本最古とされる灌漑用のアースダムであったが、洪水調節などの機能を持たせるために、1988（昭和63）年から1.5mの嵩上げと堤体の補強を行い、均一型フィルダム形式の治水ダムに改修された。保全事業は、ダム本体よりも、発掘された過去の破壊、修復の跡を博物館にどのように保存するかが焦点で、堤体の断面をブロックに区切って実物の一部分を保存・展示した。1999（平成11）年、保存工事に着工し、2001（平成13）年、大阪府立狭山池博物館が開館した。

［辰巳ダム（石川県）］

　辰巳ダムは、多目的ダムとして新規に建設が計画されたダムであり、本質的な意味で"歴史的ダム"の保全事業とは言い難い。ダム建設予定地内に辰巳用水の取水口があり、水没の恐れがあるため、その保存・復元、ならびにダム本体のデザインを含めた周辺環境の整備への対応のため、歴史的ダム事業に指定された。しかし、建設反対派住民との対立が続いており、現在、土地収用法に基づくダム建設の事業認定の取り消しを訴えた裁判へと発展している。

(2)　長崎県における歴史的ダム保全事業の事例

　「歴史的ダム保全事業」と謳いながら、ダム本来の機能が完全に失われてしまった長崎県の西山ダム、本河内高部ダムについて、その経緯と内容、問題点を具体的に述べる。

(a)　事業の概要
　・事業名：　長崎水害緊急ダム事業（歴史的ダム保全事業も含まれる）
　・費　用：　93.3億円（西山ダム）、149.7億円（本河内高部・低部ダム）
　　　　　　ただし、歴史的ダム保全事業も含めた長崎水害緊急ダム事業としての工事費
　・期　間：　昭和58年度～平成11年度（西山ダム）、
　　　　　　昭和58年度～平成22年度（本河内高部・低部ダム）
　・発注者：　長崎県

(b)　各ダムの概要

［西山ダム］

　西山ダムは、長崎市の水道用ダムとして、1904（明治37）年に建設された重力式粗石コンクリートダムで、わが国における初期のコンクリートダムである。堤高31.82m、堤長139.39m。

　1982（昭和57）年7月23日の長崎大水害をきっかけに、既存の上水道用ダムに治水機能を付加する事業が実施され、1992（平成4）年、直下に重力式コンクリートダムの新ダム（堤高40.0m、堤長216.0m）が建設された（写真2-1）。そのため、視認できるのは、湖中に浮かぶ上部のみとなり、ダムとしての機能は失われてしまった。

写真2-1　西山ダム（左：旧ダム、右：新ダム）

［本河内高部ダム］

本河内高部ダムは、吉村長策の設計・監督により長崎市の水道用ダムとして、1891（明治24）年に建設されたアースダムで、わが国最初の水道用ダムである。堤高18.15m、堤長127.27m。

本河内高部ダムも西山ダムと同様に、長崎水害緊急ダム事業により、2006（平成18）年、直上流部に重力式コンクリートダムの新ダム（堤高28.2m、堤長158.0m）が完成した（写真2-2）。そのため、旧ダムは、"ダム"としての機能は完全に失われ、単なる土盛りとなってしまい、新ダムと旧ダムの間は土捨場として利用された。

写真2-2　本河内高部ダム

（3）　事業の経緯
（a）　事業実施の背景

1982（昭和57）年7月23日、九州地方で豪雨があり、特に長崎市を中心とする地域で大きな被害が生じた。市街中心部を流れる中島川、浦上川沿いなどの地域では、土石流、崖崩れ、河川の氾濫などにより多数の家屋が倒壊、浸水し、死者・行方不明者299名、総額3,000億円以上の被害を出した。

この長崎大水害を契機に、洪水被害の防止を図るため、総合的なダム事業が検討され、翌1983（昭和58）年から「長崎水害緊急治水ダム事業」が実施された。中島川については、既設の水道ダムである本河内高部ダム・西山ダムの利水容量を治水目的に変更し、ダムによる洪水調節と河道改修によって対処するというものであったが、実質は新規に本河内高部ダム、西山ダムを建設し、旧ダムはそれぞれ撤去するというものであった。この時点で、事業主体は長崎市水道局から長崎県へと移管された。

1988（昭和63）年、多目的事業への計画変更を建設省から打診され、「長崎水害緊急ダム事業」に変更し、実施される。これにより、本河内低部ダムなども追加され、7ダム1事業として、総容量は755.6万m^3から1,515.7万m^3に大幅にアップした。

さらに、1989（平成元）年頃、建設省から長崎県に対して、歴史的ダム事業に関しての打診があり、翌1990（平成2）年、歴史的ダム保全事業を採択し、新ダム完成後も本河内高部ダム・西山ダムの旧ダムは残すことになった。この頃、ダムの周辺環境を整備する「新レイクシステム構想」が立ち上がっている。

（b）　各ダムの経緯
［西山ダム］

水害の翌月（昭和57年8月）には、長崎水害緊急治水ダム事業計画が策定され、旧ダムの下流60mに重力式コンクリートダムを新設する案（図2-1）が計画された。大きな河川がなく、水の乏しい長崎市にとって、水道水の確保は重要な課題であり、旧ダムの水を溜めたままダムの建設が可能であることから、他のダムとの建設順を考慮して、この案が採用されたという。他の方法も検討されたと言われているが、水害後の緊急事業で、計画策定まで約1カ月という短期間であったため、詳細な検討記録は残されていない。1984（昭和59）年頃には新西山ダムの詳細設計に入っている。

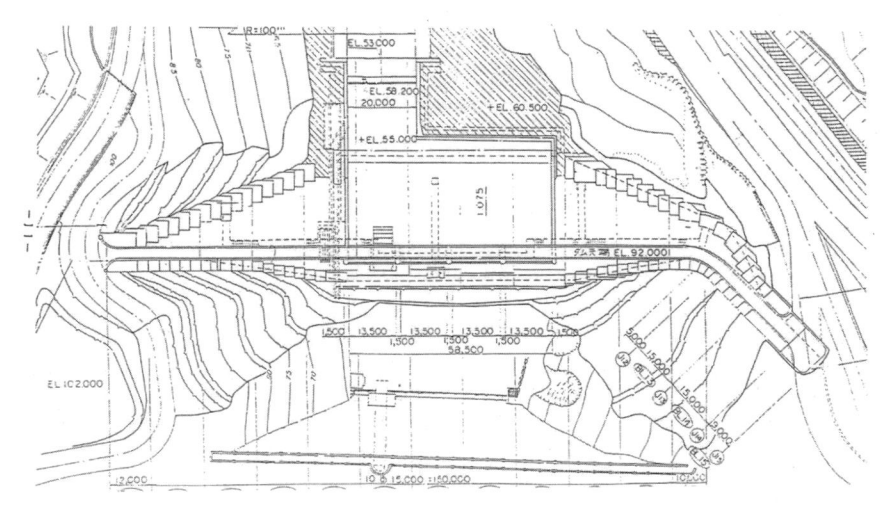

図 2-1　西山ダム平面図[3]

［本河内高部ダム］
　1982（昭和57）年8月には、アースダムの旧ダムを全面撤去し、同じ位置に重力式コンクリートを新設する案（図2-2）が、長崎水害緊急治水ダム事業計画の中で策定された。しかしながら、国道34号線の取り付け、ダム下流にある浄水場への影響、ダム周辺に土捨場がないことなど、技術上、施工上、多くの課題が残されていた。そこで、1986～87（昭和61～62）年頃から、旧ダムの上流に重力式コンクリートを建設する案が検討され始めた。

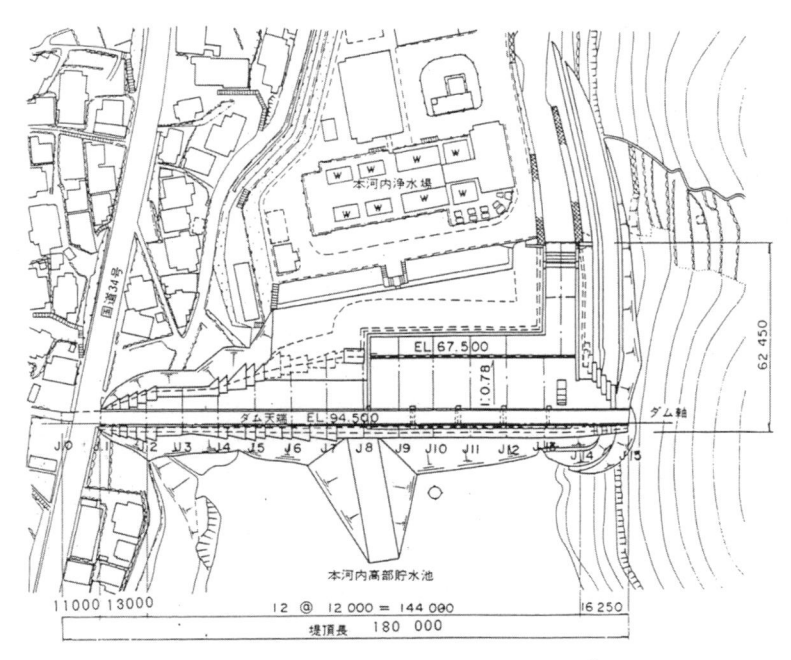

図 2-2　本河内高部ダム当初案の平面図[3]

さらに、本河内高部ダムはわが国最初の水道ダムであることから、保存の要望が各方面からあり、1989（平成元）年3月には事業の計画変更がなされ、旧ダムを残し、上流に重力式コンクリートを建設する案、旧ダムを表面遮水型のフィルダムにより嵩上げする案など種々の型式が検討された（表2-1）。1990（平成2）年には、建設省の歴史的ダム保全事業に指定された。

表2-1 本河内高部ダムの型式比較

項目＼型式	重力式コンクリートダム（既設ダム撤去）	重力式コンクリートダム（既設ダム保存）	表面遮水型フィルダム（嵩上げ）
断面図			
ダム諸元 天端標高（m） 堤高（m） 上流面勾配 下流面勾配	EL 92.700 26.700 1：0.05 1：0.78	EL 93.500 27.500 1：0.05 1：0.78	EL 95.000 29.000 1：2.00 1：2.00
基本方針	・既設ダムは撤去し、重力式コンクリートダムを新設。 ・洪水吐は正面越流型とし、側水路型減勢工を採用。	・モニュメントとして既設ダム下流面を残し、重力式コンクリートダムを新設。 ・埋戻し面を残土処理地として利用。 ・洪水吐は正面越流型とし、堤頂側水路と右岸側シュート式の減勢工を採用。	・モニュメントとして既設ダム下流面を残しフィルダムで嵩上げする。 ・フィルダム型式は、堤体積が最も少なくなる表面遮水壁型とする。 ・洪水吐は分離型とし右岸側に設置。

（参考：「長崎水害緊急治水ダム事業の計画変更について」平成元年3月）

比較検討の結果、旧ダムの上流50mに重力式コンクリートを建設した場合、嵩上げ高を当初より0.5m下げることが可能で、国道の取り付け施工が容易となり、浄水場への影響も少なくなる。また、旧ダムとの間を土捨場として利用できることから、工事費が削減され、埋戻し跡地は、本河内高部ダムのモニュメント公園として整備できるなどの理由により、現在の案が採用された。

2006（平成18）年、新ダムは竣工し、2010（平成22）年頃までに、新ダムと旧ダムの間の土捨場が公園として整備される予定である。

［本河内低部ダム］

本河内低部ダム（堤高22.71m、堤長115.15m）は、長崎水道の拡張工事の一環として、1903（明治36）年に建設された重力式粗石コンクリートダムで、神戸市水道の布引ダム、舞鶴鎮守府水道の桂ダムに次ぐ、わが国3番目のコンクリートダムである（写真2-3）。

写真2-3 本河内低部ダム

長崎水害緊急治水ダム事業が実施されていた本河内高部ダムだけでは治水効果が不明であることから、1989（平成元）年頃、高部ダムと低部ダムを一括して管理することが検討され始めた。その結果、高部ダムを利水専用ダムとし、低部ダムに新たに治水機能を持たせ、治水＋利水ダムとすることになった。そして、1991（平成3）年、これまでの「長崎水害緊急治水ダム事業」から、「治水」の取れた「長崎水害緊急ダム事業」に変更された。

　低部ダムに洪水調整機能を持たせるために、堤体の左岸側を切り抜き、洪水吐きを設ける案などが検討されたが、ダム直下に住宅地が密集しており、減勢工を設置するには困難であること、国道の改良工事が先行し、限られた空間での改築工事が余儀なくされること、さらに、歴史的ダムを保存するためにも、堤体の上流側を補強して、地下に竪坑型のトンネル式洪水吐きを設ける案が採用された。これによって、本河内低部ダムは、他の2ダムとは異なり、形態も、"ダム"としての機能も、そのまま生かされることになった。

（4）　歴史的価値の保存と環境面整備の方針

　歴史的ダム保全事業を見据えた旧ダムの残置計画をもとに、各ダムの歴史的価値の保存と都市ダムとしての環境面の整備について、長崎水害緊急ダム環境整備基本計画検討委員会（委員長東京農業大学鈴木忠義教授）が設置され、1989（平成元）年から2年間にわたって検討し、下記のように答申がまとめられた。

［西山ダム］

＜整備のテーマ＞

・良好な自然環境の保全と清涼な水質の保持による水鳥などが生息する水辺環境の形成。

＜整備の方針＞

・自然散策路や水鳥の島の整備を行う。

・新設ダムの建設にあたっては、旧ダムが歴史的ダムであることから景観を配慮したデザインとする。

［本河内高部・低部ダム］

＜整備のテーマ＞

・歴史的価値のあるダムの保存と活用および良好な自然環境の保全と清涼なる水質の保持。

＜整備の方針＞

・水道記念館やダム植物公園・せせらぎ公園の整備を行う。

・堤体は歴史的ダムであることに配慮した修景を行う。

　この答申を受け、西山ダムでは堤体デザインについて各種の検討がなされたが、「歴史の継承」については、下記の通りまとめられた。

・既設ダムは、新設ダムが完成後水没することとなるが、貯水池の運用に支障のない範囲で極力保存することとする。これにより、既設堤体のブロック張り（石畳模様）と天端下部の飾り模様は一部保存されることとなる。また、取水塔は取り壊し範囲から除外することにより完全保存が可能となる。

・既設堤体は、一部取り壊さざるを得ないので、新設ダムに化粧型枠を使用して、ブロック張り（石畳模様）と天端下部の飾り模様を再現することとする。

・既設ダム通廊入口の自然石張りと銘板は、完全水没となるため、新設ダム通廊入口を自然石張りとし、銘板は移転、保存することとする。

(5) 工事の内容とその問題点

［西山ダム］

　旧ダムの 60m 下流に新ダムが建設されたため、旧ダムの堤体は運用に支障が出ないよう一部が切り欠かれ、残置された。つまり、旧ダムの前面に新ダムが立ちはだかり、湛水されることから、美しい石積みのダム下流面が一部しか見えないという、ダムの景観としてはありえないものになってしまった。さらに、水位が下がれば境界線のできた醜いダム肌をさらけ出してしまう。「旧ダムは貴重な土木遺産であるので、新ダムの貯水池内に保存した」とされるが、これで"保存"と言えるのかどうか。"ダム"本来の機能と姿を保ったまま保存できなかったのか悔やまれる。なお、取水塔は現位置に保存されている。

　西山ダムの場合、約 1 カ月間という極めて短期間に計画され、実地調査を飛び越して事業が開始されており、新規ダムを建設すること以外に検討の余地はなかったのかもしれないが、旧ダムを補強、嵩上げして対応することはできなかったのか。歴史的ダム保全事業の指定が早ければ、もう少し違った結果になっていたのかもしれない。

［本河内高部ダム］

　逆に本河内高部ダムは、48m 上流に新ダムが建設されたため（図 2-3）、ダムとしての機能を完全に失い、単なる土の塊として残された。下流側から見れば、このダムの最大の特徴である底樋の入口、階段（**写真 2-4**）も含め、見た目の形態は変わっていないが、その背後には新ダムのコンクリート堤体がのぞく。しかも、新ダムと旧ダムの間は埋められたため、取水塔をはじめ、上流側の石張、底樋は撤去された。

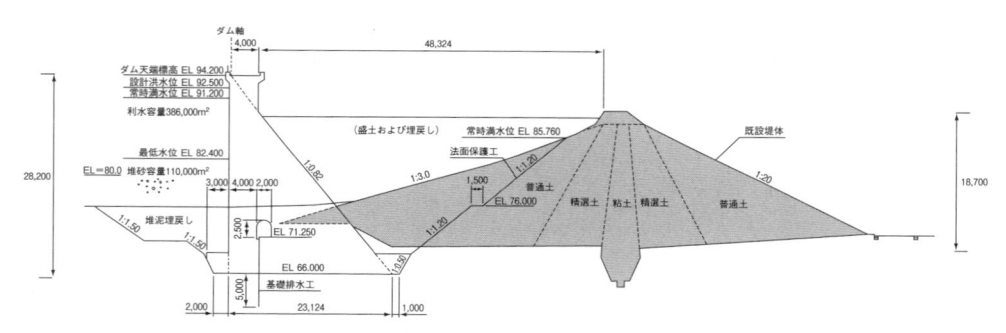

図 2-3　本河内高部ダムの標準断面図[4]

写真 2-4　本河内高部ダム下流面の底樋と階段

保存要望と歴史的ダム保全事業によって撤去は免れたとは言え、西山ダム同様、まずは重力式コンクリートダムの新設ありきだった点に問題があり、画一的で強硬なダム行政のあり方が問われる。

［本河内低部ダム］

既存の堤体を保存するため、神戸市水道局の布引ダムのように上流側の増厚（図 2-4）により、堤体を補強し、洪水調整機能を持たせるために、わが国で初となる竪坑型トンネル式洪水吐きを設置する改良工事が、2007（平成 19）年に着手され、2010（平成 22）年度の完成を目指して進められている。

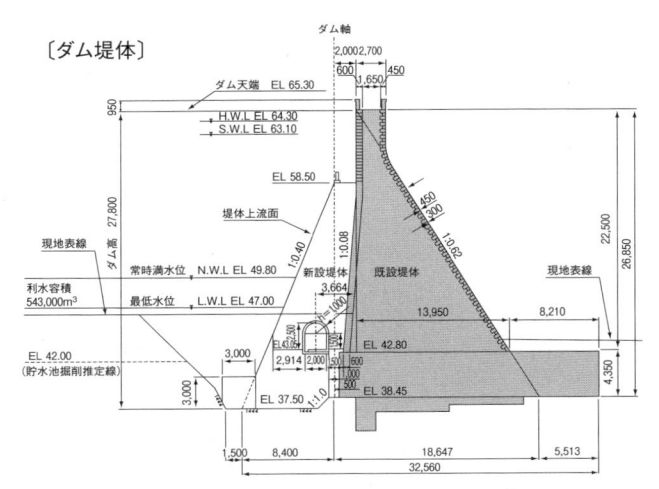

図 2-4 本河内低部ダムの標準断面図 [4]

（6） 評 価

当初は、西山ダム、本河内高部ダムとも撤去される予定だったが、歴史的ダム保全事業に指定されたことによって、いずれのダムとも旧堤体は一応保存されることになった。そのことは、歴史的ダム保全事業の効果として一定の評価ができる。しかしながら、ただ保存さえすればよいというものではない。ダム本来の機能は全く考慮されず、単なるモニュメントとして一部分を残しただけでは、真の意味で保存したことにはならない。土木技術者には、先人達が築き上げた構造物やその技術を後世に正しく継承していく責務があり、今の時代の都合によって貴重な遺産を勝手に改変してならない。

大水害後の治水事業という緊急性や、歴史的構造物に対する関心のそれほど高くなかった 1982（昭和 57）年という時代性、ダム直下に住宅地が広がっており、安全性を優先しなければならないという状況を鑑みれば、致し方なかったのかもしれないが、わが国のダム史上、水道史上貴重なダムであるにもかかわらず、西山ダム、本河内高部ダムを撤去することが前提であった。いずれにしても、緊急治水事業として、利水ダムに治水機能を付加させることが検討された際に、既存のダムに手を加えて改修しようとしたのではなく、まずは新規ダムの建設ありきというその姿勢に大きな問題があった。

1990（平成 2）年から実施された歴史的ダム保全事業を改めて検証してみると、西山ダム、本河内ダムでは歴史的ダムがダムとして保存されず、堤体のモニュメント化や周辺の環境整備、公園化にとどまり、後づけの事業であったことは否めない。狭山池では、旧堤体を博物館で保存・展示するというひとつの方向性を示したが、辰巳ダムでは、そもそも歴史的ダムの保全ではなく、辰巳用水への対処的な事業であった。

第2.1項　参考文献
1) 建設省河川局開発課：ダム事業の新規施策、河川、1991年9月号、pp.33-36
2) 村川壽朗・浦川宏毅：歴史的ダム保全事業と西山ダムの堤体デザインについて、ダム技術、No.64、1992、pp.42-54
3) 建設省河川局：長崎水害緊急治水ダム事業計画書、1982.8
4) 長崎県長崎土木事務所：西山ダム、本河内高部ダム、本河内低部ダムのパンフレット

2.2　布引水源地五本松堰堤（布引ダム）
（1）構造物と事業の概要
（a）構造物の概要
- 構造形式：　重力式粗石コンクリートダム
  （日本最古の重力式コンクリートダム：2006（平成18）年に重要文化財指定）
- 堤体寸法：　堤高　33.3m、堤長　110.3m、堤頂幅　3.6m
- 堤体積：　22,000m^3
- 建設年次：　1897（明治30）年3月～1900（明治33）年3月
- 所在地：　神戸市中央区葺合町
- 施設概要：　神戸水道創設時の施設のひとつとして、新神戸駅から徒歩30分ほどの位置にある。建設当時の技術先進国であったヨーロッパの技術を採り入れ、止水性の確保、揚圧力の排除、コンクリートの配合や施工目地の構造など、材料や施工において繊細な配慮が施されている。その設計・建設に吉村長策や佐野藤次郎などが携わっており、100余年を経過した現在も神戸市の貴重な自己水源として活用されている。

写真2-5　布引ダムの堤体　　　　写真2-6　布引ダムの位置

（b）事業の概要
- 事業名：　布引五本松堰堤補強及び堆積土砂撤去工事
- 費　用：　27億4,000万円
- 期　間：　2001（平成13）年8月29日～2005（平成17）年3月31日
- 発注者：　神戸市水道局
- 請負業者：　奥村・三井住友・青木あすなろ特定建設工事共同企業体
- 事業概要：　地震時における堤体の安定性を確保するため、恒久的な補強コンクリート（フィレット）を新設するとともに、その上部に止水コンクリートも新設した。また、貯水池内に土砂が堆積して有効貯水量が減少していたため、

その撤去工事（20万 m³）を併せて行った（図 2-5 参照）。

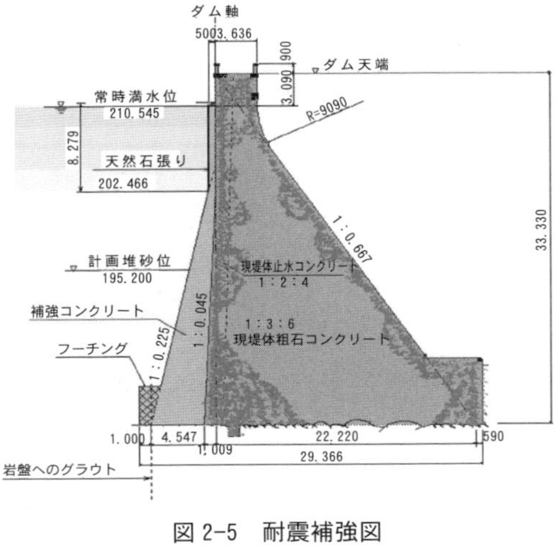

図 2-5 耐震補強図

(c) 事業の体制
　i）計画・検討
　1998（平成 10）年に布引ダムが国の有形登録文化財に指定されていたため、耐震補強工事に先立ち、神戸市教育委員会と協議を重ねた。その結果、文化財の専門家を交えた『布引ダム調査研究会』を開催して、堤体の構造面に加えて文化財的価値の保存も加味した耐震補強方法を検討した。
　ii）設計・施工
　文化庁の補助（国登録文化財設計監理費）を受けて、保存されていた建設当時の設計図書などにより、まず設計諸元や使用材料を極力明確にしておき、施工の過程において、コンクリート強度試験などにより堤体の健全度を、また取水管などの撤去・更新時に使用材料などを確認することとした。

(2) 事業実施の背景
　建設当初から堤体の水抜き用多孔管からの漏水が多かったため、漏水対策や健全度評価を目的に、水害や地震などの自然災害発生後に、学識経験者からなる調査委員会において検討が行われ、適切なアドバイスのもとに補修工事を積み重ねてきている。1923（大正 12）年の関東大震災を受けて、1924（大正 13）年に物部長穂博士を中心にした調査委員会が初めて開催されている。
　その後、1951（昭和 26）年には、1938（昭和 13）年の阪神大水害により布引貯水池に流入した土砂を除去し、漏水対策のための堤体前面へのモルタル吹き付け、堤体の温度ひび割れ防止対策の伸縮目地を 2 カ所設置している。また、1968（昭和 43）年にも漏水対策のために、堤頂から堤体前面の止水コンクリートおよび堤体前面および左岸（越流部含む）にカーテングラウトを施工している。
　1995（平成 7）年の兵庫県南部地震により、堤体からの漏水量が大幅に増大したことから、その後の余震の影響も勘案して、1997（平成 9）年に災害復旧工事として堤体グラウトとともにカーテングラウトを実施した。
　布引ダム建設当時の設計計算書によれば、洪水時水位の状態での安定計算は行われていたが、地震力は考慮されていなかった。そのため、布引ダム調査研究会において、現行の

ダム設計基準（河川管理施設構造令など）に基づいて、満水時およびサーチャージ水位時に設計水平震度（$k=0.15$）の地震荷重を作用させた場合、堤体上流端で若干の引張応力が発生し、現行基準を満足しないことが判明したため、恒久的な補強コンクリートによる耐震補強を2001（平成13）年から行った。

（3）保全の方針

布引ダムは、万葉の時代から景勝地であった『布引の滝』の上流に位置しており、当初のダム計画において放水路端部に新滝が現れるような工夫がなされている。このような自然に融合するような施設整備の思想を引き継ぐとともに、六甲山国立公園に属している既設堤体の景観に配慮し、新設コンクリートに天然石（白御影石）を貼ることにより、違和感のない形状や外観を保つことに配慮した（**写真2-7**）。

写真2-7 補強コンクリートの石貼り

また、堰堤左岸にある管理橋の劣化対策と耐震補強を行う際にも、ダム建設時に使用していた荷物用軽便鉄道の古レール（フランス・ドコービル社製）を、管理橋の構造部材などにリサイクルされていたことが判明した（**写真2-8、写真2-9**）。しかし、管理橋を解体した結果、鋼材部分で錆による腐食がかなり進行している箇所が多数あった。通常の保全措置では、鋼材を2種ケレンした後に塗装を行うため、再使用できる部材が非常に少なくなることが想定された。

写真2-8 建設中の布引ダム　　写真2-9 布引ダム管理橋

そのため、極力ケレン量を削減して建設当時の部材を再使用するために、簡易な3種ケレン程度の処理で赤錆を黒錆に転換することができる「無溶剤型特殊エポキシ樹脂錆転換剤」を採用した。その際には、この錆転換剤は通常の塗装と異なり溶剤を使用していないため、塗膜硬化反応時に旧塗膜を溶解することによるリフティング現象（素地と旧塗膜間の剥離）などが生じないことや、耐塩水性や塩水噴霧試験などによる耐久性も確認した。また、エポキシ樹脂は紫外線に対して劣化するため、上塗りとして「常温硬化型フッ素樹脂塗装」を採用した。ただし、長期の劣化に関する実績がなく、劣化予測も十分にできていないため、日常の維持管理の中で塗装の経年変化に留意することが重要であると考えている。

なお、新設した補強材についても建設当時の思想を継承するため、ほぼ同形状のトロッコ用軽レールを使用した。このように維持管理時代の先駆として、従来の『スクラップ・

アンド・ビルド方式』ではなく、先人が様々な工夫を施して建造された土木遺産を当時の技術や景観を生かしつつ、『必要最小限に現代の技術を加え、次世代に引き継いでいく』という観点で、設計・施工に創意工夫を加えた。

(4) 工事の内容

補強方法としては、堤体への影響を極力低減するために、既設堤体上流側にフィレットを設け、それと岩盤とを固定するフーチング部分からなる補強コンクリートを施工した。施工にあたっては、有害なひび割れなどが発生しないように、打設高さ、目地および養生などに配慮しながら施工した。

しかし、既設堤体への影響を考慮して、表面の石張りを撤去せずに補強コンクリートを打設する方針であったため、補強コンクリートと既設堤体との一体化が問題となった。そのため、布引ダム調査研究会において応力解析結果とともに、現地での試験ブロックによる引張試験とせん断試験の結果を踏まえて一体化の検討を行った結果、堤体下部での安全率が低いことが判明した。

その対策として、既存堤体の間知石を撤去して新旧コンクリートの一体化を図るのではなく、既設堤体を極力残すために、間知石に最小限のせん断補強鉄筋を設置することにより新旧構造物の一体化を図ることとした。まず、間知石にϕ35mmの削孔（L = 180mm）を行って、せん断補強鉄筋としてケミカルアンカー（D25の鉄筋）を450mmから1,500mmの間隔で設置した。このように、既存堤体の間知石はフィレットの中に埋もれているが、可逆的な措置を勘案して建設当時の状況で極力保存する工夫を行った。

また、補強コンクリートの上部から常時満水位までの区間に止水コンクリートを打設して、既設堤体の漏水防止を行うとともに、補強コンクリート部分の基礎岩盤部にカーテングラウトを施工した。

(5) 評　価

土木遺産の補強や補修工事の際には、建設当時の設計思想や施工方法を推定して、先人の工夫などを検証あるいは確認しながら施工することが肝要である。布引水源地水道施設の場合、幸いにも設計図や構造計算書などの設計図書に加えて記録誌などが現存していたため、耐震補強などの検討に非常に有効であった。そのため、堤体の耐震補強工事を通じて、建設当時の文献に記載されていた設計思想や施工方法を確認することができた（図2-6参照）。

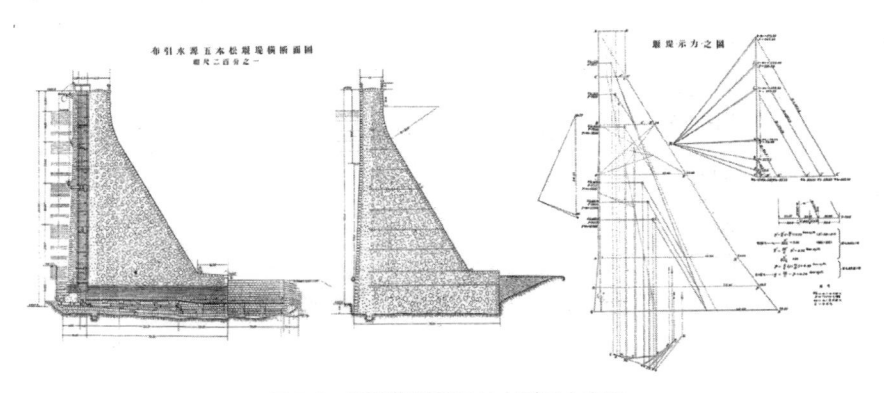

図2-6　堰堤横断面図および示力之図

例えば以下の通りである。

① 建設当時に非常に高価であったセメントを節約するとともに堤体重量を増やすことを目的に、堤体のコンクリートには粗石が混入されている。

② 堤体の部位ごとにコンクリートの配合を変えており、ダム湖前面や取水塔部で取水管が貫通する箇所は止水性を要するため富配合で、通常水が浸透しない箇所などでは貧配合となっている。
③ 堤体コンクリートの水密性を確保するため、1回の打設高さは約30cm程度で、千本搗きによる締固めや莚による養生などが行われていた。
④ 堰堤表面の石積み目地は、1インチほどコンクリートを剥ぎ取った後に、砂径の細かいモルタルを入れて、その上面に少し砂径の粗いモルタルが盛られていた。

このような丁寧な施工が行われていたため、切り出した堤体下部のコンクリート塊やコア採取したコンクリートは、リバウンドハンマーや目視などにより、100余年を経た現在でも健全であることを確認することができた。

また、耐震補強工事にあたっては、ダムの重要性および工事の必要性に加えて、文化財的側面も広く市民に周知するため、工事期間中に10回にわたる市民見学会を含め105回の工事見学会を開催し、約7,000人の方々の参加があった。特に市民見学会の際には、工事の際に取出した建設当時の取水管やコンクリート塊などを現地に展示して、当時の設計・施工方法などについて説明を行った（**写真2-10**）。

写真2-10 ダム湖内での市民見学会

2006（平成18）年に国重要文化財に指定された後でも、奥平野浄水場の敷地内にある『水の科学博物館』においてそれらを公開している。また、ダム周辺には布引の滝もあり、市民が訪れるハイキングコースになっているため、ダム堤体左岸側に休憩所や貯水池に飛来する野鳥を観察することができる野鳥観察所を整備し、市教育委員会と連携して重要文化財指定構造物の特徴などを記載した説明看板も設置した。その結果、多くの市民が近代化土木遺産について親しんでいる。

2.3 十六橋水門
（1） 構造物と事業の概要
(a) 構造物の概要
・構造形式： 土木構造物（堰柱本体、底版、水叩き） 無筋コンクリート構造
水門ゲート型式　鋼製電動ストーニーゲート（稼働中最古のストーニーゲート）

写真2-11　十六橋水門上流側

・土木構造物寸法：　堰柱本体　標準部材厚 120cm（コンクリート部 35cm 〜 45cm、上流側は石材、下流側はレンガ材により被覆されている）
　　　　　　　　　底版　部材厚 60cm
　　　　　　　　　水叩き　部材厚 65cm（上部は安山岩の被覆石 25cm 厚）
　　　　　　　　　堤頂幅　3.6m

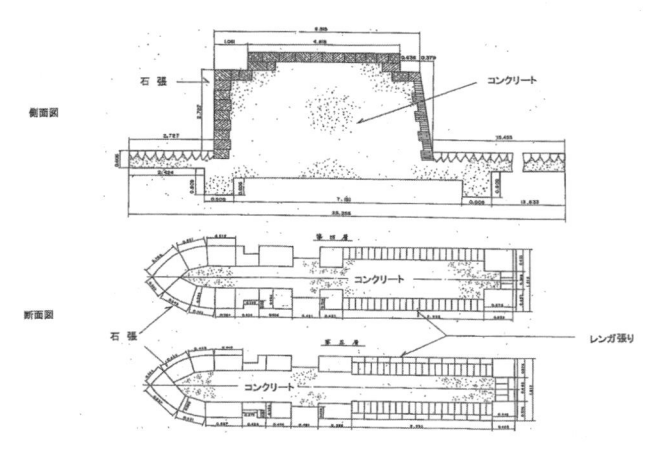

図 2-7　堰柱構造図

・水門設備：　水門幅 $L=75.75$m、敷高 T.P.512.24m、門数 16 門
　　　　　　径間　$W=3.303$m（1 号、2 号、16 号）、$W=3.636$m（3 号〜 15 号）
　　　　　　扇高　$H=2.81$m
　　　　　　開閉装置　チェーン式（カウンターウェイト付）、電動式（1 号〜 15 号）、手動式（16 号）、単独式　1 号、2 号および 16 号、連動式　3 号〜 6 号、7 号〜 10 号および 11 号〜 15 号
　　　　　　巻き上げ速度　2.8m/min（手動式の 16 号水門を除く）

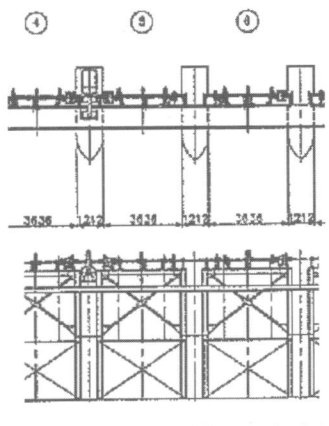

図 2-8　水門平面・横断図（一部）

・建設年次：　1912（明治 45）年〜 1914（大正 3）年
・所在地：　福島県耶麻郡猪苗代町大字翁沢地内

・施設概要：　猪苗代湖は、福島県の中央に位置し、湖面積は約108km²でわが国の淡水湖では3番目の大きさである。流出する河川は、一級河川阿賀野川の支川、日橋川のみである。十六橋水門は日橋川の上流端に設置され、猪苗代湖の利水機能に係る湖水位調整のための水門として運用されてきた。

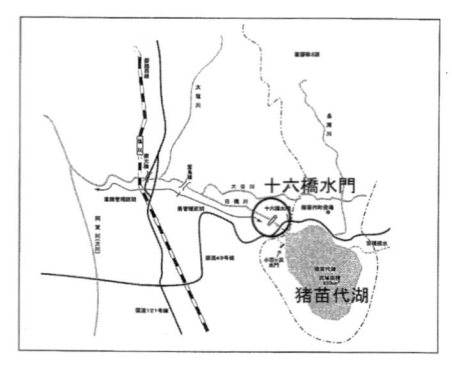

図2-9　位置図

(b)　事業の概要
・事業名：　統合一級河川整備事業
・費　用：　約24億円
・期　間：　2001（平成11）年～2005（平成17）年3月31日
・事業者：　福島県
・事業概要：　1998（平成10）年8月末に福島県南部を襲った豪雨により発生した湖岸や下流日橋川沿川の浸水被害を契機に、福島県では関係機関と協議を進め、それまで不確定であった十六橋水門の所有権を安積疎水土地改良区所有と確定し、利水者である安積疎水土地改良区、東京電力株式会社などと「治水管理に関する覚書」を1999（平成11）年に締結した。このことにより新たに100年確率規模洪水に相当する治水容量60,000,000m³を確保するとともに、十六橋水門を河川管理施設として兼用工作物とすることにより福島県が猪苗代湖を適正に管理することが可能となった。

(c)　事業の体制
［計画・検討］
　1999（平成11）年の覚書締結後に治水計画、放流設備に関する代替案などの検討や構造物調査などが福島県で実施した。

［設計・施工］
　2001（平成13）年には十六橋水門を補修して使用する計画として国土交通省の補助事業として事業化された。本施設は河川管理施設等構造令（国交省令、以下「構造令」）に準拠した機能を有し、改修も準拠して実施されることなどを確認した後、国土交通大臣の認可により改修することとなった。そのための技術的検討を行うため、学識者等から構成される「十六橋水門構造検討委員会」が設置された。

（2）　事業実施の背景
(a)　歴史的経緯
　風土記によると、平安時代初期の頃、弘法大師が流水中に石塚を置いて16組の丸太をわたしたことが始まりだといわれている。その後、1786（天明6）年から3年がかりで湖岸に突き出た柱状節理の自然石を運び、丸太に替えて23径間の橋とした。水中の橋脚部は井桁に「透かし組み」をし、欄干つきで総石づくりの豪華な橋で観光名所であった。1868（慶応4）年には、会津戦争の舞台にもなり、十六橋は会津兵によって2カ所が破壊された。
　明治に入ると、維新で職を失った旧士族の雇用対策の一環として、明治政府の内務卿大

久保利通の決断により、江戸時代から郡山地方の悲願でもあった安積開拓と疎水開削が進められた。この国営の大事業は、日本海側に流出する猪苗代湖の水を奥羽山脈の分水嶺を越えて太平洋側の安積平野へ分水し、会津盆地へ流下する水量を調整しようという大がかりなものであった。1878（明治11）年より延べ85万人が動員され、わずか3年で約130kmの幹線水路を張り巡らした。疎水工事は政府から派遣されたオランダ人土木技師ファン・ドールンが疎水工事の測量、設計に関して指導し、判断を下したといわれている。

同事業により十六橋は公道橋と水門を兼ねた十六眼鏡石橋水門に改築され1880（明治13）年に完成した。水門は、東岸1門が布藤用水向け、中央13門が日橋川制水門で、西岸2門が戸ノ口用水向けの計16門で構成されている。16アーチ橋の橋長は当時の表現で36巻余（約65m）、幅11尺（約4.2m）、高さ11尺であった。水門の扉は、1門ごとに8枚の水門板をはめ込み、湖水量を調節する仕組みになっていた。

1911（明治44）年、猪苗代水力電気（現・東京電力）と安積疎水土地改良区が、猪苗代湖水利調整について契約を結んだこともあり、猪苗代第一発電所の建設と同時に、1912（明治45）年、十六眼鏡石橋水門の改築工事が開始され、公道橋と水門に分離された。開閉が不便で、老朽化していた木製の扉は、鋼製電動巻上げ式ゲート（鋼製ストーニー式ゲート）に全門換えられた。上流に設けられた公道橋は、流水の障害を減らすため、鉄製パイル橋となった。これらの改築工事は1914（大正3）年6月に完成し、現在に至っている。

写真 2-12　明治期の外観

（b）猪苗代湖治水管理の必要性と十六橋水門の役割

前述してきたように本事業は、1998（平成10）年8月末出水を契機としている。この出水は、8月26日から8月30日にかけて猪苗代湖上流に降った合計340mmの降雨に起因しており、猪苗代湖沿岸と下流日橋川沿岸は浸水被害に見舞われた。このため猪苗代湖は、下流河川の浸水被害を防ぐためだけでなく湖岸の冠水被害を防ぐための洪水調節計画を策定し、計画に基づく適正な放流を行う必要があった。適正な放流を行うためには、常時使用されている放流設備の小石ヶ浜水門（東京電力管理）だけでは全体の放流量が足りず、洪水時においては、ほとんど操作してこなかった十六橋水門の適正な管理が急務となった。

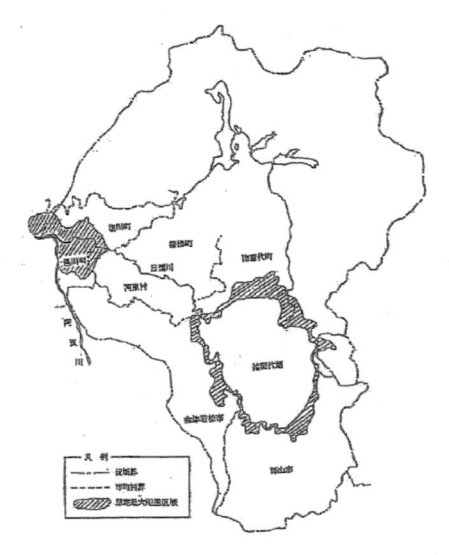

図 2-10　湖畔と日橋川氾濫域

また、日橋川は一級河川阿賀川水系の支川であるが、上流区間は猪苗代湖も含めて、福島県が管理する指定区間であるが、長い歴史的経緯の中で、水力発電および灌漑用水の利

水施設として、東京電力が水利使用規則により、十六橋水門および注水口取水口の小石ヶ浜水門から最大放流量 222.4m³/s で洪水処理を行ってきた。1998（平成 10）年に洪水による被害を受けたことから、適正な治水管理を行うためには福島県に十六橋水門の管理を移管することが必須となった。

(c) 改修前の状況

改修前の堰柱の外観調査によれば、上流側は石材間の目地が流出、下流側のレンガは凍結融解作用等により損傷している程度であり、外見上は品質、耐久性とも良好な状態を保っている。

内部のコンクリートの状況は、電磁波レーダー探査による非破壊試験とボーリングコア採取の結果から、一部に「ジャンカ」状態となっている箇所が見られる程度であった。

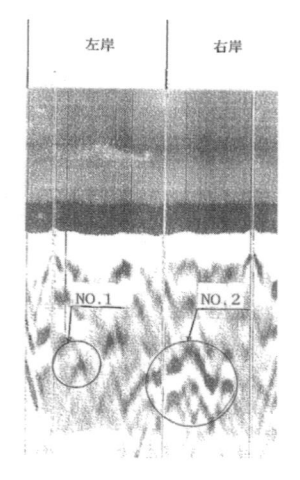

図 2-11　レーダー探査 　　　　　写真 2-13　堰柱ボーリングコア

以上のことから、今後の更なる調査を行う必要があるが、基本的に適当な補強を施せば堰柱の保全・使用は可能と判断された。

水門の現況機能に関する調査は、所有者である安積疎水土地改良区と管理者である東京電力の立会いのもとに、開門して放流試験を行った。試験放流において扉体本体ならびに戸当たりなどは正常に機能した。

試験放流状況 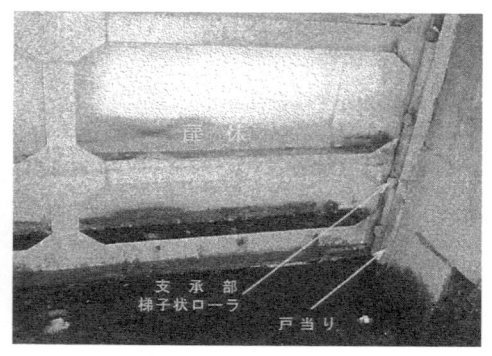　　　　　扉体底部

写真 2-14　試験放流

また、巻き上げ機の外観は塗装から発錆しているぐらいで問題は少ないと考えられた。なお、開閉装置は、1台のモーターを中心に左右2門のゲートが分担範囲である。また、クラッチを切り替えることにより1門ずつ引き上げる能力を有している。

写真 2-15　開閉装置外観

（3）　保全の方針
（a）　改修と「保全」に係る基本方針
　十六橋水門は、安積疎水事業の記念碑的存在でかつ県民の文化財である。すなわち、郡山地方の発展の礎となった疎水事業の象徴的構造物で、技術指導した土木技師ファン・ドールンの記念碑も構内に立つ歴史的文化財である。また、供用中でコンクリート造りの水門施設としては日本最古であり[2]、ストーニーゲート形式としても日本最古の施設である[3]。さらに、十六橋水門は磐梯・朝日国立公園内に位置しているだけでなく福島県の景観形成重点地域に隣接しているうえ、戊辰戦争における戦略上の要路であったことから古戦場としても知られており、訪れる人も多い。

　一方、猪苗代湖治水計画における洪水調節施設は、「十六橋水門を保全しつつ利用する案」と十六橋水門に手を加えず保存し、「バイパス放流施設を新たに設置する案」との比較検討も行われた。

　この結果、補強や改築をすることで治水施設として利用の可能性があることと、本施設の歴史的価値、周辺の社会環境に配慮するという観点、バイパス案との経済性比較の観点からも有利であることから、十六橋水門を活用することを基本に調査・設計を行うことが1999（平成11）年度に決定された。

（b）　治水施設としての必要機能、ならびに現状の課題と対応方針
　十六橋水門の改修に際しては、1914（大正3）年の改築工事後から現在までに80年有余年を経ており老朽化も進んでいることと、治水施設として現在準拠すべき構造令などの諸基準に照らし合わせて満足する施設であるのかが当面の課題であった。

　まず、十六橋水門の構造令における河川管理施設の区分を明確にする必要があった。流水を貯留する施設であるが、基礎地盤から固定部までの天端までの高さが15m以上でなければ「ダム」ではなく、堤防に接続しているものは「堰」であることから「堰」とみなすことが適当とされた。

　一方、1997（平成9）年に構造令が改正され、第73条（適用除外）の第4項に「特殊な構造の河川管理施設等で、建設大臣がその構造が第2章から第9章までの規定によるものと同等以上の効力があると認めたもの」ということが明文化された。そこで、当水門を現存のまま改修して使用する場合に、構造令における「堰」の基準と照らし合わせて準拠しているか検討を行った。この結果、後述の通り構造の安定性（第36条第1項）、径間長（第36条第2項）、ならびに阻害率（第38条）について、基準と同等以上の効力があることを証明することができた。構造令第73条に係る大臣特別認可制度の適用については、図2-12に示すフローチャートに従って実施された。

　経緯に従い、委員会などの概要について以下に示す。

第1回～第3回の計3回実施

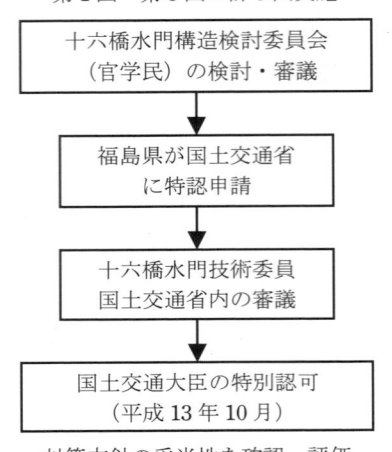

```
┌─────────────────────┐
│ 十六橋水門構造検討委員会 │
│ （官学民）の検討・審議  │
└─────────────────────┘
          ↓
┌─────────────────────┐
│ 福島県が国土交通省     │
│ に特認申請            │
└─────────────────────┘
          ↓
┌─────────────────────┐
│ 十六橋水門技術委員     │
│ 国土交通省内の審議     │
└─────────────────────┘
          ↓
┌─────────────────────┐
│ 国土交通大臣の特別認可  │
│ （平成13年10月）      │
└─────────────────────┘
```
対策方針の妥当性を確認・評価

図 2-12　大臣特認制度適用までの経緯

(c)　十六橋水門構造検討委員会

［委員の構成］（学識者委員のみ氏名表記。その他の行政委員は当時の所属・職階・役職名のみを示す）

　　　委員長　　長瀧重義　　新潟大学 工学部 建設学科 教授
　　　委員　　　高橋迪夫　　日本大学 工学部 土木工学科 教授
　　　委員　　　藤田龍之　　日本大学 工学部 土木工学科 教授
　　　委員　　　睦好宏史　　埼玉大学 工学部 建設工学科 教授
　　　委員　　　角　哲也　　京都大学 大学院 工学研究科 助教授

　以下は、行政委員

　　　委員　　　国土交通省 河川局 治水課 企画専門官
　　　委員　　　国土交通省 河川局 治水課 河川管理係長
　　　委員　　　独立行政法人土木研究所 構造物マネジメント技術チーム 主任研究員
　　　委員　　　国土交通省 東北地方整備局 地域河川調整官
　　　委員　　　国土交通省 北陸地方整備局 阿賀川工事事務所長
　　　委員　　　福島県 土木部 河川課長
　　　委員　　　財団法人先端建設技術センター 研究第二部長

［各委員会の主な課題と対応］

　委員会の課題と対応について図 2-13 に取りまとめた。また、上記の検討結果に基づく委員会での評価と結論は以下にまとめる通りである。

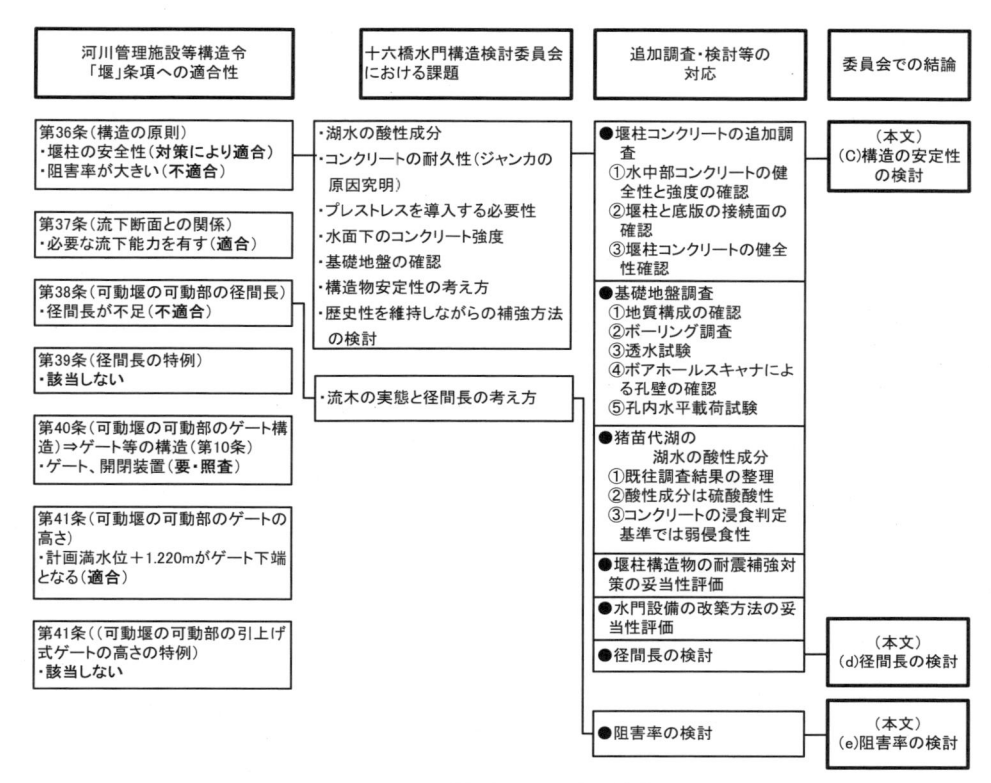

河川管理施設等構造令「堰」条項への適合性	十六橋水門構造検討委員会における課題	追加調査・検討等の対応	委員会での結論
第36条（構造の原則） ・堰柱の安全性（対策により適合） ・阻害率が大きい（不適合）	・湖水の酸性成分 ・コンクリートの耐久性（ジャンカの原因究明） ・プレストレスを導入する必要性 ・水面下のコンクリート強度 ・基礎地盤の確認 ・構造物安定性の考え方 ・歴史性を維持しながらの補強方法の検討	●堰柱コンクリートの追加調査 ①水中部コンクリートの健全性と強度の確認 ②堰柱と底版の接続面の確認 ③堰柱コンクリートの健全性確認	（本文） (C)構造の安定性の検討
第37条（流下断面との関係） ・必要な流下能力を有す（適合）		●基礎地盤調査 ①地質構成の確認 ②ボーリング調査 ③透水試験 ④ボアホールスキャナによる孔壁の確認 ⑤孔内水平載荷試験	
第38条（可動堰の可動部の径間長） ・径間長が不足（不適合）			
第39条（径間長の特例） ・該当しない	・流木の実態と径間長の考え方	●猪苗代湖の湖水の酸性成分 ①既往調査結果の整理 ②酸性成分は硫酸酸性 ③コンクリートの浸食判定基準では弱侵食性	
第40条（可動堰の可動部のゲート構造）⇒ゲート等の構造（第10条） ・ゲート、開閉装置（要・照査）			
第41条（可動堰の可動部のゲートの高さ） ・計画満水位＋1.220mがゲート下端となる（適合）		●堰柱構造物の耐震補強対策の妥当性評価 ●水門設備の改築方法の妥当性評価 ●径間長の検討	（本文） (d)径間長の検討
第41条（（可動堰の可動部の引上げ式ゲートの高さの特例） ・該当しない		●阻害率の検討	（本文） (e)阻害率の検討

図 2-13　委員会での課題と対応

(d)　構造の安定性（構造令第36条第1項）についての検討

十六橋水門の堰柱構造物は、外側に石材を積み、内側をコンクリートで充填した無筋構造物である。安定性の検討を進めるに当たり、基礎地盤確認のための地質調査、堰柱内部のコンクリートの状態を確認するため、コアボーリングならびにスキャナーによる観察などの調査が行われた。

地質調査結果から、基礎地盤については礫状の岩屑流堆積物であるが、非常に締まった状態で支持地盤として十分な地盤強度を有すること、また、浸透流およびパイピングについても問題ないことが確認された。一方、内部のコンクリートをコアボーリングにより採取した数種のコアを供試体にして圧縮強度試験を行った結果では、最低でも$12kN/cm^2$程度の強度を有することが明らかとなった。さらにボーリング孔を利用したボアホールスキャナーによる観察結果では、石材と内部のコンクリートとの接続面にジャンカ状態の空隙が所々に存在することが確認された。当初懸念された湖水の弱酸性成分による内部コンクリートの中和化は、フェノールフタレイン液の反応によりアルカリ性を維持していることが確認された。

これらの試験結果から、委員会において「完成から約80年以上経ているにもかかわらず、強度は若干弱いながらも非常に良い状態である」と評価され、内部のコンクリートと石材が一体化していれば、地震時でも安定性を確保できると結論づけられた。

(e)　阻害率（構造令第36条第1項）についての検討

当水門は「ダム」の洪水吐きと同等な施設であるが、構造令の解釈上、堰とみなした阻害率の検討を行っている。堰柱などの河積の阻害率については、構造令の解釈においては10％程度以下とされている。しかし、既設の堰柱の阻害率は約23％と基準値の約2倍

強であった。そもそも阻害率は、上流河道の水位に与える影響に配慮して設定されたものであり、その解釈に基づき十六橋水門の阻害状況を考慮した出発水位を設定して不等流計算を行った。この結果、十六橋水門からの最大放流量（$149.76\text{m}^3/\text{s} = 222.7\text{m}^3/\text{s} - 72.61\text{m}^3/\text{s}$）を全門全開で流下させた場合では、現況でも水門上流水位が常時満水位（最高水位）を超えることがないことが確認された。

このことから、現況の施設の阻害率でも流下能力上の問題や上流側水位に与える影響はほとんどないことを確認した。

(f) 径間長（構造令第36条第1項）についての検討

径間長は、構造令において流量規模により必要な長さが規定されている。当水門の場合は、計画高水流量（$149.76\text{m}^3/\text{s}$）から15m以上とされているのに対し、現状では4.848mしかないことから、流木などの閉塞が懸念される。

十六橋水門地点では、流木処理をした実績がないことや、猪苗代湖で卓越する風向は南西もしくは北東方向であり、猪苗代湖の北西方向に位置する当水門へは流木が到達しにくいと考えられることから、流木が漂着する可能性は極めて低いと想定された。

しかし、万が一漂着した場合での放流能力や施設の維持に支障をきたさないことを目的に、流木除けの対策を行うこととして、網場を設置することとした。

(g) 構造令第73条の大臣特別認可

以上のように、委員会での構造令の各条項に対する検討結果をもとに『河川管理施設等構造令大臣特認認定』の許可申請を行い、国土技術政策総合研究所の『十六橋水門技術委員会』での技術的な検討を経て、当水門は河川管理施設等構造令第2章から第9章までの規定によるものと同等以上の効力があると評価され、2001（平成13）年10月にわが国で初めて国土交通大臣特認の認定を受けた。

(4) 工事の内容

(a) 施工概要

・工事と工事者： 本体　秋山建設（株）、ゲート　東開工業（株）
・工事期間　：平成15年1月〜平成17年3月

(b) 堰柱構造物の補強

［補強の目的］

石材と内部のコンクリートの一体化を図り、もってレベルⅠ地震に対する安定性を確保することを目的に、樹脂を注入して石材とコンクリートの間の空隙を埋める。

［施工方法の概要］

一般的に樹脂の注入は、コンクリートのひび割れなど空隙の充填に用いられており、コンクリートのひび割れ部、コールドジョイント部、ジャンカ状の隙間に接着剤を注入し充填するという方法は実績がなく、今回が初めての施工となる。

注入材料は、ポリマーセメント系と樹脂系があり、樹脂系の方が低粘性で微細な空隙やジャンカへの浸透性が高い。接着強度も樹脂系の方が3〜4倍程度大きく、材料試験結果からも注入したコンクリートと石材の接着面で破壊しないことが確認され、補修目的を果たすことは可能であることから樹脂系を使用することとした。

樹脂系接着剤には、エポキシ系樹脂とアクリル系樹脂の2種類があり、一般的には安価なエポキシ系樹脂が、ひび割れの充填に多く用いられている。今回は、堰柱構造物が水中にあることや施工時期が10月から5月の非洪水期を予定しており、気温が低く猪苗代湖水位も高いことを考慮して、低温かつ湿潤状態においても施工性に優れ、かつ十分な接着強度を有し、環境ホルモンが溶出する心配のないアクリル系樹脂を注入材料として選定し

た。
施工手順は以下の通りであり、堰柱ごとに繰り返し行った。
① ウォーターリフレッシャーや人力による石材目地部分の清掃
② ポリマーモルタル材による石材の目地詰め
③ 石材目地部分に注入孔を削孔（一次削孔：ミスドリル、二次削孔：電動ドリル）
④ 小型ウォーターリフレッシャーによる孔内洗浄
⑤ 注入孔から樹脂系接着剤を注入
⑥ 養生・硬化

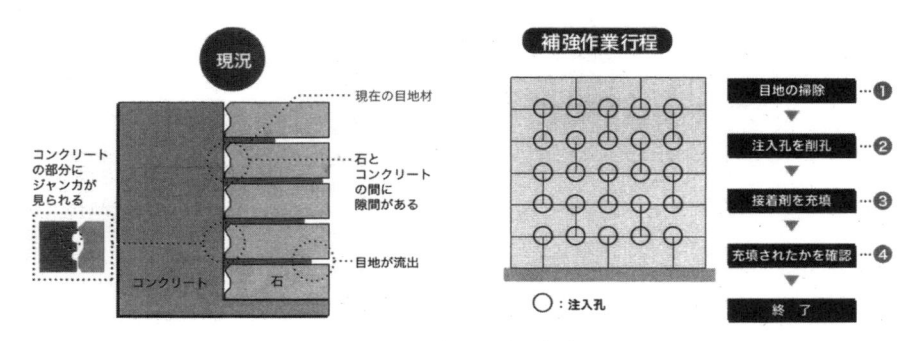

図 2-14　注入工法の概念

[注入効果の確認について]

注入実績によれば、下流側の石材とレンガの境界部の注入量が多い他は、注入量が連続的に多い箇所はなく、局部的なジャンカが存在するだけで、堰柱の安定性を損なうようなものはないと判断された。

また、注入完了後、堰柱片面2カ所を再度削孔して$5kgf/cm^2$まで圧力を上げて注入する確認注入を行った。この結果においても注入量は多くなかった。さらに、注入剤の硬化後、堰柱ごとに1～2本のコアボーリングを実施し、目視観察と引っ張り接着強さの測定を行い、注入硬化の確認を行うこととした。コアボーリング結果でも、石材とコンクリートの間のジャンカが充填されていることが確認された。

(c)　ゲート設備の補修

[補修に係る基本的な考え方]

従前の景観に配慮し扉体、架構、戸当たりなどは利用することとした（施工にあたって、目視検査および板圧の測定等を行ったところ、腐食が進み、板圧が3mmしかない箇所もあり、原型を活かして更新することとした）。

操作性を考慮して、従前の開閉装置が1機当たり4～5門のゲートの操作を行っていたのに対して操作性や開閉速度の基準との適合性を目的に1門に1機の開閉装置を設置することとした。このことで従前の開閉速度である2.8m/minを基準の0.3m/minに変更でき、適正な洪水調節を行えること

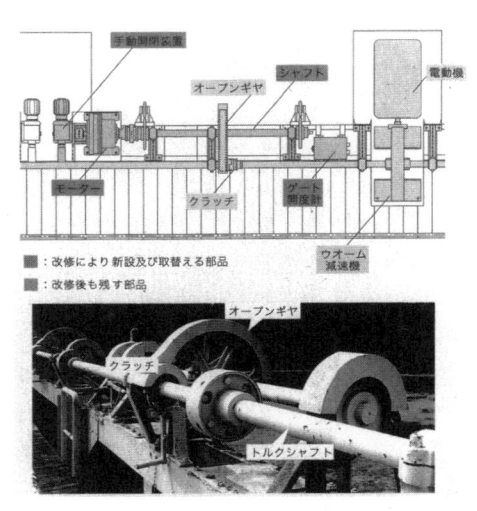

図 2-17　開閉装置改修

となった。改修により機能しないオープンギアやクラッチについても、景観を極力変えないため原型を保全することとした。

［補修工事の概要］
開閉装置の改造とゲートリップ部改造。

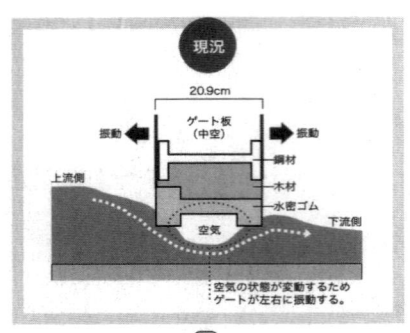

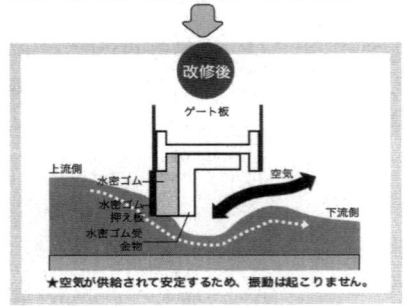

図 2-18　リップ部改造

（5）評　価

　構造令が策定されておらず施工設備も十分でない明治時代後半に建設された構造物であるが、補修により構造令に準拠した効力を発揮する河川管理施設として、今後、猪苗代湖沿岸や日橋川沿川の治水に役立つものと考えられる。
　また、以下の観点から、今後さらに活用される構造物であると思われる。
① 十六橋水門を放流設備とする猪苗代湖は湖面積が大きいことから、湖水位の変化も緩やかなことを考慮したゲート操作を行うこととし、操作時の振動等を極力減じ、堰柱への力学的な負担軽減を図ることとした。
② 堰柱の内部のコンクリートは、現段階で極めて健全で当時の施工精度の高さを彷彿させるものであり、将来的にも健全性は維持されるものと考えられる。レベルⅡの地震への対応は、無筋コンクリートの照査方法がなかったことを考慮して行わないこととしている。委員会では、補強方法として「堰柱にプレストレスを与える方法」「マイクロパイルを採用する方法」などの対策が考えられるが、多少の効果は認められるものの実証する手立てもなく、これらの工法は堰柱本体を傷める恐れもあるというコンクリートの健全度に重きを置いた判断がなされた。
③ ゲートや開閉装置については、これまで数度の更新を経てきており今後の維持・管理の中でさらに更新などを行う計画である。
④ 供用開始後、2006（平成18）年度の洪水時洪水調節のためのゲート操作を行ったが、問題なく操作できたことを確認している。また、これまでのところ、流木なども少な

く、処理した実績もない。このことから計画通り問題なく運用されていることが確認されている。湖畔の会津レクリエーション公園に近接する十六橋水門は治水施設としての機能だけでなく周辺の散策や歴史的景観を楽しめる場所として周辺整備が行われた。また後藤宙外（早稲田文学編集者、文士田園生活論を1901（明治34）年から6年間この地で実践）が植樹した桜が古木として現存しており、花見会が開催されるなど県内外からの来訪者も多い。

最後になりましたが、十六橋水門構造検討委員会の委員の皆様には多くのご助言やご提言をいただきました。ここに深謝いたします。

第2.3項　参考文献
1) 猪苗代湖利水史、安積疎水史
2) 建物の見方・調べ方 近代土木遺産保存と活用
3) 鋼製ゲート百選
4) 十六橋水門構造検討委員会資料

3　港　湾

3.1　鹿児島旧港施設
(1) 構造物と事業の概要
(a) 構造物の概要
ⅰ) 構造形式：石積防波堤（積まれた石材は、小口が30～40cm四方、長さが90cm程度の直方体で、中詰めとしてφ20～30cm内外の玉石が込められている）
ⅱ) 構造物寸法と位置：旧港施設の延長は約350m、位置を図3-1に示す。

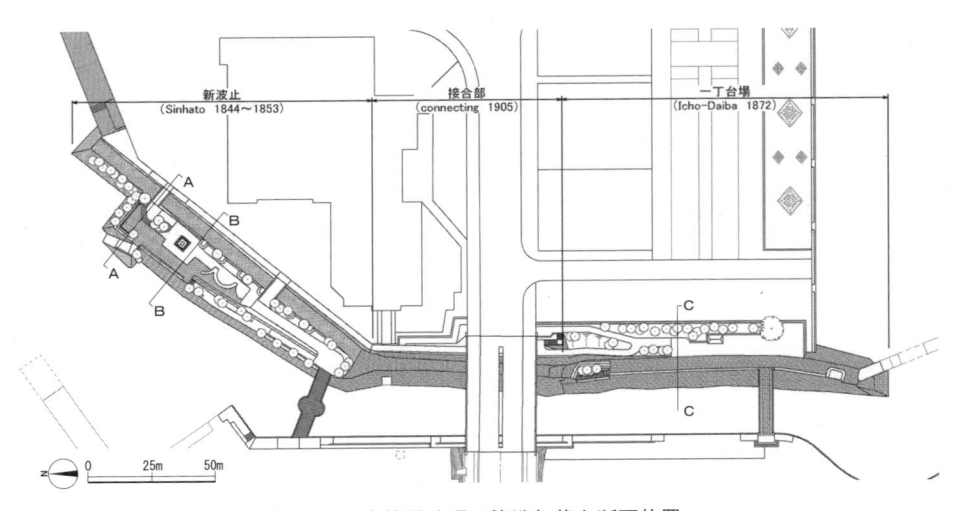

図3-1　歴史的防波堤の築造年代と断面位置

iii) 建設年次：
- 新波止：1844年から1853年（弘化・嘉永年間）築造、防波堤および台場
- 接合部：1905（明治38）年築造、防波堤
- 一丁台場：1872（明治5）年築造、防波堤

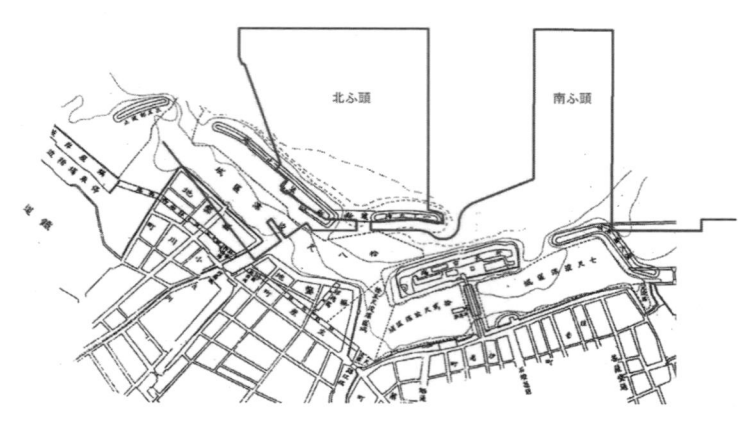

図 3-2　明治の大改修時と現在の法線
新波止は、港内側に腹付されていない区間が、戦後に撤去されている。

iv) 所在地：鹿児島市本港新町
v) 施設概要：幕末から明治に築造された旧港施設は、江戸時代に造られた沖合防波堤として稀少価値があり、日本の中でも早い時期の台場の姿を残している。また、鹿児島に残る石造技術が反映されており、本港の緑地の中で象徴的な施設となっている。

写真 3-1　歴史的防波堤と桜島 　　写真 3-2　一丁台場の築造あるいは改修時の状況（前迫実氏所蔵）

(b) 事業の概要
- 事業名：　港湾環境整備事業
- 費　用：　12億円
- 期　間：　設　計：1993（平成5）年～1994（平成6）年
　　　　　　施　工：1995（平成7）年～1998（平成10）年
- 発注者：鹿児島県
- 請負業者：(株)南西建設他〔施工〕、(株)地域開発研究所〔設計〕
- 事業概要：旧港施設の復元・修復を行うとともに、遊歩道・転落防護柵・植栽・照明

など緑地としての整備を行った。

(c) 事業の体制

[計画・検討]

　事業は、1988（昭和63）年〜1989（平成元）年に実施された「鹿児島港ポートルネッサンス21計画調査」によって、計画の骨子が固められた。調査は委員会方式で行われた。本港区全体の再開発について議論をし、旧港施設や緑地の整備については後期（3）で示す保全の方針が決められた。

[設計・施工]

　設計作業は、通常のコンサルタント業務として執行した。この段階では委員会は設置されなかった。歴史学者・尚古集成館・石材業者・鹿児島県庁などへのヒアリング調査および資料収集によって、旧港施設の履歴を明らかにし、設計作業を進めた。施工にあたっては、試掘調査を行い設計を修正し、さらに施工によって埋設された旧港施設が明らかになるたびに設計を見直した。

(2) 事業実施の背景

　鹿児島港本港区は、今から約200年前、奄美大島が薩摩藩へ帰属し琉球貿易が盛んになるにつれて、海運上の必要から波止場や荷役護岸が建設され、港としての利用が始まったといわれている。当時築造された沖合防波堤が新波止であり、往事の姿を唯一現代に残している港湾遺構である。

　その後、明治以降の海運業の発展とともに港湾規模も拡大していった。1965（昭和40）年頃には、本港区から拡大した他港区へ多くの物流機能が移転し、本港区は商港区として湾内航路と種子島・屋久島等の離島航路を受け持つようになった。折しも1989（平成元）年には種子島・屋久島を結ぶジェットフォイルが就航し、本港区利用者が増加したこともあって、その整備が急務となる一方、政策的には21世紀に向けた新たな港湾空間の展開が模索されていた。

　その要請に対し、新波止を含む沖合防波堤までの水域を埋め立て、その先に南北2つのふ頭を整備する計画が提案された。

　その基本構想において、本港区の魅力は次のように捉えられていた。

① 正面に聳える雄大な桜島や市街地を囲繞する多賀山や城山などの周辺台地の景観
② 本港区を中心に放射状に市街地と賑わいを結ぶ滑川通りやいづろ通りなどの街路の存在
③ 港らしさを感じる離島航路の多様な船舶や活発な荷役活動の眺め
④ 鹿児島港発祥の地であり港湾遺構が現存すること

　これらを活かすひとつの方策として、新波止を含む石積み防波堤（旧港施設）について水面から立ち上がる姿を保全することが計画に取り入れられ、埋め立て計画の一部を変更し、北埠頭基部に水域を残すことが決定された。

　このように本港区では港湾再開発が進み、市民に開放された水際線や港湾遺構を活用した緑地の整備、水族館や飲食物販施設の開設など、鹿児島の新たな賑わい・交流の核としての整備が進められた。

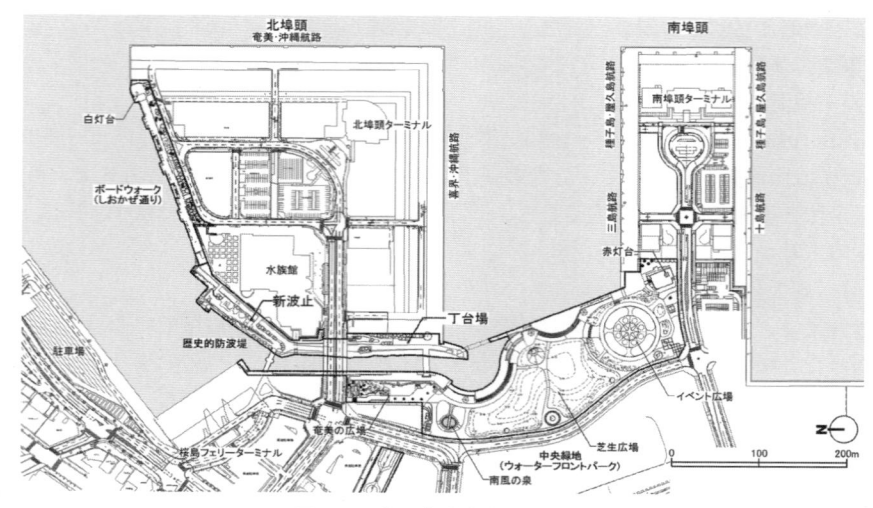

図 3-3　鹿児島港本港区平面図

　鹿児島港旧港施設は、工事前その大半がコンクリートで被覆された状況であった。本事業が行われるまで第一線の防波堤としての役割を果たしており、自然災害による被災を受けた後、防波堤の外側および天端部分が戦後コンクリートで覆われた。また、新波止の港内側では石積みの一部が陥没していた。

写真 3-3　工事前の一丁台場　　　　　写真 3-4　工事前の新波止

表 3-1　鹿児島港本地区の沿革

・1341（興国2）年	島津氏が東福寺城を居城としたときに、鹿児島港の歴史も始まるといわれている。
・1602（慶長7）年	鶴丸城に移り、以後城下町の発展とともに暫時埋め立てを行う。
・1789～1854（寛政～嘉永）年間	琉球・奄美貿易の繁栄や国防上の理由により、弁天波止・屋久島岸岐・三五郎波止（以上現存せず）・新波止（現存）が順次築造される。
・1901～1905（明治34～38）年	日清戦争以降、沖縄・台湾・阪神などの航路が繁栄したことに伴い、明治の大改修（物揚場、防波堤、浮き桟橋などの整備）を行う。
・1923～1934（大正12～昭和9）年	大正・昭和の大改修（防波堤、岸壁、浚渫など）を行う。
・1985（昭和60）年	本港区（再）開発に着手する。1988年以降にポートルネッサンス21調査、景観形成モデル調査等基本構想・基本計画策定に着手
・1993（平成5）年	本港区北ふ頭ターミナル供用開始。
・1997（平成9）年	「かごしま世界帆船まつり」開催。「いおワールドかごしま水族館」開館。
・1998（平成10）年	桜島フェリーターミナル供用開始。
・2002（平成14）年	本港区南ふ頭ターミナル供用開始。

（3） 保全の方針

　旧港施設は、歴史的遺構として市民に知られていたが、文化財指定はされていなかった。したがって、計画・設計の検討にあたって、文化財関連法令の制約はなかった。旧港施設の保全の方針は以下の通りである。

(a)　水域を保全する

　前述のように1985（昭和60）年時点では、北埠頭造成の際に、新波止から一丁台場に至る石積みの歴史的防波堤は埋立地に取り込まれる構想であった。しかし、この遺構の防波堤としての意味を鑑みるに、水面と切り離した保存は適切でないという判断から計画が変更された。これによって、防波堤の内海側については水面が帯状に残されることとなり、石積み構造がよく人々の目に触れるようになったのである。

(b)　石積みを跨ぐふ頭連絡橋

　石積み防波堤が内海側の水面とともに残されることとなったため、北埠頭と既成市街地との連絡は橋梁で行う必要が生じた。調査によって、琉球貿易や薩英戦争の舞台となったこの地区の史的価値が明らかになったことを受け、横断橋の桁下高を大きくとって橋梁構造物と石積み部分との接触を回避する基本計画がまとめられた。これによって、横断橋と新波止から一丁台場を結ぶ石積み防波堤に沿った歩行者動線とは立体交差化され、横断橋による歩行者動線の分断が回避されたのである。

(c)　緑地の石積み構造保全方策

　緑地設計にあたって、石積みにできるだけ手を加えない「保存」という手段をとっている。しかし、一部損壊があるものは原形が想定できる範囲で復元を行い、築造時の姿に近づける努力も行っている。また、石畳の欠損部や復元不可能な箇所については、後述するような新たな整備を行い、利用性の向上を図ることを保全活用方策とした。

（4） 工事の内容

(a)　試掘調査

　旧港施設のうち、新波止と一丁台場については、港外側から天端部にわたって、戦後に厚さ50cm以上のコンクリートでそのほとんどが被覆され、また、新波止については港内側平坦部に土砂が堆積し、石積みの保存状況が不明な状態であったことから、設計着手時に電磁波探査や試掘調査を行っている。その結果、積まれた石材は、小口が30〜40cm四方、長さが90cm程度の直方体で、中詰めとしてφ20〜30cm内外の玉石が込められていること、コンクリート被覆部について一丁台場は石積みの損傷が大きいが、新波止天端はほぼ原形で残されていたこと、土砂堆積部についてはすべてが石張りではないことなどが判明し、保存修復の基礎資料となった。

写真3-5　新波止天端部の試掘

(b)　施工と連携した設計

　試掘調査などで石積みの保存状況をある程度把握した段階で当初設計を行い、その

写真3-6　新波止施工時

後、施工により土砂やコンクリートが撤去され、全体の状況を確認した上で設計と施工が連携し、保存・復元範囲やその工法・取り合いなどの細部デザインを詰めながら整備が進められた。

(c) 既設構造の保存と動線などの確保（新波止天端部を乗り越える）

石積み構造の保存と利用性の向上のため、防波堤天端の石張りなどを壊すことなく新たな構造物を造っている。

防波堤天端上に2列の石材の縁石を置き、そこを中詰めすることで石積み構造を横断する園路舗装や植栽桝を造り、その中に配管を埋設したり、法肩から距離を取ることで転落防止を図るように工夫している。また、新たな植栽が植栽桝などに施されているが、石垣から実生で育ったシャリンバイやクロマツなどの既存植物の多くが保存され、風情のある景観を提供している。

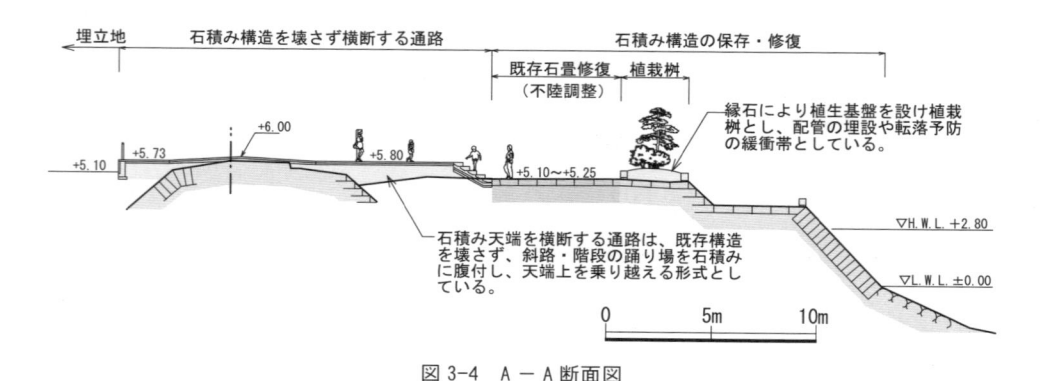

図3-4　A－A断面図

写真3-7　新波止の石積み乗り越え部　　写真3-8　新波止全景

(d) 石畳の修復と間詰め舗装（新波止平坦部の修復）

図3-5に示す断面左側が現在の北埠頭で、従来の港外側である。新波止は港外側が1mほど高く、港内側に20m程度の幅で平坦部が腹付された箇所が残されていた（新波止は、昭和期に延長の50％程度は撤去されている）。

ここは、薩英戦争当時に台場として利用され、砲台跡と思われる石畳も残されていたが、堆積土砂を撤去した際、石畳の欠損や大きな不陸があり、利用し難い状況であった。そういった箇所では石畳の不陸調整と欠損部分の間詰め舗装や芝生により、石畳をすべて復元することよりも、現存する石材を際立たせる方策をとっている。

また、陥没状態であった石積みを一部修復した。

図 3-5　B－B 断面図

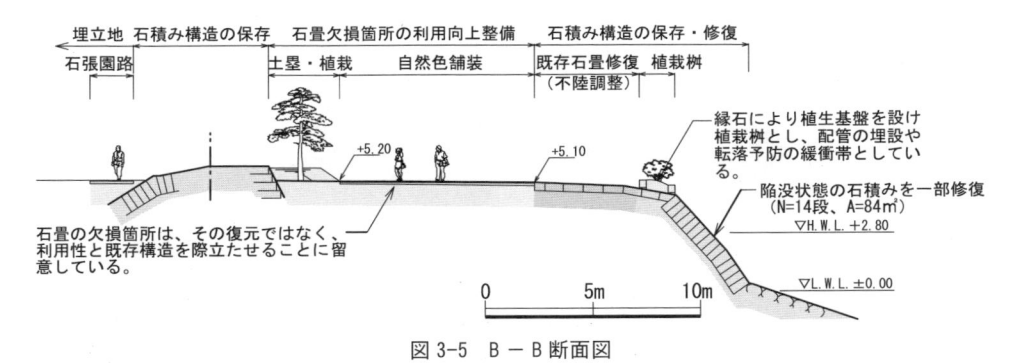

写真 3-9　芝生導入部での砲台跡の土塁復元

写真 3-10　石畳の不陸調整部と間詰めの舗装

(e)　防波堤天端と緑地の一体化（一丁台場の展望プロムナード利用）

　一丁台場の港外側から天端部にかけては、そのほとんどがコンクリートで被覆されていたため、コンクリートを剥ぎ、可能な範囲で天端石張りを復元した。復元できない箇所については、嵩上げした緑地の舗装面と一体化し、対岸の中央緑地や桜島を展望できるプロムナードとして整備している。

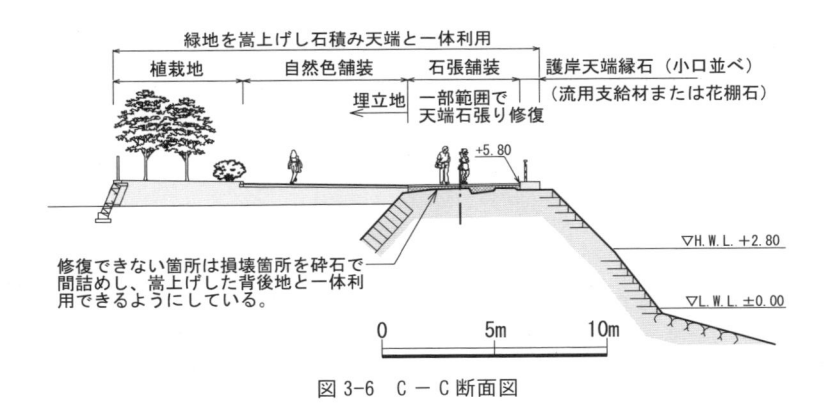

図 3-6　C－C 断面図

写真 3-11　一丁台場の天端部　　　　　写真 3-12　一丁台場全景

（5）評　価

　鹿児島港旧港施設は、2003（平成 15）年度に土木学会選奨土木遺産に選定され、2007（平成 19）年 12 月 4 日に国指定の重要文化財となった。その価値が認められ、多くの県民の方々が喜んでいる。一連の事業を振り返って、以下にどのような点が良かったのかをまとめてみる。

　①　計画段階で水路を残す。

　今、現地を訪れると、当たり前のように水路を挟んで旧港施設を眺めることができる。しかし、当初の再開発計画では、施設の大半は埋立地の中にその頭だけを残す計画であった。委員会での熱心な議論の末、埋立地の一部を水路として残すことになった。この英断は、旧港施設の意味・量感・石積みの風貌を保全するために極めて重要であった。

　②　試掘や施工と並行して設計する。

　コンクリートに覆われて部分の試掘を基にした設計作業、さらにコンクリートを撤去した施工状況を見て図面を修正し望ましい姿を求めた。これは緑地全体の設計作業が継続して進められたことによるが、被覆された構造物などの設計作業はこのように進めるべきではないかと考える。

　③　保存・修復・整備のメリハリをつける。

　設計・施工にあたり、原形が良好に残されており保存する部分、陥没などにより原形に修復が必要な部分、原形が失われており新たな整備が必要な部分を明確に仕分けし、原形部分と整備部分の違いを際立たせるようにした。結果として、構造物全体にメリハリができ、原形部分の印象を深くしている。

　④　県民の愛着が支える鹿児島の石文化。

　鹿児島には、旧港施設以外に多くの石造り構造物があり、今回の施工に携わった前迫石材のように石文化の伝統を引き継ぐ石屋も存在した。県民の多くはそうした石文化に愛着を持っており、このような事業に対する理解も深いものがあった。この事業が順調に進められた根底には、こうした地域性があったと思われる。

　最後に、若干の課題を指摘しておきたい。港の空間は、多くの施設群で構成されている。旧港施設の周辺には、水族館や桜島ターミナルそして中央緑地があり、これらに関連した施設も造られることになった。周遊動線となる 2 本の橋梁や水族館からイルカが出てくる水路などである。この整備にあたって、旧港施設の設計コンセプトと十分な調整ができなかった。重要な空間であるがゆえに、そのような調整の場を設けることは必要であったと思っている。

第3.1項　参考文献
1) 鹿児島県：鹿児島築港誌、1909
2) 内務省下関土木出張所：鹿児島修築工事誌、1935
3) 鹿児島県：鹿児島港（本港区）港湾環境整備に関連する報告書（ポートルネッサンス21調査、景観形成調査、他計画・設計業務報告書）、1988～2000
4) 国土交通省国土技術政策総合研究所：国土技術政策総合研究所資料景観デザイン規範事例集（河川・海岸・港湾編）、2008

3.2　堀川運河護岸

（1）構造物と事業の概要

（a）構造物の概要

- 構造形式：　石造、石段7所および斜路2所付
  　　　　　　（2004（平成16）年に登録有形文化財）
- 堤体寸法：　堤高3.5m、堤長2058m、運河幅21～36m
- 建設年次：　明治期～昭和初期
- 所在地：　　宮崎県日南市春日町・油津・材木町・園田・西町地先
- 施設概要：　江戸時代に開削された木材運搬用の運河の両岸が、明治以降に石垣で整備された。石垣の手法は、基本的には地元の砂岩を使った空積みの間知積みである。

写真3-13　堀川運河護岸

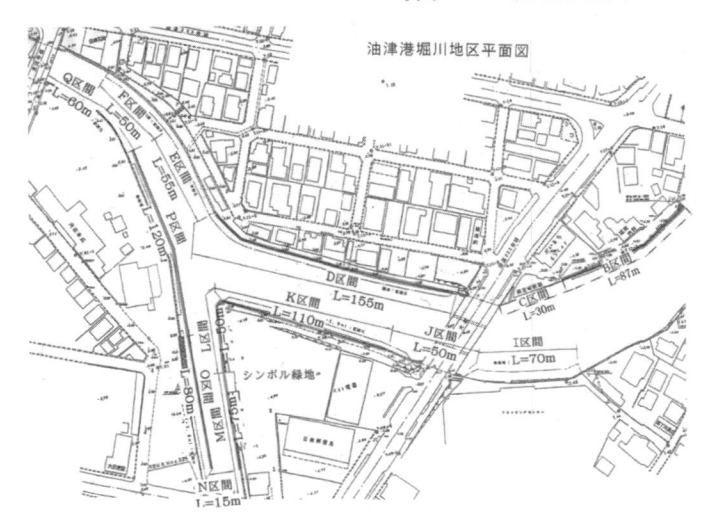

図3-7　堀川運河と工事箇所位置図

(b) 事業の概要
・事業名：　港湾環境整備事業
　　　　　　（国土交通省による歴史的港湾環境創造事業による補助を得て行った）
・費　用：　3,916百万円（遊歩道、歩道橋、広場の整備費を含む）
・期　間：　1993（平成5）年4月1日（事業開始）
　　　　　　1996（平成8）年着工～2008（平成20）年3月31日完了
・発注者：　宮崎県油津港湾事務所
・請負業者：　川野建設、富岡建設株式会社
・事業概要：　石積護岸の修復、遊歩道の整備、シンボル緑地の整備、木橋の架橋
　　　　　　　既存の石垣は、前面にコンクリートが張られたり、緩み・孕みが生じた状態であった。文化財としての位置づけがそれまで明確でなかったため、国の登録文化財に登録し、文化財としての保存と遊歩道や公園など活用のための整備がなされた。石垣は基本的には解体修理を行い、伝統工法である空積工法を用い、石垣の背後に矢板による補強を行った。この矢板を打つスペースがなかったり、輪荷重のかかる道路の部分など一部に練積工法を用いた。

(c) 事業の体制
　事業者である宮崎県油津港湾事務所のもと、修復方法、整備デザインなどについて「油津地区・都市デザイン会議」（景観、都市計画、文化財などの専門家および行政）で討議。史料調査・現況調査・実測調査を文化財保存計画協会および宮崎県埋蔵文化財センターが、工学調査を八千代エンジニヤリングが行い、石垣修復設計を文化財保存計画協会、土木設計を八千代エンジニヤリング、景観整備設計はナグモデザイン事務所、小野寺康都市設計事務所が行った。施工監理は、油津港湾事務所、施工は河野建設、富岡建設が行った。

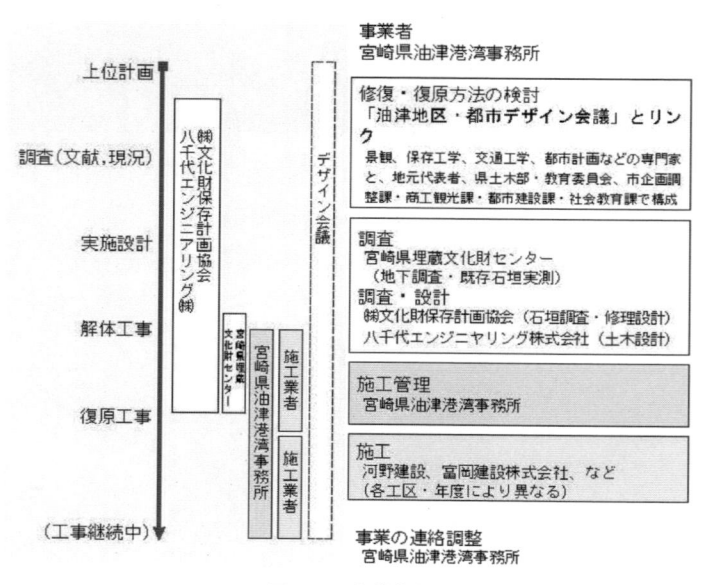

図 3-8　事業体制

（2） 事業実施の背景

堀川運河は、飫肥藩により1683（天和3）年から1686（貞享3）年にかけて開削された約1,450mの運河である。江戸時代、藩領内の木材を上流から危険な広渡川河口を経ずに油津港に運ぶ目的であったが、藩の御用船を格納する御船蔵（や造船所）などもあった。途中岩盤を掘削する難工事であったという。

江戸時代は、運河に面する御船倉、港の近くなど重要な部分や岩盤を掘削した部分以外は、河川の流路を利用した素掘りの運河であっと思われるが、明治、大正、昭和初期に石垣護岸となっていったと考えられる。また、1917（大正6）年に農商務省による全国7カ所の漁港指定の1つとなり、翌1918（大正7）年から1925（大正14）年にかけて、防波堤築造・埋立て・竿灯設置などの漁港整備が行われ、1933（昭和8）年から1936（昭和11）年には内務省の補助事業で、浚渫・埋立て・防波堤築造などの港湾整備が行われ、近代港湾としての体裁が整って当時東洋一のマグロ基地なった。

港湾部分は国の補助を得た宮崎県の事業として行われたが、護岸の石垣工事は、運河に接する土地所有者が行うという民活の事業であった。当時の公文書がよく残されており、工事仕様などがよく分かる。

明治後期から昭和の初めにかけて、国内だけでなく台湾・朝鮮・中国などに移出・輸出された。運河周辺は飫肥杉の集積と加工場となり運河沿岸には製材所などが並んだが、内地材需要の衰退とともに運河としての機能が停止し、周辺の市街化による排水などで悪臭が漂うようになり、1976（昭和51）年に堀川橋（石造アーチ橋・1905（明治38）年）上流の埋立の港湾計画が策定され、支線運河が埋め立てられ緑地となっていった。1988（昭和63）年に、運河は文化財や観光資産としても貴重であるとして、運河の価値を見直す市民運動が展開されていった。これを受け宮崎県は、1993（平成5）年には運輸省の「歴史的港湾環境創造事業」の指定を受け、護岸や遊歩道の整備を始めた。

2001（平成13）年に整備の手法についての議論が始まり、より文化財の価値を担保した整備手法をとることとなった。それにより文化財としての価値を明確にするための史料調査と現状調査が開始され、国登録文化財として登録されるとともに、文化財としての修理と安全性の確保ならびに市民の利用とより良好な景観形成を目的とした整備が開始された。

表3-2 堀川運河の主な履歴

構造形式	石造、石段7所および斜路2所付
規　模	延長900m、幅21〜36m
履　歴	貞享3　　飫肥藩主伊東祐実が木材搬出のために整備 明治36　堀川橋工事竣工 大正7　　油津漁港改修工事（〜大正14） 　　　　　この頃から護岸石垣は届出の上、民間で施工された 昭和8　　油津港第一期修築工事（〜昭和11） 昭和27　油津港が重要港湾に指定 昭和29　油津港が貿易開港に指定 昭和49　宮崎県港湾審議会で第一・二運河と水門の埋立を決定 昭和61　堀川橋上流埋立の港湾計画策定 平成5　　運輸省「歴史的港湾環境創造事業指定」 平成8　　工事着手 平成16　国登録有形文化財（建造物）指定

（3） 保全の方針

この護岸は、文化財としての価値を損なうことないようにオーセンティシティを確保すると同時に、港湾としての安全性を担保することを保全の方針とした。このため文化財と

しての調査と工学的調査を合せて行い、その結果をもとに文化財と安全性の両立を図るため詳細設計をつめていった。
(a)　調査
　［文化財調査］
　・史料調査：油津港湾の整備事業に関しては、宮崎県文書センターに戦前の公文書（図面、書類）が保管され、戦後に関しては、油津港湾事務所に公文書が残っている。これらを精査したところ、護岸工事の履歴がほぼ判明するとともに昭和初期の地図・図面が発見できたため、既に失われた部分の復元が可能となった。
　・現状調査：現形状（写真測量およびレーザー測量で行った）や破損状況（目視）を調査し記録するとともに、修理方針策定のための資料を作成した。
　・技法調査：石積（空積の間知石積）、裏込の技法、基礎構造（松杭またはコンクリート杭）の調査を行い、施工時期によって石材形状や控え長さ（規格化・小型化）、基礎構造（松杭からコンクリート基礎）が変化することが分かった。
　・試掘調査：揚場の位置など過去の地図や図面と比較するために試掘調査を行って位置や構造などを確認した。その結果、昭和初期の図面がほぼ当てはまることが確認された。
　［工学調査］
　ボーリング調査などで地盤状況・地耐力などを調べ、設計資料とした。
(b)　法的規制への対応
　この運河の護岸は、文化財としての価値を担保するとともに法的安全性を確保することが前提となる。このため、一見河川のように見える運河ではあるが、港湾区域内にあるため、港湾法に従わなければならない。実際には静穏な波の少ない護岸に対しても対波力を考慮して以下の対応を行った。
　［空積＋矢板工］
　「港湾施設の技術上の基準」に示されている構造形式の中で、最も近い重力式構造物の設計法を用いて安全性を検証した。自立矢板による土留の前面に空積み石積を設け、当初工法をそのまま踏襲した基礎工事（胴木＋捨石、既存コンクリート＋木杭）を行った。
　［練積＋重力式構造物］
　「港湾施設の技術上の基準」に基づいて重力式コンクリート護岸前面に練積を施した。
（4）　工事の内容
　石垣前面のコンクリート（戦後に補強として施された）を撤去し、遺存する石積を解体し、再び積み直した。
(a)　石垣解体修理
　現石垣は空積みで、経年による孕み、緩み、割れなどが進行していたので、いったん解体し、石材1個1個を調査し、クラックや劣化状況や控え長をもとに再用・非再用を決定し、原位置において再び積み上げた。再用石材は加工しないことを原則とした。
　非再用となった石材は、同じ砂岩で補足することとした。ただ、日南市には砂岩を採石することが不可能であったので、同種の石質の長崎県諫早産のものを使用することとした。また、空石積み技術が地元では消滅しかかっていたため、工事初期には文化財石垣修理の経験豊富な石工の応援を得て行い、技術移転を行った。
　石垣の基礎部分には築造年代に応じて胴木（杉材）やコンクリート基礎が用いられていたが、そのまま踏襲した。

(b) 補強

　空積み石垣の場合は、港湾施設としての技術基準を満たさないことから、石垣の背後に矢板による補強を施した。石垣の背後にそのスペースがとれない場合や道路で輪荷重がかかる部分に関しては、重力式コンクリート護岸を設け、その前面にいったん解体して選別した再用石材と補足石材をもって練積で再構築した。また、洗掘防止のために石垣前面に捨石工を行った。

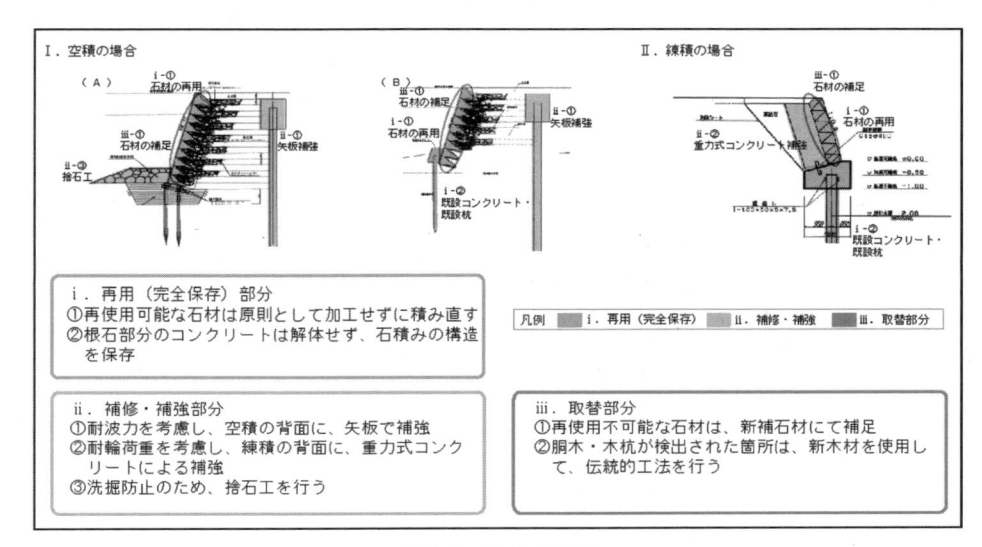

図 3-9　工事の内容

(5) 評　価

　この事業が始まった頃は、運河の歴史的価値ならびに護岸の文化財的価値については、あまり明確にされてはいなかった。特に護岸石垣そのものの価値については認識されておらず、石垣の前にコンクリートの遊歩道を設置し、前面に石の張り石をして修景するという手法をとっていた。しかし、調査により護岸の文化財的価値が明らかになったので、整備手法を抜本的に見直すこととなった。護岸は文化財としてのオーセンティシティを確保した解体修理（旧材をできるだけ用いた空積み）が行われ、空積の持つ緊張感のある石垣が再現された。港湾基準を満たすための矢板を背後に施工した。

　調査の過程でも新たな史料が発見され、事業中に国登録文化財となった。このことにより港湾整備事業の中で文化財保全事業としての明確な方針のもと事業が進んだ。また、同時に「油津地区・景観デザイン会議」での検討を経てレベルの高いデザインの整備が可能になった。

　もともと市民運動の展開によって埋立計画が撤回されたことからこの事業が始まり、事業開始後にも油津地区のまちづくり活動と景観デザイン会議とがリンクする体制にあったため、市民の関心も高くなっていったことが特筆される。

　加えて、地元に空積石垣の技術が再生し、木造橋を地元産の飫肥杉と飫肥石を用いることにより地場産業の活性化にも繋がることとなった。

写真 3-14　修理石垣詳細（D 区間） 　　　　写真 3-15　左岸上揚場（B 区間）

写真 3-16　修理石垣と広場（K 区間） 　　　写真 3-17　左側修理石垣（O 区間）と右側復元石垣

写真 3-18　揚場とボードデッキ（P 区間）

第3.2項　引用文献
1) 「歴史的環境整備街路事業（歴みち事業）調査業務委託報告書」（平成15年3月　日南市）
2) 「平成14年度　港湾環境整備事業（緑地等）堀川地区DEFK区間石積修復実施業務報告書」（平成15年3月　宮崎県・(株)文化財保存計画協会）

4 その他

4.1 名古屋城外堀石垣
（1） 構造物と事業の概要
（a） 構造物の概要
ⅰ）構造物の形式：空積み石垣
ⅱ）構造物の寸法（工事対象範囲）：高さ：約 10 〜 14m、解体範囲：約 1960m^2
ⅲ）構築時期：1610 年（その後部分的に改修された可能性がある）
ⅳ）所在地：愛知県名古屋市中区
ⅴ）構造物概要：国の特別史跡である名古屋城は徳川家康の命により天下普請として築造されたもので、1610（慶長 15）年〜 1612（慶長 17）年の 2 年間という短期間で完成している。特に石垣はわずか数カ月間という驚異的な速さで完成している。天守や本丸御殿などの建造物は戦災によりその大半が焼失し、1959（昭和 34）年に SRC 造で天守が再建され、本丸御殿も 2008（平成 20）年より木造による復元に着手された。一方、石垣は戦災や濃尾地震により被害を受けたが、その後の修理も行われ、城内には総延長約 8.2km にわたって石垣が現存している。こうした石垣は、変状が進んでいる部分があることから、継続的に解体・補修が行われている。

（b） 事業の概要
　ここで紹介する事業は 2004（平成 16）年より着手された本丸搦手馬出石垣の解体・積み直しで、予定工期 10 年以上を要する長期間の事業である。工事の対象は天守台の北東側の外堀に面した高さ約 10 〜 14m の石垣であり、石垣の下部における孕み出しや石材間の段差などが顕著になったため、綿密な現況調査結果[1]を受けて、解体・修理することとなったものである。工事範囲の平面図と孕み出し状況を図 4-1 に示す。

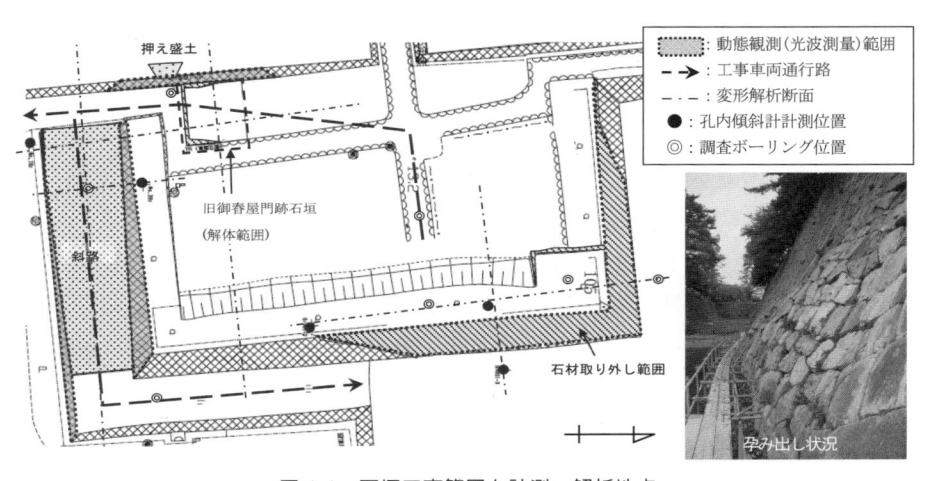

図 4-1　石垣工事範囲と計測・解析地点

（2） 事業の目的および方針
　一般に石垣の補修は、地震や豪雨などの影響により変状が進行したものに対して、その文化財的な価値を損なうことなく安定性を向上させる目的で行われる。本事業も前述のよ

うに変状が顕著となった石垣に対して、不安定化の要因を取り除き、今後長期にわたる安定化を確保することを目的に行われるものである。ここでこの石垣は、国の特別史跡であることに加えて、極めて短時間に築造された名古屋城の形成過程を知る上でも重要なものであることから、綿密な調査を解体工事と併用して行うと同時に、創建後に行われた可能性がある積み直しも考慮した復原を目指している。

なお、石垣が現在の状況に至る過程には、創建当時の施工法やその後の自然要因による変状に加えて、途中積み直しなどの影響が反映している。このため、こうした歴史的な過程をも後世に伝えるために、そのままの形状を保ったまま修理を行うことも考えられるが、他の構造物と異なり空石積みの石垣の場合は、文化財保護の観点から注入やアンカー工法などによる補強は望ましくないため、解体・積み直しによる復原が必要となる。特に本石垣の場合は、変状範囲が北東隅の両側に及んでいる上、外堀の水面付近にあたる石垣下部での変状が著しいため、隅石を含む大規模な解体・積直しが必要であると判断された。

（3）　事前調査

本工事の着手に先立ち、2002（平成14）年より石垣検討委員会（名称は当時のもの）が組織され、全体計画について議論が進められた。その検討結果に基づいて2003（平成15）年に事前調査が実施された。この調査では、正確な測量、レーダー探査、ボーリングなどが行われ、石垣および背面地盤の状況が詳しく調査された[1]。実施された調査内容を表4-1に示した。

表 4-1　石垣調査の状況

調査項目	目的	手法
精密測量	工事対象範囲の平面図、石垣の立面図を作成し、石垣の反りや輪取り、孕み出しの範囲やその程度などを確認する。	・平板測量（平面図） ・写真測量（立面図） ・断面測量
地盤調査	石垣の背面地盤の構成・強度、地下水位、裏栗層の分布範囲、遺構の有無を調査する。	・ボーリング、標準貫入試験 ・表面波探査
石垣背面調査	石垣の控え長、栗石厚さ、背面空洞の有無や分布状況を調査する。	・レーダー探査（水平、垂直、地表面探査）
根石調査	水堀下の根石の深度、水深、落石、水中の遺物などについて確認する。	・ポール突き刺し法よる調査

ここで実施された調査結果から、変状範囲とその程度を把握すると同時に、解体・積み直しが必要な領域が検討された。また、石垣の変状位置と背面地盤状況などから変状要因の推定が行われ、同時に名古屋城内においてこれまでに実施されていたボーリングデータを含めて、現在の名古屋城の範囲の地盤状況についても整理・考察された。こうした検討結果は、単に石垣補修工事の計画に活用されるだけでなく、名古屋城が位置する地点の地形・地質的な特徴から、その成立過程や当初の施工法の推定など歴史的な検討にも有効に活用することができるものである。

（4）　石垣解体と計測・管理

本工事は、前述のように10年以上にわたって継続するものであり、全体工事計画に加えて単年度の工事計画は、前述の委員会での審議を経た上で実施される。石垣の解体工事は、基本的には第3章3節「3.2　石造構造物の保全の現状」において説明した手順に従って仮設足場を設け、解体範囲を上から順番に丁寧に石を取り外していくものである。写真4-1に仮設足場の設置状況を示した。

写真 4-1 仮設足場設置状況

　石材の解体に伴って個々の石材についての調査が行われ、その結果は石材カードに記録される。また、一定範囲の解体が済んだ段階や特別な遺構が出現した場合は、いったん工事を中断して考古学的な観察・記録が行われる。なお、名古屋城では刻印や墨書が残っている石材が少なくないため、こうした記録は丹念に行われ、歴史・考古学的な検討が行われる。

　解体された石材は空堀となっている内堀内などに仮置きされるが、保管期間が長期にわたるために一般来訪者が入り込まない場所に仮置き場を設け、シートおよびネットで養生している。さらに、石材の長期にわたる劣化を定量的に評価する目的での調査方法として、シュミットロックハンマーや超音波速度試験などの適用を試験的に試みている[2]。

　本工事では、工期が長い他に、石垣の解体範囲が大きく水堀に面していることや、近傍に広い工事ヤードの確保が困難だったことから、一部工事範囲外の空堀を掘削土砂で埋めることで、土砂の仮置き場とすると同時に石垣下部への工事用連絡斜路とすることとなった。また、一部孕み出しが見られる石垣上部の道路が工事用車両の通行路となるため、これによる石垣の不安定化が懸念され、表 4-2 に示すような計測が行われることとなった。合せて、有限要素法による数値解析による変状予測が行われ、その結果や類似の事例に基づいて管理基準値（表 4-3）を定めた情報化施工により、石垣への影響を確認しながら工事を進めることとした。なお、工事用通行路下部の石垣で孕み出しが最も大きかった部分に対しては、工事中の安全を図るため、押え盛土による安定化を図っている。計測・解析実施位置については図 4-1 に示されている。

表 4-2　施工中に実施される解析・計測項目

計測項目	内　　容	備　　考
数値解析	工事の進展に伴い石垣の変状の大きさと傾向を把握し、管理基準値に反映させる。①斜路構築による周辺石垣の変状予測、②御春屋門跡石垣解体に伴う周辺部の変状予測、③解体工事進展に伴う変状予測を実施。	①、②、③の FEM 解析を各2断面実施。③では工事進捗に伴う3段階の変状予測を実施。
傾斜計計測	解体対象範囲や工事による地盤の変形を計測し、石垣への影響を把握する。①解体範囲と周辺、②斜路部周辺の合計5カ所で計測。	解体範囲内の傾斜計は工事進捗に伴いパイプを切断して計測を実施。
光波測量	石垣表面に反射プリズムを取りつけ、工事による変状について確認する。①解体範囲およびその周辺、②斜路部周辺、③工事用路下部に合計48点の測点を設置。	解体範囲の測点は工事進捗に伴い取り外しながら計測を実施。

表 4-3　管理基準値

管理レベル	通常レベル	警戒レベル	中止レベル
変位量 δ (cm)	$\delta < 2.0$	$2.0 \leq \delta < 4.0$	$4.0 \leq \delta$

（5）施工中の地盤調査

　石垣解体工事は考古学的には大規模な発掘調査であるとも言え、前述のように施工中も文化財に関する調査・記録が行われる。一方で、石材の組み合わせや裏栗石層の厚さおよび地盤強度などは、積み直し時の設計・施工に大きく関わる部分である。このうち、石材および栗石に関わる部分は歴史・考古学的にも貴重な情報を含むことが多いため、従来より観察・記録がなされてきたが、背面地盤については相対的に関心が低い場合がある。これに対して、本工事では、背面地盤についてもサンプリングを行い、土の物理特性や強度特性に関する土質試験を定期的に行うことで、積み直し時の設計に反映させるとともに、石垣の変状が発生した要因の推定にも役立てることを目指すこととした。また、こうした情報を工事の進捗に伴って行われる数値解析にも活用することで、解析結果の妥当性の向上を図っている。

　また、盛土と原地盤の境界を正しく把握することは、この石垣の構築過程や改変の経緯を把握するために重要であるが、名古屋城の基盤となっている熱田層は全体に強度が小さく、外見上も盛土と判別がつきにくい部分がある。このため、本工事では、ボーリングコアの判別やN値による評価に加えて、強熱減量試験などの試験結果も合わせて評価に用いている。こうした結果に測量結果、レーダー探査結果および掘削実績を反映させて、図4-2に示すような横断面図を作成して石垣および背面地盤の構造について整理することとした。この断面図は、新たな調査結果や解体・掘削に伴うデータが得られるに従い見直すこととし、この図から石垣の正確な構造や背面地盤と変状との関連性に加えて、今後の工事による掘削ラインの妥当性などが検討できる。こうした地盤情報を蓄積することは、先に述べたように名古屋城の築城時の施工法やその背景に合った設計思想を理解する上で貴重な情報を提供するものと言うことができる。

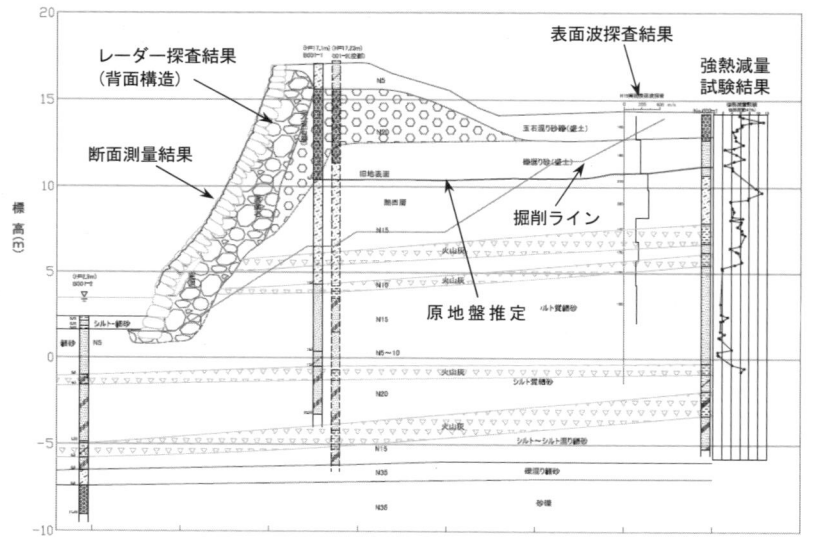

図 4-2　石垣・地盤断面図

（6） まとめ

　ここで紹介したように、本事業の特徴のひとつは様々な土木工学的な技術を適用しながら工事が進められていることである。こうした工学的な調査・解析による客観的な手法によって石垣の安定性を評価することは、同様な石垣の修理、復原を行う場合においても有効な手法であると考えられる。

　一方、本工事のように工期が長期に及ぶ場合、解体途中の石材の劣化の客観的な評価方法や石材の劣化防止技術および遺構面を痛めない掘削面の保護などが今後の技術的な課題として考えられる。また、工事を進める上では、より短期間での集中的な事業を可能とするような予算措置や発注方式などについても、総合的な議論が進められるべきであると考えられる。

第 4.1 項　参考文献
1) 名古屋市；名古屋城搦手馬出周辺石垣整備調査委託石垣健全性調査報告書、2003
2) 山本浩之、笠博義、西形達明、西田一彦、和田行雄；打撃周波数を指標とした石材の健全度評価の方法の一提案、土木学会第 63 回年次学術講演会講演概要集Ⅵ-122、2008.9

4.2　パンタン大製粉工場
（1）　はじめに

　パンタン大製粉工場は、ウルク運河沿いの、ポルト・ドゥ・ラ・ヴィレットとポルト・ドゥ・パンタンの間に位置する、パリ東部の主要な景観要素のひとつである。この産業施設は、歴史、機械装置、建造物、経済、人間工学、都市など、様々な点で注目に値する。しかし、2001 年の操業停止後、施設所有者であるスフログループは改築の方針を決め、セーヌ川沿いの大規模な製粉工場施設のいくつかは不動産業者によって撤去され、オフィスに改造された。

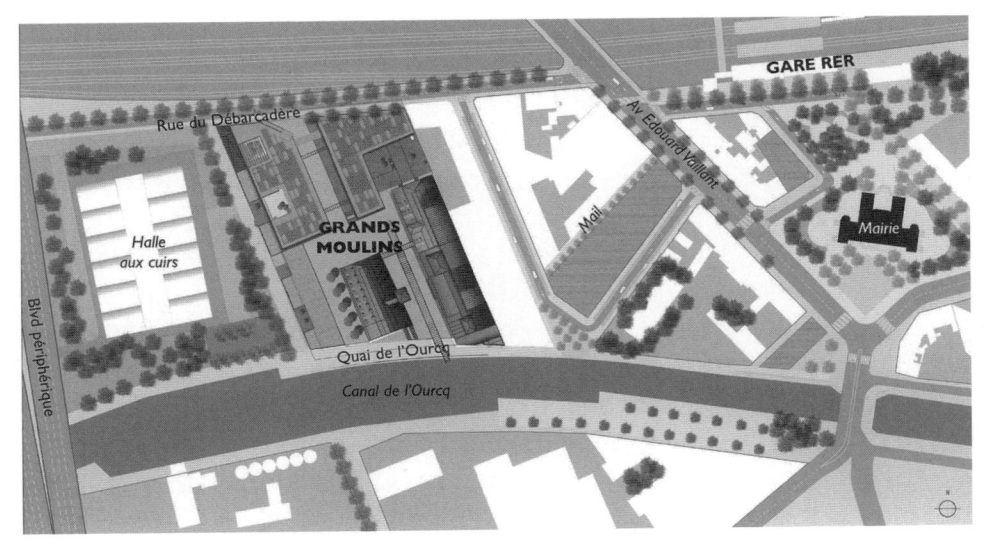

図 4-3　GRANDS MOULINS 周辺地図

一方、2001年にパンタン市立文書館から連絡を受けたイル・ドゥ・フランス地方文化財インヴェントリー部局は、文化財指定を視野に入れた緊急調査を開始する。そして結局、所有者などの理解も得て、この施設の一部は国の文化財として保護、修復されることとなった。2009年からは、BNP－パリバ銀行グループのオフィス（従業員約3,000人）として活用されている。

　フランスでは、公的遺産の価値は考古学的研究やインヴェントリー作成の後に、文化省や地方公共団体が委嘱した専門家による価値づけを通して公に認識されていく。そして、この一連の知的作業において、保護しようとする建造物の「典型性」「歴史性」「唯一性」「芸術性」が明らかにされる（CHOAY, F., *L'allégorie du patrimoine*, Paris, Seuil, 1993 参照）。パンタン大製粉工場の場合、小麦の貯蔵と粉挽きが社会の安定にもたらした役割（歴史性）、製粉工場の機械化に関する先駆的・モデル的役割（典型性）、パリ郊外の産業化や国富の増大における役割（唯一性）などが検討された。さらに専門家は、シンボリックな形態を持つこの施設の芸術的価値を言葉に表すのである。

写真 4-2　パンタン大製粉工場（撮影：岡田昌彰）

（2）　サイロ：公共的な穀物倉

　小麦は、ヨーロッパ人にとっての米である。小麦は、パン、そして15世紀以降にはパスタの原料として粉の形で消費される。穀物はローマ帝国時代から政治的な存在であり、それが不足すると飢饉や暴動、さらには革命（1789年のフランス革命のように）が引き起こされた。よって、小麦や小麦粉は政府によって監視される存在であり、食料不足のリスクに弱い人口集中地域に公的権力が集まっていたフランスではなおさらであった。

　ただ、収穫は気候に左右されるため、政府の監視にもかかわらず穀物は投機の対象となり、製粉業者と関係を有する者が富を得ていた。温暖化が進み、温度調節の技術も進んだ19世紀には、それまでのような収穫の危機は解消されるが、その一方で、パンが労働者の食卓のシンボル的存在となるなど小麦粉の消費が急増したため、都市近郊の穀物倉は人々の食事を保障する役割を担うことになった。例えば1825年には、20,000人の兵士と5,000頭の馬を管理するパリの軍事責任者が、セーヌ川沿いの新港サン・トゥアンと、パリよりも上流側のイヴリに、水密性の高い地下サイロの建設を命令している。なお、この時使われた silo サイロ（フランス語ではシロと読む）という言葉は、スペイン語から来ている。

実際、穀物は乾燥して風通しのよい土地に保存されなければならず、またカビを避けるために厚く積み重ねるわけにもいかない（そういう意味で、伝統的な屋根裏の穀物倉は確かに理想的な場所だが、そこにはネズミなどのゲッシ類や小鳥も隠れている）。大飢饉が起こった14世紀以降、市はより広くて高い石造の倉庫を建設し、管理してきた。この民生的なモニュメントは、市によって厚く保護・管理され、夏には中が穀物で満たされ、春にはすべてがなくなるという状況であった。この種の倉庫は、市役所、鐘楼に続く都市の第三の民生的モニュメントと言えよう。この巨大建造物は、民主主義の自治性、王政の寛容、そして商人の力を象徴している。カテドラルが信仰を、城の天守閣が力を示しているように、この建物は都市の豊かさを示しているのである。

　18世紀末には、貯蔵技術が進化する。貯蔵庫の形状は水平から垂直に変化し、通風口を設けることで、低いところから高いところへ乾いた空気が循環するようになった。サイロが高くなるほど効率的に循環されるという事実は、風の流入口と流出口の温度の違いを調査したペクレが1827年に示している。さらに、耐火性、耐水性に優れ、滑らかな材料で構造物の表面を覆うことで水密性を高めることができる。コンクリートは、早くからそのための最善の材料と考えられていた。

　ただ、この種のサイロは、フランスでは第一次世界大戦と第二次世界大戦の間にようやく実現している。それは大穀倉地帯の収穫物を貯えるアメリカ五大湖コーンベルト地帯周辺での建設より、かなり後のことである。川の下流から曳航され、あるいは上流から流れつく平底船が、そのサイロに横づけされる。そして、民生的な塔屋がそうであるように、多くは砲台と共に建設されるか砲台の上に建設される。このコンクリート色の建造物は、まるでモニュメントのようで、巨大で、かつ水面に反射されることで大聖堂のような印象を生み出している。河港、海港に位置するサイロは、船乗りにとっては新たな信号所のような役割も果たしている。

（3）　機械化施設としての典型性

　小麦粉製造の機械化の歴史は古い。水車は紀元1世紀に西ヨーロッパに登場し、6世紀には、日々の粉挽き作業から修道僧を解放するために、ベネディクト派修道院で発展を見、その後、宮廷での迅速な食事の準備のためにカロリング朝の城に備えつけられる。そして10世紀には「ヨーロッパに、教会の白いコートを着せる」（ラオル・グラベ）と言われるほどの教会建設の隆盛を支える。というのも、水車は人々を日々の粉ひき作業から解放し、余時間を建設作業にあてることができたからである。また水車は、カール・マルクスが『資本論』で指摘しているように、作業分担を促し、支配勢力を作り出す。いずれにしても、このようにして中世的な都市に複雑かつ機能的で極めて革新的な製造機械が備えつけられるのだ。12世紀中期になると、水車は、鉛の圧延や木材の切断、樹皮のすりつぶし、羊毛の圧縮などにも使われるようになる。そして、その2世紀後には、鉱山の排水ポンプや噴水への水の供給などにも用いられる。

　また、水車は、蒸気機関のプロトタイプでもあった。水車の建設には高度な設計とメンテナンス、特に振動や衝撃に対する性能が求められる。石材やレンガで充填された木骨トラスで組み立てられるというように、材質の均質性を欠き、統一性のない構造物なのである。厚い壁体にトラスの小屋組を載せる通常の安定した作りの建造物とは異なり、水車は引張や圧縮またはせん断や波動に耐えられるものとして造られる必要があり、前者が静的構造物とすると、水車は建設に力学的知識を必要とする動的構造物なのである。

　当初、水車の建設者は、水の流れを操るために魔除けを行い、邪悪な怒りと対峙する勇敢な実践家であった。また、ベネディクト派修道僧は、地方の大工やセメント工と共に作

業する、直感、交渉、技法、そして自然を扱う繊細さを持ち合わせた芸術家でもあった。都市の発達とともにこうした建設者はエンジニアの役割を果たすようになる。

16世紀、水車建設の学術的側面がより発展する。例えば、都市化されていない土地の金属鉱床のそばに水車建設者が派遣され、金属の抽出、選鉱、砕石などが行われている。1690年頃に造られた水車と蒸気機関の唯一の違いは熱利用の有無で、その違いは、小屋組に木材ではなく鋳鉄、土壁の変わりにレンガを用いることで解消される。その他、振動や動力伝達の強さは両者ほぼ同じである。

18世紀後半の英国、19世紀のフランスでは、原動力としての水車の利用が新たな産業を生み出した。英国では millwright、フランスでは usine と呼ばれるもので、技術的使用、中でも蒸気機関に必要な水力や豊富な水量の一部を得るために、一大建造物が渓谷に築かれる。そして蒸気を用いた最初の製粉工場は、1824年から1826年の間に、パリ周辺に築かれた。例えば、ヌイイ（パリ西部郊外）では10馬力、グルネル（パリ西南部郊外）では130馬力、40炉、ラ・ガランヌ・コロンでは、4つの炉付きパン製造機を持つ10馬力の工場が造られた。

1825年から1880年にかけて、フランスの製粉業は集中と分散をみる。そして、金属製の歯車の採用、タービンの羽根の増加、小麦にかかる圧力調整の自動化、そして運搬用の陸路・水路の改良などにより、生産量は倍増する。そして、水と蒸気を組み合わせることで、水車は「産業」施設と呼ばれるようになる。

1860年から1920年にかけては、蒸気の発達により、効率が悪く気候に左右される水力や風力が利用されなくなり、産業的製粉機はより大きく騒々しいものとなった。さらに電気やガスの時代になると、費用はより低廉になる。

このように、西ヨーロッパの技術文化において水車は貴重な民生的施設で、交流と大衆の豊かさを示してきた。それが20世紀後半になると、先駆的な技術遺産と考えられるようになり、革新的な機械化を表す偉大な証、そして、水門、歯車、動力伝達、減速機、ブレーキなどを備えた機械の典型を示すモデルと位置づけられる。こうして、現在500近い製粉施設がフランス文化省により登録されており、この数は産業遺産全体の三分の一に上る。

（4） 景観と記憶

パンタン大製粉工場の建つ場所は、歴史的にそんなに古いところではない。この土地は、フランス第一次産業革命期に初めて開発されている。1804年頃、ボナパルト（後のナポレオン一世）と内務相シャプタルは、公共の水汲み場に水を供給し、兵器廠内の喫水を確保。ブリ地方やシャンパーニュ地方の産物（ワイン、穀物、飼い葉、油など）を運び込むために、マルヌ川の支流からパリまで航行可能な運河を建設する。それが、ボンディやパンタンを横切り、ラ・ヴィレットの巨大な舟だまりに注ぎ込むウルク運河である。ラ・ヴィレットから先はサン・マルタン運河となり、水は兵器廠に引き込まれ、最後にセーヌ川へと注ぐ。この水路は、未開拓ではあるが潜在的に豊かな土地を横切っている。実際、運河は非鉄冶金工、木工、ガラス工、ニス工といった職人地帯の際を通っていたので、1824年の開通によって、この職人技が花開くのである。

一方ラ・ヴィレットは、運河の建設に伴い、製糖工場、腸処理加工場、膠生産工場などからなる工業都市と化す。パンタンは、この食品加工業の拠点と、汚水集積場と大規模な肥料生産場があるボンディに挟まれ、野菜の集約栽培と穀物生産というパリの栄養源としての役割を担うことになる。そして、運河が横切る50haのルヴレ農場は、最も豊かな土地のひとつとなる。一方、パンタンの工業化という点については、オスマンのパリ大改造後の1870年代に東鉄道が開通して、ようやく緒につくことになる。

その後、パリ近郊北東部のクリシー／バニョレ間は、フランスの主要工業地帯となる。地形が割と平坦で、ちょうど河川、運河の間に位置し道路網も密である。その地形的特徴を生かし、フランス北部の石炭、菜種油、糖蜜や、ロレーヌ地方の鉄、ブリ地方やピカルディ地方の小麦を受け入れる漏斗(じょうご)のような役割を果たしている。このためいち早く工場が建ち並んだが、同時にあばら屋も多く造られた。悪性感染病にかかった大量の労働者が、パリの市場に送られるこれらの産物を加工、精製、梱包していたのである。公害は毒性が強く、こうした労働条件は19世紀の衛生学者を驚かせたという。この一帯は、フランス最初期の都市労働者の死の記念碑とも言えよう。

　20世紀の後継者たちは、この歴史を重要なものと捉え、伝えていこうと考えた。こうして工場は遺産価値を持ち、労働の記憶、辛苦、社会的争いなどの保存装置となるとともに、かつての労働者が言っていたように「時には我が家よりも大事な第二の家」となるのである。労働者が多いほどその場の記憶や社会的関係は強くなり、修復はより審美的なものになる。

　1970年代に始まり、第一次オイルショック以降とりわけ進んだ地域の脱工業化と、近年進められているヨーロッパの門としての高速道路や鉄道の建設、そして住宅政策と不動産投機の気運が、この少々謎に満ちた記憶の場を刷新しようとしている。そのような状況の中で、知識人たちは、フランスの国力を大きく増進させたこれらの産業遺産の文化的認識を高めるために活動を展開している。

（5）　パンタン大製粉工場の唯一性

　ウルク運河沿いに建設された、「セーヌ・サン・ドゥニ地方の産業遺産の象徴的な施設」(Haug, Zublin, Bailly, *Minoterie appelée Grands Moulins de Pantin*, Ministére de la Culture, Mérimée, 2005) は、その記念碑的特性によって、パリ周辺の密な都市構造から切り離された存在である。

　最初の製粉工場は、ルブランによって1882年に建設された。ルブランは、もともとコルベイユの製粉工場（当時フランス最大級。ダルブレイが所有）の主任で、1846年頃にマルヌ川沿いのクロミエの小さな製粉工場を取得し、高級パン用に使う細かく白い粉を製造する英国式粉挽機を導入して、施設の近代化に務めた職人である。彼は、その後20年の間に、万博や国内博の賞をいくつも獲得し、100人程度の労働者を雇い、1年に10,000トン以上の小麦粉を生産するようになる。高品質な小麦粉の生産は広く知れわたり、彼はより工業化された製粉工場をパリ近郊に建設する。そして1859年、前記のルヴレ農場から2区画を購入し、1885年に回転砥石ではなくシリンダーを応用した設備によって生産を開始することとなる。

　鉄道で運び込まれた小麦は、螺旋水揚機を使ってそれぞれ橋で結ばれた5層のサイロに貯蔵される。そして、4基の粉砕機と5基のコンバーターを備えた高さ15mの製粉機に1日当たり45トンが送り込まれる。これは、パリ市に供給する製粉工場の中で7番目に大きい施設であった。しかし、1889年に工場全体が焼失。2年後にはより大規模な工場に再建され（130トン規模のサイロが4基）、電気照明や120馬力の世界最大のモーターを備え付けるなど、近代化が進められる。そして1921年に、この工場はドイツから第一次世界大戦の賠償金を得たストラスブール大製粉工場によって買い取られ、新たな市場に向けて生産を開始する。

　この新たな所有者は生産機能を集中させ、生産量の増加と都市の需要を満たすために施設を完全に更新した。設計はアルザス地方の建築家ウジェーヌ・アウグに委ねられ、彼は、製粉工場に隣接して40m³の容量を持つ防火水槽を設け、「アルザス風の小尖塔が、建物

の冠となっている」と表現したように、高い小屋組と平瓦の屋根をかぶせた。

　1924年から1926年にかけては、1,000トンの容量を持つ、鉄筋コンクリート造、表面煉瓦貼のサイロを造る。そして翌年、1880年代に築かれた運河沿いの古いサイロのあった場所に、その7倍の規模を有する穀物サイロを4基建設する。高さは34mで、1933年から翌年にかけてさらに3基増設された。こうして、1日当たり500トン、計13,000トンの貯蔵が可能となった。小麦はまずサイロの8層目から入れられ、ここで金属の微粒子が取り除かれる。その後、こし器を通してより軽い粒子を取り除き、5層目で石を除去、さらに振動させた後、滑り台をつたって3層目に送り込み、粉の均質化を図り、湿る前に初層で分離される。分離されたものはもう1度8層目に上げられ、再降下しながら複数の作業が行われて縦溝のあるシリンダーで細かくすりつぶされる前に約12時間貯蔵される。そして最後に、頑強な肉体を持つ約100名の貨物取扱係が100kg用のジュートのサックに製品を袋詰めし、小麦粉は人力によって貨物車、トラック、平底船などに積み込まれる。

　給水塔は、高さ53mにも達する。高さ47mの正方形の塔の各面には時計が付けられ、内部には螺旋階段が取りつけられている。1924年から1926年にかけて、容量1,200トンの石炭用サイロに併設する火力発電所が建設され、その他にも鉄道のプラットフォーム（1930）や、パン製造所（1933）が造られている。

　1944年8月の火事の後、旧小麦粉倉庫は撤去された。そこで1945年から1948年にかけてレオン・バリが再建の指揮をとり、製粉工場、ボイラー室、サイロなどを修復。1952年にはセモリナ製粉場、1958年にはバウアーの図面をもとに新たなサイロがそれに並置して造られる他、アトリエ、ガレージ、研究所、オフィスが建設される。そして、最終的に製品の半分は輸出され、半分はパリに供給される。1960年代には消費者の食生活が変化し、スープや白いパンの消費が減り、ウィーン風菓子がはやりだす。そうした状況の中、クォスト技師は1962年に小麦粉用の、1969年には粉末飼料用の新たなサイロを建設し、1948年に600トンだった1日当たりの生産量が1981年には1,500トンに増加、労働者は200人に達する。衛生と防火の対策には特に注意が払われ、強力な機械換気装置が設置されている。

　1970年から1990年にかけてパンタン大製粉工場は、輸出市場において協同組合の競争にさらされ、生産力を伸ばすことができずに、パン製造業（ブランド名：バゲピBaguépi）に乗り出す。同時に工場の無人化を進め、従業員を減らしていく。そして、1985年にはセモリナ製粉場を閉鎖、1996年にはスフログループにより買い取られ、施設は2001年6月に製粉工場が操業停止、2004年3月には袋詰めの業務も終えた。

（6）　遺産の活用

　この産業の大聖堂とも言える大規模な建造物は、新地方主義のスタイルを持ち、環状道路やパンタン駅からも望むことができるパリ郊外の労働者のシンボルである。それが解体撤去から免れることとなった。公的機関や地元から、この施設の遺産的、文化的な豊かさを認識させられた所有者は、文化省とパンタン市と協力し、「（床面積）約50,000m^{2}の第三次産業の集積地を作るために、施設全体を再構築する」ことを目的とした、建築デザインコンペを開催したのである。

　コンペに勝ったのは、既に文化遺産の修復の世界ではよく知られているレイシェン・エ・ロベール建築事務所。投資総額は、1億6,000万ユーロ（約240億円）である。

　「場の精神は保存される」と、所有者であるBNP－パリバ銀行グループの系列会社ムニエ不動産の社長は言っている。ただ、2棟の製粉工場については、屋根とファサードが簡単に修復されたが、内部はすべて取り壊されて再建され、穀物倉庫と小麦粉倉庫はオープ

ンスペースに生まれ変わっている。小さな製粉工場の間仕切りは取り払われ、自然光が内部まで差し込むよう改造される一方で、鐘楼は将来のテナント会社のシンボルとなるよう保存されている。サイロを結ぶ橋も同様である。大製粉工場については、自然光がウルク運河に反射されながら内部に差し込む2つのアトリウムが穿たれ（担当建築事務所の職員によると「一種の冷たい温室」）、そのうちのひとつには、唯一の動産である1920年代のバブコック・ウィルコックス社のボイラーが置かれる。「機械類の最後の思い出は、大製粉工場のシステムの中央部に置かれる。残念ながら周辺設備（貯水槽、可動橋、鉄製煙突の基部など）が取り払われたが、このボイラーは未来の建物に彩られながらある種の雰囲気を作りだしている」（セーヌ・サン・ドゥニ県文化遺産担当ロール）。平底船での積み換えに便利なウルク運河沿いの長い建物が、この技術遺産の偉大な歴史を物語る模型や説明板の設置により（それが少なくとも私の願いであるが）、一種のメディアテックとなるわけである。

写真 4-3　パンタン大製粉工場に残された産業遺産

　パン製造工場は、ほとんど変更が加えられていない。しかし、より多くの意味を持つ建物群を際だたせるために、かつてヴィオレ・ル・デュクが大聖堂周辺の民家を撤去したように、セモリナ製粉場、ガレージ、またいくつかの事務所は撤去される。
　さらに厄介なのは、食料産業分野で最先端の技術で造られた塔であるサイロが、不用だということでいくつか壊されるという点である。この問題は、現在他の地域でも起こっている。例えば、マルセイユ港やサン・ナゼール港の使われなくなった穀物倉庫や、灯器のない灯台を今後どのように活用したらよいのか、水密性に優れているからといって文書保管庫にすればよいのか。また、居住性が低いからといって、段状の構造を変えてしまうのか。
　パンタン大製粉工場に残された産業遺産は、敷地全体の中核を担っている。それらの横には、統一感を出すために表面にレンガが貼られた、サービス業に供する3棟の新しい建物が造られる。起工は2007年6月。パリの飢えとフランスの土地資本のシンボルであるパンタン大製粉工場が、パリの財政とヨーロッパの銀行資本のシンボルになるというわけである。

（翻訳：北河大次郎）

4.3 記　録
（1）　記録の意義と内容
（a）　記録の意義

　歴史的な構造物に修理などを実施した場合には、その記録を残すことが望ましい。国指定重要文化財建造物の場合、大規模な保存修理工事の際には、修理工事報告書を刊行することを通例としている。

　修理の記録を作成することは、以下のような意義がある。

　①　次回以降の工事のための基礎資料

　歴史的な構造物を未来に伝えていくためには、継続的な修理が必要であり、例え一度大修理を実施したとしても、遠い将来必ず再び修理をしなければならない時が来る。そのときのために、どのような考え・方針で修理を行ったか、どのような修理を行ったのかを記録しておく必要がある。前回の修理の記録がないと、修理履歴の把握に多大な労力を要し、また前回までに判明していた事も改めて調査しなければならず、建造物の価値に影響を及ぼす行為を何度も繰り返す恐れもある。

　また、工事の実施内容の記録は、同種の建造物を修理する際の参考になることも多い。特に特殊な修理方法を様々な検討をして実施した場合などは、その検討過程も含めて有益な情報となる。

　②　失われるものの記録保存

　修理とは建造物を健全に戻す保存のための行為であるが、反面ある意味破壊の側面もあり、修理によって失われる部分も少なくない。修理を実施すれば、必ず傷んだ所は取り替えざるを得ず、例え元通りの仕様で修理したとしても、オリジナルの部分は失われてしまう。また、復原をする場合には、後の改造で取り付いた部分が撤去されたり、痕跡が失われる場合もある。保存に悪影響を与える部分を撤去せざるを得ない場合もある。一度撤去されたものは二度と元に戻すことはできない。これらの記録を残しておかなければ、仮にその行為が誤っていた場合でも、後の人々にはその再検証すら不可能となる。

　③　建造物について調査した事項の記録

　大規模な修理の際には、通常では知り得なかった事項を調査することができる。

　社寺や民家など木造建造物の解体修理を例に挙げると、解体することによって、今まで隠れていたほぞなどから番付や年号などの墨書が見つかったり、見えなかった部分の構造が判明したり、建物の組み立て順序が明らかになったり、また地面下の発掘調査により新たな事実が判明することもある。こけら板やスレートなど過去の屋根葺き材の一部が発見されることで、当初の屋根葺材が判明することもある。

　①は工事に直接的に役立つ事項であり、②と③は学術的な意味合いが強いものと言える。

　大規模な修理工事は、建造物を調査し、建造物に関する様々な情報を整理するまたとない機会であり、大規模な修理工事によって建造物に関する様々な事柄が整理され、修理工事完了後に報告書を刊行することで建造物の価値がより高まる。良質な報告書は、修理内容の記録のみならず建造物の基礎資料となり、最良の解説書となり得る。

　重要文化財建造物の国庫補助を伴う保存修理事業では、解体修理・半解体修理などの大規模な修理の際には、保存修理工事報告書を刊行することとしている。補助事業の場合、修理工事報告書は300冊作成することとし、文化庁の他、国会図書館、各都道府県図書館、大学、関係学会、学識経験者、修理技術者団体などに配布される。近年では、保存・活用上の便宜を図るため、PDFデータを作成する費用も補助対象としている。

　修理工事報告書は明治以降重要文化財建造物の大修理の機会に作成され、現在1800冊

を超える保存修理工事報告書が刊行されている。工事の実施内容の他、重要文化財に関する基礎情報、調査事項、写真、図面などが整理されており、基礎資料として活用されている。
(b) 記録が必要な事項
　文化財建造物の保存修理工事報告書を例として、記録に残すべき内容を以下に挙げる。
　① 建造物の概要
　　・建造物の名称・所在地・所有者・管理者・用途・建築年・設計者・施工者・文化財指定など（官報告示・指定説明）、規模、構造種別、沿革
　② 保存修理事業の概要
　　・事業に至る経緯・事業の計画・事業の経過・事業の組織・事業費
　③ 調査事項
　　・当初の計画・様式の特徴・改変状況・各部の仕様と形式
　④ 修理の実施内容
　　・工事の方針・各工事の実施内容（方針・材料・工法）
　⑤ 文献・資料
　　・古文書・仕様書・古図面・古写真・墨書など
　⑥ 写真
　　・修理前写真・竣工写真・工事中の写真
　⑦ 図面
　　・修理前図面・竣工図面（配置図・平面図・立面図・断面図・矩計図・詳細図）

　次の(2)では、近代建築で近年保存修理が実施された事例として『重要文化財山口県旧県会議事堂保存修理工事報告書』を取り上げ、具体的に内容の記述方法について解説する。

(2) 報告書の内容
(a) 報告書の名称等
『重要文化財　山口県旧県会議事堂保存修理工事報告書』2005（平成17）年2月発行：山口県、編集・著作：(財)文化財建造物保存技術協会
　1998（平成10）年～2005（平成17）年に実施された保存修理工事の報告書である。

(b) 建造物の概要
　重要文化財山口県旧県会議事堂は、1916（大正5）年に建設された山口県の2代目の県会議事堂である。煉瓦造2階建、正面玄関ポーチつき、天然スレート葺の建物で、大正期を代表する建築家・武田五一、大熊喜邦の2名が担当した大正初期の煉瓦造公共建築としては数少ない遺構である。旧県庁舎と旧県会議事堂が並んで建てられており、ともに1984（昭和59）年12月28日に重要文化財に指定された。

(c) 保存修理工事の概要
　旧県会議事堂は、1974（昭和49）年に機能を背面に新たに建設された新議事堂へ移した後、1978（昭和53）年から議会資料館として活用され、重要文化財指定後の1985（昭和60）年以降は旧県庁舎とともに県政資料館として活用されてきた。しかし、経年による屋根や樋からの雨漏りが随所に見られ、また構造体に起因する亀裂が発生するなど構造的な問題があると考えられたことから、構造対策を含めた全面的な保存修理工事を実施することとなった。
　工事は、まず破損調査・構造診断を実施して保存修理の基本設計を作成する調査工事から始められ、その後保存修理工事を実施した。破損が想像以上であり、また診断の結果補強も大規模になることが想定され、さらに復原の可能性、活用の方向性についても検討す

る必要が生じたことから、調査工事は3か年にも及ぶ大規模なものになった。

　調査工事から保存修理工事の間、近代建築や構造の専門家らによる修理委員会が設置され、構造補強の方法、破損部分の修理の方針、復原の方向性など保存修理の基本方針について審議が行われた。

　保存修理工事は屋根葺替・部分修理を修理方針とし、1998（平成10）年～2005（平成17）年まで実施された。保存修理工事においては屋根や樋、内部など傷んでいた部分を修理する他、煉瓦壁に鉄骨を埋め込むなどの構造補強工事を実施した。また現状変更手続きを行い、後世の改変の著しかった屋根葺き材および議場内部、背面張り出し部を建設当初の形式に復原した。

(d)　報告書の構成

［報告書の仕様］

　報告書は A4 判上質紙印刷、横書き二段組で、本文、図版（写真・図面）の構成となっており、製本は仮製本で、表紙はタイトルが入っただけの簡易なものである。本文の印刷はオフセット印刷であるが、写真・図面はコロタイプ印刷という特殊な印刷技術を使用している。コロタイプ印刷は、写真原版をそのまま用いて印刷する印刷技法で、古い絵はがきなどに見られる印刷である。現在一般に用いられている網点を用いた印刷と異なり、連続階調を用いた緻密な印刷が可能なため、写真画像は拡大しても用いることができる利点がある。また、用いられるインクは顔料比率が高く、永久保存にも適しているが、大量印刷が困難で、やや高価であり、印刷に時間がかかるなどの理由で現在ほとんど用いられなくなり、現在技術を有している会社は数社のみとなってしまった。

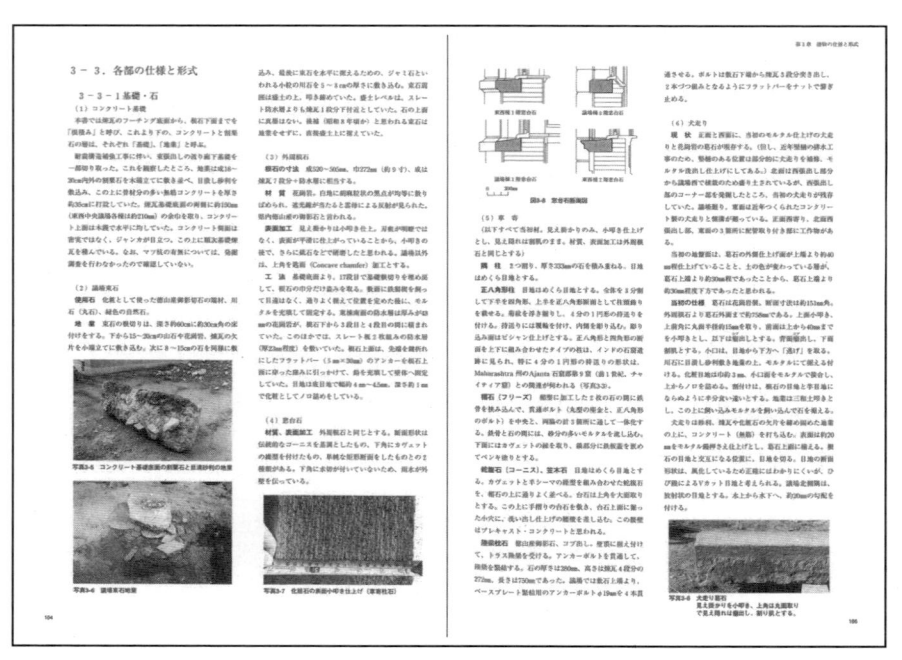

図4-4　報告書レイアウト例 [1] p.104～105

［内容］

　報告書の目次を図4-5に示す。

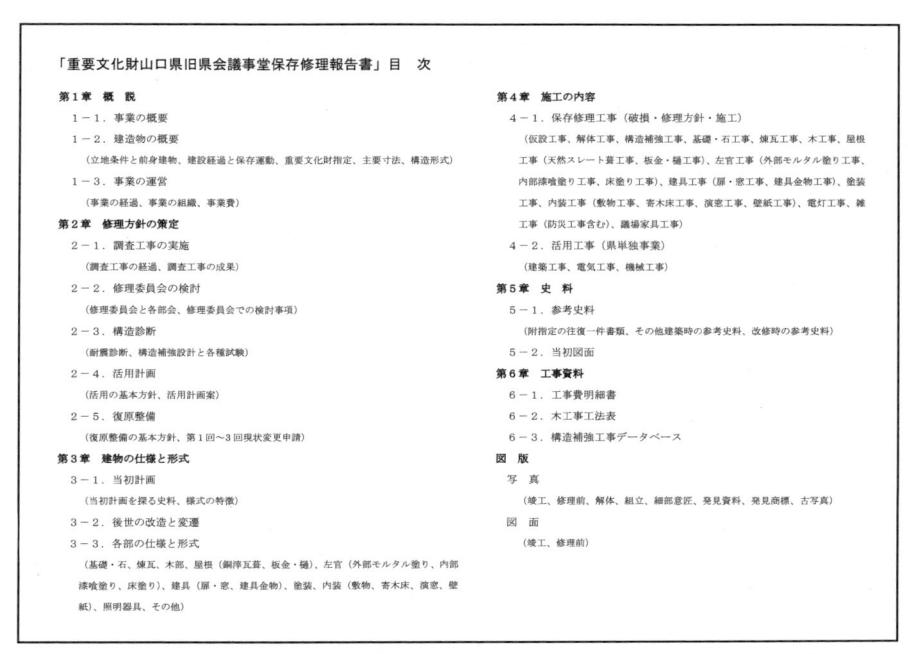

```
「重要文化財山口県旧県会議事堂保存修理報告書」目 次

第1章 概 説
 1－1．事業の概要
 1－2．建造物の概要
  （立地条件と前身建物、建設経過と保存運動、重要文化財指定、主要寸法、構造形式）
 1－3．事業の運営
  （事業の経過、事業の組織、事業費）
第2章 修理方針の策定
 2－1．調査工事の実施
  （調査工事の経過、調査工事の成果）
 2－2．修理委員会の検討
  （修理委員会と各部会、修理委員会での検討事項）
 2－3．構造診断
  （耐震診断、構造補強設計と各種試験）
 2－4．活用計画
  （活用の基本方針、活用計画案）
 2－5．復原整備
  （復原整備の基本方針、第1回～3回現状変更申請）
第3章 建物の仕様と形式
 3－1．当初計画
  （当初計画を探る史料、様式の特徴）
 3－2．後世の改造と変遷
 3－3．各部の仕様と形式
  （基礎・石、煉瓦、木部、屋根（銅葺瓦葺、板金・樋）、左官（外部モルタル塗り、内部漆喰塗り、床塗り）、建具（扉・窓、建具金物）、塗装、内装（敷物、寄木床工事、演窓、壁紙）、照明器具、その他）

第4章 施工の内容
 4－1．保存修理工事（破損・修理方針・施工）
  （仮設工事、解体工事、構造補強工事、基礎・石工事、煉瓦工事、板金工事、木工事、屋根工事（天然スレート葺工事、板金・樋工事）、左官工事（外部モルタル塗り工事、内部漆喰塗り工事、床塗り工事）、建具工事（扉・窓工事、建具金物工事）、塗装工事、内装工事（敷物工事、寄木床工事、演窓工事、壁紙工事）、電灯工事、雑工事（防災工事含む）、議場家具工事）
 4－2．活用工事（県単独事業）
  （建築工事、電気工事、機械工事）
第5章 史 料
 5－1．参考史料
  （附指定の往復一件書類、その他建築時の参考史料、改修時の参考史料）
 5－2．当初図面
第6章 工事資料
 6－1．工事費明細書
 6－2．木工事工法表
 6－3．構造補強工事データベース
図版
 写真
  （竣工、修理前、解体、組立、細部意匠、発見資料、発見商標、古写真）
 図面
  （竣工、修理前）
```

図4-5 重要文化財 山口県旧県会議事堂保存修理工事報告書 目次[1)目次参照]

　報告書の内容は、まず建造物の姿を示すカラー口絵写真が入り、その後序文、例言、目次を経て本文となる。
　本文は、まず第1章の最初の頁に事業の概要を1頁にまとめて記述し、その後から建造物の概要の記述となる。
　第2章は修理方針の策定と題し、本修理の方針決定にあたり実施された調査工事、構造診断、活用計画、復原整備の検討内容がまとめられる。
　第3章は建物の仕様と形式と題し、建物に関する詳細な調査結果が記される。
　第4章は施工の内容と題し、修理工事での施工の実施内容がまとめられる。
　第5章は参考史料のリストと、当初図面の一部が掲載される。
　第6章は工事資料として、工事費の明細、木工事の仕様書、構造補強の概要表が掲載される。
　図版は写真・図面からなり、写真には竣工写真、修理前写真と、修理中の写真、古写真などが、図面は竣工と修理前の図面が掲載される。
　巻末には修理工事記録と題して、建造物と修理工事の要点のみを抜き出した表が、英文と日本語の両方で掲載される。
　以下に各部分について詳述する。
　① 口絵
　口絵は、対象建造物を一目で表現するための写真であり、言わば建物のお見合い写真とも言うべきものである。できるだけ美しい写真で、少ない枚数で表現する。本報告書では、4頁を使用し、建物の外観と復原された議場内部、主要な部屋の内部が掲載されている。
　② 序文
　序文は概ね所有者により、建造物の概要と、修理に至った経緯、関係者へのお礼などが記述される。

③　例言

　例言には報告書の目的、内容、凡例、執筆者、関係者などが記述される。修理工事報告書においては、例言の頁に当該建造物の位置を示す地図あるいは配置図が掲載されることが多い。

④　目次

　目次には本文および図版の頁が掲載される。内容を検索しやすく、あまり詳細になりすぎないような記述が求められる。

⑤　第1章　概説

　第1章は概説であり、建造物についての立地条件、建設に至る経緯などの沿革、文化財指定の概要、規模、構造形式、事業の概要などが記述される。

　1頁目に事業の概要をまとめて記述しているが、これはまず本報告書の全体概要を把握するためのものである。修理工事報告書のように内容が豊富な本では、しばしば建物の概要や全体の方針が読み取り難いものが見受けられる。概要——→詳細という順に記述するよう心がける。

⑥　第2章　修理方針の策定

　本工事の対象は大規模な近代建築であり、修理範囲や修理方法の問題、構造的な問題、修理後の活用の問題など様々な検討事項があったため、まず調査工事という段階を踏んで構造補強の方針、各部の修理の方針、復原案の概要、活用計画などを検討して本工事に着手した。ここでは議論の過程や採用されなかった案も含めて記述しており、どのように考えて検討がなされたのかを読み解くことができる。

　社寺や民家建築などの文化財建造物の保存修理の場合、基本的には破損した部分を修理し元に戻す事が大原則で、復原などの問題は若干あるものの修理の方針が大きくぶれることは少ない。そのため文化財建造物の保存修理報告書では、修理方針の検討についての記述が省略されているものも少なくない。方針の策定が最も重要であり、これらをいかにしっかり行うかが修理の成否を左右する。

⑦　第3章　建物の仕様と形式

　この章には、工事中に得られた建造物に関する情報が記述される。建造物の特徴などが各部位ごとに詳細に記される。

　この章は建造物の解説書にあたる部分であり、工事中に判明した事項を記述するだけでなく、その計画まで読み解き、さらに建物全体の設計理念まで記述できるとよい。

　本報告書は、当初計画、後世の改造と変遷、各部の仕様と形式という構成である。建物全体の当初計画から変遷の説明、さらにディテールの特徴まで詳細に記されている。

　当初計画では、当初の図面・仕様書・写真資料などから建造物の計画に関わる部分について考察を行い、また、当時の時代背景や設計者武田五一のデザインの特徴、建造物の平面計画などに検討を加えて建造物の特徴について論じている。

　後世の改造と変遷では、建造物がいかに改造されてきたかについて記述されている。ここでは各時代ごとの平面の変遷を記し、それぞれの改造について解説を加えている。簡潔に書かれているため一見簡単に判明したもののように見えるが、これこそ徹底的な現地での痕跡調査と文献資料などを総合的に考察して得られた苦労の結晶である。

　復原を行う場合には、ここに示されているようにすべての変遷課程を明らかにし、その中で最も建造物として価値が高いと思われる時点に戻すという論理が必要である。いいとこ取りの復原は原則認められない。

　各部の仕様と形式では、基礎・石から煉瓦、屋根、建具、内装まで各部について詳細に

仕様が記述されている。工事の実施のために必要な調査結果だけでなく、仕様調査も実施し、全体的に調査がなされている。すべてにおいて詳細に記述し、建物を再現できるだけの仕様を記録することが理想的であろう。しかし、実際には時間などの制約がある場合が多いので、建物の特に価値を形成する部分について詳細に記述するというバランス感覚も重要となる。

⑧ 第4章　施工の内容

施工の内容は、各工事ごとに施工内容が詳細に記述されている。記述の順として、破損状況⟶修理の方針⟶在来の工法⟶実施の工法というように、実施にあたってどのような検討をし、在来の工法と比較しどう変更したのかが詳細な検討内容とともにまとめられている。文化財建造物の場合、修理を行う際は在来と同じ仕様を再現して行うのが原則である。しかし、近代の建造物の場合、在来の仕様に何らかの欠陥があり、再用することが望ましくない場合や、材料が既に製造されていない場合、技術者がいなくなり再現が困難となっている工法が多数存在する。本報告書では、破損の状況からどのような修理を行うかをまず検討し、在来の工法と比較して、どう実施したかということを検討過程を含めて詳細に記述している。工事の記録としては、少なくとも実施の方法は最低限記述すべきであるが、このように検討の過程まで記述しておけば、なぜそのような工法を採用したのかということが分かり、将来の修理の際の重要な情報となる。

本報告書では設計監理者が常駐で監理していることもあり、各工事について設計から施工の実施に至るまで詳細に検討を重ねて実施の工法を決定している。施工の段階で新たな事実が判明することも多いため、工事中にも状況の監理を行い、柔軟に設計の変更をする体制が重要である。

⑨ 第5章　史料

建造物に関する史料がある場合は、報告書に掲載しておくと便利である。棟札・古文書など、残存史料が限られている場合はすべて掲載するのが望ましいが、近代の建造物は図面・仕様書・古写真、雑誌の記事など非常に多くの史料が残されていることが多く、すべてを掲載するのは困難である。参考史料のリストは必ず掲載することとし、中でも特に重要な史料については掲載するのが望ましい。

本報告書では、参考史料のリストと、当初図面の一部が掲載されている。

⑩ 第6章　工事資料

工事資料には工事の明細、木工事の仕様、構造補強の概要が掲載される。本文中に掲載すると冗長になってしまう内容などは、巻末に資料としてまとめるとよい。

⑪ 図版・写真

写真は竣工と修理前の写真、修理中の写真、古写真などが掲載される。目的は記録のための写真であり、そのためコロタイプ印刷という高精細の印刷技法が採用されている。主な写真が巻末にまとめられているのは、印刷方式が異なるなどの製版上の都合の他、本文中に載せるより、より多くの情報を整理して掲載できることによる。

竣工と修理前の写真は大判写真で撮影したものであり、できるだけ大きく掲載するため、1頁に2カットを原則としている。修理前の写真・修理中の写真は、工事が竣工した後は二度と撮影することができない写真であり、写真が状況を知る唯一の資料となる。修理中の写真は、特に解体中の写真を丁寧に撮影するのが望ましい。解体の区切りごとに現場を整理清掃し、カメラを構えて撮影する。工事の施工状況を示す写真は、本文中に挿図として用いてもよい。

施工者が撮影する工事写真は、工事を確実に施工したことを示す証拠写真であり、報告

書に掲載する記録写真とは撮影目的が異なるので、別途撮影するのが望ましい。

写真 4-4　図版・写真例　竣工写真 [1) 写真竣工1]

⑫　図版・図面
　図面は、竣工と修理前の図面を掲載している。建造物の場合、一般的に平面図、各面立面図、断面図（桁行、梁間）、矩計詳細図、必要に応じて配置図、見上図、規矩図（軒反りがある社寺建築の場合）を作成する。復原などの現状変更により建造物の形状が変更されたときは、修理前と竣工の両方の図を作成する。
　図面は可能な限り正確に美しく描き、寸法の位置などのバランスにも気をつける。
　重要文化財建造物の場合、「保存図」と呼ばれる 680 × 985mm という定型の A0 より一回り小さいサイズのケント紙に烏口・面相筆で墨入れした手書きの図面を作成し、文化庁に納められ記録として永久保存される。本報告書の図面も保存図を掲載したものである。保存図は、明治以降建造物の修理の際に伝統的に作成されてきたものであり、修理工事報告書と並ぶわが国の重要な文化財アーカイブのひとつである。ケント紙にペンシルで下書きをした後、硯で墨を摺って烏口で墨入を行う。烏口は基本的に直線しか引けないため、曲線部分は型板を削りだして作成して引く。細かな詳細は面相筆で書く。多大な経験と時間を要する作業となる。
　現在は CAD によって図面が作成されることが多いため、すべての工事で保存図まで作

成するのは現実的ではないが、例え CAD であっても、保存図と同じように正確に美しく描くことを心がけたい。

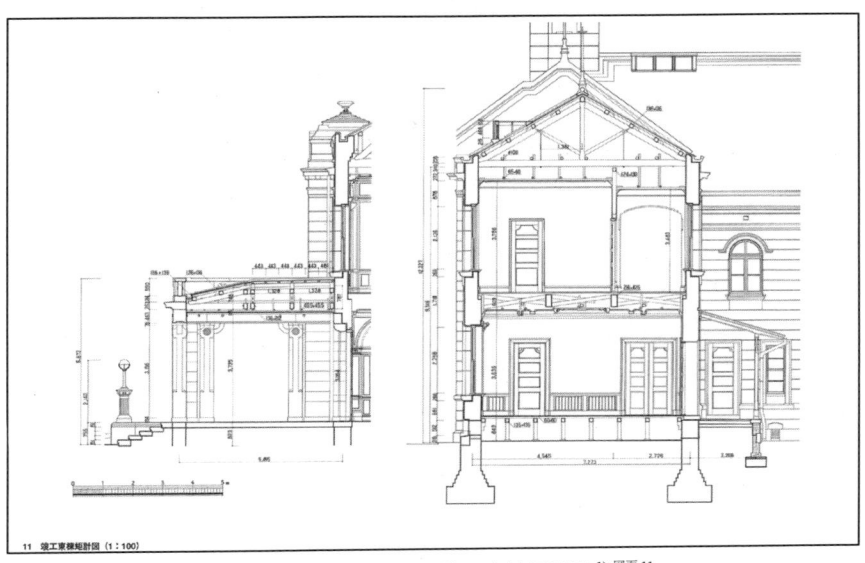

図 4-6　図版・図面例　竣工東棟矩計図 [1] 図面 11

⑬　修理工事記録（英文・日本語）

　近年の修理工事報告書の巻末には、建造物の概要と、修理の概要をそれぞれ最小限の情報で定型的に記述した修理工事記録が掲載されている。データベースとして用いることができるようにまとめられたもので、英文と日本語で作成されている。記述内容は図 4-7 の通りである。

```
1  建造物名称
2  分類
3  指定年月日
4  所在地
5  所有者
6  建築種別（用途）
7  建設年代
8  材質及び構造
9  屋根形式及び葺材
10 平面規模（平面積、間口、奥行）
11 事業概要
     修理種別
     工期
     経費
12 書名
     発行年月日
     著者、編集者
     発行者
13 修理歴
14 備考
```

図 4-7　修理工事記録項目

（3） まとめと課題

　記録としての修理工事報告書の第一義は、修理の記録にあるので、できるだけ詳細な内容を掲載するのが望ましい。しかしながら、紙面の制限あるいは書物として体裁を整える必要もあり、何もかも掲載することはできないので、内容の選別が必要になる。

　建造物についての調査事項の目指すべき形は、当該建造物を再現できるだけの仕様・寸法のデータの記述であると考える。調査内容はただ闇雲に調査結果を掲載するのではなく、調査した内容を整理分析した内容であるべきで、加えて、後の批判にも耐えられるようにバックデータも明らかにしておくのがベストと考える。

　報告書の作成は非常に手間がかかる大変な作業である。実際には、時間・労力などの制限の中でより良いものを目指すことになるだろう。修理工事報告書で優先的に記録すべき内容は以下の順である。

　① 工事の実施内容の記録
　② 工事中に判明した調査内容の記録
　③ 建造物に関する調査事項

いかに整理された内容で、いかに多くの情報を記録するかが重要であろう。

　また、今後の課題として、報告書の部数や配布先が限定されており、たとえ修理工事報告書が刊行されていても、特定の場所でしか閲覧することができず、見ることのできる人が限られているということがある。

　より多くの人が利用できるような報告書の配布方法、あるいはアーカイブシステムの構築などが今後必要となるだろう。その場合、内容はできるだけ公開し一般に広く用いられるのが望ましいが、著作権の問題や防災防犯上の問題ですべてを公開できない場合もあるので、著作権などの権利の範囲や公表すべき範囲と隠すべき範囲の区分けを明確にすべきであろう。

第4.3項　参考文献

1) 文化財建造物保存技術協会：重要文化財山口県旧県会議事堂保存修理工事報告書、山口県、2005

資　料

歴史的構造物の保全に係る文書（★印は抄録）
- 記念建造物および遺跡の保全と修復のための国際憲章（ヴェニス憲章：1964）★
- 歴史的庭園（フィレンツェ憲章：1982）
- 歴史都市保全のための国際憲章（ワシントン憲章：1987）
- オーセンティシティに関する奈良ドキュメント（1994）★
- 歴史的木造構造物のための原則（1994）
- ヴァナキュラーな文化財建造物に関する憲章（1999）
- イコモス憲章——建築遺産の分析、保存、構造的修復のための原則（2003）
- 建築遺産の分析、保存、構造的修復のための勧告（2003）
- 産業遺産のためのニジニ・タギル憲章（2003）
- 文化的道路に関するイコモス憲章（2008）
- 文化遺産の解釈及び説明のためのイコモス憲章（2008）

....

記念建造物および遺跡の保全と修復のための国際憲章（ヴェニス憲章：1964）

　　1964年　第二回歴史的記念建造に関する建築家・技術者国際会議（ヴェネツィア）
　　1965年　イコモス採択

　幾世代もの人々が残した歴史的に重要な記念建造物は、過去からのメッセージを豊かに含んでおり、長期にわたる伝統の生きた証拠として現在に伝えられている。今日、人々はますます人間的な諸価値はひとつであると意識するようになり、古い記念建造物を人類共有の財産とみなすようになってきた。未来の世代のために、これらの記念建造物を守っていこうという共同の責任も認識されるようになった。こうした記念建造物の真正な価値を完全に守りながら後世に伝えていくことが、われわれの義務となっている。

　そのため、古建築の保存と修復の指導原理を、国際的な基盤にもとづいて一致させ、文書で規定し、各国がそれぞれの独自の文化と伝統の枠内でこの方式を適用するという責任をとることが不可欠となった。

　1931年のアテネ憲章は、こうした基本原理を初めて明確化することにより、広範な国際的運動に貢献し、各国の記録文書、イコム（ICOM）およびユネスコの事業、ユネスコによる「文化財の保存及び修復の研究のための国際センター」の設立などで具体化された。また、ますます複雑化し多様化してゆく諸問題に対し、より多くの注目と重要な研究が集中的になされてきた。いまや、アテネ憲章で述べられた原則を全面的に見直し、その展望を拡大して新しい文書に改めるため、同憲章を再検討すべき時が来た。

　それゆえ、「第二回歴史的記念建造物に関する建築家・技術者国際会議」は、1964年5月25日から31日までヴェネツィアで会合し、以下の文書を承認するに至った。

定　義
第1条　「歴史的記念建造物」には、単一の建築作品だけでなく、特定の文明、重要な発展、あるいは歴史的に重要な事件の証跡が見いだされる都市および田園の建築的環境も含まれる。「歴史的記念建造物」という考えは、偉大な芸術作品だけでなく、より地味な過去の建造物で時の経過とともに文化的な重要性を獲得したものにも適用される。
第2条　記念建造物の保全と修復にあたっては、その建築的遺産の研究と保護に役立つあらゆる科学的、技術的手段を動員すべきである。

目 的

第3条 記念建造物の保全と修復の目的は、それらを芸術作品として保護するのと同等に、歴史的な証拠として保護することである。

保 全

第4条 記念建造物の保全にあたっては、建造物を恒久的に推持することを基本的前提としなければならない。

第5条 記念建造物の保全は、建造物を社会的に有用な目的のために利用すれば、常に容易になる。それゆえ、そうした社会的活用は望ましいことではあるが、建物の設計と装飾を変更してはならない。機能の変更によって必要となる改造を検討し、認可する場合も、こうした制約の範囲を逸脱してはならない。

第6条 記念建造物の保全とは、その建物と釣合いのとれている建築的環境を保存することである。伝統的な建築的環境が残っている場合は、それを保存すべきである。マッス（量塊）や色彩の関係を変えてしまうような新しい構築、破壊、改造は許されない。

第7条 記念建造物は、それが証拠となっている歴史的事実や、それが建てられた建築的環境から切り離すことはできない。記念建造物の全体や一部分を移築することは、その建造物の保護のためにどうしても必要な場合、あるいは、きわめて重要な国家的、国際的利害が移築を正当化する場合にのみ許される。

第8条 記念建造物にとって不可欠の部分となっている彫刻、絵面、装飾の除去は、除去がそれらの保存を確実にする唯一の手段である場合にのみ認められる。

修 復

第9条 修復は高度に専門的な作業である。修復の目的は、記念建造物の美的価値と歴史的価値を保存し、明示することにあり、オリジナルな材料と確実な資料を尊重することに基づく。推測による修復を行ってはならない。さらに、推測による修復に際してどうしても必要な付加工事は、建築的構成から区別できるようにし、その部材に現代の後補を示すマークを記しておかなければならない。いかなる場合においても、修復前および修復工事の進行中に、必ずその歴史的建造物についての考古学的および歴史的な研究を行うべきである。

第10条 伝統的な技術が不適切であることが明らかな場合には、科学的なデータによってその有効性が示され、経験的にも立証されている近代的な保全、構築技術を用いて、記念建造物の補強をすることも許される。

第11条 ある記念建造物に寄与したすべての時代の正当な貢献を尊重すべきである。様式の統一は修復の目的ではないからである。ある建物に異なった時代の工事が重複している場合、隠されている部分を露出するは、例外的な状況、および、除去される部分にほとんど重要性がなく、露出された部分が歴史的、考古学的、あるいは美的に価値が高く、その保存状況がそうした処置を正当化するのに十分なほど良好な場合にのみ正当化される。問題となっている要素の重要性の評価、およびどの部分を破壊するかの決定は、工事の担当者だけに任せてはならない。

第12条 欠損部分の補修は、それが全体と調和して一体となるように行わなければならないが、同時に、オリジナルな部分と区別できるようにしなければならない。これは、修復が芸術的あるいは歴史的証跡を誤り伝えることのないようにするためである。

第13条 付加物は、それらが建物の興味深い部分、伝統的な建築的環境、建物の構成上の釣合い、周辺との関係等を損なわないことが明白な場合に限って認められる。

歴史的遺跡

第14条 記念建造物の敷地については、その全体を保護した上、適切な方法で整備し公開することが確実にできるように、特に注意を払うべき対象である。そのような場所で行われる保全・修復の工事は、前記の各条に述べた原則が示唆するところに従わなければならない。

発 掘

第15条 発掘は、科学的な基準、および、ユネスコが1956年に採択した「考古学上の発掘に適用される国際的原則に関する勧告」に従って行わなければならない。

廃墟はそのまま維持し、建築的な特色および発見された物品の恒久的保全、保護に必要な処置を講じなければならない。さらに、その記念建造物の理解を容易にし、その意味を歪めることなく明示するために、あらゆる処置を講じなければならない。

しかし、復原工事はいっさい理屈抜きに排除しておくべきである。ただアナスタイローシス、すなわち、現地に残っているが、ばらばらになっている部材を組み立てることだけは許される。組立に用いた補足材料は常に見分けられるようにし、補足材料の使用は、記念建造物の保全とその形態の復旧を保証できる程度の最小限度にとどめるべきである。

公　表

第16条　すべての保存、修復、発掘の作業は、必ず図面、写真を入れた分析的で批判的な報告書の形で正確に記録しておかなければならない。記録には、除去、補強、再配列などの作業のすべての段階のほか、作業中に確認された技術的特色、形態的特色も含めるべきである。こうした報告書は、公共機関の記録保存所に備えておき、研究者が閲覧できるようにすべきである。記録は公刊することが望ましい。

　　この「記念建造物及び遺跡の保全と修復のための国際憲章」の起章に参加した人々は以下の通りである。(以下、省略)

（日本イコモス国内委員会訳）

オーセンティシティに関する奈良ドキュメント（1994）

前　文

1　我々、日本の奈良に集まった専門家は、保存の分野における従来の考え方に挑み、また保存の実践の場で文化と遺産の多様性をより尊重するよう我々の視野を広げる方法および手段を討論するために、時宜を得た会合の場を提供した日本の関係当局の寛大な精神と知的な勇気に、感謝を表明したい。

2　我々はまた、世界遺産リストに申請された文化財の顕著な普遍的価値を審議する際に、全ての社会の社会的および文化的価値を十分に尊重する方法でオーセンティシティのテストを適用したいという世界遺産委員会の要望により提供された討論の枠組みの価値にも、感謝を表明したい。

3　オーセンティシティに関する奈良ドキュメントは、我々の現代世界において文化遺産についての懸念と関心の範囲が拡大しつつあることに応え、1964年のベニス憲章の精神に生まれ、その上に構築され、それを拡大するものである。

4　ますます汎世界化と均一化の力に屈しようとしている世界において、また文化的アイデンティティの探求がときには攻撃的ナショナリズムや少数民族の文化の抑圧という形で現れる世界において、保存の実践の場でオーセンティシティを考慮することにより行われる重要な貢献は、人類の総体的な記憶を明確にして解明することにある。

文化の多機性と遺産の多様性

5　我々の世界の文化と遺産の多様性は、すべての人類にとってかけがえのない精神的および知的豊かさの源泉である。我々の世界の文化と遺産の多様性を保護しおよび向上させることは、人類の発展の重要な側面として積極的に促進されるべきである。

6　文化遺産の多様性は、時間と空間の中に存在しており、異なる文化ならびにそれらの信仰体系のすべての側面を尊重することを要求する。文化の価値が拮抗するような場合には、文化の多様性への尊重は、すべての当事者の文化的価値の正当性を認めることを要求する。

7　すべての文化と社会、それぞれの遺産を構成する有形また無形の表現の固有の形式と手法に根ざしており、それらは尊重されなければならない。

8　個々にとっての文化遺産はまた万人にとっての文化遺産であるという主旨のユネスコの基本原則を強調することが重要である。文化遺産とその管理に対する責任はまず、その文化をつくりあげた文化圏に、次いでその文化を保管している文化圏に帰属する。しかし、これらの責任に加え、文化遺産の保存のためにつくられた国際憲章や条約への加入は、これらから生じる原則と責任に対する考慮もまた義務づける。それぞれの社会にとって、自らの文化圏の要求と他の文化圏の要求の間の均衡を保つことは、この均衡の保持が自らの文化の基本的な価値を損なわない限り、非常に望ましいことである。

価値とオーセンティシティ

9 文化遺産をそのすべての形態や時代区分に応じて保存することは、遺産がもつ価値に根ざしている。我々がこれらの価値を理解する能力は、部分的には、それらの価値に関する情報源が、信頼できる、または真実であるとして理解できる度合いにかかっている。文化遺産の原型とその後の変遷の特徴およびその意味に関連するこれら情報源の知識と理解は、オーセンティシティのあらゆる側面を評価するために必須の基盤である。

10 このように理解され、ベニス憲章で確認されたオーセンティシティは、価値に関する本質的な評価要素として出現する。オーセンティシティに対する理解は、世界遺産条約ならびにその他の文化遺産の目録に遺産を記載する手続きと同様に、文化遺産に関するすべての学術的研究において、また保存と復原の計画において、基本的な役割を演じる。

11 文化財がもつ価値についてのすべての評価は、関係する情報源の信頼性と同様に、文化ごとに、また同じ文化の中でさえ異なる可能性がある。価値とオーセンティシティの評価の基礎を、固定された評価基準の枠内に置くことは、このように不可能である。逆に、すべての文化を尊重することは、遺産が、それが帰属する文化の文脈の中で考慮され評価されなければならないことを要求する。

12 したがって、各文化圏において、その遺産が有する固有の価値の性格と、それに関する情報源の信頼性と確実性について認識が一致することが、極めて重要かつ緊急を要する。

13 文化遺産の性格とその文化的文脈により、オーセンティシティの評価は非常に多様な情報源の真価と関連することになろう。その情報源の側面は、形態と意匠、材料と材質、用途と機能、伝統と技術、立地と環境、精神と感性、その他内的外的要因を含むであろう。これらの要素を用いることが、文化遺産の特定の芸術的、歴史的、社会的、学術的次元の厳密な検討を可能にする。

定　義

保　存――文化財を理解し、その歴史と意味を知り、その材料の保護を確実にし、さらに必要な場合にはその復原や整備をおこなうためのすべての作業。

情報源――文化財の性質、特性、意味および歴史を知ることを可能とするところのすべての有形の、字で書かれた、口承の、及び描かれた資料。

（文化庁仮訳）

歴史的土木構造物の保全に関する年表

年代	関連事項
1897（M30）	古社寺保存法制定（著名な社寺、住宅）
1919（T8）	旧都市計画法に美観地区、風致地区を創設 ①史跡名勝天然記念物保存法制定
1929（S4）	②国宝保存法制定（城郭、霊廟など）
1933（S8）	③重要美術品等の保存に関する法律制定
1950（S25）	文化財保護法制定（①〜③が廃止）以後数回改正 「文化財」という言葉の公的使用
1955（S30）	土木学会会長講演「九州地方の古い石のアーチ橋（青木楠男：早稲田大学理工学部長）」S30.5.28 通常総会にて
1962（S37）	全国総合開発計画閣議決定「拠点開発方式」
1964（S39）	（財）鎌倉風致保存会設立
1965（S40）	明治村開村（愛知県犬山市）
1966（S41）	（〜S52）：民家緊急調査開始 古都における歴史的風土の保存に関する特別措置法（通称「古都保存法」）制定
1968（S43）	妻籠宿（長野県）の保存再生事業開始 金沢市、倉敷市「伝統美観保存条例」制定
1969（S44）	新全国総合開発計画（新全総）閣議決定 「大規模プロジェクト構想」
1971（S46）	横浜市、企画調整室に都市デザイン担当を設置
1972（S47）	京都市、高山市「市街地景観条例」制定 横浜市「山手地区景観風致保全要綱」制定 UNESCO 世界遺産条約成立
1973（S48）	第四次中東戦争勃発（74年、78年二度のオイルショック）
1975（S50）	国宝及び重要文化財指定基準改正 文化財保護法・都市計画法改正「伝統的建造物群保存地区」創設 居住環境整備事業創設
1976（S51）	重要伝統的建造物群保存地区を初選定（角館、妻籠、白川村、京都市産寧坂、同祇園新橋、萩市堀内、同平安の7地区）
1977（S52）	（〜H2）：近世社寺建築緊急調査開始 建設省と文化庁が共同で歴史的環境保存問題を検討 第三次全国総合開発計画（三全総）閣議決定「定住圏構想」
1978（S53）	神戸市「都市景観条例」制定
1980（S55）	都市計画法改正「地区計画」制度創設
1982（S57）	歴史的地区環境整備街路事業（通称「歴みち事業」）創設 東京都世田谷区「世田谷まちづくり条例」制定
1983（S58）	小樽運河埋立て工事着工、1986年道道17号小樽湾線開通
1985（S60）	運輸省、歴史的港湾調査
1987（S62）	第四次全国総合開発計画（四全総）閣議決定「多極分散型国土の形成」 四谷見附橋（1913年竣工）、長池公園（八王子市）に移設
1989（H1）	和歌浦新橋架橋問題、和歌山地裁に「歴史的景観権」住民訴訟
1990（H2）	土木学会誌特集（11月）「近代土木の保存と再生」 文化庁、近代化遺産（建物等）総合調査開始
1991（H3）	（〜H4）：土木学会、東海5県の近代土木遺産調査
1992（H4）	都市計画法改正「市町村マスタープラン策定」規定、策定プロセスにおける住民参加の明示 UNESCO 世界遺産に日本批准、Cultural Landscape（文化的景観）が文化遺産の概念として採用

1993（H5）	（〜 H7）：土木学会、近代土木遺産全国調査（8,000 件あまり） 藤倉水源地水道施設（秋田市）、碓氷峠鉄道施設（群馬県松井田町）が土木部門の近代化遺産として初重文指定 甲突川五石橋（鹿児島市）被災、2 橋流失、1 橋移設（2 橋保留） 建設省「歴史的・文化的土木施設の保存・活用に関する調査・研究」土木学会へ委託
1995（H7）	阪神・淡路大震災 地方分権推進法制定 真鶴町（神奈川県）真鶴町まちづくり条例制定、「美の基準」「美の原則」を掲げ景観まちづくり
1996（H8）	文化財保護法改正「登録有形文化財制度」創設 建設省、文化を守り育む地域づくり・まちづくりの基本方針（通称「文化施策大綱」）を発表 琵琶湖疎水（京都市）が史跡指定
1997（H9）	河川法改正、河川整備目的として環境保全を加え、関係住民の意見反映を明示
1998（H10）	21 世紀の国土のグランドデザイン閣議決定 「多軸型国土構造を目指す長期構想実現の基礎づくり」
1999（H11）	日本橋が重文指定 土木学会土木史研究委員会、初の歴史的土木構造物保存要請（宇治発電所石山制水門の保全的存続に関する要請）
2000（H12）	都市計画法改正（地方分権への権限強化） ④まちづくり総合支援事業の制度化 土木学会が全国 10 組の選奨土木遺産を初指定
2003（H15）	国土交通省、美しい国づくり政策大綱発表 国際産業遺産保存委員会（TICCIH）、ニジニ・タギル憲章において産業遺産の価値を明示
2004（H16）	景観法制定 文化財保護法改正「文化的景観」制度化 まちづくり交付金制度創設（④の廃止）
2006（H18）	重要文化的景観第一号に「近江八幡の水郷」選定
2007（H19）	経済産業省、全国で 575 件の「近代化産業遺産（近代化産業遺産群 33 −近代化産業遺産が紡ぎ出す先人達の物語−）発表」認定 余部橋梁架け替え工事起工 鞆の浦埋立て架橋問題、広島地裁に埋立て免許差し止め住民訴訟
2008（H20）	地域における歴史的風致の維持及び向上に関する法律（通称「歴史まちづくり法」）制定

索　引

あ
アースダム　*131*
アーチダム　*132*
アーチリブ　*80*
余部鉄橋　*210*
RC梁・柱の付加　*182*
RC壁の増設　*182*

い
イコモス（ICOMOS）　*16*
石垣　*100, 101, 106, 111, 264*
維持管理　*76*
維持管理区分　*10*
石積みの技法　*172*
意匠　*14, 17, 79, 135, 177*
異常時点検　*202, 203*
一丁台場　*252, 255, 256*

う
ヴィミィのカナダ兵士記念碑　*196*
ヴェニス憲章　*16, 283*
碓氷峠鉄道構造物　*144*

え
X線回析試験　*118*
エポキシ樹脂注入工法　*99*

お
大河津分水旧洗堰　*97*
大日影トンネル　*146*
オーセンティシティ　*285*

か
改修（rehabilitation）　*78, 133, 137*
可逆的な措置　*16*
鹿児島旧港施設　*249*
嵩上げ　*134*
価値意識法　*55*
活用設計　*184*
桂浜・西洋式ドック跡　*171*
カミーユ・ドゥ・オーギュ橋　*221*
観察維持管理　*10*
含水比　*118*

き
岸壁　*169*
雁木　*167*

き
基準不適合　*208*
既存不適格　*13, 42, 85*
橋梁点検　*202, 203*
橋梁の長寿命化　*206*
近代化遺産　*25, 38*
近代化遺産調査　*25*
近代土木遺産2000選　*25*
近代土木遺産2800選　*210*

く
クラマール子供図書館　*193*

け
景観法　*27, 30, 37*
景観まちづくり　*27*
形式変更　*137*
原位置試験法　*119*
原位置調査　*105*
原爆ドーム　*13, 96*

こ
鋼　*82*
合意形成　*57, 59, 61*
閘門　*158*
護岸　*169*
国際産業土木遺産保存委員会（TICCIH）　*5*
国宝及び重要文化財指定基準　*18*
古墳　*100*
コンクリートの修復　*191*
コンクリートの劣化　*190*

さ
再アルカリ化　*192, 223*
再アルカリ化工法　*94, 224*
最小限の措置　*16, 18*
再利用　*74, 83*
砂防堤防　*157*
狭山池ダム〔大阪府〕　*227*
狭山池堤防　*127, 128*

三角西港　*168*
産業遺産　*273*
産業遺産のためのニジニ・タギル憲章　*5, 16*
三次元レーザ測量　*187*
残存供用期間　*90*
残存余命　*40*

し
事業期間　*51*
事後維持管理　*10*
社会的価値　*53*
社会的割引率　*52*
修復（restoration）　*77*
修復性　*41*
重要文化財　*18, 177*
重要文化財保存活用計画策定指針　*19*
修理　*82, 182, 278*
修理工事報告書　*274*
重力ダム　*132*
十六橋水門〔福島県〕　*238*
純現在価値　*52*
城郭　*106*
震災復興橋梁　*73, 76*
診断　*11, 12, 87*

す
水制　*159*
水門　*157*

せ
性能水準　*90*
堰　*155*
石造アーチ橋　*113*
石造橋　*100, 102, 112, 114*
石造建築物　*100*
石庭　*100*
石塔　*100*
瀬戸田港福田地区防波堤　*170*
選奨土木遺産　*5, 26*
選奨土木遺産制度　*26*

そ
ソーシャル・キャピタル　*31*

た
対症療法型管理　*207*
耐用期間　*40*
耐用年数　*11*
タウシュベツ橋梁　*95, 96, 98*
脱塩化　*192*

脱塩工法　*94*
辰巳ダム〔石川県〕　*227*
断面修復工法　*93, 100*

ち
地域経済　*30, 31*
地域資産　*30*
地中レーダー探査　*120*
鋳鉄　*74*
長寿命化対策　*208*
著名橋整備事業　*203, 205, 209*

て
定期点検　*202, 203*
堤体補強　*133*
堤防　*159*
デザイン　*261*
鉄筋の腐食　*221*
鉄筋コンクリート　*189*
鉄筋コンクリート造建築物　*188*
鉄筋石造　*189*
鉄骨フレーム付加　*183*
鉄道橋　*73, 74, 77, 78*
電気化学的防食工法　*94*
点検　*87*
伝建地区　*24*
伝統的石積み技法　*109*
伝統的建造物群保存地区制度　*24*
伝統的工法　*20*
伝統美観保存条例　*23*
転用　*74, 77, 78, 83*

と
凍結融解防止　*135*
道路橋　*201*
登録文化財制度　*38*
登録有形文化財登録基準　*18*
都市の文化基盤　*30*
都市保全計画　*31, 32, 34*
土木遺産の選定基準　*26*
鞆の浦　*166*
トラス橋　*79*
土粒子密度　*118*
トンネルの変状原因　*151*

な
内部収益率　*52*
名古屋城外堀石垣　*263*

索　引　291

に
西山ダム〔長崎県〕　227, 228, 231, 232
日常点検　202, 203

ぬ
布引水源地五本松堰堤　234
布引ダム〔兵庫県〕　234

の
ノヴベトン方式　222, 223, 224, 226

は
バットレスダム　133
羽村堰　163
パリの救世軍本部　196, 197
パンタン大製粉工場　267, 268, 271
パンテオン　189

ひ
ひび割れ充てん工法　93
ひび割れ注入工法　92
費用　51
費用便益分析　51
表面含浸工法　92
表面波探査　120
表面被覆工法　91
ピン結合　75

ふ
深沢トンネル　146
復元　15
復原　15
付属設備の改修　137
復旧性　41
船番所波止　167
ブレースドリブアーチ　80
プレストレス工法　184
文化財保護法　23
文化財保存の体系　38
文化的価値　40, 43, 44, 61, 76, 77, 78, 79
文化的景観　26

へ
ベッセマー鋼　74, 82
ヘドニック法　54
便益　51
便益費用比　52

ほ
防災計画　65, 67, 70

保守　76
ボーストリングトラス橋　76
保全措置　41, 44, 46
保全部分　19
保存修理工事報告書　275, 277
保存部分　19
堀川運河護岸　257
本河内高部ダム〔長崎県〕　228, 230, 232, 233

ま
磨崖仏　100
まちづくり　26, 27, 28, 30, 31

み
御手洗港大防波堤　170
ミッション聖母教会　192
湊川隧道　147

め
眼鏡橋　162
免震工法　184

よ
要求性能　10, 11, 12
溶接工法　74, 81, 83
用途変更　135
予定供用年数　10
予防維持管理　10
予防的措置　41
予防保全型管理　206, 209

ら
ラウンドテーブル　61
ラチス構造　78
ランシーの教会　194

り
リアンテック教会　195
利活用　83, 145, 148
リスクアセスメント　64
リスクマネジメント　64
リベット　73, 75
リベット工法　74, 83
粒度分布　118
旅行費用法　54

れ
レイ・ミルトン高架橋　216
歴史的河川構造物　155, 160
歴史的価値　76-80, 83, 86, 97, 142

歴史的景観権　25
歴史的鋼橋　75
歴史的鋼構造物　73, 80, 83
歴史的港湾施設　165, 174
歴史的コンクリート構造物　94, 96
歴史的資産　35
歴史的地盤構造物　116, 129
歴史的石造構造物　100
歴史的ダム　131, 138, 142
歴史的ダム保全事業　226, 227
歴史的トンネル　144, 148, 153
歴史的防波堤　249, 250
歴史的煉瓦造建築物　177
歴史まちづくり法　5, 27, 37
レーシングバー　75
煉瓦造建築物　175, 177, 178, 185
煉瓦壁の鋼板張り　183
煉瓦壁の鉄筋挿入　183
煉瓦壁の目地注入　184
煉瓦壁の目地置換　184
煉瓦壁の連続繊維張り　183
錬鉄　74, 82

ろ
ローカルナレッジ　31
ローカルルール　29
六郷川鉄橋　73

わ
ワークショップ　61

あとがき

　2006（平成18）年に設立された土木学会歴史的構造物保全技術連合小委員会（委員長：五十畑弘）は、当初からその研究成果を一冊の本にまとめることを一つの目標として活動を進めてきた。しかし、その道のりは必ずしも平坦なものではなかった。

　まず、委員会メンバーの専門が多岐にわたり、問題意識さえ共有されていない状態から活動を開始したため、議論の共通の土台をつくるのに多くの労力を要した。実際、最初の1年間は、各メンバーが順番に個別のテーマで講演して、それに関して全員で意見交換することで情報の共有を図る勉強会を委員会の後に毎回開催した。

　また、具体的な計画論、設計・施工論を考察する段になっても、まずは土木分野全体に通用する保全の理念や手法を紡ぎだす困難に直面した。対象物の特性や関係する法制度の違いなど、土木構造物とひと言で言っても、その属性や社会的位置づけは様々で、それらを総合的に捉えようとすればするほど、議論が現実を離れ、抽象論に陥る危険があったからである。その一方で、個別の技術についても、既存研究や実例が十分蓄積されていないこともあって、実務的レベルにまで掘り下げるのが難しかったものもある。

　ただ、こうした様々な困難に直面しながらも、26人の国内外の専門家の論考を集成し、曲がりなりにも一冊の本にまとめられたことで、歴史的構造物保全研究は少なくともスタート地点に辿り着くことができたと思っている。連合小委員会の活動は本書の刊行をもって終了するが、今後も本書に対する読者からのご意見などを踏まえて、何らかの形でより踏み込んだ研究、提言を続けていきたいと考えている。なお、連合小委員会の組織化にあたりご尽力いただいた東京大学の岸利治先生、本書の出版の糸口を与えて下さった元土木学会の中村雅昭さん、実際に企画を進めていただいた鹿島出版会の橋口聖一さんには、この場を借りて感謝の言葉を申し上げたい。また、連合小委員会は2007（平成19）年度に土木学会重点研究助成を受けていることも付記しておきたい。

　最後に、本書執筆メンバーの一人である故上田孝行先生について一言述べておきたい。先生は、インフラ財務経済の専門家として、歴史的土木構造物の保全の重要性と、財務的・経済的観点からその研究を深化させる必要性をいち早く認識された研究者の一人であった。今回の執筆に関しても、本の趣旨を改めて説明するまでもなくご快諾いただき、歴史的土木構造物の費用便益分析に関する論点と今後の研究の展望について整理・考察していただいた。

　開発と保全の対立の構図を乗り越え、文化遺産を保全しながら、いかに豊かな国土と都市を実現するか。今この問題には、日本だけでなく世界中から関心が集まっている。例えば、現在ユネスコは、都市開発と遺産保全の問題を解決する手立ての一つとして、歴史的都市保全の理論的・実践的研究を進めている。

　実際、保全の現場においては、国土・都市のヴィジョンと、その実現を支える確かな論理と手法にもとづき、様々な利害関係者の間で合意形成を図りつつ、事業を合理的に進める必要がある。この一連の流れにおいて財務的・経済的視点は欠くことができないもので、

上田先生が今後その理論的基盤を構築されることを、我々委員会メンバー一同、強く期待、希望していた。しかし、本書の論文を脱稿して間もなく、先生はその刊行を待たずして不帰の客となられてしまった。あまりに突然のことで、今はただ先生のご冥福を心よりお祈りしつつ、その遺志を受け継ぐ責務の大きさを痛感するのみである。

2010（平成22）年7月

北河 大次郎

執筆者一覧（五十音順、2010年6月現在）

五十畑 弘	日本大学 生産工学部 環境安全工学科 教授	はじめに、3章1節、全体統括
上田 孝行	東京大学大学院 工学系研究科 社会基盤学専攻 教授（故人）	2章1節
植野 芳彦	株式会社アイベック 取締役 東日本支店長	3章1節
奥山 忠裕	運輸政策研究所 研究員	2章1節（校正）
小野田 滋	財団法人鉄道技術総合研究所 情報管理部 技術情報課長	3章6節
笠 博義	株式会社間組 技術・環境本部 環境部 部長	3章3節、4章4節4.1
兼子 和彦	株式会社地域開発研究所 副社長	3章8節、4章3節3.1
アンドレ・ギエルム	フランス国立工芸大学 教授	4章4節4.2
北河 大次郎	ICCROM（イタリア）Sites Unit, Project Manager	用語解説、1章1節、2節2.2、3節、資料、おわりに、全体調整
小島 芳之	財団法人鉄道総合技術研究所 構造物技術研究部 トンネル研究室 室長	3章6節
後藤 治	工学院大学 建築都市デザイン学科 教授	2章3節
佐々木 葉	早稲田大学 創造理工学部 社会環境工学科 教授	2章2節、4章1節1.2
鈴木 洋	株式会社地域開発研究所 次長	3章8節
髙木 千太郎	財団法人東京都道路整備保全公社 道路アセットマネジメント推進室長	4章1節1.1
田中 尚人	熊本大学大学院 自然科学研究科 社会環境工学専攻 准教授	1章2節2.3、年表
知花 武佳	東京大学大学院 工学系研究科 社会基盤学専攻 講師	3章7節
西岡 聡	文化庁 文化財部 参事官（建造物担当）文部科学技官	3章9節、4章4節4.3
ローランド・パクストン	Heriot-Watt大学（イギリス）教授	4章1節1.3
長谷川 潔	福島県 土木部 河川整備課長	4章2節2.3
樋口 輝久	岡山大学大学院 環境学研究科 社会基盤環境学専攻 准教授	3章5節、4章2節2.1
久田 真	東北大学大学院 工学研究科 土木工学専攻 准教授	1章2節2.1、3章2節
町山 芳信	株式会社地域開発研究所 副主任研究員	4章3節3.1
水口 和彦	神戸市 水道局 中部センター 所長	3章5節、4章2節2.2
三村 衛	京都大学 防災研究所 地盤災害研究部門 准教授	3章4節
矢野 和之	株式会社文化財保存計画協会 代表取締役	4章3節3.2
カルル・ルドン	RENOFORS社（フランス）Techical DIrector	4章1節1.4
ダニエル・ルフェーブル	歴史的記念建造物主任建築家（フランス）	3章10節

歴史的土木構造物の保全

2010年9月20日　発行

編　者　土木学会　歴史的構造物
　　　　保全技術連合小委員会

発行者　鹿島　光一

発行所　鹿島出版会
　　　　104-0028　東京都中央区八重洲2丁目5番14号
　　　　Tel. 03(6202)5200　振替 00160-2-180883
　　　　無断転載を禁じます。
　　　　落丁・乱丁本はお取替えいたします。

装幀：伊藤滋章　　DTP：エムツークリエイト　　© 2010
印刷：壮光舎印刷　　製本：牧製本
ISBN978-4-306-02423-6　C3052　　Printed in Japan

本書の内容に関するご意見・ご感想は下記までお寄せください。
URL：http://www.kajima-publishing.co.jp
E-mail：info@kajima-publishing.co.jp

関連図書のご案内

英国の建築保存と都市再生
歴史を活かしたまちづくりの歩み

大橋竜太＝著

A5判・600頁　　定価6,930円（本体6,600円＋税）

保存・再生のパイオニアである英国の試行錯誤を、近代都市計画の歴史にそって描く。ナショナル・トラストからＰＦＩまで、さまざまなアイディアが誕生した。それらの成立プロセスに、明日のまちづくりのヒントが見えてくる。

主要目次
第一部　建築保存と都市計画
第二部　近代社会と都市計画および建築保存のはじまり
第三部　近代都市計画および建築保存制度の歩み
第四部　建築保存の実践
第五部　現行の法制度
第六部　過去から未来へ

鹿島出版会　〒104-0028　tel.03-6202-5200　http：//www.kajima-publishing.co.jp
　　　　　　東京都中央区八重洲2-5-14　fax.03-6202-5204　E-mail：info@kajima-publishing.co.jp